INOVAÇÃO E DESENVOLVIMENTO SUSTENTÁVEL

Blucher

José Carlos Barbieri

INOVAÇÃO E DESENVOLVIMENTO SUSTENTÁVEL

Da inovação convencional à ecoinovação sustentável

Inovação e desenvolvimento sustentável: da inovação convencional à ecoinovação sustentável

Editora Edgard Blücher Ltda.

Publisher Edgard Blücher
Editores Eduardo Blücher e Jonatas Eliakim
Coordenação editorial Andressa Lira
Produção editorial Helena Miranda
Preparação de texto Ana Lúcia dos Santos
Diagramação Roberta Pereira de Paula
Revisão de texto Lidiane Pedroso Gonçalves
Capa Laércio Flenic
Imagem da capa iStockphoto

Blucher

Rua Pedroso Alvarenga, 1245, 4º andar
04531-934 – São Paulo – SP – Brasil
Tel.: 55 11 3078-5366
contato@blucher.com.br
www.blucher.com.br

Segundo o Novo Acordo Ortográfico, conforme 6. ed. do *Vocabulário Ortográfico da Língua Portuguesa*, Academia Brasileira de Letras, julho de 2021.

Dados Internacionais de Catalogação na Publicação (CIP)
Angélica Ilacqua CRB-8/7057

Barbieri, José Carlos
Inovação e desenvolvimento sustentável : da inovação convencional à ecoinovação sustentável / José Carlos Barbieri. - São Paulo : Blucher, 2024.
324 p. : il.

Bibliografia
ISBN 978-65-5506-588-6

1. Desenvolvimento sustentável 2. Tecnologia I. Título

23-3897 CDD 363.7

Índices para catálogo sistemático:
1. Desenvolvimento sustentável

Dedico este livro aos professores e colegas de trabalho que partilharam comigo seus conhecimentos e experiências e apontaram novos e promissores caminhos.

E à memória de Claude Machline, professor emérito da Escola de Administração de Empresas de São Paulo da Fundação Getulio Vargas e um de seus fundadores. Estimado e admirado por todos os que tiveram a sorte de conhecê-lo.

APRESENTAÇÃO

Inovação é a introdução de novidades de qualquer tipo em qualquer área da atividade humana. No ambiente empresarial, sempre se deu muita atenção a essas novidades, pois constituem uma das principais fontes de competitividade – daí o conhecido lema: "inovar ou morrer". A literatura empresarial sobre esse assunto enfatiza as inovações radicais exitosas, aquelas com novidades significativas em relação ao que já existe e que geram benefícios econômicos espetaculares para a organização inovadora. Desse modo, amplia ainda mais o fascínio que as inovações exercem sobre os empresários e administradores, muitas vezes de forma irrefletida.

A busca exclusiva por resultados econômicos está tão arraigada nessa literatura que parece não haver nada mais além disso. Este texto aborda as inovações sob a perspectiva do desenvolvimento sustentável, e, como tal, espera-se que elas contribuam para alcançarem-se simultaneamente resultados econômicos, sociais e ambientais positivos e desejados. Essa abordagem não faz "tábula rasa" dos conhecimentos e práticas existentes; ao contrário: parte do que já existe para propor transformações a fim de mudar o modo de produzir bem-estar para a humanidade. Por isso, o Capítulo 1 discute o tema "inovação" a partir da abordagem convencional, com vistas a considerar os elementos centrais do universo conceitual relacionado ao tema, como invenção, inovação, empreendedorismo, difusão, tipos de inovação e grau de novidade, segundo critérios consolidados ao longo do tempo como fruto de muita prática e muita pesquisa acadêmica. Discute também o lado sombrio das inovações e os seus impactos negativos, o lado negligenciado da literatura convencional dominante.

O Capítulo 2 discute o desenvolvimento sustentável – sem dúvida o assunto mais importante das últimas décadas, pois nenhum outro conseguiu a adesão de tantos governantes, organizações intergovernamentais, organizações da sociedade civil, dirigentes empresariais, acadêmicos e simpatizantes em um espaço de tempo tão curto, e em apenas algumas poucas décadas. Apesar dessa imensa popularidade, há muitas controvérsias e objeções, como mostrado nesse Capítulo. Entre as principais, está a questão do crescimento econômico e sua relação com o desenvolvimento. As duas principais abordagens ao desenvolvimento sustentável são discutidas: a abordagem das dimensões do desenvolvimento e a do capital. Essa discussão objetiva situar as inovações no contexto da sustentabilidade.

No Capítulo 3, é feita a amarração entre os dois temas apresentados nos Capítulos precedentes: discutem-se as inovações ambientais, ou *ecoinovações*, a denominação preferida neste livro. Esse tipo especial de inovação deve apresentar resultados econômicos e ambientais positivos, a fim de contribuir para o alcance do desenvolvimento sustentável, e proteger o capital natural para as futuras gerações – daí a ênfase na conservação de recursos naturais. O Capítulo presenta a tipologia das ecoinovações, retomando os temas tratados anteriormente e ressaltando suas diferenças em relação à abordagem convencional. A ecoinovação, um avanço considerável em relação à inovação convencional, é um passo fundamental para que as organizações contribuam efetivamente para alcançarem-se os objetivos de desenvolvimento sustentável.

Os Capítulos seguintes tratam de ecoinovações específicas em termos de foco e aplicações, seguindo uma das classificações apresentadas no Capítulo 3. O Capítulo 4 discute as tecnologias de limpeza ou de remediação, e as de controle de poluição. As primeiras visam a extrair poluentes presentes em compartimentos do meio ambiente; as segundas, objetivam impedir o lançamento direto de poluentes no meio ambiente. A aplicação dessas tecnologias são objeto de regulamentações públicas que estabelecem proibições, restrições ou outras imposições às organizações poluidoras. As tecnologias de remediação são apresentadas segundo dois processos básicos: os biológicos e os físico-químicos; as de controle, segundo os dois compartimentos do meio ambiente afetados pela poluição, o ar e a água.

O controle da poluição do solo é assunto do Capítulo 5, que trata da gestão de resíduos sólidos, começando pela sua classificação e caracterização. Especial atenção é dada ao resíduo perigoso. Três tipos de resíduos são tratados com mais detalhes: Resíduos Sólidos Urbanos (RSU), Resíduos da Construção Civil (RCC) e Resíduos de Serviços de Saúde (RSS), conforme estabelece a Política Nacional de Resíduos Sólidos (PNRS). O tratamento e a disposição final desses resíduos em aterros ou incineradores são discutidos com mais detalhes, apresentando-se suas vantagens e desvantagens ou limitações.

O Capítulo 6 trata da recuperação de resíduos por meio de modalidades conhecidas por *3 Rs*: *reúso*, *reciclagem* e *recuperação energética*. Todos elas visam a reduzir o uso de material virgem e de recursos energéticos primários, e, desse modo, diminuir a extração de recursos naturais, uma das principais fontes de degradação do meio ambiente. Cada modalidade de recuperação contribui a seu modo para aumentar a circularidade de materiais no sistema econômico, bem como para diminuir a necessidade de tratamento e disposição final de rejeitos, os resíduos não recuperados. Nem sempre o reúso e a reciclagem se apresentam como opções, devido ao estado do material coletado. A recuperação energética, muitas vezes criticada, pelo fato de destruir materiais, tem se tornado uma modalidade de gestão de resíduos cada vez mais importante diante da escassez de áreas para aterros, das sucessivas crises energéticas e da possibilidade de substituir combustível fóssil, uma das questões mais "espinhosas" da Convenção-Quadro das Nações Unidas sobre Mudança do Clima (UNFCCC).

O Capítulo 7 trata da ecoinovação tecnológica de produto e processo. Embora uma não exista sem a outra, elas foram tratadas separadamente, a fim de apresentarem-se suas características específicas. Essa ecoinovação busca reduzir a periculosidade dos bens necessários ao bem-estar da sociedade e/ou aumentar sua eficiência material e energética, com o intuito de que consumam menos insumos produtivos. Isso se faz por meio dos mecanismos denominados *4 Ds*, a saber: *desmaterialização* (incluindo a digitalização), *desenergização*, *descarbonização* e *desintoxicação*. O resultado esperado da adoção sistemática desses mecanismos, somados às tecnologias de controle da poluição, de gestão de resíduos e sua recuperação, é o descolamento absoluto entre crescimento econômico para atender às necessidades básicas de todos os humanos e os impactos ambientais adversos associados a esse crescimento, sendo esse um modo de resumir em poucas palavras os objetivos do desenvolvimento sustentável.

Todos os assuntos discutidos são retomados no Capítulo 8, sob a perspectiva da implementação da ecoinovação de produto e do seu processo de produção. Como as inovações são ideias implementadas para obterem-se resultados desejados pelos seus proponentes, é discutido o processo de inovação em geral, para depois serem mostradas as especificidades devidas à inclusão dos aspectos ambientais em projetos e desenvolvimentos de produtos. Os resultados esperados de uma ecoinovação específica combinam benefícios econômicos com ambientais, representados por indicadores de ecoeficiência. Os indicadores de ecoeficiência dos produtos em uso na empresa são pontos de partida para estabelecerem-se metas de melhorias nas dimensões ambientais e econômicas. Assim, esse Capítulo apresenta modos de se calcular a ecoeficiência para avaliarem-se as alternativas pertinentes aos projetos de ecoinovação, antes de se escolher o que melhor se ajusta aos objetivos da empresa e suas restrições orçamentárias.

Cada Capítulo pode ser lido como uma peça individual, apesar das remissões feitas para se evitar a repetição de questões tratadas. Cada um tem suas próprias referências, o que facilita a identificação das fontes usadas e sua busca, caso o leitor queira aprofundar-se no assunto em questão. Os termos técnicos pouco usuais em textos de gestão da inovação foram acompanhados de breves explicações. Termos estrangeiros (em inglês), que abundam nos textos para o público empresarial, foram evitados sempre que houve palavras em português perfeitamente adequadas ao assunto e ao contexto. Espero que o leitor aprove essas preocupações que orientaram a elaboração deste livro.

PREFÁCIO

Este livro reúne dois temas de vital importância para as organizações e para a sociedade na atualidade, tanto no mundo empresarial como no mundo acadêmico: a inovação e o desenvolvimento sustentável. Inovar ou, mais especificamente, desenvolver a capacidade de inovar de forma consistente tem sido uma preocupação central de muitas organizações, desde, pelo menos, meados do século passado. Essa preocupação se tornou mais acentuada com o crescimento acelerado das tecnologias digitais e, mais recentemente, com a pandemia de covid-19. Hoje, a inovação, um tópico prioritário na agenda da maioria das organizações, é reconhecida como essencial, tanto para enfrentar os desafios do presente como para preparar a organização para o futuro.

Mais do que um tema importante, o desenvolvimento sustentável é fundamental para que a humanidade possa enfrentar desafios como a mudança de clima, a escassez de água e outros recursos naturais, a fome e a desigualdade social. É pelo desenvolvimento sustentável que conseguiremos alcançar um crescimento econômico compatível (e não antagônico) com o equilíbrio ambiental e com o progresso (leia-se "inclusão social"). Não por acaso, o desenvolvimento social é um dos itens prioritários na agenda das lideranças empresariais mais expressivas, seja por iniciativa própria seja por pressão de consumidores e investidores, além da própria sociedade. Pelas mesmas razões, os dois temas vêm ocupando cada vez mais espaço, tanto nos programas de pesquisa como nos currículos das escolas de administração, economia, contabilidade, engenharia, entre outros.

O foco deste livro é justamente o encontro desses dois importantes fatores – a inovação aplicada ao desenvolvimento sustentável. A inovação é reconhecida como instrumento essencial para que se possa atingir o desenvolvimento sustentável em suas três dimensões – econômica, social e ambiental. Quanto à dimensão ambiental, devemos nos lembrar de que o Objetivo de Desenvolvimento Sustentável nº 13 da ONU – Ação contra a Mudança Global do Clima – refere-se à necessidade de medidas urgentes para combater a mudança climática e seus impactos. O Acordo de Paris definiu como limite o aquecimento global abaixo dos 2 °C, preferencialmente abaixo de 1,5 °C, em comparação aos níveis pré-industriais. Para atingir esse objetivo, é necessário conter ou reduzir a emissão de gases de efeito estufa. Já o sexto relatório do IPCC (*Intergovernmental Panel on Climate Change*) indicou que as emissões de gases de efeito estufa das atividades humana causaram, inequivocamente, um aumento de 1,1 °C da temperatura da superfície global na década 2011-2020, em comparação ao período 1850-1900, com todas as consequências graves previstas para os ecossistemas e para a vida das pessoas.

Quanto à dimensão social, de acordo com o Banco Mundial, cerca de 2 bilhões de pessoas (ou 26% da população mundial) ainda vivem em situação de pobreza extrema. A sociedade e as organizações, em consequência, demandam políticas e sistemas de inovação que contribuam para acelerar o processo de mitigação dos atuais problemas sociais e ambientais. As preocupações da sociedade – e do planeta – estão expressas nos Objetivos de Sustentabilidade (ODSs) da ONU, um conjunto de 17 objetivos interligados, formulados para servirem como um "projeto compartilhado para a paz e prosperidade, para as pessoas e o planeta, agora e no futuro". Os ODSs foram formalmente articulados na Agenda 2030, uma resolução da ONU que estabeleceu metas e indicadores para cada Objetivo. Eles abrangem questões sociais, ambientais e econômicas, incluindo:

- erradicação da pobreza e da fome, redução das desigualdades sociais;
- educação, saúde, trabalho digno e bem-estar para todas as pessoas;
- reversão da mudança global do clima e preservação dos recursos naturais;
- proteção às espécies e aos ecossistemas, na água e na terra;
- indústria, infraestrutura e desenvolvimento econômico;
- ciência, tecnologia e inovação.

Atingir os ambiciosos objetivos da Agenda 2030 requer novas abordagens de inovação que sejam socialmente inclusivas e ambientalmente favoráveis. Inovações que impliquem melhores soluções para enfrentar os problemas complexos e os desafios que a humanidade tem pela frente. O que exige robustos sistemas de ciência, tecnologia e inovação, que permitam, por exemplo, a produção de:

- inovações para a base da pirâmide;
- iniciativas de educação para crianças não bem atendidas em instituições regulares;
- modelos de microcrédito para pessoas excluídas do sistema bancário tradicional;

- modelos de negócios inclusivos;
- tecnologias limpas;
- produtos e serviços verdes;
- inovações organizacionais para proteção do meio ambiente;
- mudanças fundamentais na forma como energia, água, alimentos, habitação, mobilidade e outros bens e serviços, são produzidos, distribuídos, entregues e consumidos.

É importante salientar que, nesse processo, algumas armadilhas devem ser evitadas:

- muitas inovações tecnológicas não têm relevância social, ambiental ou mercadológica. As tecnologias têm de ser vistas como habilitadoras de soluções inovadoras para os desafios sociais e ambientais, e não como um objetivo em si, o que implica não desenvolver tecnologias apenas porque são possíveis.
- é necessário também reconhecer que algumas formas de inovação (que deveriam ser chamadas de "não inovações") contribuem para a degradação ambiental, prejudicam os meios de subsistência e acentuam as desigualdades sociais. A questão chave não é, portanto, estimular mais inovações em mais lugares, mas decidir quais tipos de inovações devem ser estimuladas, e quais desencorajadas por serem prejudiciais.

Do ponto de vista das organizações, a capacidade de inovar é uma competência essencial, considerando-se a perspectiva de longo prazo, que guia a sustentabilidade, a possibilidade de inovar e o modo como a organização opera, pois as inovações – tanto tecnológicas como organizacionais – permitem aumento da eficiência no uso de materiais e energia, e a otimização dos recursos, gerando efeitos positivos no desempenho da organização nas três dimensões da sustentabilidade – social, ambiental e econômica. A melhoria do desempenho em sustentabilidade pode trazer outros benefícios para a organização, pois envolve, intrinsecamente, uma postura compatível com as demandas do mercado e da sociedade. Em última análise, a competência para criar soluções inovadoras e sustentáveis, além de contribuir para melhorar o desempenho da organização, pode conseguir vantagens competitivas sobre os seus competidores.

Em síntese, os desafios que a humanidade hoje enfrenta, tanto sociais como ambientais, só podem ser resolvidos por meio do desenvolvimento sustentável. E os Objetivos de Desenvolvimento Sustentável, expressos na Agenda 2030, só podem ser alcançados com o emprego de novas abordagens de inovação. O que significa inovações que sejam relevantes e que tenham impactos positivos nas três dimensões da sustentabilidade citadas. É por esses motivos que esta publicação – *Inovação e desenvolvimento sustentável* – é tão bem-vinda. Dada sua importância, a literatura sobre cada um dos temas – inovação e desenvolvimento sustentável – é ampla e diversificada e expande-se continuamente. Em comparação, são relativamente poucos os livros, como este do prof. José Carlos Barbieri, que integram os dois temas de maneira aprofundada e coerente.

O livro segue uma trajetória lógica, percorrendo teorias e práticas referentes à inovação, ao desenvolvimento sustentável e à sua interseção – a inovação sustentável. No que se refere à inovação, o autor começa lançando as bases conceituais e a sua relação com outros elementos do processo criativo, como geração de ideias, invenção, empreendedorismo, difusão, inovações sustentáveis e de ruptura, paradigmas e trajetórias tecnológicas atividades inovadoras etc. Com essa base, o autor discute em profundidade a questão dos resultados das inovações. A inovação costuma ser definida como uma ação que produz resultados esperados pelos seus criadores. O que a literatura convencional, em geral, não faz é discutir a qualidade desses resultados. Um dos méritos deste livro é exatamente o de lançar luz sobre essa questão. De acordo com Barbieri, não basta a uma inovação produzir resultados econômicos positivos se, ao mesmo tempo, causar impactos negativos ao meio ambiente e oferecer condições insalubres de trabalho para os funcionários de uma companhia. Essa postura, ao defender a importância de equilibrarem-se os resultados nas três dimensões, abre o caminho para o entendimento do que é o desenvolvimento sustentável na prática das empresas.

A humanidade enfrenta hoje graves problemas sociais, ambientais e econômicos. A partir dessas constatações, o autor desenvolve o conceito de desenvolvimento sustentável, esclarece o que diferencia esse conceito do crescimento econômico e chega a duas conclusões principais:

- esses problemas são coligados; podem também ser vistos como três aspectos do mesmo desafio enfrentado pela humanidade hoje, de modo que não é possível, portanto, resolver um sem considerar os outros;
- o crescimento não pode ocorrer continuamente devido aos limites dados pela capacidade de regeneração dos ecossistemas, por outro lado, não deve ser descartado, pois os países mais pobres dele necessitam para erradicar a pobreza, o que leva à questão central do desenvolvimento: como promover a convergência de renda e produtividade entre todos os países e, simultaneamente, melhorar o meio ambiente.

Uma excelente contribuição do livro é o mapeamento dos diferentes movimentos ambientalistas e de seus diferentes pontos de vista. Embora tenham todos em comum a defesa do meio ambiente, esses movimentos não formam um grupo coeso. Ao contrário: há uma variedade de posicionamentos entre eles, inclusive antagonismos irreconciliáveis. Outra contribuição essencial é a apresentação, de uma forma coerente e consubstanciada, dos diferentes pontos de vista relacionados com o desenvolvimento sustentável. Assim, o leitor tomará conhecimento e entenderá como elas se relacionam. Essa discussão, ao defender a importância de estabelecer limites para as ações humanas, abre o caminho para o entendimento de que o desenvolvimento sustentável só será alcançado com novas abordagens de inovações.

Barbieri define inovação sustentável como a que considera claramente e apresenta resultados nas três dimensões da sustentabilidade. A dimensão social refere-se à melhoria da qualidade de vida das populações, o que inclui justiça social, erradicação da pobreza, igualdade de oportunidades, acesso à educação, saúde, água potável, esgoto, e tantos outros fatores. No âmbito das empresas, essa dimensão pode ser tratada adequadamente por meio de políticas e práticas que levem em conta as questões sociais em sua esfera de influência, isto é, o conjunto de pessoas, grupos, organizações e comunidades impactadas por suas atividades, seus produtos e serviços. O uso consistente dessas políticas e práticas, de modo integrado às operações normais da empresas, concerne ao que hoje se entende por Responsabilidade Social Empresarial (RSE), uma forma de gestão associada ao desenvolvimento sustentável. Um dos seus desdobramentos é o ESG (*Environmental, Social & Governance*), uma iniciativa do Programa das Nações Unidas para o Meio Ambiente, criado para dar maior efetividade às decisões de investimento.

Considerando que as questões ambientais e sociais costumam andar juntas, uma primeira aproximação da inovação sustentável é a inovação ambiental – ou ecoinovação. Esse pressuposto está baseado na ideia de que qualquer resultado positivo ao meio ambiente também beneficia a sociedade, ou uma parte dela, ainda que de modo indireto ou defasado no tempo. O livro aborda com profundidade a inovação ambiental e apresenta, de forma consubstanciada, conceitos, práticas e normas internacionais referentes aos diferentes tipos de ecoinovações, a saber: tecnologias de limpeza e de remediação; tecnologias de controle da poluição, gestão de resíduos sólidos, processos de recuperação de resíduos, incluindo reúso, reciclagem, recuperação de energia e compostagem e ecoinovações de processos e de produtos. O Capítulo final apresenta os projetos de implementação de ecoinovações de produto e processo produtivo. São apresentados com destaque dois instrumentos apropriados para avaliar as alternativas de investimento: métodos de Avaliação de Ciclo de Vida; e indicadores e métodos de cálculo da ecoeficiência.

A estrutura do livro merece registro. Os Capítulos seguem uma sequência lógica, mas estão organizados de tal maneira que cada um pode ser lido de forma independente. Cada Capítulo apresenta uma análise completa dos conceitos, práticas e regulamentações referentes ao tema respectivo. Cada um tem suas próprias referências, facilitando assim as consultas do leitor que quiser ampliar seus conhecimentos.

Uma palavra final sobre o autor. O prof. José Carlos Barbieri é um dos autores brasileiros mais produtivos na área da administração. É, com certeza, um dos mais habilitados para integrar os temas da inovação e do desenvolvimento sustentável. Sua obra é extensa, incluindo um sem-número de livros e artigos nesses dois campos. Entre tantas realizações, podemos destacar duas, que dispensam maiores explicações:

- no campo do desenvolvimento sustentável, foi criador e um dos coordenadores do ENGEMA – Encontro Internacional sobre Gestão Empresarial e Meio Ambiente, então uma parceria entre a EAESP/FGV e a FEA/USP;

- no campo da inovação, foi um dos criadores e principais gurus do fórum de inovação da EAESP/FGV.

Posso acrescentar que uma marca registrada do prof. Barbieri é a sua capacidade de combinar a profundidade de análise de temas complexos com a comunicação fluente. O leitor tem a sensação de estar conversando com o autor, ao mesmo tempo que está tendo uma BOA LEITURA.

Marcos Augusto Vasconcellos

Coordenador do Núcleo de Inovação do CRA-SP e Diretor da INOVASC

Professor titular da FGV/EAESP de 1972 a 2015

Vice-diretor acadêmico da FGV/EAESP de 2003 a 2007

Fundador e primeiro coordenador do Fórum de Inovação da FGV/EAESP

Autor de livros e artigos sobre gestão da inovação

Pesquisador e consultor em gestão da inovação

CONTEÚDO

CAPÍTULO 1
Inovação e Cia.

A palavra *inovação* deriva do verbo latino *innovare*, que significa "renovar", mas também "retornar à situação anterior para que algo volte a ficar como antes". Com o tempo, esse significado foi se alargando, e essa palavra passou a indicar a introdução de novidades de qualquer tipo em qualquer área da atividade humana. Assim, tornou-se objeto de estudo em muitas áreas de conhecimento, como engenharia, administração, economia, direito, sociologia e tantas outras, o que gera uma diversidade de enfoques e entendimentos. Aqui, ela será tratada sob o enfoque da sua gestão no âmbito das empresas.

A seleção de definições e assertivas comentadas ao longo deste capítulo levou em conta a necessidade de explicar e contextualizar as inovações, ao mesmo tempo que apresenta elementos básicos do seu vocabulário conceitual. Essas definições foram extraídas da literatura especializada em gestão da inovação e áreas correlatas, como economia da inovação, desenvolvimento de novos produtos, marketing, gestão da produção e operações. Não estão apresentadas em ordem cronológica, mas de um modo que se expliquem melhor os elementos centrais e correlatos das inovações sob a perspectiva da sua gestão.

1.1 IDEIA E INVENÇÃO

A primeira definição a ser comentada é a seguinte: "inovação é a introdução de uma nova ideia".[1] As ideias são componentes do pensamento que se apresentam na mente das pessoas como representações de objetos de diferentes formas, como indagação, opinião, expectativa, imagem, visão, insight. A ideia é uma possibilidade, uma projeção ou antecipação das atividades humanas que pode ou não acontecer.[2] Ideias podem ficar apenas na mente de uma pessoa sem ser registrada ou efetivada. Quem não teve uma ideia brilhante durante a noite que desapareceu com o clarear do dia? Nem todas as ideias dão certo, mesmo quando submetidas a intensas atividades para transformá-las em inovações.

Conforme outra definição, a inovação é "uma invenção aplicada pela primeira vez".[3] A palavra *invenção* é frequentemente usada como sinônima de *ideia* na linguagem coloquial - não sem razão, pois há muitos elementos em comum entre elas, mas também muitas diferenças. Invenção é uma ideia elaborada - em geral, mais de uma -, resultante de um esforço mental deliberado para se criar algo inexistente até então. As ideias podem surgir de repente e instantaneamente como um vislumbre, lampejo ou brilho que ilumina a mente; por isso são frequentemente representadas por uma lâmpada acesa. As invenções requerem trabalho mental e operativo, pois necessariamente devem ser materializadas por meio de descrições, desenhos técnicos, equações, fórmulas, receitas, esquemas, planos e programas, fluxogramas, plantas-piloto, protótipos, maquetes, entre outros. E depois requerem muito mais trabalho para implementá-las.

A invenção é fruto do trabalho da criatividade de uma ou mais pessoas, inclusive de forma isolada de qualquer sistema produtivo, como os inventores de garagens e porões, enquanto a inovação requer trabalho coletivo, que se dá no âmbito de organizações. Em outras palavras: indivíduos inventam e organizações inovam. Um exemplo: o *Post-It®* foi inventado por Arthur Fry e Spencer Silver, pesquisadores da 3M, a empresa que o lançou no mercado.[4] Se o inventor tiver a iniciativa de implementar a sua invenção, o invento, ele necessitará da ajuda de outras pessoas, terá de dividir tarefas e, ao fim, terá criado uma organização, ainda que informal. Mesmo nesse caso, a diferença entre invenção e inovação ainda persiste. E, ainda que indivíduos sejam contratados por organizações para inventar, o ato de inventar em si é obra desses indivíduos, os inventores. Tal entendimento foi acolhido pelas legislações sobre propriedade industrial (patentes, modelos de utilidade etc.) ao exigirem que os inventores sejam identificados e nomeados nos pedidos e nas cartas patente,

---

1 VAN DE VEN, ANGLE e POOLE, 2000, p. 31.

2 DEWEY, 1938, p.109-110.

3 MANSFIELD, 1969, p. 99.

4 Ver: *US Patent 5,194, 299 – Repositionable pressure-sensitive adhesive sheet material.*

mesmo quando não sejam eles os solicitantes dos pedidos ou os titulares do direito, caso o pedido venha a ser concedido.[5]

Muitas invenções não se transformam em inovação por vários motivos, como falta de recursos do inventor, falta de interesse de investidores, problemas técnicos mal resolvidos, custo elevado de implantação, entre tantos outros. Um dos primeiros a alertar para distinção entre invenção e inovação foi o economista austríaco Joseph A. Schumpeter (1883-1950), quando disse, no início do século XX, que a invenção não levada à prática é economicamente irrelevante; e que realizar qualquer melhoramento – leia-se "inovação" – é tarefa completamente diferente da invenção e, desse modo, requer habilidades completamente distintas. E disse mais: a inovação exitosa não é uma tarefa do intelecto – leia-se "a mente do inventor" – mas, sim, da vontade, um caso especial do fenômeno social da liderança, cujas dificuldades consistem em vencer resistências e incertezas concernentes à realização de algo que nunca fora feito antes.[6]

As invenções não são economicamente irrelevantes como asseverou o economista citado. Há um mercado para elas, principalmente as patenteadas, que movimentam somas fabulosas e sustentam uma variedade de profissionais especializados, como engenheiros, designers, agentes de patentes, corretores, funcionários públicos, além dos próprios inventores, que não são poucos, como comprovam as suas associações mundo afora.[7] Além disso, muitas invenções surgem do esforço para aperfeiçoarem-se as inovações diante de oportunidades e restrições identificadas e desencadeiam outras inovações. Não raro, invenções e inovações seguem-se umas às outras, formando um emaranhado de interações, embaralhando a ordem de precedência entre elas.

Não é ocioso frisar a distinção entre *inovação* e *invenção*, pois a confusão entre esses dois conceitos é frequente até mesmo entre pessoas ligadas à gestão das inovações. Isso se deve às infindáveis invenções implementadas com êxito no mundo todo. Pois uma invenção implementada é uma inovação. Além disso, muitas inovações que se tornaram sucesso mundial colocaram holofotes sobre seus inventores, como Thomas Alva Edison (1847-1931), que se tornou mundialmente mais conhecido pelas suas inúmeras invenções, como a lâmpada elétrica incandescente e o fonógrafo, do que por ser o criador de uma empresa para explorá-las, a Edison Electric Light Company, que depois se tornaria a General Electric. Deve-se também ao fato de que o público em geral conhece apenas as invenções que se transformaram em inovações. Raramente nos lembramos das invenções não implementadas ou que não deram certo, até porque há poucas informações sobre elas. As empresas e os inventores não costumam divulgar seus intentos fracassados.

---

5 Convenção da União de Paris para a Propriedade Industrial, Revisão de Estocolmo, Art. 4º tercio.

6 SCHUMPETER, 1928, p. 378.

7 Veja, por exemplo, a International Federation of Inventors Associations (IFIA), em <www.ifia.com>.

1.2 INOVADOR E EMPREENDEDOR

Associar as inovações ao trabalho de pessoas criativas e corajosas que assumem desafios árduos, difíceis e arriscados ganhou destaque na literatura especializada a partir dos primeiros escritos de Schumpeter, que correspondem ao capitalismo competitivo das etapas iniciais da Revolução Industrial, resumido no Quadro 1.1. Para ele, *empreendimento* é uma nova combinação de meios de produção, outra forma de dizer *inovação*; e *empresário*, o indivíduo que a realiza, e que não é o mesmo que *capitalista*, *proprietário* ou *acionista* – embora estes também possam vir a ser –, tampouco é o dirigente ou o gestor que apenas opera negócios estabelecidos. Também não é o inventor se não foi ele quem levou seu invento à prática.

Quadro 1.1 – Schumpeter em dois momentos

Joseph Alois Schumpeter (1883-1950), economista austríaco, é um dos autores mais citados nos textos sobre inovação e gestão da inovação, inclusive considerado por muitos como um patrono da economia da inovação e da gestão da inovação. Não sem razão, suas obras colocaram as inovações no centro da dinâmica capitalista. Para ele, não são as inovações que acompanham a expansão da economia; são elas que a expandem. A inovação é o elemento fundamental do desenvolvimento econômico, que difere de crescimento econômico. Esse é o processo de expansão da produção de forma gradual e adaptativa; o desenvolvimento traz mudanças qualitativamente diferentes e descontínuas, resultantes de novas combinações dos meios de produção existentes, envolvendo os seguintes casos: (1) introdução de um novo bem que os consumidores não estão familiarizados; (2) introdução de um novo método de produção ainda não experimentado; (3) abertura de um novo mercado; (4) conquista de uma nova fonte de oferta de matérias-primas e bens semimanufaturados; e (5) criação de uma nova organização em qualquer indústria, como a criação de uma posição monopolista, ou a sua fragmentação.[8]

A importância do empresário inovador faz parte dos primeiros escritos desse autor e refere-se à primeira fase da Revolução Industrial, na qual as inovações eram conduzidas por indivíduos das mais variadas ocupações (artesãos, comerciantes, agricultores, escriturários, moleiros, tanoeiros, mineiros, militares etc.), que criavam empresas e novas indústrias. Foi o caso de Richard Arkwright, um barbeiro que se tornou empresario de sucesso inovando no ramo da tecelagem. Ainda hoje há ecos dessa fase em nomes de empresas criadas por empresarios inovadores, como Goodyear, Singer, DuPont, Gillette, Westinghouse.

Nos escritos posteriores, Schumpeter observou que as inovações mais importantes são realizadas por grandes empresas, nas quais a função inovadora tornou-se rotina a cargo de departamentos especializados. É a gestão da inovação instalada no interior das empresas. O espírito empreendedor havia sido domesticado, o empreendedor individual desaparecera e seu lugar fora ocupado por gestores profissionais nas grandes empresas. Mais preocupados em conservar o capital existente, esses gestores enfraqueceriam o ímpeto inovador do capitalismo e, portanto, o seu dinamismo.

[8] SCHUMPETER, 1982, p. 47-48.

Na década de 1960, as considerações da segunda fase de Schumpeter ensejaram o que vieram a ser denominadas hipóteses schumpeterianas: a saber: (1) as grandes empresas são as que mais inovam *vis-à-vis* às menores; e (2) a intensidade dos investimentos em desenvolvimento tecnológico e o desempenho das inovações são maiores em mercados mais concentrados – leia-se "oligopolizados". Em outras palavras, mercados competitivos são menos propícios às inovações, pois estas requerem investimentos vultosos, e esses mercados, por disputarem clientes rebaixando os preços, geram poucos recursos para investir em inovações. Essas hipóteses estimularam um amplo programa de pesquisas empíricas em nível mundial, cujos resultados nem sempre as confirmaram. Muito do que hoje se sabe sobre inovações deve-se a essas pesquisas.

Seguindo o pensamento de Schumpeter, Peter Drucker, um dos maiores apologistas das inovações, entende que empreendedor não é o capitalista nem o investidor ou o empregador - embora também possa ser -, mas aquele que está sempre buscando a mudança (leia-se "inovação"), que reage a ela e enxerga-a como uma fonte de oportunidades. Para Drucker, inovação é o instrumento específico do empreendedor, o meio pelo qual ele cria novas riquezas.[9]

Nos escritos de Schumpeter correspondentes ao período que ele denomina *capitalismo monopolizado*, as inovações foram conduzidas pelas grandes empresas constituídas e, desse modo, tornaram-se cada vez mais automatizadas, impessoais e menos dependentes de lideranças e iniciativas pessoais.[10] A emergência das grandes empresas como inovadoras de maior impacto na economia, à medida que o século XX avançava, levou ao surgimento da gestão da inovação, uma área de estudos e práticas sobre inovação, cujo desenvolvimento se acelerou na segunda metade do século passado. Ao prover competências humanas e recursos materiais especializados de forma articulada, essa gestão amplia a possibilidade de sucesso dos intentos ou projetos de inovação que se tornaram mais numerosos nas empresas que têm na inovação o seu fator de competitividade. Nessas empresas, a função de inovação passou a ser um trabalho contínuo e sistemático sob a orientação de uma gestão especializada. A internalização da inovação e sua gestão nas empresas tornaram-nas uma das maiores forças empreendedoras da atualidade.

A gestão da inovação profissional é um antídoto à visão pessimista de Schumpeter da segunda fase, na qual a sua expansão aniquilaria o impulso inovador ao substituir o empreendedor individual criativo e voluntarioso por um corpo de gestores mais afeitos a seguir rotinas e controlar custos do que a explorar novas oportunidades. Ao internalizarem a função da inovação, as empresas passaram a inovar como nunca, inaugurando uma nova fase, em que as inovações ocorrem num contexto de alianças e parcerias que propiciam o surgimento de novos atores empreendedores, como pequenas empresas de base tecnológica, *startups*, *spin-off*, capital de risco, *crowdfunding*,

---

9 DRUCKER, 1987, p. 25 em diante.

10 SCHUMPETER, 1928, p. 382-383.

plataformas digitais e aplicativos. Se Schumpeter presenciasse essas e muitas outras novidades da atualidade no campo da gestão da inovação, certamente estaria revisando seus escritos.

1.3 IMITAÇÃO E DIFUSÃO

Afirmar que a inovação é a primeira aplicação de uma invenção, como comentado anteriormente, é reconhecer explicitamente que há uma diferença entre inovação e imitação. A literatura especializada do passado foi mais enfática em diferenciá-las: inovação seria a primeira introdução de uma invenção, e as introduções posteriores seriam imitações. Mais ainda: a inovação introduz uma novidade absoluta para o sistema econômico e social, enquanto a imitação, uma novidade relativa a um mercado ou uma empresa.[11] Esse entendimento perdeu força ao longo do tempo, principalmente devido ao influente *Manual de Oslo*, publicado pela primeira vez em 1992 pela Organização para a Cooperação e o Desenvolvimento Econômico (OECD),[12] organização que reúne os países mais desenvolvidos do planeta e os que mais investem em ciência, tecnologia e inovação (CT&I). O Manual foi criado com o objetivo de uniformizar o universo conceitual sobre inovação e estabelecer métodos de coleta de dados e de interpretação para que as estatísticas sobre inovação no âmbito do sistema de contas nacionais desses países pudessem ser confiáveis e comparáveis.

Conforme o Manual, qualquer inovação deve conter algum grau de novidade, mas não necessita ser nova para o mundo ou para o mercado, basta que seja nova para a empresa. Uma inovação pode ser um produto, processo, método ou modelo de gestão já em uso em outros contextos, por exemplo, em outros países, mercados e empresas. Quando isso ocorre, tem-se um processo de *difusão da inovação*, "o modo pelo qual as inovações se disseminam, por meio de canais de mercado ou não, desde sua primeira introdução para diferentes consumidores, países, regiões, setores, mercados e empresas".[13] É com a sua difusão que a inovação gera impactos econômicos. A difusão resulta em inovações pelas empresas adotantes se os produtos, processos, métodos ou modelos de gestão adotados diferirem significativamente daqueles preexistentes, substituindo-os parcial ou completamente.[14] As inovações decorrentes dos processos de difusão, mesmo sendo simples reproduções da inovação inicial, requerem novos aprendizados e adaptações para que funcionem a contento, pois cada empresa adotante possui um ambiente operacional e mercadológico que lhe é próprio.

Para que as mudanças nos produtos ou nas funções da empresa sejam consideradas inovações, no mínimo devem ser novas ou significativamente melhoradas para a

---

11 SCHMOOKLER, 1966, p. 2.

12 OECD, do inglês: *Organization for Economic Co-operation and Development.*

13 OECD; EUROSTAT/*Manual de Oslo* de 2005, p. 17.

14 *Ibid.*

empresa. Isso não vale para a replicação de uma mesma inovação em outras divisões ou estabelecimentos da mesma empresa.[15] Qualquer inovação deve conter características não disponibilizadas anteriormente aos usuários da empresa inovadora, podendo ser ou não novas para o mundo, a economia, a sociedade ou um mercado em particular. A inovação nova para o mundo é uma inovação pioneira e, como tal, portadora de novidades absolutas, isto é, até então não conhecidas ou implementadas. É nova para o mundo quando a empresa é a primeira a introduzi-la considerando todos os mercados e indústrias, domésticos e internacionais.[16]

As inovações que replicam as pioneiras trazem novidades relativas a um país, um mercado ou uma empresa e, assim, ampliam os impactos econômicos da inovação. Uma inovação é nova para o mercado quando a empresa é a primeira a introduzi-la em seu mercado. O mercado envolve a própria empresa inovadora e seus concorrentes e pode incluir uma ou mais regiões geográficas. Esse processo de difusão se dá por meio de licenciamento de patentes, contratação de serviços técnicos especializados, projetos de inovações cooperativos, contratos de franquia, engenharia reversa e muitos outros, inclusive ilegais, como contrafação de patentes e espionagem industrial.

É no campo das invenções, e não das inovações, que prevalece a diferenciação com a imitação. Para ser patenteada, uma invenção deve apresentar uma novidade absoluta para o sistema técnico, econômico e social globalmente considerado, ou seja, a novidade não deve estar contida no estado da arte ou da técnica. O estado da arte é constituído por todo conhecimento a respeito da invenção acessível ao público antes da data de depósito do pedido de patente no mundo, seja por descrição escrita ou oral, seja por uso ou qualquer outro meio de divulgação.[17] Conforme esse entendimento, a primeira aplicação de uma invenção patenteada é uma inovação nova para o mundo ou pioneira, pelo fato de conter conhecimentos não compreendidos no estado da arte; as implementações posteriores são inovações apenas para as empresas e seus mercados, mas todas serão inovações se derem certo.

1.4 TIPOS DE INOVAÇÃO

Entre as várias tipologias de inovação, a do *Manual de Oslo* tornou-se uma das mais usadas, pelo fato de basear-se na experiência dos países-membros da OECD, os mais importantes em CT&I. Ao longo do tempo, o Manual ampliou o entendimento sobre inovação e, consequentemente, sobre a sua tipologia, cujos critérios de tipificação baseiam-se tanto no objeto da inovação ou onde ela é aplicada quanto no grau de novidade. A 1ª edição do Manual, publicada em 1992, considerava apenas a inovação tecnológica aplicada em empresas do setor manufatureiro ou na indústria

---

15 OECD; EUROSTAT/*Manual de Oslo* de 2018, p. 47.

16 Ibidem, p. 77.

17 BRASIL, Lei 9.279 de 1996, art. 11 § 1º.

de transformação. Definia inovações tecnológicas como "novos produtos e processos e mudanças significativas em produtos e processos".[18] Portanto, as inovações podem ser de produtos ou de processo: as primeiras ocorrem quando introduzidas no mercado; e as segundas, quando usadas em um processo de produção.

Tecnologia é conhecimento aplicado à produção de bens e serviços que se apresenta como uma combinação dos seguintes componentes: (1) conhecimentos incorporados em equipamentos, instalações, instrumentos de medição e monitoramento, matérias-primas, combustíveis, solventes e outros insumos produtivos; (2) informações e instruções constantes em normas técnicas, manuais operacionais, patentes, planos, desenhos, fluxogramas, software; e (3) conhecimento e habilidade das pessoas envolvidas nos processos de concepção de tecnologias, suas implantações e operações. Os processos e produtos tecnologicamente novos requerem novos componentes da tecnologia em uma nova combinação, por exemplo, novos equipamentos e operadores com novas competências e habilidades. Os melhoramentos tecnológicos requerem mudanças nos componentes existentes e no arranjo entre eles.

A 2ª edição do Manual de Oslo, de 1997, continua centrada na inovação tecnológica de produto e processo (ITPP), sob a ótica da empresa manufatureira, mas adiciona alguns setores de serviço, como comércio, transportes, telecomunicações e bancos. A ITPP é a "implementação de produtos e de processos tecnologicamente novos e a realização de melhoramentos tecnológicos significativos nos existentes".[19] Fazia décadas que o setor de serviço compunha a maior parcela do PIB de muitos países e empregava a maioria da sua força de trabalho, de modo que não tinha mais sentido se dedicar apenas ao setor manufatureiro e às ITPPs. Essa 2ª edição menciona *en passant* as inovações não tecnológicas, aquelas não relacionadas com as ITPPs, como introdução da Gestão da Qualidade Total (GQT), de mudanças na estrutura organizacional e nas orientações das estratégias corporativas.[20]

Somente na 3ª edição que dois tipos de inovação não tecnológica seriam considerados: o de marketing e o organizacional, como descritos no Quadro 1.2. A inovação foi, então, definida como "a implementação de um produto (bem ou serviço) novo ou significativamente melhorado, ou um processo, ou um método de marketing, ou um novo método organizacional nas práticas de negócio, na organização do local de trabalho ou nas relações externas".[21] Com a inclusão das inovações não tecnológicas, o Manual deixou de mencionar explicitamente as ITPPs, embora continuem sendo importantes e algumas das mais consideradas na literatura especializada em gestão da inovação.

---

[18] OECD/*Manual de Oslo*, 1992, p. 10.

[19] OCDE/EUROSTAT/*Manual de Oslo*, 1997, p. 31. Tradução nossa.

[20] Idem, p. 37 e 88.

[21] OECD; EUROSTAT/*Manual de Oslo*, 2005, p. 55.

Quadro 1.2 – Tipos de inovações, segundo o *Manual de Oslo*, 3ª edição – resumo

Inovação	Definição	Inclui	Exclui
De produto (bem ou serviço)	Introdução de um bem ou serviço novo ou significativamente melhorado no que concerne às suas características ou usos previstos.	Melhoramentos significativos em especificações técnicas, materiais, componentes, softwares incorporados, facilidade de uso ou outras características funcionais.	• Mudanças e melhoramentos menores. • Atualizações de rotina. • Mudanças sazonais regulares. • Personalizações para um cliente, sem incluir atributos fundamentalmente diferentes feitos aos outros clientes. • Mudanças que não alteram as funções ou características técnicas. • Simples revenda de bens e serviços adquiridos de outras empresas.
De processo	Implementação de um método de produção ou distribuição novo ou significativamente melhorado.	Mudanças significativas em equipamentos, técnicas e/ou softwares para produzir bens e serviços, e em atividades auxiliares (compras, manutenção etc.).	• Mudanças e melhoramentos menores. • Aumento da capacidade pela adição de sistemas de produção ou de logísticas muito similares aos já em uso.
De marketing	Implementação de um novo método de marketing com mudanças significativas na concepção do produto ou da embalagem, no posicionamento, na sua promoção ou na fixação de preços.	Mudanças substanciais no design do produto, constituindo um novo conceito de marketing. Essas mudanças referem-se à forma e à aparência do produto, as quais não alteram as suas características funcionais.	• Mudanças na concepção do produto ou na embalagem, no posicionamento e na promoção do produto ou na formação de preços, baseadas em métodos de mercado previamente utilizados na empresa. • Mudanças sazonais regulares ou de rotina nos instrumentos de marketing. • Uso de métodos de marketing já aplicados para atingir novo mercado ou novo segmento de mercado.

(*continua*)

Quadro 1.2 – Tipos de inovações, segundo o *Manual de Oslo*, 3ª edição – resumo (*continuação*)

Inovação	Definição	Inclui	Exclui
Organizacional	Implementação de um novo método organizacional nas práticas de negócio da empresa, na organização do seu local de trabalho ou nas relações externas.	Implementação de métodos organizacionais que não foram usados antes e resultem de decisões estratégicas tomadas pela gerência.	• Mudanças nas práticas de negócios, na organização do local de trabalho ou nas relações externas baseadas em métodos já em uso na empresa. • Formulação de estratégia de gerenciamento em si, sem ser implementada. • Fusões e aquisições de empresas.

Fonte: OECD, 2005, p. 46 em diante.

Mudanças na forma dos produtos que não alterem suas características técnicas são inovações de marketing; por exemplo, um novo formato de geladeira ou de um frasco de xampu. Outros exemplos: mudanças no posicionamento do produto, como implantação de um novo canal de distribuição; novo conceito ou nova técnica de promoção dos produtos; nova estratégia de fixação de preços. A implantação de um sistema de gestão ambiental, de um novo sistema de remuneração dos funcionários ou de um banco de horas são exemplos de inovações organizacionais. De tanto a inovação ser associada à tecnologia, a inovação de marketing e a organizacional pareciam fora de propósito. Porém, essas inovações são recorrentes no âmbito das empresas e enfatizadas nos estudos de administração desde sempre, sendo a própria razão desses estudos, de modo que não fazia qualquer sentido desconsiderá-las. Finalmente foram reconhecidas como tal pelo *Manual de Oslo* em 2005. Algo parecido com o burguês fidalgo da peça de Molière, que não sabia que falava em prosa.[22]

Inovações de produto podem levar à necessidade de realizar inovações de processos, de marketing e organizacionais. Uma inovação de produto de uma empresa do setor de bens de capital (por exemplo, a introdução de um novo dispositivo de um equipamento que acelere a produção ou economize insumos) é uma inovação de produto para esse setor, mas, para a empresa que o adquire e o instala em sua fábrica, é

[22] Molière (1622-1673), famoso dramaturgo francês, satiriza a burguesia, principalmente os novos ricos, em sua peça *O Burguês Fidalgo* (*Le Bourgeois gentilhomme*). Veja um trecho dessa peça a seguir:

Jourdain (o burguês): *– Quer dizer que estou falando em prosa quando digo: Nicole, traga-me os meus chinelos e a touca de dormir? /* ***Filósofo:*** *– Sim, senhor, está falando em prosa. /* ***Jourdain:*** *– Oh que maravilha! Eu falo em prosa há mais de 40 anos e não sabia disso!* (MOLIÈRE, 2001; tradução nossa). Obs.: peça teatral encenada inicialmente no Século XVII.

uma inovação de processo. Para a maioria das empresas, inovação de processo significa aquisição de máquinas, instalações e equipamentos produzidos pela indústria de bens de capital. No entanto, somente pode ser considerada inovação se representar uma melhoria significativa em relação ao que já existe na empresa.

O *Manual de Oslo* de 2018 (4ª edição) define inovação como "um produto ou processo novo ou aprimorado (ou uma combinação de ambos) que difere significativamente dos produtos ou processos existentes na unidade e que foi disponibilizado para usuários em potencial (produto) ou utilizado pela unidade (processo)".[23] Unidade é a responsável pela inovação, que pode ser uma empresa, um órgão de governo, uma instituição privada sem fins lucrativos ou qualquer outro tipo de organização. Também pode ser uma família ou seus membros individuais, o que constitui uma novidade importante que contradiz a visão convencional, expressa anteriormente, de que só organizações inovam. Os membros de uma ou mais famílias podem se envolver em inovações nas quais são os únicos responsáveis como indivíduos, podendo ocorrer fora de seus empregos regulares ou em trabalhos por conta própria em organizações informais, nas quais são proprietários ou sócios.

Considerar indivíduos e famílias como inovadores é uma consequência das tecnologias digitais. Como explica o Manual, a internet, a impressão 3D e as plataformas de *crowdfunding* podem potencialmente apoiar as atividades de inovação de indivíduos, embora seja provável que o sucesso técnico e comercial resulte de uma transição do setor doméstico para o empresarial. Além disso, indivíduos podem financiar as atividades de inovação de outras famílias ou de *startups*. Esses financiadores podem receber o produto resultante da inovação antes de ele ser amplamente comercializado, tornando-se os usuários principais.[24] Embora não mencionado pelo Manual, essa abertura vai ao encontro da expansão do desemprego e da precarização do trabalho, que faz com que muitas pessoas tenham de trabalhar por conta própria, tornando-se empresárias de si mesmas.

De modo mais específico, para a 4ª edição do Manual, a inovação empresarial ou de negócio "é um produto ou processo de negócio novo ou aprimorado (ou uma combinação de ambos) que difere significativamente dos produtos ou processos de negócios anteriores da empresa e que foi introduzido no mercado ou utilizado pela empresa".[25] Portanto, são dois tipos básicos de inovação: de produto e de processo de negócio. O primeiro segue praticamente o mesmo entendimento das edições anteriores; a diferença é a inclusão de aspectos do projeto do produto que antes faziam parte da inovação de marketing. O segundo aplica-se a uma ou mais funções de negócios. Qualquer função empresarial pode ser objeto de inovação de negócio, porém o Manual destaca as funções mostradas no Quadro 1.3.

---

23 OECD; EUROSTAT/ *Manual de Oslo*, 2018, p. 68.

24 Idem, p. 61-62.

25 Ibid., p. 68.

Quadro 1.3 – Funções empresariais e inovação em processos de negócio

	Função	Detalhamento e subcategorias
1	Produção de bens e serviços	Atividades que transformam insumos em bens ou serviços, incluindo engenharia e testes técnicos relacionados, e análises e certificações para apoiar a produção.
2	Distribuição e logística	Inclui: (a) transporte e prestação de serviços, (b) armazenagem e (c) processamento de pedidos.
3	Marketing e vendas	Inclui: (a) métodos de marketing, abrangendo publicidade (promoção e colocação de produtos, embalagem de produtos), marketing direto (telemarketing), exposições e feiras, pesquisa de mercado e outras atividades para desenvolver novos mercados; (b) estratégias e métodos de precificação; (c) atividades de vendas e pós-venda, incluindo assistência ao cliente e outras atividades de suporte e de relacionamento.
4	Sistema de informação e comunicação (SIC)	A manutenção e fornecimento de SIC inclui: (a) hardware e software; (b) processamento de dados e banco de dados; (c) manutenção e reparo; (d) hospedagem na web e outras atividades de informações relacionadas a computadores. Essas funções podem ser fornecidas por uma divisão separada ou por divisões responsáveis por outras funções.
5	Administração e gestão	Inclui: (a) gestão estratégica e geral dos negócios (tomada de decisão multifuncional) e a organização das responsabilidades do trabalho; (b) governança corporativa (jurídica, planejamento e relações públicas); (c) contabilidade, auditoria, pagamentos e outras atividades financeiras ou de seguros; (d) gestão de recursos humanos (treinamento e educação, recrutamento de pessoal, organização local de trabalho, provisão de pessoal temporário, gerenciamento de folha de pagamento, suporte médico e de saúde); (e) compras; (f) gestão dos relacionamentos externos com fornecedores, alianças etc.
6	Desenvolvimento de produtos e processos de negócios	Atividades para identificar, desenvolver ou adaptar produtos ou processos de negócios de uma empresa. Essa função pode ser realizada de forma sistemática, ou criada para fins específicos, e ser conduzida dentro da empresa ou obtida de fontes externas. A responsabilidade por essas atividades pode estar em uma divisão separada ou em uma divisão responsável por outras funções, por exemplo, produção de bens e serviços.

Fonte: OECD/EUROSTAT, *Manual de Oslo*, 2018, p. 73.

A função de produção de bens e serviços (1ª linha do Quadro 1.3) refere-se ao processo de produção stricto sensu, o que transforma insumos produtivos em bens e serviços, incluindo atividades de auxiliares que antes faziam parte da inovação organizacional, como análises e certificações. Essa função constitui o núcleo central de uma empresa; as outras cinco realizam atividades auxiliares de apoio à produção e à distribuição dos bens e serviços aos mercados. A função de distribuição e logística (2ª linha) é um desdobramento da função de produção e organizacional. A de marketing (3ª linha) continua como antes, mas sem as atividades de design referentes à estética e à funcionalidade dos produtos.

A função SIC (4ª linha do Quadro 1.3) constava anteriormente da inovação organizacional, nada mais pertinente considerá-la separadamente, uma vez que as inovações nessa área perpassam todas as demais. A função de administração e gestão (5ª linha) incluiu assuntos típicos da alta direção, como decisões sobre estratégia e coordenação da governança corporativa, ampliando o escopo da inovação organizacional mencionada no Quadro 1.2. A função de desenvolvimento de produtos e processos (última linha) reuniu inovações que anteriormente estavam designadas como de marketing e organizacional. Essa reunião representa uma inovação do Manual de Oslo decorrente do fato de que o desenvolvimento de produtos e processos envolve atividades variadas e executadas de modo sistemático em muitas empresas. São exemplos a introdução de um novo método para planejar e controlar os projetos de inovação ou um novo sistema de captação e avaliação de sugestões dos empregados.

Embora a tipologia do *Manual de Oslo* seja a mais usada, pelo fato de favorecer a homogeneização de dados e informações sobre inovações para países e empresas – aliás, seu objetivo declarado – há muitas outras com base em outros critérios, que trazem contribuições ao estudo e à prática da inovação. A tipologia do Quadro 1.4 baseia-se em dois critérios classificatórios: (1) o conhecimento predominante necessário para levar a cabo a inovação, que pode ser tecnológico ou organizacional; e (2) o foco da inovação, que pode ser interno ou externo. Da combinação desses critérios, têm-se quatro tipos de inovações.[26] As inovações de produto e processo são inovações tecnológicas (ITPPs), independentemente do tamanho da mudança.

---

26 VASCONCELLOS, 2014; 2015.

Quadro 1.4 – Tipos de inovações – foco da inovação x conhecimento predominante

Quanto ao foco: / Quanto ao conhecimento:	**Interno (voltado para dentro da organização)**	**Externo (voltado para fora da organização)**
Tecnológico	**Inovação de processo** Implementação de um método de produção ou de distribuição novo ou significativamente melhorado em técnicas, equipamentos ou softwares.	**Inovação de produto** Introdução de um bem, serviço ou software novo ou significativamente melhorado em suas características ou usos previstos.
Organizacional	**Inovação de gestão** Implementação de uma nova política sobre valores, ações institucionais, relações com os públicos internos e externos, intenção estratégica etc., ou um novo método de gestão de pessoas, planejamento, pesquisa etc.	**Inovação no modelo de negócio** Criação de um modelo de negócio, com uma nova proposta de valor, implementação de uma nova política, ou um novo método em um ou mais elementos constituintes do atual modelo.

Fonte: VASCONCELLOS, 2014; 2015.

A inovação de gestão visa a melhorar o desempenho das atividades realizadas pela organização, por exemplo, implantando um novo sistema de planejamento e programação da produção. O modelo de negócio concerne ao modo como a empresa captura e entrega valor aos clientes; portanto, é voltado para fora, para o mercado. Modelo de negócio é um conceito que começou a popularizar-se no final do século passado como resposta à globalização crescente e aos avanços das tecnologias de informação e comunicação (TIC), que tumultuaram a vida das empresas, transformando-a em um tormento contínuo. Passou a ser entendido como uma espécie de bússola para orientar a empresa a navegar em mares nunca antes tão revoltos que, em outras palavras, significa criar condições para manter-se competitiva ao longo do tempo, mudando o curso sempre que necessário. Algo pontual como uma ITPP ou uma inovação de gestão não cumpriria esse objetivo; seria preciso muito mais.

Um modelo de negócio apoia-se nos seguintes componentes: (1) proposta de valor incorporado aos produtos e serviços oferecidos pela empresa; (2) estrutura e gerenciamento dos relacionamentos à montante da cadeia de suprimento, aos fornecedores e aos fornecedores destes; (3) estrutura e gerenciamento dos relacionamentos à jusante da cadeia de suprimento, aos membros do canal de distribuição, inclusive usuários e consumidores finais; e (4) modelo financeiro referente aos custos e benefícios desses três componentes e sua distribuição entre as partes interessadas da empresa.[27] Uma inovação no modelo de negócio pode levar a mudanças em um ou mais componentes. A concepção e implantação de um novo modelo de gestão constitui uma inovação, assim como uma mudança significativa no modelo em uso.

Os tipos de inovação comentados aplicam-se a produtos, processos, métodos e modelos de gestão específicos, como uma certa geladeira, uma marca de automóvel, um novo dispositivo de um equipamento, um método de venda on-line. As inovações de sistemas são um tipo à parte pelo fato de serem abrangentes e aplicáveis a vários setores da economia, quando não em todos, provocando mudanças generalizadas em produtos, processos produtivos, métodos organizacionais e de marketing e em modelos de gestão. Exemplos: inovações em microeletrônica incorporadas em bens de capital e de consumo durável e em inúmeros serviços; a internet e as plataformas digitais, possibilitando incontáveis inovações de todo tipo; a inteligência artificial, *big data*, *blockchain*, internet das coisas, realidade virtual e outras que podem ser adotadas em praticamente todos os setores econômicos, produzindo mudanças significativas no modo de produzir, comercializar e usar bens e serviços.

1.5 GRAU DE NOVIDADE

O grau de novidade das inovações tem sido recorrentemente classificado entre dois polos opostos: as incrementais ou pequenas melhorias; e as radicais ou as portadoras de algo completamente novo ou significativamente diferente em relação ao que já existe. Schumpeter (2003) ressaltou estas duas últimas, por estar interessado nas inovações que provocam descontinuidades do sistema econômico e que aparecem como novas combinações de fatores produtivos existentes incorporados em novas fábricas, novas empresas produtoras de novos produtos, novos métodos ainda não experimentados, novas formas de organização industrial, entre outras. Essas são inovações que dão o impulso fundamental que coloca a máquina do capitalismo em funcionamento e a mantém funcionando. São elas que revolucionam incessantemente a estrutura econômica a partir de dentro, destruindo *incessantemente* o velho e criando *incessantemente* o novo. Esse processo, denominado *destruição criativa*, é o fato essencial do capitalismo, o processo que o constitui.[28] Note a expressão *de dentro* e a insistência na palavra *incessantemente*. A destruição criativa, fenômeno que tem origem *dentro* da estrutura econômica, é o motor que move a economia, renovando-a *incessantemente*. Esse é o tipo de inovação privilegiado pela gestão da inovação convencional.

As inovações incrementais modificam o que já existe na empresa, no mercado ou no ambiente social. Em geral, são realizadas na unidade inovadora com pessoal próprio, contando eventualmente com serviços técnicos especializados externos. Elas

---

27 BOONS e LÜDEKE-FREUND, 2013.

28 SCHUMPETER, 2003, p. 83-84, grifo nosso.

melhoram o desempenho e reduzem os custos dos produtos, processos, métodos e funções nos quais são aplicadas. As incertezas nessas inovações são menores que as radicais, pois visam a corrigir ou melhorar aspectos observados após sua realização. Quando surgiu o automóvel com motor flex foi uma inovação radical, aperfeiçoada posteriormente por inúmeras inovações incrementais. Assim, as incrementais podem ser consideradas etapas dos processos de inovação radical. Esse modo de pensar foi largamente explorado pelos autores de gestão da qualidade sob a denominação de *melhoria contínua*, entendida como atividade sistemática para solucionar problemas operacionais ou administrativos com base na análise de fatos observados, como a quantidade e o tipo de defeito nos produtos fabricados e as suas causas ou modo de ocorrência.

Pelo *Manual de Oslo*, pequenas mudanças em bens, serviços e processos produtivos não são consideradas inovações. Esse entendimento é muito comum em textos para o meio empresarial (especialmente para seus dirigentes), nos quais são enfatizados os aspectos estratégicos das inovações. E vai ao encontro das necessidades desses dirigentes, pois, em seus níveis de decisão, somente as inovações de vulto são tratadas, pelo fato de envolverem maiores riscos e maior quantidade de recursos financeiros, humanos e materiais. Porém, uma não existe sem a outra.

As inovações radicais são condições para as empresas se manterem competitivas ao longo do tempo e protegerem-se das destruições criativas que incessantemente ocorrem no ambiente econômico. As incrementais melhoram o desempenho operacional das empresas no curto prazo e aumentam a vida útil das inovações radicais ao eliminarem defeitos, reduzirem custos e aperfeiçoarem funções. E aumentam a permanência dos produtos mais antigos e rentáveis cujo custo da inovação já foi amortizado, enquanto os recém-lançados ainda não dão lucro. Ambas são importantes para as empresas, pois inovar não é uma opção para elas, mas uma necessidade muito bem expressa pelo lema "inovar ou desaparecer".

As empresas obtêm sucesso explotando o presente e explorando o futuro.[29] *Explotação* e *exploração* são duas palavras ligadas aos tipos de inovação discutidos nesta seção. Um dos significados da primeira é extração de proveitos econômicos de algo conhecido; e da segunda, percorrer ou visitar regiões desconhecidas.[30] Extrair minérios de uma jazida conhecida é um exemplo da primeira; prospectar para descobrir se há novas jazidas numa região é exemplo da segunda. Explotação evoca as inovações incrementais; e exploração, as radicais. A primeira se dá pelo refinamento e pela ampliação das competências, tecnologias e dos paradigmas existentes, e os seus retornos são positivos, calculáveis e previsíveis; já a segunda, pela experimentação de novas alternativas; por isso seus retornos são incertos, distantes e, não raro, negativos.[31]

29 TUSHMAN e O'REILLY III, 2004.

30 *Dicionário Houaiss*, 2009.

31 MARCH, 1991.

A classificação em dois polos opostos comentada acima não reconhece as muitas possibilidades entre um simples ajuste e uma mudança completamente diferente de tudo que se conhece até então. Entre esses extremos há gradações em termos de novidade e, portanto, de complexidade que não comportam um enquadramento satisfatório. Há quem estabeleça situações intermediárias, as inovações semi-radicais,[32] e quem distingue inovações radicais que criam mercados ou novas indústrias das que apenas modificam a base da competição de uma indústria. Um exemplo da primeira seria a inovação da 3M que introduziu o tecido não-tecido (*nonwoven*) após um de seus pesquisadores, Alvim Boese, ter encontrado usos práticos para esse produto quando ainda não havia consumidores demandando-o, no caso, fitas para enfeitar pacotes; as aplicações posteriores do não-tecido em isolamento térmico, respiradores, filtros industriais, entre muitas outras, seria um exemplo do segundo tipo.[33]

1.5.1 INOVAÇÕES DISRUPTIVAS

Clayton Christensen (1952-2020), professor da Harvard Business School e prestigiado consultor de grandes empresas, distingue as inovações disruptivas e as sustentadoras. Estas promovem a melhoria do desempenho dos produtos existentes em seus mercados habituais e estão representadas pelas setas cheias da Figura 1.1. As setas interrompidas mostram o desempenho demandado pelos consumidores: a seta superior representa o desempenho dos mais exigentes e, a inferior, dos menos exigentes. Em qualquer mercado, sempre há consumidores com diferentes graus de exigências quanto aos produtos que adquirem. Em geral, as empresas orientam suas inovações para atender aos clientes mais exigentes e, assim, acabam oferecendo mais do que muitos desejam ou estão dispostos a pagar. A seta cheia superior representa esse fato. No entanto, há muitos consumidores que se contentariam com menos desempenho e que não querem pagar mais por novidades das quais não necessitam.[34] Quem de fato necessita de todas as novidades introduzidas em automóveis, eletrodomésticos, notebooks, softwares, smartphones, *streamings*, serviços bancários? Uma parcela significativa de consumidores ou usuários, senão a maioria, utiliza alguns poucos recursos dos muitos disponíveis, mas pagam pelo pacote completo. Se o leitor for um desses, então, provavelmente torcerá para que surja uma inovação disruptiva.

A inovação disruptiva cria uma nova rota de progresso tecnológico, indicada pela seta cheia inferior da Figura 1.1. Os produtos introduzidos por ela são, em geral, mais baratos, simples, pequenos e frequentemente mais fáceis de usar, mas satisfazem aos consumidores menos exigentes e atraem os não consumidores. Essas tecnologias surgem com desempenho inferior aos produtos da linha cheia superior e progredirão ao

32 DAVILA; EPSTEIN; SHELTON, 2006, p. 38.

33 GUNDLING, 1999, p. 24

34 CHRISTENSEN, 2006, p. xviii-xx.

longo do tempo por meio de tecnologias sustentadoras. A impressora a jato de tinta foi uma inovação disruptiva em relação à impressora a laser, que, embora não fosse tão boa quanto esta, era acessível a um enorme contingente de pessoas e organizações menos exigentes quanto à qualidade da impressão ou com menor poder aquisitivo, como pequenos comerciantes, profissionais liberais e estudantes. Melhorias introduzidas posteriormente por meio de inovações sustentadoras elevaram o padrão de qualidade dessas impressoras – daí a inclinação ascendente da seta cheia inferior.[35]

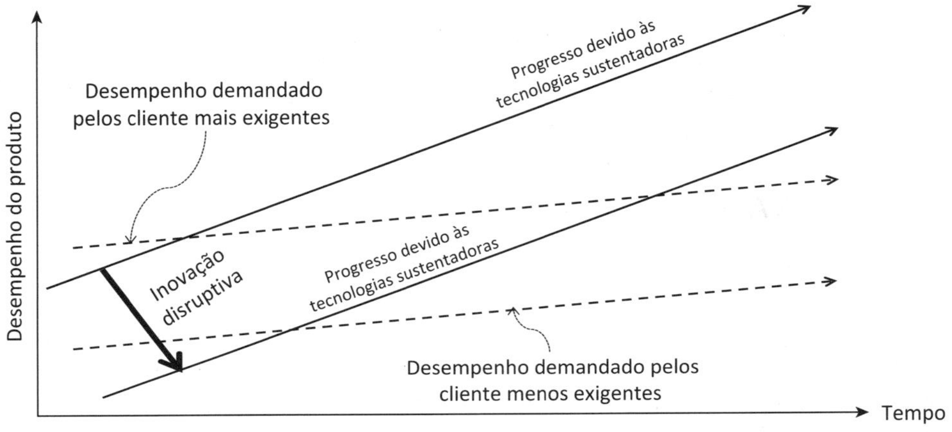

Figura 1.1 – Inovação sustentadora e inovação disruptiva.

Fonte: CHRISTENSEN, 2006, p. xix.

A norma de gestão ISO 56000:2020 define *inovação disruptiva* como a inovação direcionada inicialmente às necessidades menos exigentes, substituindo as ofertas estabelecidas.[36] Seu alvo são os consumidores ou usuários não atendidos pelos produtores consolidados ou que não querem pagar por atributos desnecessários nos produtos oferecidos por esses produtores. Oferecer uma nova proposta de valor para esses consumidores é o que caracteriza as inovações disruptivas. Desse modo, elas são muito mais inovações no modelo de gestão do que propriamente ITPPs, embora estas também se façam necessárias.

A denominação *inovação disruptiva* é frequentemente usada, mas erroneamente, como sinônimo de inovação tecnológica radical. Para Christensen e coautores, inovação disruptiva é uma expressão enganosa quando referida a um bem ou serviço considerado em um momento fixo, e não em sua evolução ao longo do tempo. Os inovadores disruptivos se concentram na busca de um modelo de negócio certo, mais

[35] Idem, p. 133.

[36] ISO 56000:2020.

do que um produto certo.[37] É o caso da Southwest Airline, empresa aérea com sede em Dallas que resolveu competir com ônibus e trens, algo impensável até então, pois o padrão normal das empresas aéreas é disputar clientes oferecendo mais das mesmas coisas por meio de inovações sustentadoras. Assim, a empresa passou a oferecer transporte aéreo barato, descomplicado, rápido, pontual, de ponta a ponta e seguro, mas com menos conforto e mimos, por meio de uma frota exclusiva de Boeing 737, para facilitar as operações e manutenção e, com isso, reduzir os custos e os preços das passagens.

1.5.2 PARADIGMA TECNOLÓGICO

Inovações disruptivas requerem um modo diferente do costumeiro de enxergar as mesmas coisas, ou como se diz com frequência: *enxergar fora da caixa*. Antes de prosseguir convém comentar a palavra *paradigma*, que entrou para o vocabulário de gestão pela via indireta, embalado pelo enorme sucesso da obra de Thomaz S. Kuhn: *A estrutura das revoluções científicas*. Apesar de mais confundir do que esclarecer o significado de paradigma devido às muitas definições dadas pelo autor (uma comentarista encontrou pelo menos 21 entendimentos diferentes[38]), o certo é que após a sua obra a palavra tornou se popular no ambiente de CT&I e de negócios. Paradigma científico pode ser entendido como um conjunto de comprometimentos compartilhados por uma comunidade científica que determina os problemas a serem pesquisados e os padrões básicos para solucioná-los. Ciência normal é a ciência baseada em um paradigma. Uma revolução científica se dá pela transição de um paradigma a outro, quando os cientistas passam a olhar para novas direções e criam outros padrões de solução de problemas científicos compartilhados.

O uso da palavra *paradigma* no campo da inovação e gestão da inovação deve-se a Giovanni Dosi. Inspirando-se na obra de Thomaz Kuhn, *A estrutura das revoluções científicas*, esse economista italiano define paradigma tecnológico como modelo ou padrão de solução de problemas tecnológicos baseados em princípios selecionados derivados das ciências naturais e das tecnologias materiais. Trajetória tecnológica, conceito equivalente ao de ciência normal, é um padrão ou modelo de solução de problemas tecnológicos.[39] É o modo normal de solucionar problemas, derivado de um paradigma. Os *princípios selecionados* limitam o campo de visão e, consequentemente, as possibilidades de escolhas dos agentes envolvidos nas inovações. Em termos práticos, significa continuar usando os mesmos conceitos, modelos e ferramentas pelo fato de enxergarem-se os mais diversos problemas sob a mesma perspectiva. Ao mudar o modo de olhar e pensar os problemas e os meios para solucioná-los, o novo paradigma rompe esses limites e gera novas trajetórias de progresso tecnológico.

---

[37] CHRISTENSEN, RAYNOR e McDONALD, 2015.

[38] Masterman, 1974, p. 75.

[39] DOSI, 1982. p. 152.

Na abordagem de Christensen, o equivalente da trajetória tecnológica de Dosi é a *rede de valor*, definida como o contexto dentro do qual a empresa identifica e responde às necessidades dos consumidores, resolve problemas, gera resultados, reage aos competidores e luta por lucros. Essa rede define e delimita fortemente o que a empresa pode ou não fazer. A inovação disruptiva inicia uma nova rede de valor,[40] o que gera uma nova trajetória de demanda baseada em um novo modo de atendê-la. A nova trajetória não elimina a preexistente; elas podem conviver no tempo, disputando segmentos diferentes do mercado. A participação de mercado do inovador disruptivo, quando bem-sucedido, evolui de uma posição inferior, periférica, para uma central, dominante, que inicialmente reduz a participação dos produtores consolidados e, depois, sua lucratividade. Por exemplo, os primeiros minicomputadores surgiram como inovações disruptivas; eram produtos de baixo custo, poucos recursos e ocupavam uma posição de mercado periférica; inovações posteriormente os tornaram superiores aos *mainframes* em diversos mercados em que passaram a ocupar uma posição dominante.[41]

1.6 ATIVIDADE INOVADORA

Atividades inovadoras são as etapas científicas, tecnológicas, organizacionais, financeiras e comerciais que conduzem, ou visam a conduzir à implementação de inovações, como pesquisa e desenvolvimento, engenharia, desenho industrial, pesquisa de mercado, estudos de viabilidade técnica e econômica, previsão tecnológica, aquisição de equipamentos produtivos, contratação de serviços técnicos especializados e licenciamento de patentes.[42] Também são atividades inovadoras as de gestão da inovação, o conjunto de atividades administrativas para apoiar a realização de inovações de modo integrado à gestão geral da organização, como planejamento, formação de equipes, seleção e avaliação de ideias, acompanhamento físico e orçamentário de projetos.

O que vem a ser pesquisa e o desenvolvimento (P&D) deve-se ao *Manual Frascati*, criado pela OCDE com o objetivo gerar estatísticas comparáveis internacionalmente sobre esse tipo de atividade inovadora. Sua 1ª edição data de 1963; portanto, é o irmão mais velho do *Manual de Oslo*. O *Manual Frascati* define P&D como "trabalho criativo e sistemático realizado para aumentar o estoque de conhecimento, incluindo o conhecimento da humanidade, cultura e sociedade, e desenvolver novas aplicações do conhecimento disponível".[43] Note que a 1ª sentença da definição refere-se à produção de conhecimentos, e a segunda, ao uso de conhecimentos.

---

40 CHRISTENSEN, 2006, p. 36.

41 CHRISTENSEN, RAYNOR e McDONALD, 2015.

42 OECD, EUROSTAT/ *Manual de Oslo*, 2018, p. 68.

43 OECD. *Manual Frascati*, 2015, 6ª edição, p. 44.

De tanto a inovação ser identificada com as ITPPs na literatura sobre gestão da inovação, a P&D também acabou identificada com essas inovações e, consequentemente, com as áreas de estudo e prática que lhes são mais próximas, como física, química, matemática, computação, biologia, ciências da Terra e as profissões que delas fazem mais uso, como engenharia, agronomia, medicina, farmácia, biologia. A P&D inclui trabalhos nas áreas das ciências sociais, como sociologia, psicologia, economia, administração, geografia, contabilidade, direito, comunicação, educação, bem como de artes, idiomas, folclore, literatura e outras expressões culturais. Trabalhos nessas áreas são importantes fontes de conhecimento para inovações de todo tipo, não apenas para as organizacionais, de marketing e de modelo de negócio, em que suas contribuições são mais óbvias. Um exemplo é a P&D em linguística para projetar interfaces entre inteligência artificial e as linguas naturais.

O *Manual Frascati* distingue três modalidades de P&D, definidas no Quadro 1.5, que são modos de produzir conhecimentos científicos e tecnológicos. As duas primeiras referem-se às atividades sistemáticas para produzir conhecimentos científicos e tecnológicos, incluindo conhecimentos sociais; a terceira, para produzir e usar conhecimentos direcionados às novas aplicações. Exemplos:

- o estudo de uma dada classe de reações de polimerização sob várias condições é pesquisa básica; o estudo para otimizar uma dessas reações com vista à produção de polímeros com determinadas propriedades físicas é uma pesquisa aplicada; a ampliação da escala da reação otimizada em laboratório para investigar e avaliar possíveis métodos de produção do polímero, bem como produtos a serem feitos com ele, é desenvolvimento experimental;
- a revisão de teorias sobre os fatores determinantes das desigualdades no crescimento econômico entre países e região é pesquisa básica; o estudo de um caso regional específico com o objetivo de formular políticas governamentais é pesquisa aplicada; a elaboração de modelos operacionais, com base em evidências estatísticas, para projetar instrumentos de política econômica com vistas à recuperação do crescimento de uma região é desenvolvimento experimental.[44]

[44] OECD. *Manual Frascati*, 2015, p. 54-55.

Quadro 1.5 – Modalidades de Pesquisa e Desenvolvimento (P&D)

Modalidade	Definição	Complemento
Pesquisa básica (PB)	Trabalho experimental ou teórico realizado primariamente para adquirir novos conhecimentos sobre os fundamentos subjacentes dos fenômenos e fatos observáveis, sem nenhuma aplicação ou uso específico em vista. Pode ser de dois tipos: • pesquisa básica pura: realizada sem visar a benefícios econômicos ou sociais ou sem despender esforço ativo para aplicar os resultados a problemas práticos, ou transferi-los para os setores responsáveis por sua aplicação. • a pesquisa básica orientada: realizada com a expectativa de produzir uma base de conhecimento ampla que poderá formar as bases para a solução de problemas ou possibilidades reconhecidas ou esperadas, atuais ou futuras.	• Analisa propriedades, estruturas e relacionamentos para formular e testar hipóteses, teorias ou leis. • Os seus resultados, em geral, não são vendidos; são publicados em revistas científicas ou distribuídos aos colegas interessados. • A divulgação pode eventualmente ser restringida por razões de segurança nacional. • Espera-se que o pesquisador tenha alguma liberdade para definir o conjunto de metas da pesquisa. • Em geral, a pesquisa é realizada no setor de ensino superior e, em certa medida, no setor de governo.
Pesquisa aplicada (PA)	Trabalhos originais empreendidos com o objetivo de adquirir novos conhecimentos, porém, direcionados a objetivos práticos específicos.	• Realizada para determinar possíveis usos dos resultados da PA ou novos métodos para alcançar objetivos específicos e predeterminados. • Seus resultados visam primariamente a validar possíveis aplicações em produtos, operações, métodos ou sistemas. • As aplicações do conhecimento gerados podem ser protegidas pela propriedade intelectual e pelo sigilo.
Desenvolvimento experimental (DE)	Trabalho sistemático baseado em conhecimento oriundo da pesquisa e experiência prática e produzindo conhecimento adicional direcionado à produção de novos produtos ou processos ou à melhoria de produtos ou processos existentes.	• Pode ser um estágio do desenvolvimento de novos produtos. • O desenvolvimento de novos produtos ou processos é uma modalidade de P&D se atende aos critérios que identificam a atividade de P&D: novidade, originalidade, incerteza etc.

Fonte: OECD. *Manual Frascati*, 2015, 6ª edição, p. 50 em diante.

O fato de ocorrerem incrementos de conhecimentos da pesquisa básica à aplicada, e desta ao desenvolvimento experimental, pode dar a impressão de que há uma relação linear e direta entre essas modalidades. Nada mais equivocado. Pode até haver casos assim, mas são exceções. Dificuldades ou problemas observados numa modalidade podem suscitar projetos em outras, ou seja, o fluxo de conhecimentos entre as modalidades é multidirecional. Essas modalidades são praticadas dentro de uma divisão técnica de trabalho envolvendo uma diversidade de agentes com interesses diversos e especificidades pronunciadas em termos de conhecimentos, métodos de trabalho, recursos alocados e postura quanto ao uso e à divulgação dos resultados. As pesquisas básicas são atividades predominantemente realizadas por docentes pós-graduados, pós-graduandos e pesquisadores de instituições de ensino superior e órgãos públicos de pesquisa, sendo que os conhecimentos gerados por elas são publicados em revistas acadêmicas de acesso público após avaliação dos pares. O desenvolvimento experimental é a modalidade que mais interessa às empresas por ser direcionada à produção de novos produtos ou processos ou à melhoria de produtos ou processos existentes, isto é, por ser direcionada às inovações.

Há outras atividades científicas e tecnológicas que são atividades inovadoras, mas não se enquadram como P&D, como pesquisa bibliográfica, serviços de patentes, estudos de viabilidade econômica, gestão de projetos, engenharia de produto e de processo, elaboração de normas técnicas, calibração de instrumentos de pesquisa, testes rotineiros de materiais, peças e produtos, compilação de dados, gestão do conhecimento, treinamento de pessoal, valorização das marcas registradas. Para ser P&D, uma atividade deve: (1) visar sempre a novas descobertas; (2) basear-se em conceitos originais, não óbvios e hipóteses; (3) ser incerta quanto aos resultados, ou ao menos quanto ao tempo e aos recursos necessários para alcançá-los; (4) ser planejada e orçada; e (5) visar a resultados que possam ser transferíveis e/ou reproduzíveis.[45] Por isso, espera-se que as inovações que façam uso intensivo dos resultados da P&D sejam portadoras de novidades científicas e tecnológicas significativas.

Note que a definição de desenvolvimento experimental (última linha do Quadro 1.5) indica a intenção de realizar inovações tecnológicas ao referir-se ao trabalho direcionado a novos produtos ou processos ou à melhoria de produtos ou processos existentes. Mas ainda não é inovação, podendo estar muito distante dela. A P&D é apenas uma das atividades inovadoras e nem sempre é necessária, pois uma inovação específica pode valer-se de conhecimentos científicos e tecnológicos consolidados e disponíveis em livros, revistas acadêmicas, documentos de patentes, normas técnicas e outros meios de divulgação, inclusive nos conhecimentos, habilidades e experiências do pessoal envolvido nos processos de inovação.

1.7 RESULTADOS DAS INOVAÇÕES

A obtenção de resultados para a organização inovadora é essencial ao conceito de inovação, ainda que eles sejam medíocres ou aquém do esperado. A história das inovações mostra muitas decepções com os resultados alcançados *vis-à-vis* aos esforços

[45] OECD. *Manual Frascati*, 2015, p. 45-49.

despendidos em tempo e recursos físicos, humanos e financeiros. Certamente o leitor se lembra de alguns produtos cuja produção foi descontinuada pouco tempo depois de lançados comercialmente com pompa e circunstância. Alguém se lembra do Google Glass? Lançado com estardalhaço em 2013, esses óculos inteligentes, que prometiam muitas coisas, sofreram tantas críticas que, dois anos depois, foram descontinuados pela empresa. Preço elevado, problemas técnicos não sanados antes e depois do lançamento, formato pouco confortável para o usuário e visual pouco aprazível levaram os potenciais consumidores a desinteressarem-se pelo produto. Posteriormente, a Google lançou uma nova versão, o Glass Enterprise Edition 2, óculos inteligentes para realidade aumentada voltados às empresas, e não ao público em geral, como os anteriores. Em 2023, a empresa encerrou a produção dessa nova versão sem maiores explicações, mas informou que pretende lançar novos óculos ainda mais inteligentes.

A literatura especializada e empresarial destaca duas classes de resultados advindos das inovações: resultados intermediários e finais. Os primeiros são produtos, processos, métodos, modelos de negócios, novos ou modificados, isto é, os tipos de inovação comentados anteriormente. São resultados intermediários por serem meios para alcançarem-se os resultados almejados pelas empresas inovadoras: lucratividade, expansão para novos mercados, liderança tecnológica no setor, valorização das ações da empresa, entre outros. Ou seja, os primeiros são meios para alcançarem-se esses últimos, estabelecidos em diferentes níveis de decisão da empresa: estratégico, tático e operacional.

O Quadro 1.6 apresenta uma lista de objetivos ou de resultados esperados por área de aplicação das inovações na empresa. Os das três primeiras linhas são exclusivamente de cunho econômico. Os da primeira linha referem-se ao posicionamento das inovações no mercado no qual a empresa atua ou pretende atuar e são amplamente estudados e praticados nas áreas de marketing e estratégia empresarial. Os da segunda linha aplicam-se à função de produção e distribuição para que o sistema produtivo da empresa aumente seu desempenho em termos de custos de produção, qualidade dos produtos, rapidez e pontualidade das entregas e flexibilidade a fim de introduzir novos produtos, produzir maior variedade de produtos e efetuar mudanças no planejamento e na programação da produção com vistas a melhor atender à demanda, entre outros objetivos de desempenho operacional.

Os resultados da terceira linha do Quadro 1.6 referem-se às inovações constituídas basicamente por conhecimentos de natureza organizacional. Essas inovações se dividem em dois subtipos, conforme o esquema do Quadro 1.4: as voltadas para dentro da empresa, como comunicação interna, condições de trabalho, saúde e segurança dos trabalhadores; e para fora, como as relacionadas com o modelo de negócio, a cadeia de valor, as relações com outras entidades, a resiliência e a adaptação às mudanças.

Quadro 1.6 – Objetivos e resultados das inovações por área de influência – exemplos

Área de influência da empresa		Objetivos e resultados
1	Mercado para os produtos	• Atualizar bens ou serviços; • expandir a variedade de bens ou serviços; • criar mercados; • entrar em novos mercados ou adaptar produtos existentes a novos mercados; • aumentar ou manter a participação de mercado; • aumentar a reputação, a aceitação da marca ou visibilidade dos produtos; • cumprir a regulamentação do mercado; • adotar padrões e credenciamento.
2	Produção e distribuição	• Atualizar tecnologia ou métodos defasados; • melhorar a qualidade de bens ou serviços; • melhorar a flexibilidade na produção de bens ou serviços; • aumentar a velocidade de produção de bens ou prestação de serviços; • reduzir os custos de mão de obra por unidade de produção; • reduzir os custos operacionais por unidade de produção; • reduzir o tempo de colocação do produto no mercado.
3	Organização de negócios	• Melhorar os recursos para absorver, processar e analisar o conhecimento; • melhorar o compartilhamento ou a transferência de conhecimento com outras organizações; • melhorar a eficiência ou a função da cadeia de valor da empresa; • melhorar a comunicação dentro da empresa; • melhorar ou desenvolver novos relacionamentos com entidades externas (outras empresas, universidades etc.); • aumentar a resiliência dos negócios e a adaptabilidade às mudanças; • melhorar as condições de trabalho, a saúde ou a segurança dos empregados; • implementar um novo modelo de negócios; • contribuir para o desenvolvimento de padrões.
4	Economia, sociedade ou meio ambiente	• Reduzir impactos ambientais negativos/entregar benefícios ambientais; • Melhorar a saúde pública, a segurança e a proteção social; • Melhorar a igualdade de gênero; • Melhorar a qualidade de vida ou o bem-estar; • Cumprir os regulamentos mandatórios; • Cumprir com os padrões adotados voluntariamente.

Fonte: OECD/EUROSTAT, *Manual de Oslo*, 2018, p. 166.

A última linha do Quadro 1.6 também se refere a objetivos voltados para fora da empresa, mas sob outra perspectiva. Enquanto os resultados mencionados na terceira linha beneficiam exclusivamente a empresa inovadora e sua cadeia de suprimento, incluindo sua clientela, os resultados desta última espalham benefícios sociais, econômicos e ambientais de um modo amplo. Alcançar resultados positivos em termos sociais, econômicos e ambientais é um dos objetivos centrais do desenvolvimento sustentável, cuja finalidade última é a melhora da qualidade de vida de todos os humanos desta e das futuras gerações, respeitando e protegendo o meio ambiente. A ênfase em resultados econômicos é uma característica que distingue as inovações convencionais daquelas alinhadas ao conceito de desenvolvimento sustentável. As inovações sustentáveis ou orientadas ao desenvolvimento sustentável procuram alcançar resultados benéficos para a organização, a sociedade e o meio ambiente. Esse assunto voltará a ser tratado no Capítulo 3.

Alguns objetivos relacionados à função de produção (2ª linha do Quadro 1.6) também contribuem para o desenvolvimento sustentável. Atualizar tecnologias e métodos defasados é um meio de reduzir desperdícios de materiais e energia e de gerar menos poluentes; portanto, faz bem ao meio ambiente e à saúde das pessoas que lidam com esses materiais e energia. A melhoria da qualidade dos produtos, que reduz a taxa de rejeição, traz benefícios ambientais ao economizar recursos produtivos, que, em última instância, são recursos extraídos do meio ambiente. Melhoria das condições de trabalho atendem a questões econômicas e sociais, e não raro requerem considerações de ordem ambiental, como eliminação da poluição no ambiente de trabalho e aumento da segurança contra explosão e acidentes com vazamentos e derramamento de agentes tóxicos.

Resumindo, *inovação* é a implementação exitosa de uma nova ideia que se efetiva por meio de uma entidade nova ou modificada que gera ou distribui valor, isto é, possiblita ganhos pela satisfação de necessidades e expectativas em relação aos recursos utilizados, como: receitas de vendas, economia de recursos, aumento da produtividade e da confiança dos clientes, redução de danos à saúde humana e ao meio ambiente. *Entidade* é qualquer coisa percebível ou concebível, podendo se apresentar como produto (bem ou serviço), processo, método (administrativo, operacional, mercadológico, financeiro etc.), modelo (organizacional, de negócio, de distribuição de valor etc.) ou uma combinação deles. Pode ser material (um bem físico), imaterial (um serviço, plano, projeto) ou imaginário (uma visão de futuro da organização), desde que resulte em valores percebidos e distribuídos.[46] A inovação não necessita ser nova para o mundo, o país ou o setor de atividade; basta que seja nova para a organização.

1.7.1 NEM TUDO SÃO FLORES

Pouco se fala a respeito dos resultados indesejados das inovações na literatura empresarial sobre gestão da inovação. As inovações também geram resultados negativos que se estendem para além da organização inovadora. A degradação do meio ambiente físico, biológico e social é o resultado não desejado das inovações. Dispersão de substâncias tóxicas, redução do estoque de recursos naturais, redução da biodiversi-

[46] ISO 56000:2020.

dade, aquecimento global, destruição de postos de trabalho e exacerbação do consumismo são exemplos de resultados negativos das inovações.

Na origem do movimento do desenvolvimento sustentável encontram-se críticas severas a muitas inovações importantes que, na época, foram consideradas casos de sucesso amplamente elogiados. Rachel Carson, em seu livro *Silent spring*, publicado em 1962, alertou para os malefícios do DDT (diclorodifeniltricloroetano, um potente pesticida), considerado até então uma inovação de grande utilidade no combate às pragas agrícolas e às espécies transmissoras de malária, dengue, leishmaniose e muitas outras doenças infecciosas. Essa inovação abriu as portas para muitas outras nesse campo que alcançaram enorme sucesso comercial, como aldrin, dieldrin, clordano, endrin, mirex. Estudos posteriores constataram que esses produtos causavam malefícios aos humanos e ao meio ambiente, e estimularam o surgimento de um movimento mundial para bani-los definitivamente ou submetê-los a medidas rigorosas de controle. Em 2001, a Convenção de Estocolmo, que versa sobre os Poluentes Orgânicos Persistentes, aprovou uma lista de produtos banidos ou sujeitos a usos restritos e que vem aumentando com o passar dos anos.[47]

Um relatório especial sobre o direito à alimentação elaborado sob os auspícios das Nações Unidas mostra que, nos últimos 50 anos, a população mundial aumentou 100%, enquanto a terra cultivável disponível aumentou apenas cerca de 10%. As inovações tecnológicas em fertilizantes, pesticidas e outros bens aplicáveis à agricultura contribuíram, sem dúvidas, para que a produção agrícola pudesse atender ao aumento sem precedentes da demanda de alimentos observado nesse período. Contudo, adverte o relatório, isso se deu à custa da saúde humana e da contaminação de ecossistemas, da redução da biodiversidade e de desequilíbrios ecológicos. Os pesticidas são responsáveis pela morte por envenenamento agudo de cerca de 200 mil pessoas todos os anos, 99% delas nos países em desenvolvimento, onde a regulamentação sobre saúde, segurança e meio ambiente são mais frágeis. Câncer, doenças de Alzheimer e Parkinson, interrupção hormonal, esterilidade e distúrbios do desenvolvimento são alguns males associadas à exposição crônica aos pesticidas. Segundo o relatório, a dependência da agricultura de pesticidas perigosos compromete o direito à alimentação e à saúde das gerações atuais e futuras.[48]

A *Revolução Verde* da agricultura é outro exemplo de que malefícios acompanham como uma sombra lúgubre as bem-intencionadas inovações. Essa revolução trouxe um conjunto de inovações agrícolas empreendidas com a promessa de acabar com a fome e rendeu ao seu idealizador, Norman E. Borlaug, o Prêmio Nobel da Paz de 1970 (Figura 1.2); entretanto, do ponto de vista social, a *Revolução Verde* é criticada por basear-se em mecanização intensiva, agrotóxicos, fertilizantes, sementes de espécies modificadas e outros insumos agrícolas industrializados potencialmente geradores de

---

[47] UN Environment Programme. Stockholm Convention on persistent organic pollutants (POPs). Veja mais em: https://unep.org.

[48] *United Nations General Assembly; Human Rights Council*, 2017.

degradação ambiental. Em termos sociais, é criticada por favorecer a monocultura, a concentração fundiária e, consequentemente, a expulsão de camponeses das áreas onde viveram gerações incontáveis de seus ancestrais.

Figura 1.2 – Revolução Verde: (a) Borlaug em ação; (b) mecanização; e (c) agroquímicos.

Até no critério econômico houve resultados negativos não previstos na Revolução Verde. Vários países subdesenvolvidos que a adotaram passaram a ter déficits nas suas contas externas, pois as importações de insumos, tratores e implementos agrícolas não foram compensadas pelo aumento da exportação dos produtos agrícolas. Além disso, os preços desses produtos oscilam conforme o humor do mercado e provocam instabilidades orçamentárias desencadeadoras de crises políticas nesses países. Muitos efeitos indesejáveis, mas nem todos, foram corrigidos por meio de muitas inovações radicais e incrementais posteriores.

Um dos maiores problemas planetários é a mudança do clima global devido ao aquecimento da atmosfera e dos oceanos, causado pela concentração de gases de efeito estufa (GEE) de origem humana, cujos principais são dióxido de carbono (CO_2), metano (CH_4) e óxido nitroso (N_2O). Apesar das muitas controvérsias em torno desse assunto, o fato é que as emissões antrópicas de GEE vêm crescendo constantemente desde o início da Revolução Industrial, no final do século XVIII, na qual a máquina a vapor desenvolvida por James Watt é a inovação mais representativa. De acordo com o Painel Intergovernamental sobre Mudanças Climáticas (IPCC), o aquecimento do sistema climático devido às emissões antrópicas de GEE é inequívoco. A partir de 1980, as décadas foram sucessivamente mais quentes do que a precedente desde 1850. Muitas das mudanças observadas no clima não têm precedentes ao longo de décadas a milênios. A atmosfera e o oceano aqueceram, a quantidade de neve e gelo diminuiu, e o nível do mar aumentou.[49] As consequências adversas para a população mundial são enormes – catastróficas, em muitos casos –, como o derretimento das geleiras e das calotas polares, provocando alagamento de áreas costeiras, onde vivem bilhões de pessoas, gerando ondas migratórias de vulto e acirrando disputas por áreas habitáveis.

[49] IPCC, 2021, p. 41.

O clorofluorcarbono (CFC), um gás de síntese lançado na década de 1930 pela DuPont, com o nome comercial de "gás fréon", foi um enorme sucesso, devido às excelentes propriedades como fluido de refrigeração diante das alternativas existentes. Nos processos de refrigeração, o CFC substituía com vantagem o gás de amônia (NH_3) e o cloreto de metila (CH_3Cl), altamente tóxicos e corrosivos. Outros gases vieram depois, formando uma enorme família de CFCs para atender a diversos usos, como propelentes para *sprays*, agentes para expansão de espumas, solventes, espessantes. Em meados da década de 1970, depois que milhões de toneladas desses gases haviam sido lançadas na atmosfera, pesquisadores, entre eles Paul Crutzen, Sherwood Rowland e Mario Molina, ganhadores do Prêmio Nobel de Química de 1995, constataram que esses gases causavam redução da camada de ozônio que protege a Terra das radiações ultravioletas do Sol. Essa diminuição expõe os seres vivos a danos graves, como alterações no sistema imunológico, aumento da incidência de câncer de pele, doenças oculares e redução da população de microrganismos marinhos, afetando negativamente a cadeia alimentar.

O que aconteceu com os plásticos é exemplar. Denominação popular dos polímeros sintéticos, os plásticos formam uma enorme família de insumos materiais industriais, cujo mercado cresceu a uma taxa elevadíssima desde o surgimento da baquelita, no início do século XX, considerada a inovação que deu início a essa família de materiais. Mais leves que metais, vidro, madeira; alguns opacos e outros translúcidos; alguns rígidos e outros flexíveis; pouca reatividade; fáceis de conformar para obterem-se contornos complexos; fáceis de colorir... essas são algumas propriedades que lhes garantem o sucesso no ambiente empresarial e fazem a delícia dos designers e desenvolvedores de produtos. Esses materiais requerem processos de produção com poucas etapas, o que significa menor quantidade de ativos produtivos e força de trabalho, tornando o seu custo de produção mais baixo do que o dos outros materiais. Além disso, o preço da matéria-prima decresceu constantemente ao longo dos anos, tornando-o um dos mais baratos do mercado. Daí o crescimento espetacular da sua demanda.

Com tantas versatilidades práticas e vantagens econômicas, o plástico promoveu uma substituição vigorosa de outras matérias-primas industriais, como o alumínio, o aço, o cobre, o vidro, a cerâmica, a madeira, o couro, a lã e as fibras vegetais. E, o que é ainda melhor, imita com perfeição a aparência dos materiais que substitui. Sendo, em geral, mais leve que os materiais substituídos, o plástico contribui significativamente para a redução do consumo de combustível no transporte e, consequentemente, para a diminuição dos poluentes decorrentes, entre eles os gases de efeito estufa.

Nenhum setor da economia ficou imune a essa substituição. Por onde se anda, encontram-se produtos feitos com eles ou que os contêm em diferentes proporções. Os plásticos propiciaram a criação e a difusão de milhares de produtos acessíveis às camadas mais desassistidas da população, que, de outra forma, não teriam acesso, sendo razoável considerá-los como os materiais mais amigáveis às populações de baixa renda. São produtos fabricados com eles que fazem a festa das lojas de utilidades a partir de R$ 1,99. Sob esse aspecto, material nenhum contribuiu tanto para melhorar a vida das pessoas em todo o planeta. Parece impossível imaginar a vida sem eles, tamanha a quantidade e a variedade de benefícios que proporcionam aos consumidores e usuários. Imagine o setor de saúde sem os inúmeros itens de plásticos; como seria possível enfrentar, sem eles, as epidemias causadas por patógenos letais, como H1N1, *Ebolavirus*, HIV, SARS-CoV-2, entre muitos outros? Quantas vidas foram salvas de doenças contagiosas após a popularização de embalagens, copos, pratos, talheres e outros produtos de plástico de uso pessoal e descartável?

Apesar de tantos benefícios, os plásticos tornaram-se vilões do meio ambiente, não pelas suas características intrínsecas, mas pelo modo como foram usados (Figura 1.3). Produtos de plástico e seus restos estão entre os poluentes mais visíveis e disseminados no mundo todo, além de serem produzido basicamente a partir de recursos não renováveis, petróleo e gás natural, embora também possam ser produzidos com recursos renováveis, como biomassas. O maior problema é o seu descarte desordenado e irresponsável, que faz com que eles se espalhem em grande quantidade em todos os lugares, liberando corantes, antioxidantes, retardadores de chama, biocidas e outros aditivos usados em sua fabricação. Como são resistentes à bio, à oxi e à fotodegradação, levam dezenas de anos, ou mesmo séculos, para degradarem-se.

Figura 1.3 – Poluição por resíduos de plásticos – exemplos.

Durante o lento processo de degradação, os restos de plásticos absorvem em suas reentrâncias poluentes emitidos por outras fontes, o que aumenta o seu poder de contaminação. Sua degradação por exposição a raios ultravioletas, quebras, pancadas, atritos, entre outras causas, gera partículas muito pequenas, os microplásticos,[50] com poder contaminante elevado pela possibilidade de serem ingeridos por animais e transmitidos pela cadeia alimentar. Microplásticos também são produzidos e usados em diversas aplicações, como sabonetes, pastas de dentes, cremes esfoliantes e outros produtos que, depois de usados, são liberados no meio ambiente. Quanto menores as partículas – e elas podem chegar às dimensões nanômicas, os nanoplásticos[51] –, maiores os problemas que geram ao serem lançadas ao meio ambiente.

[50] Partícula de plástico com dimensão entre 1 micrômetro (1µm) e 1 milímetro; 1µm = milésima parte de um milímetro (ISO/TR 21960:2020).

[51] Partícula de plástico menor do que 1 µm (ISO/TR 21960:2020).

Diante de resultados indesejáveis, como os exemplificados, não seria de estranhar que os plásticos entrassem para a lista dos inimigos do meio ambiente, junto com os gases de efeito estufa, as substâncias que destroem a camada de ozônio, os poluentes orgânicos persistentes, os agrotóxicos, entre muitos outros. Assim, medidas contra o plástico entraram na ordem do dia de inúmeros governos e de segmentos importantes da população mundial. Leis proibindo ou restringindo o seu uso foram aprovadas em muitos países e locais. Exemplo: a União Europeia estabeleceu que, até 2030, todas as embalagens de plástico sejam recicláveis, que o consumo de plástico descartável seja reduzido, e que o uso intencional de microplásticos seja restringido.[52] Produtos de plásticos descartáveis de um único uso (pratos, talheres, copos e garrafas descartáveis, sacos de plásticos leves, hastes de cotonete, canudinhos etc.) também estão na mira para serem eliminados, apesar da inestimável contribuição à saúde pública, ao reduzirem a propagação de doenças infecciosas transmitidas pelos humanos.

Esses são exemplos de impactos negativos de inovações em termos ambientais e sociais. Sob esse ângulo, as inovações não inspiram o mesmo entusiasmo que se observa no mundo empresarial. Nesse mundo, inovação representa o futuro da empresa, a sua capacidade de continuar existindo. A história empresarial mostra esse fato com fartura de exemplos, o que alimenta a ideia de que todos os problemas podem ser resolvidos por meio de mais inovações, principalmente as tecnológicas, inclusive aqueles causados por elas, como os citados. É uma ideia equivocada que não leva em conta o fato de que certos resultados indesejáveis deixam sequelas irreversíveis que não serão eliminadas pelas inovações corretivas. Além disso, as novas soluções resolvem problemas existentes, os antigos, mas criam problemas novos, nem sempre vislumbrados com antecedência.

Esse fato foi estudado profundamente pela Agência Europeia do Ambiente (AEA, ou EEA, em inglês) e divulgado em relatórios denominados *Lições tardias de advertências prévias* (em inglês: *Late lessons from early warning*). O primeiro estudo analisou 112 inovações de alto impacto ambiental implementadas entre 1896 e 2000, como raio x, benzeno, bifenilas policloradas (PCBs), estrogênio dietil sintético (DES), e o eter-metil-terciário-butílico (MTBE), usado como aditivo para gasolina.[53] O segundo analisou o tetracloroeteno (PCE), usado na produção de plástico, o cloreto de vinila, na do policloreto de vinil (PVC), um dos plásticos mais usados no mundo, e o tributil-estanho (TBT), largamente usado como biocida anti-incrustante em tintas para navios e barcos até ser banido pela Organização Marítima Internacional (IMO), uma agência das Nações Unidas, pelo malefícios que provoca no ecossitema marinho. Também examinou as tecnologias agrícolas, a nanotecnologia, o uso do celular e o risco de tumor cerebral, e outros temas emergentes associados às inovações.[54] Os estudos da AEA recomendam a necessidade de cautela como parte indissociável do processo de inovação que apresente indícios fortes e justificáveis de danos potenciais ao meio ambiente e à sociedade.

52 Parlamento Europeu e Conselho da União Europeia, Diretiva 2019/904.

53 EEA, 2001.

54 EEA, 2013.

De modo diametralmente contrário à visão otimista das inovações, há os que enxergam somente resultados negativos, como os *ludditas* (pretensos seguidores de Ned Ludd, pois não se sabe se existiu de fato), que, no início do século XIX, destruíam os teares mecânicos e outras máquinas introduzidas na Inglaterra, sob a alegação de que eles eliminavam os empregos. Os autodenominados *neoludditas* de hoje defendem o desmantelamento de tecnologias que consideram destrutivas, como a nuclear, a engenharia genética, a química, a televisão e os computadores. Para eles, as tecnologias criadas e disseminadas pela sociedade ocidental estão fora de controle e profanam a frágil vida na Terra.[55] E eles não são poucos nem estão sozinhos; há vários agrupamentos de pessoas que contestam com veemência as inovações, como os grupos ambientalistas Earth First! e Earth Liberation Front,[56] que recuperaram dos *ludditas* as táticas de ação direta para destruir máquinas, escavadeiras, motosserras, laboratórios, biotérios, plantações de espécies geneticamente modificadas e outras práticas de *ecotagem*, um neologismo formado pela junção das palavras *ecologia* e *sabotagem*. Além desses, há variados grupos regressistas e/ou negacionistas em ciência e tecnologia, como terraplanistas, criacionistas, antivacinação e fundamentalistas, que se apoiam na interpretação literal de textos religiosos escritos há milênios.

As pessoas, de um modo geral, não apoiam os posicionamentos extremados de nenhum dos lados, mas se preocupam com os efeitos das inovações sobre suas ocupações e empregos. As inovações criam e destroem ocupações e postos de trabalho o tempo todo. É uma das faces da destruição criativa, comentada anteriormente. Uma visão otimista sustenta que as inovações de processo destroem empregos, e as de produto, criam outros, de modo que os efeitos negativos das primeiras seriam compensados pelos positivos das últimas. As inovações de processo destroem postos de trabalho ao reduzirem os custos de produção e aumentarem a eficiência dos ativos produtivos, enquanto as inovações de produto aumentam as oportunidades de trabalho ao criarem mercados ou ampliarem os já existentes. Embora tais efeitos ocorram, isso não se dá sincronicamente, de modo que os postos criados compensem os eliminados. Além disso, aqueles que perdem os postos, em geral, não são aptos a ocupar os novos por estes exigirem outras habilidades e conhecimentos.

Ainda é comum pensar que os empregos candidatos ao desaparecimento seriam os repetitivos e pouco complexos, bem como os insalubres e perigosos. Esse pensamento toma por base as evidências observadas nas revoluções industriais do passado. Mas será que elas continuarão válidas na revolução em curso na atualidade? Como a Quarta Revolução está em andamento só se pode conjecturar.

---

55 GLENDINNING, 1990.

56 Veja mais em: <https://earthfirstjournal.news/> e <https://earthliberationfront.com/>.

1.8 A NOVA REVOLUÇÃO INDUSTRIAL

Revolução Industrial refere-se às profundas transformações econômicas, sociais, organizacionais, tecnológicas e políticas, ocorridas inicialmente na Inglaterra a partir de meados do século XVIII, e que deram origem à fábrica como modo típico de produção capitalista. As inovações tecnológicas estão no centro dessas transformações, como a máquina a vapor, o tear mecânico e a ferrovia. Por ser o carvão a fonte de energia básica dessa fase, o ano de 1750 é o marco inicial da contagem da concentração de gases de efeito estufa na atmosfera. Essa seria a Primeira Revolução Industrial. Desde o início da década de 2010, tem sido lugar-comum na literatura sobre inovação falar em quatro Revoluções Industriais, ou quatro fases da mesma revolução.

A Segunda Revolução começou nas últimas décadas do século XIX e segue até meados do século XX. É a revolução da energia elétrica, do motor a combustão interna, do telefone, da produção em massa, das indústrias química e petroquímica, dos materiais sintéticos, da siderurgia, do rádio e da TV e do surgimento dos centros de Pesquisa e Desenvolvimento (P&D) empresariais, embora ainda não tivessem esse nome em seu início. É desse período o laboratório de Thomas Alva Edison, onde se produziram milhares de invenções e que foi uma espécie de protótipo desses centros, entendidos como fábricas de invenções, em que profissionais das mais variadas áreas eram contratados para inventar.

A Terceira Revolução teve início com os computadores de grande porte para fins de uso militar e empresarial nas décadas de 1950. É a revolução dos semicondutores, da microeletrônica, dos robôs e de outros instrumentos de automação industrial, dos sistemas de produção flexíveis, do movimento da qualidade, da customização em massa, da telecomunicação, do celular, da internet, das redes sociais. É a revolução que começou a colocar em escanteio as tecnologias analógicas e entronizou a era digital no centro da economia e da vida de uma parcela significativa de pessoas no mundo todo. Expressões como "sociedade da informação" ou "sociedade do conhecimento" estão relacionadas à difusão dessas tecnologias.

A Quarta Revolução Industrial também é conhecida como *Indústria 4.0*, devido à proposta de política industrial alemã lançada em 2011, durante a tradicional Feira de Hannover, uma das mais importantes feiras do mundo em tecnologia industrial. Enquanto as revoluções anteriores receberam suas denominações depois que ocorreram, sendo observadas as transformações que trouxeram, a Quarta é uma revolução anunciada e incluída em políticas públicas e estratégias empresariais.

Essa nova revolução vem acompanhada de um elenco de tecnologias digitais cujo desenvolvimento teve início na fase anterior, como inteligência artificial, computação nas nuvens, internet das coisas, manufatura aditiva e outras mencionadas no Quadro 1.7. Acrescentem-se a isso os avanços na conectividade da 5ª geração de telecomunicação móvel (5G), com velocidade superior a 20 Gigabits por segundo, mais de 10 vezes a da 4ª geração (4G). Além dessas tecnologias relacionadas ao processo de digitalização da economia e da sociedade, não menos importantes são as biotecnologias, e, entre estas, as de manipulação genética. Economia digital e bioeconomia, apoiadas na engenharia genética, são os pilares da Quarta Revolução Industrial, assim como os teares mecânicos e a máquina a vapor foram da Primeira. Essas tecnologias produzem transformações profundas onde são aplicadas – daí serem identificadas por manufatura 4.0, logística 4.0, serviços 4.0, medicina 4.0, agricultura 4.0, educação 4.0.

Quadro 1.7 – Tecnologias da Indústria 4.0 – exemplos

Tecnologia	Definição
Big data e analítica	Estratégia de análise de grandes volumes de dados usados quando a mineração de dados e a manipulação de dados tradicionais não conseguem gerar insights ou revelar os significados subjacentes aos dados.
Blockchain	Banco de dados distribuídos que mantém uma lista de registros completa, distribuída, sem adulteração e continuamente crescente, usando nova tecnologia de criptografia e autenticação e mecanismos de consenso em toda a rede.
Cibersegurança	Métodos preventivos para proteger informações contra roubos, violações e ataques.
Inteligência artificial	Área da ciência da computação voltada para a criação de máquinas inteligentes que funcionam ou reagem como seres humanos.
Internet das coisas	Conjuntos de objetos físicos que atuam juntos e conectados por meio da internet.
Manufatura aditiva (impressão 3D)	Tecnologia de manufatura que cria objetos tridimensionais (3D) usando estruturas de desenvolvimento aditiva ou em camadas.
Nanotecnologia	Tecnologia específica para controlar átomos e moléculas individuais para a fabricação de produtos em escala menor que um micrômetro.
Nuvem	Todo serviço de tecnologia de informação que é provisionado e acessado de um provedor de computação em nuvem.
Realidade aumentada	Um tipo de display interativo que usa recursos computacionais para gerar imagens, sons e outros efeitos para melhorar a experiência do mundo real.
RFID – Identificação por radiofrequência	Tecnologia que usa comunicação sem fio entre um objeto e dispositivos de leitura para identificar e rastrear o automaticamente.
Robô autônomo	Robô usado para replicar as ações humanas na manufatura.
Sensores e atuadores	Dispositivos que respondem a estímulos físicos (como calor, luz, som, pressão, magnetismo, movimento) e transmitem um impulso correspondente para efeito de medição ou operação de controle.
Sistema cabótico	Robô interagindo fisicamente com seres humanos em espaço de trabalho compartilhado.

Fonte: BAI et al., 2020, p. 3.

Muitas tecnologias que se tornaram dominantes em uma fase da Revolução Industrial começaram a ser desenvolvidas na fase anterior. Por exemplo, a inteligência artificial surge na terceira fase, aplicada a atividades como resolução de problemas, gestão de crédito, análises laboratoriais e diagnósticos médicos. As tecnologias se tornam definidoras de uma fase da Revolução Industrial quando difundidas amplamente pelo sistema econômico, transformando os sistemas produtivos, as infraestruturas públicas e o padrão de consumo de parcela significativa da população. O tempo entre uma revolução e a que lhe sucede vem se estreitando, como mostra a Figura 1.4, sendo razoável supor que a Quinta Revolução, gestada pelo aperfeiçoamento e pela disseminação das tecnologias da Quarta, levará muito menos tempo para surgir e consolidar-se.

Os impactos dessas tecnologias sobre a desigualdade entre países e dentro deles são preocupantes e a história das revoluções industriais anteriores não deixa margem para otimismos. Como mostra um estudo da Conferência das Nações Unidas sobre Comércio e Desenvolvimento (UNCTAD), durante a Primeira Revolução, as diferenças em renda per capita entre os países centrais e os periféricos eram pequenas, sendo que a maioria das suas populações era igualmente muito pobre, como mostra a Figura 1.4. As diferenças entre esses dois grupos de países cresceram ao longo das revoluções posteriores, com suas sucessivas ondas de mudanças tecnológicas ao repercutirem desigualmente sobre o emprego e os salários e benefícios.[57]

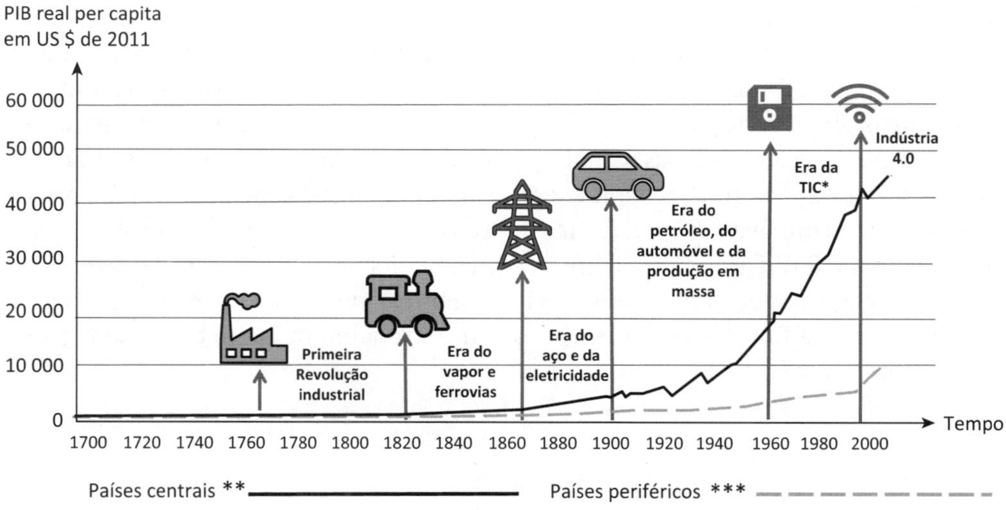

Figura 1.4 – Avanços tecnológicos e desigualdade ao longo das Revoluções Industriais.

Fonte: UNCTAD, 2021, p. 3. *TIC = Tecnologias da Informação e Comunicação. **Europa Ocidental, Austrália, Canadá, Estados Unidos, Nova Zelândia e Japão. ***Todos os países, exceto os citados anteriormente.

57 UNCTAD, 2021, p. 3-7.

Um relatório do Fórum Econômico Mundial de 2018 estima que cerca de 77 milhões de empregos possam ser substituídos pela mudança na divisão de trabalho entre os humanos e as máquinas, enquanto 133 milhões de empregos mais adaptados à nova divisão de trabalho entre humanos, máquinas e algoritmos possam surgir.[58] Outro estudo analisou 702 ocupações nos Estados Unidos e estimou que 47% do total dos empregos desse país está em ocupações com alto risco de serem automatizáveis nas próximas décadas.[59] Estudo com metodologia semelhante feito no Brasil mostrou que 54,5% dos empregos estão em ocupações com risco alto ou muito alto de serem automatizados até o ano de 2046.[60]

Não são apenas as ocupações de baixa complexidade que estão ameaçadas, como caixas de supermercado, auxiliares de escritório, secretários, atendentes de *call centers*, estoquistas, operadores de máquinas, motoristas e vendedores. Desde que o supercomputador Deep Blue, da IBM, derrotou em 1997 o então campeão mundial de xadrez Garry Kasparov, os empregos em ocupações de alto nível intelectual e que realizam atividades complexas e não repetitivas também se tornaram passíveis de serem substituídos por equipamentos automatizados. Isso ficou ainda mais claro em 2011, quando o sistema Watson, da IBM, usando inteligência artificial, linguagem natural (no caso, em inglês) e processando uma enorme quantidade de dados em segundos, venceu alguns campeões do *Jeopardy!*, famoso programa de perguntas e respostas da TV norte-americana.

E isso foi só um aperitivo. O que veio a seguir foram aplicações dessas tecnologias em atividades intelectuais de todo tipo, na indústria de transformação, no comércio, na saúde, educação, justiça, agricultura, cinema, literatura. Por exemplo, aplicações de inteligência artificial que geram imagens a partir de textos, e vice-versa, realizam atividades típicas de designer, publicitários, artistas plásticos, roteiristas, argumentistas e outros profissionais da indústria criativa que, até pouco tempo atrás, pareciam estar imunes aos efeitos dessas tecnologias. Cada nova informação sobre as inovações da Quarta Revolução Industrial, notadamente sobre a inteligência artificial, provoca polêmicas intermináveis sobre o futuro do trabalho intelectual. Veja o debate causado pelo Chatbot GPT, lançado pela empresa OpenAI. Portanto, não é sem razão o temor de que as máquinas que aprendem, os algoritmos e a longa lista de tecnologias emergentes da Quarta Revolução possam substituir o trabalho humano em geral e, particularmente, o intelectual.

1.8.1 COLOCANDO NA BALANÇA

Pode-se entender os efeitos nocivos das inovações sobre os humanos e o meio ambiente como inevitáveis diante do estado da arte quando foram implementadas. Esse argumento faz sentido, pois olhar o passado com os olhos de hoje pode levar a uma

58 *World Economic Forum*, 2018.

59 FREY e OSBORNE, 2013.

60 IPEA, 2019.

crítica injusta aos nossos antepassados. De fato, muitas constatações a respeito dos malefícios de uma inovação só foram possíveis com o avanço do conhecimento e do instrumental de pesquisa colocados à disposição de pesquisadores por meio de inovações. Foi o que aconteceu com os CFCs; quando foram lançados, não havia instrumental científico para medir seus efeitos na estratosfera. No entanto, comparando-se os resultados positivos com os negativos, o saldo é positivo, pois os seres humanos de hoje desfrutam de maior bem-estar e longevidade com saúde do que nossos antepassados, o que não seria possível sem as incontáveis inovações realizadas ao longo do tempo em todos os cantos.

Inovações nas áreas médicas e farmacêuticas fizeram com que doenças antes letais tivessem curas. Doenças infecciosas que, em um passado não muito distante, matavam pessoas como se fossem moscas foram controladas. Quando a pandemia da covid-19 estourou, no início de 2020, as esperanças de cura e de controle recaíram sobre as inovações tecnológicas em vacinas, kits para testes, inovações em materiais e equipamentos hospitalares, como respiradores mecânicos, bem como em seus processos de produção para reduzir custos e tempo de fabricação. A fome em proporções mundiais, como previra Thomas Malthus no século XVIII, por ora está afastada, graças às inúmeras inovações em insumos agrícolas, processos de cultivo, transporte, conservação e processamento de alimentos, assim como em novas variedades geneticamente modificadas, mais resistentes às pragas, mais adaptadas a solos pobres e com maior capacidade nutricional. A difusão de inovações de todo tipo tornou a vida de enormes contingentes de pessoas mais cômoda e prazerosa. Alguns toques no celular colocam em contato pessoas em lados opostos do mundo ou disponibilizam bens e serviços que, há pouco, nem sequer eram conhecidos.

Infelizmente, esses benefícios não estão disponíveis a todos. Poluição, depleção de recursos naturais e acesso desigual aos novos bens e serviços e outros resultados não desejados das inovações fazem vítimas em todo o mundo. Conforme a Organização Mundial da Saúde (OMS), as causas ambientais foram responsáveis por 23% das mortes registradas no mundo em 2012; a poluição da atmosfera, sozinha, causa 6,5 milhões de mortes anuais; 58% das enfermidades diarreicas, umas das principais causas de mortalidade infantil, devem-se à contaminação da água doce; uma parte considerável da população mundial, algo em torno de 3 bilhões de pessoas, não tem acesso às instalações para lidar com resíduos sólidos de modo adequado.[61] O que torna ainda mais trágica essa situação é saber que muitos desses problemas já poderiam ter sido solucionados com as tecnológicas ambientais existentes, muitas das quais serão abordadas neste livro.

De fato, não faltam meios para evitar ou minimizar os impactos negativos das inovações sobre o meio ambiente e a sociedade, bem como bons exemplos que podem ser replicados. O desenvolvimento sustentável, assunto que será tratado no Capítulo 2, requer a transformação dos sistemas de produção e consumo de bens e serviços, de modo que atendam às necessidades básicas de todas as pessoas, ao mesmo tempo que

---

61 UNEP, 2017, p. 5.

minimiza os impactos adversos sobre o meio ambiente físico, biológico e social. Consequentemente, requer a criação de novos empregos e novos empreendimentos afinados com esses propósitos. As inovações desempenham um papel importante para a transição de uma sociedade insustentável para uma sustentável ou, melhor dito, menos insustentável. No entanto, para isso, elas não podem ser realizadas da forma convencional, orientadas apenas por objetivos econômicos. Mais do mesmo traria ainda mais problemas ambientais e sociais.

REFERÊNCIAS

Bai, C.; Dallasega, P.; Orze, G.; Sarkis, J. Industry 4.0 technologies assessment: a sustainability perspective. *International Journal of Production Economics*, vol. 229, may, 2020. https://doi.org/10.1016/j.ijpe.2020.107776.

Boons, F; Lüdeke-Freund, F. Business model for sustainable innovation: start-of-the-art and step toward a research agenda. *Journal of Cleaner Production*, n. 45, p. 9-19, 2013.

Brasil. *Decreto 75.572 de 08/04/1975*. Promulga a Convenção de Paris para a Proteção da Propriedade industrial, revisão de Estocolmo, 1967. Brasília: DOU de 10/4/1975.

Brasil. *Lei 9.279 de 14/05/1996*. Regula direitos e obrigações relativos à propriedade industrial. Brasília: DOU de 15/05/1996.

Brasil. *Decreto 5.472 de 20/06/2005*. Promulga o texto da Convenção de Estocolmo sobre Poluentes Orgânicos Persistentes, adotada, naquela cidade, em 22 de maio de 2001. Brasília: DOU de 21/06/2005.

Carson, R. *Silent Spring*. Boston: Mariner Books, 2002. Obs.: 1ª edição publicada em 1962.

Christensen, C. M. *The innovatior's dilemma*. New York: Harper Collins Publishers, 2006.

Christensen, C. M; Raynor, M. E; McDonald, R. What is disruptive innovation? *Harvard Business Review*, p. 44-53, December 2015.

Davila, T., Epstein, M. J.; Shelton, R. *Making innovation work*: how to manage it, measure it, and profit from it. Wharton School Publishing, 2006.

Dewey, J. *Logic:* the theory of inquiry. New York, Holt, Rinehart e Winston, 1938, p.109.

Dosi, G. Technological paradigms and technological trajectories. *Research Policy*, v. 11, n. 3, Jun. 1982.

Dosi, G. The nature of the innovative process. In: Dosi, G. et al. *Technical change and economic theory*. London: Printer Publishers, 1988.

Drucker, P. *Inovação e espírito empreendedor*: prática e princípios. Biblioteca Pioneira de Administração. São Paulo, 1987.

European Environment Agency (EEA). *Late lessons from early warnings*: the precautionary principle 1896-2000. Copenhagen: EEA, 2001. Disponível em: <https://www.eea.europa.eu/publications/environmental_issue_report_2001_22>. Acesso em 15/06/2023.

European Environment Agency (EEA). *Late lessons from early warnings*: science, precaution, innovation. Lessons for preventing harm. Copenhagen: EEA, 2013. Ver em: <http://www.eea.europa.eu/publications/late-lessons-2>. Acesso em 15/06/2023.

Frey, C. B.; Osborne, M, A. *The future of employment: how susceptible are jobs to computerization?* Oxford University, 2013. Disponível em: <www.oxfordmartin.ox.ac.uk/downloads/academic/The_Future_of_Employment.pdf>. Acesso em 15/06/2023.

Glendinning, C. *Notes toward a Neo-Luddite Manifesto.* 1990. Disponível em: <https://theanarchistlibrary.org/library/chellis-glendinning-notes-toward-a-neo-luddite-manifesto>. Acesso em 15/06/2023.

Gundling, E. *The 3M way to innovation*: balancing people and profit. NY, Kodanska America, 2000. 247 p.

Houaiss, A. *Dicionário Houaiss da língua portuguesa.* Rio de Janeiro: Objetiva, 2009.

Instituto de Pesquisa Econômica Aplicada. (IPEA). *Na era das máquinas, o emprego é de quem?* Estimação da probabilidade de automação de ocupações no Brasil, 2019. Disponível em: <http://www.ipea.gov.br/portal/images/stories/PDFs/TDs/190329_td_2457.pdf>.

Intergovernmental Panel on Climate Change (IPCC). *Climate Change 2021*: The Physical Science Basis. Contribution of Working Group I to the Sixth Assessment Report of the IPCC, 2021.

International Organization for Standardization (ISO). ISO 56000:2020 – Innovation management: fundamentals and vocabulary. ISO, 2020.

International Organization for Standardization (ISO). ISO/TR 21960:2020 – Plastics –Environmental aspects – State of knowledge and methodologies Geneve. ISO, 2020.

Kuhn, T. S. *A estrutura das revoluções científicas.* São Paulo: Perspectiva, 2013.

Mansfield, E. *Microeconomia.* Rio de Janeiro: Editora Campus, 1969.

March, J. G. Exploration and Exploitation in Organizational Learning. *Organization Science*, vol. 2, nº 1, p. 71-87, 1991.

Masterman, M. A natureza do paradigma, In: Lakatos, I.; Musgrave, A. *A crítica e o desenvolvimento do conhecimento.* São Paulo: Editora da Universidade de São Paulo e Editora Cultrix, 1979.

Molière *Le Bourgeois gentilhomme.* Paris: Editora Hachete (les classic Hachete), 2001. Obs.: peça teatral encenada inicialmente no Século XVII.

Organisation for Economic Co-operation and Development (OECD). *Proposed guidelines for collecting and interpreting technological innovation data*: *Oslo Manual.* Paris: OECD, 1992.

Organisation for Economic Co-operation and Development (OECD); Statistical Office of the European Communities (EUROSTAT). *Proposed guidelines for collecting and interpreting technological innovation data: Oslo Manual.* Paris: OECD, EUROSTAT, 1997.

Organisation for Economic Co-operation and Development (OECD) e Statistical Office of the European Communities (EUROSTAT). *Proposed guidelines for collecting and interpreting technological innovation data: Oslo Manual.* Paris: OECD; EUROSTAT, 2005.

Organisation for Economic Co-operation and Development (OECD). *Frascati Manual 2015: Guidelines for Collecting and Reporting Data on Research and Experimental Development.* The Measurement of Scientific, Technological and Innovation Activities: Paris: OECD, 2015.

Organisation for Economic Co-operation and Development e Statistical Office of the European Communities (EUROSTAT). *Guidelines for collecting, reporting and using data on innovation: Oslo Manual 2018.* Paris: OECD, EUROSTAT, 2018.

Parlamento Europeu e Conselho da União Europeia. *Diretiva 2019/904, relativa à redução do impacto de determinados produtos de plástico no ambiente.* Bruxelas, 05/06/2019.

Schmookler, J. *Invention and economic growth.* Cambridge, Harvard University Press, 1966.

Schumpeter, J. A. The instability of capitalism. *Economics journal*, v. 38, n. 151, p. 361-366, 1928. Disponível em: <http://www.jstor.org/stable/2224315>. Acesso em 15/06/2023.

Schumpeter, J. A. *A teoria do desenvolvimento econômico.* São Paulo: Nova Cultural, 1982.

Schumpeter, J. A. *Capitalism, socialism and democracy.* London, Routledge, 2003. Disponível em: <digamo.free.fr/capisoc.pdf>. Acesso em 15/06/2023.

Tushman, M.; O'reilly III, C. A. The ambidextrous organization. *Harvard Business Review*, abril, 2004.

United States Patent Office. *Patent number 5,194,266*: repositionable pressure-sensitive adhesive sheet material. USPO, 1993.

United Nations Conference on Trade and Development (UNCTAD). *Technology and innovation report 2021*: catching technological waves Innovation with equity. Nova York, ONU, 2021.

United Nations Enviroment Program (UNEP). *Towards a Pollution-free Planet.* 2017. Disponível em: <https://www.unep.org/resources/report/towards-pollution-free-planet-background-report>. Acesso em 15/06/2023.

United Nations General Assembly; Human Rights Council. *Report of the Special Rapporteur on the right to food.* Nova York: UN General Assembly, 2017. Disponível em: <https://ap.ohchr.org/documents/dpage_e.aspx?si=A/HRC/34/48>. Acesso em 15/06/2023.

Vasconcellos, M. A. Competências da organização inovadora. *Cadernos de inovação.* São Paulo: Fundação Getulio Vargas/Escola de Administração de Empresas de São paulo (FGV/EAESP). Fórum de Inovação da EAESP, 2014.

Vasconcellos, M. A (Coord.). *Gestão da inovação.* São Paulo: Fundação Nacional da Qualidade (FNQ), 1ª edição, 2015.

Van de Ven, A. H.; Angle, H. L.; Poole, M. S. *Research on the Management of Innovation.* 2nd ed. Oxford University Press; Oxford, 2000.

World Economic Forum. *The future of jobs: report 2018.* World Economic Forum/ Centre for the New Economy and Society, 2018. Disponível em: <https://www.weforum.org/reports/the-future-of-jobs-report-2018>. Acesso em 15/06/2023.

CAPÍTULO 2
Desenvolvimento sustentável

Desenvolvimento socioeconômico, ou, simplesmente, *desenvolvimento*, refere-se à melhoria qualitativa das condições de vida da população de um país, uma região, um município ou um bairro. Também se refere à transformação das estruturas produtivas para torná-las mais eficientes e apropriadas à geração de renda e riqueza, vindo daí o uso intercambiável, mas nem sempre apropriado, dos termos *desenvolvimento*, *crescimento econômico*, *industrialização*, *urbanização*, *progresso técnico* e *modernização*. Ao final dos anos 1960, uma variedade de crises ambientais de dimensão planetária tornou-se evidente e expôs a sua face perversa dos pontos de vista social e ambiental. Apesar de toda a degradação causada, a imensa maioria dos humanos continuava – e ainda continua – vivendo em condições precárias.

As ideias sobre desenvolvimento sustentável surgem do encontro de duas ordens de preocupações: (1) a persistência de graves problemas econômicos e sociais mundo afora, inclusive no interior dos países desenvolvidos; e (2) os problemas ambientais de grandes proporções, como mudança do clima global, destruição da camada de ozônio, poluição dos mares e oceanos, aumento do número de espécies ameaçadas e extintas, precipitações ácidas, entre muitos outros. Embora o meio ambiente apresente sinais preocupantes de degradação e estresse devido à intensa exploração econômica, mais de 1/3 da humanidade vive em situações precárias, quando não abaixo da linha de miséria. Enquanto isso, os países desenvolvidos, que representam algo em torno de 1/5 da população mundial, auferem mais de 3/4 de toda a renda mundial. A degradação ambiental em escala global e as condições sociais degradantes para a imensa maioria da população passaram a ser tratadas como problemas coligados, segundo a ideia de que não seria possível resolver um sem considerar o outro. Esse é, *grosso modo*, o significado de desenvolvimento sustentável.

Os movimentos ambientalistas foram e continuam sendo os grandes protagonistas do movimento do desenvolvimento sustentável. Mas não todas as suas inúmeras correntes ou formações. Esse é um ponto importante a ser esclarecido. Por simplificação, muitos políticos, formadores de opinião, como jornalistas, professores, líderes empresariais e o público em geral, tratam todos os ambientalistas como se pertencessem a um grupo coeso em torno de um ideário comum. Nada mais equivocado. Embora todos os grupos ambientalistas tenham em comum a defesa do meio ambiente, há uma variedade de entendimentos sobre a relação entre o ser humano e o meio ambiente, o que gera diferentes posicionamentos entre eles, inclusive antagonismos irreconciliáveis.

Os estudiosos do ambientalismo sempre se valem de algum critério para classificar os diferentes grupos de ambientalistas, pois sabem que não faz sentido tratá-los indistintamente. Há critérios baseados no tipo de conhecimento sobre a natureza (romântico, religioso, científico), em ideologias políticas (liberal, socialista, feminista, anarquista, fascista), em abordagens filosóficas sobre a natureza (monista, dualista, idealista, materialista), entre outras.[1] Nem todos os grupos são favoráveis às propostas sobre desenvolvimento sustentável, por razões diversas, sendo que alguns são críticos ferozes. Por exemplo, há grupos avessos a essas propostas pelo fato de o ser humano ocupar o centro das suas atenções, ou seja, por ser uma proposta marcadamente antropocêntrica; outros, por acharem que é um modo de salvar o capitalismo; outros, pelo fato de atribuírem importância ao crescimento econômico, que seria a fonte de toda degradação ambiental.

2.1 DESENVOLVIMENTO E CRESCIMENTO ECONÔMICO

Há muitas definições de desenvolvimento sustentável. A mais conhecida é a seguinte: "desenvolvimento sustentável é aquele que atende às necessidades do presente sem comprometer a possibilidade de as futuras gerações atenderem às suas próprias necessidades".[2] Essa definição, popularizada a partir da Conferência das Nações Unidas sobre o Desenvolvimento e Meio Ambiente, realizada no Rio de Janeiro em 1992, baseia-se em dois pactos geracionais: (1) o pacto entre os membros da geração atual, para que todos tenham suas necessidades básicas atendidas; e (2) o pacto da geração atual para proteger o meio ambiente, de modo que as gerações futuras possam atender às suas necessidades. Ou seja, o desenvolvimento sustentável tem por objetivo atender às necessidades básicas de todos os humanos existentes agora e os que vierem depois, o que pressupõe que os recursos naturais sejam usados com prudência e eficiência, para que não faltem em qualquer época futura.

1 PEPPER, 1996, p. 34.

2 COMISSÃO MUNDIAL SOBRE MEIO AMBIENTE E DESENVOLVIMENTO, 1991, p. 46.

O debate sobre desenvolvimento e crescimento econômico é central para entender o desenvolvimento sustentável. A ideia de desenvolvimento como sinônimo de crescimento econômico vem desde a era clássica e continua no presente, sendo esse um assunto recorrente do debate sobre desenvolvimento sustentável. Crescimento econômico refere-se ao aumento quantitativo da produção de bens e serviços de uma região ou um país; e desenvolvimento, à melhoria da qualidade de vida da população dessa região ou desse país.[3] Crescimento e desenvolvimento podem ou não coexistir, ou seja, pode haver crescimento com ou sem desenvolvimento, ou desenvolvimento com ou sem crescimento. O pensamento convencional considera o crescimento necessário para o desenvolvimento. Essa também é a opinião dominante no movimento do desenvolvimento sustentável expressa em seus documentos fundadores. De fato, a retomada do crescimento econômico foi considerada um dos objetivos do desenvolvimento sustentável e entendida como uma condição necessária para erradicar a pobreza, mas acrescenta que é necessário mudar o teor do crescimento para torná-lo mais equitativo e menos intensivo em materiais e energia.[4]

A inclusão desse objetivo teve uma importância capital para a aceitação do desenvolvimento sustentável no mundo empresarial e governamental. O crescimento econômico é um objetivo permanente dos empresários e seus dirigentes. No ambiente empresarial, não se discute a sua validade, pois é uma espécie de princípio *prima facie*; discute-se apenas como crescer. Toda a literatura sobre estratégia empresarial e inovação é destinada a apoiar o crescimento das empresas. Entre os resultados esperados das inovações estão o crescimento da empresa por meio da ampliação da receita, a penetração em novas áreas, a diversificação de produtos, o acesso às fontes de insumos críticos etc. Para os políticos e governantes, o crescimento da economia é o que sempre esperam durante seus mandatos e o que sempre prometem aos eleitores. Com crescimento, é mais fácil governar e cumprir as promessas de campanha; a arrecadação de tributos aumenta e há mais dinheiro em caixa para realizar obras, prestar serviços públicos e atender aos partidos e políticos aliados. Ao contrário, a recessão e a estagnação, ao fecharem empresas e postos de trabalhos, aumentam as demandas da população, ao mesmo tempo que reduzem a capacidade de atendê-las pela redução dos tributos, o que derruba a popularidade dos governantes. Para os governantes com olhos na próxima eleição, é a tempestade perfeita.

Se, de um lado, a inclusão do crescimento econômico abriu a porta para a entrada maciça de empresas e governos no movimento do desenvolvimento sustentável, do outro, provocou críticas de vários tipos. Daly e Farley (2004), por exemplo, entendem que o desenvolvimento sustentável é um desenvolvimento sem crescimento, ou seja, melhorias qualitativas na capacidade de satisfazer necessidades sem aumento quantitativo da produção. O crescimento, que não constitui um fim em si mesmo, não pode ocorrer continuamente, devido aos limites dados pela capacidade de regeneração dos ecossistemas, de modo que, a partir de certo ponto, o custo do crescimento ultrapassa

3 Veja a distinção entre crescimento e desenvolvimento feita por Schumpeter no Quadro 1.1.

4 Idem, p. 56.

os benefícios. Como estratégia para integrar a economia e a ecologia, esses autores defendem a ideia de uma economia estável, na qual a população e a riqueza gerada por ela devem permanecer constantes para certo nível adequado de qualidade de vida. A produção da riqueza deve respeitar a capacidade regenerativa e de absorção dos ecossistemas.[5] Esses autores não negam a importância do desenvolvimento sustentável, mas questionam a sua relação com o crescimento econômico.

Outros autores fizeram críticas ao próprio conceito de desenvolvimento sustentável, como Paul Ariès, para quem o desenvolvimento sustentável é uma farsa, uma impostura intelectual ou, na melhor das hipóteses, uma maneira de poluir menos para poluir por mais tempo.[6] Serge Latouche considera a palavra *desenvolvimento* tóxica, independentemente do adjetivo que a acompanhe. Para ele, o desenvolvimento sustentável não é durável nem sustentável.[7] Esses autores defendem a ideia de decrescimento, uma proposta de política não só anticapitalista, mas também contrária ao socialismo real, pela sua obsessão ao produtivismo. Em linhas gerais, esses dois autores detonam as ideias sobre crescimento, desenvolvimento e desenvolvimento sustentável.

Entre as propostas de crescimento econômico a qualquer custo e crescimento nenhum, há propostas interessantes apoiadas em pesquisas quantitativas que procuraram relacionar o crescimento econômico dos países ao nível de satisfação ou de felicidade de suas populações. Com o estudo pioneiro de Richard Easterlin na década de 1970, surge o que foi denominado *paradoxo de Easterlin* ou *da felicidade*. Com base em dados dos Estados Unidos, do Japão e de nove países europeus, esse economista verificou que os níveis de satisfação desses países mantiveram-se praticamente estáveis diante do crescimento vigoroso da economia no período analisado, triplicado em alguns casos. O paradoxo refere-se ao fato de que o senso comum esperaria que o nível de satisfação também crescesse nesses países, o que não ocorreu.

Esse paradoxo é usado pelo economista e ecologista Tim Jackson para formular a proposta denominada *prosperidade sem crescimento*. Para ele, prosperidade tem dimensões sociais e psicológicas essenciais, como satisfação com a vida, participação social e outros fatores subjetivos, de modo que não se restringe à posse de bens materiais acompanhando o aumento da renda e, por consequência, ao crescimento econômico. Sua proposta afasta-se tanto do louvor ao crescimento, por ser insustentável e aprofundar as disparidades sociais, quanto do decrescimento, por ser instável, pois o declínio do consumo leva ao aumento do desemprego, à queda da competitividade e à espiral recessiva. Sua proposta baseia-se em estudos que mostram que, em países com renda per capita igual ou superior a US$ 15,000.00, o nível de satisfação aumenta muito pouco em relação aos aumentos da renda, mesmo quando os aumentos são significativos. Já nos países com renda muito baixa, pequenos aumentos da renda aumentam substancialmente o

---

[5] DALY e FARLEY, 2008, p. 33 e 86-7.

[6] ARIES, 2005, p. 83.

[7] LATOUCHE, 2009; 2004.

nível de satisfação,[8] o que autoriza a defesa do crescimento zero ou vegetativo naqueles países e do crescimento elevado nesses últimos.

Estudos como esses mostram que o crescimento não deve ser descartado, mas também não deve ser tratado como a pomada milagrosa para a cura de todos os males. Os países mais pobres necessitam de crescimento para erradicar a pobreza, um dos objetivos do desenvolvimento sustentável. As propostas de decrescimento ou de condição estável fazem sentido para os países ricos, os que já se desenvolveram, pois, neles, o crescimento da renda per capita pouco contribui para aumentar a satisfação com a vida, um componente essencial da qualidade de vida. Nos demais, o crescimento econômico vigoroso é necessário para promover o desenvolvimento sustentável. Esse é o sentido de uma das metas da Agenda 2030 para o Desenvolvimento Sustentável, que propõe crescimento econômico anual de 7% do PIB para os países de menor desenvolvimento relativo.[9] É uma taxa de crescimento elevada, pouco frequente no passado e que dificilmente ocorrerá em épocas marcadas por políticas de valorização do equilíbrio fiscal. Mas é a taxa que deveria prevalecer nesses países, a fim de erradicar a pobreza e combater a enorme desigualdade social. A questão central do desenvolvimento é como realizar essa façanha e, simultaneamente, melhorar o meio ambiente.

2.2 DIMENSÕES DA SUSTENTABILIDADE

Há duas abordagens básicas sobre desenvolvimento sustentável: a dos sistemas, ou das dimensões, e a do capital. A primeira é representada por um diagrama de Venn, uma forma de representação usual e que conta com muitas versões. Uma delas é a Figura 2.1a. Cada sistema tem seu próprio conjunto de objetivos atribuídos pelos seres humanos, enquanto o desenvolvimento sustentável envolve um processo de escolhas entre os vários objetivos dos três sistemas por ser impossível maximizar todos eles o tempo inteiro. Considerar apenas os objetivos de um dos sistemas está muito longe do desenvolvimento sustentável porque os impactos sobre os outros dois seriam ignorados. O mesmo argumento vale para a atuação somente em dois, pois um deles ficaria de fora. Seria o caso de um sistema econômico eficiente, e até mesmo equitativo em termos de alocação de recursos, mas que gera degradação ambiental, que ameaça a produtividade biológica, a biodiversidade e a resiliência do sistema ambiental.[10]

Essa abordagem também é conhecida por *abordagem das dimensões da sustentabilidade*, termo usado para indicar as condições que sustentam o desenvolvimento de modo duradouro ao longo do tempo. A propósito, nos ambientes francófonos, a expressão usada é *desenvolvimento durável* (*développement durable*). A representação por meio de círculos que se interpenetram é um artifício que não condiz com a realidade, pois é o sistema econômico que está imerso no sistema social, e este, no sistema

[8] JACKSON, 2013, p. 49-56.

[9] Transformando o nosso mundo: Agenda 2030, Objetivo de Desenvolvimento Sustentável 8, meta 8.1. https://brasil.un.org/pt-br/91863-agenda-2030-para-o-desenvolvimento-sustententavel.

[10] BARBIER e MARKANDYA, 2013, p. 38.

ambiental ou meio ambiente. Mas essa representação facilita a identificação e o tratamento dos componentes de cada dimensão, bem como as interações entre eles, com vistas a operacionalizar o desenvolvimento sustentável. Por exemplo, no âmbito das organizações, a interseção entre as dimensões econômica e social (Figura 2.1b) compreende ações para promover a equidade social, entre elas, defesa dos direitos humanos, participação dos trabalhadores nos resultados, investimentos com impactos sociais e outras que promovam a justiça social. A ecoeficiência combina questões econômicas e ambientais, como controle eficiente da poluição para corrigir as externalidades negativas geradas pelas atividades, economia de recursos produtivos, desenvolvimento de produtos e serviços ambientalmente saudáveis.

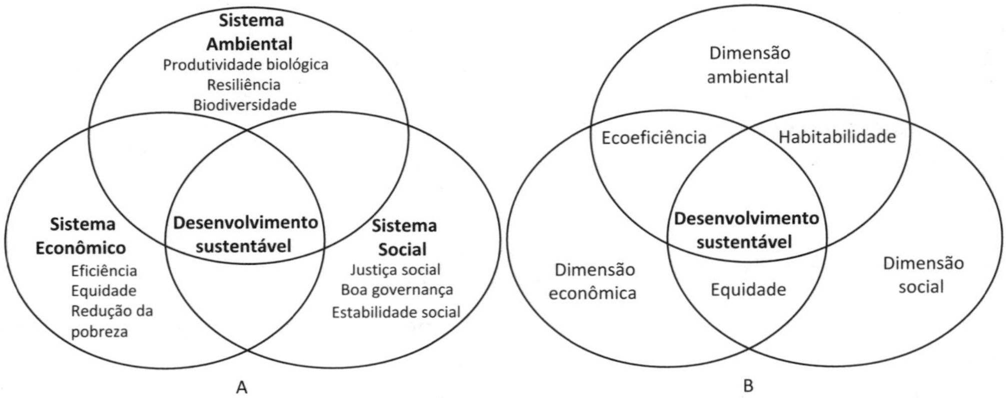

Figura 2.1 – Desenvolvimento sustentável: abordagem dos sistemas ou dimensões.

Fonte: (a) BARBIER e MARKANDYA, 2013, p. 38; (b) AFNOR, 2003 (adaptado).

As dimensões social, ambiental e econômica, consideradas simultaneamente, constituem o núcleo central dessa abordagem, que pode ser sintetizada pela expressão *equidade social, prudência ecológica e eficiência econômica.*[11] As questões concernentes a cada dimensão variam conforme as interpretações dadas pelos usuários dessa abordagem. Por exemplo, o modelo de gestão denominado *Triple Bottom Line* (TBL), desenvolvido por John Elkington em meados da década de 1990, baseia-se numa ideia muito simples: acrescentar os resultados sociais e ambientais da atuação da empresa ao resultado econômico líquido, a última linha (*bottom line*) do demonstrativo de resultados, que indica se a empresa teve lucro ou prejuízo, uma preocupação permanente de empresários, investidores e dirigentes empresariais.[12] Esse modelo também é conhecido por *3Ps* (de *Profit* = lucro; *Planet* = meio ambiente; e *People* = gente, pessoas). Quando aplicado às organizações sociais, comunitárias e públicas, um dos Ps indica prosperidade, no sentido de aumento de bens materiais que proporcionem bem-estar à população-alvo.

---

11 STRONG, 1993, p. 7.

12 ELKINGTON, 2005.

Há outras dimensões que contribuem para o alcance do desenvolvimento sustentável que funcionam como pré-requisitos para as três comentadas anteriormente. Uma delas, a dimensão política, trata das condições necessárias para que todos possam participar do processo de desenvolvimento, o que pressupõe o fortalecimento das instituições democráticas. Liberdade de expressão e de associação, direito à informação, imprensa livre, eleições periódicas e livres, poderes do Estado autônomos, entre outras instituições democráticas de um Estado de Direito, favorecem a cidadania ativa e, consequentemente, ampliam a participação da população nos processos de desenvolvimento. A dimensão institucional refere-se aos esforços despendidos pelos governos para a realização das mudanças que objetivam melhorar a qualidade de vida das pessoas. Essa dimensão complementa a dimensão política no que se refere aos meios de promoção do desenvolvimento.

A abordagem das dimensões também está presente na Agenda 2030 para o Desenvolvimento Sustentável, aprovada em 2015 durante a Cúpula das Nações Unidas sobre o Desenvolvimento Sustentável. Essa Agenda estabeleceu 17 objetivos do desenvolvimento sustentável (ODS), compreendendo 169 metas e configurando cinco dimensões ou áreas prioritárias para o desenvolvimento sustentável, a saber:

1) *pessoas – acabar com a pobreza e a fome em todas as suas formas e dimensões, e garantir que todos possam realizar o seu potencial em dignidade e igualdade, em um ambiente saudável;*

2) *planeta – proteger o planeta da degradação, sobretudo por meio da produção e do consumo sustentáveis, da gestão sustentável dos recursos naturais e tomando medidas urgentes sobre a mudança climática, para que ele possa suportar as necessidades das gerações presentes e futuras;*

3) *prosperidade – assegurar que todos desfrutem de uma vida próspera e de realização pessoal plena, e que o progresso econômico, social e tecnológico ocorra em harmonia com a natureza;*

4) *paz – promover sociedades pacíficas, justas e inclusivas, livres do medo e da violência, pois não pode haver desenvolvimento sustentável sem paz, e não há paz sem desenvolvimento sustentável;*

5) *parceria – mobilizar os meios necessários para implementar a Agenda 2030 por meio de uma parceria global para o desenvolvimento sustentável revitalizada, com base num espírito de solidariedade global reforçada, concentrada em especial nas necessidades dos mais pobres e mais vulneráveis e com a participação de todos os países, todas as partes interessadas e todas as pessoas.*[13]

As três primeiras dimensões tratam de objetivos sociais, ambientais e econômicos, respectivamente; as duas últimas, de objetivos políticos e institucionais que orientam

---

13 "Transformando Nosso Mundo: a Agenda 2030 para o Desenvolvimento Sustentável", p. 2. Disponível em: <https://brasil.un.org/sites/default/files/2020-09/agenda2030-pt-br.pdf>.

a governança da Agenda 2030. O Quadro 2.1 apresenta os 17 ODS e a dimensão ou área prioritária de ação, conforme apresentadas; e a Figura 2.2, os símbolos de cada ODS. Embora as inovações de todo tipo possam contribuir para o alcance desses objetivos, elas são expressamente consideradas no ODS 9.

Quadro 2.1 – Objetivos do Desenvolvimento Sustentável (ODS)

ODS	Enunciado	Dimensão dominante
1	Acabar com a pobreza em todas as suas formas e em todos os lugares.	Pessoa
2	Acabar com a fome, alcançar segurança alimentar e melhoria da nutrição, e promover a agricultura sustentável.	Pessoa
3	Assegurar uma vida saudável e promover o bem-estar para todos, em todas as idades.	Pessoa
4	Assegurar a educação inclusiva, equitativa e de qualidade, e promover oportunidades de aprendizagem durante toda a vida para todos.	Pessoa
5	Alcançar a igualdade entre gêneros e o empoderar todas as mulheres e meninas.	Pessoa
6	Assegurar a disponibilidade e a gestão sustentável da água e saneamento para todos.	Pessoa
7	Assegurar a todos o acesso confiável, sustentável, moderno e a preço acessível à energia.	Prosperidade
8	Promover o crescimento econômico sustentado, inclusivo e sustentável, emprego pleno e produtivo e trabalho decente para todos.	Prosperidade
9	Construir infraestruturas resilientes, promover a industrialização inclusiva e sustentável e fomentar a inovação.	Prosperidade
10	Reduzir a desigualdade dentro dos países e entre eles.	Prosperidade
11	Tornar as cidades e os assentamentos humanos inclusivos, seguros, resilientes e sustentáveis.	Prosperidade
12	Assegurar padrões de produção e consumo sustentáveis.	Planeta
13	Tomar medidas urgentes para combater a mudança climática e seus impactos, reconhecendo que a Convenção-Quadro das Nações Unidas sobre Mudança do Clima [UNFCCC] é o fórum internacional intergovernamental primário para negociar a resposta global à mudança do clima.	Planeta

(*continua*)

Quadro 2.1 – Objetivos do Desenvolvimento Sustentável (ODS) (*continuação*)

ODS	Enunciado	Dimensão dominante
14	Conservar e usar sustentavelmente os oceanos, os mares e os recursos marinhos para o desenvolvimento sustentável.	Planeta
15	Proteger, recuperar e promover o uso sustentável dos ecossistemas terrestres, gerir de forma sustentável as florestas, combater a desertificação, deter e reverter a degradação da terra e deter a perda da biodiversidade.	Planeta
16	Promover sociedades pacíficas e inclusivas para o desenvolvimento sustentável, proporcionar o acesso à justiça para todos e construir instituições eficazes, responsáveis e inclusivas em todos os níveis.	Paz
17	Fortalecer os meios de implementação e revitalizar a parceria global para o desenvolvimento sustentável.	Parceria

Fonte: "Transformando Nosso Mundo: a Agenda 2030 para o Desenvolvimento Sustentável", p. 17-18.

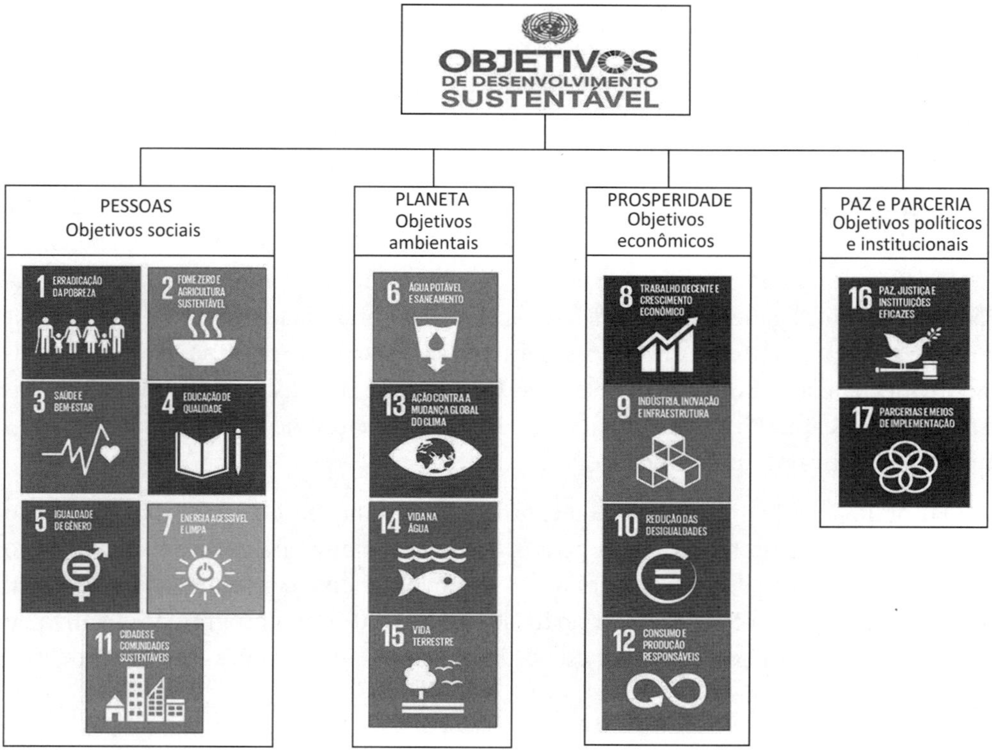

Figura 2.2 – Objetivos do Desenvolvimento Sustentável (ODS) – símbolos.

Fonte: <https://nacoesunidas.org/pos2015/agenda2030>.

Uma das metas do ODS 8 é melhorar progressivamente, até 2030, a eficiência dos recursos globais no consumo e na produção, e dissociá-la da degradação ambiental.[14] As inovações de produto e processos desempenham um papel central para alcançarem-se as metas do ODS 12, como gestão sustentável e o uso eficiente dos recursos naturais; redução pela metade do desperdício de alimentos per capita mundial em nível de varejo e do consumidor, bem como as perdas de alimentos ao longo da cadeia de produção e abastecimento; manejo ambientalmente saudável dos produtos químicos e seus resíduos ao longo de todo o ciclo de vida; redução substancial da geração de resíduos por meio de prevenção, redução, reciclagem e reúso. Entre as metas do ODS 17 está a promoção do desenvolvimento, da transferência, da disseminação e da difusão de tecnologias ambientalmente corretas para os países em desenvolvimento e em condições favoráveis.

2.3 A ABORDAGEM DO CAPITAL

Capital é um conceito central da economia e da gestão empresarial. Quem consultar livros antigos de economia verá apenas um tipo de capital: *o construído, manufaturado ou artificial.* Esse capital é constituído pelos produtos criados pelos humanos (máquinas, equipamentos, instalações, prédios, veículos) para produzir outros produtos (bens e serviços) que não são consumidos completamente no processo de produção. Modernamente, surgiram outras formas de capital, com o esforço para entender melhor o crescimento econômico e o desenvolvimento.

O *capital humano* não se confunde com o fator trabalho, a ação humana para produzir bens e serviços. Esse capital é constituído por habilidades e conhecimentos dos dirigentes e trabalhadores que resultam em melhoria da produtividade do trabalho. Em termos macrossociais, o capital humano reflete a política pública educacional, as instituições de ensino e pesquisa e o nível de escolaridade formal da população e sua distribuição entre gêneros e classes sociais. No nível organizacional, reflete a sua política de pessoal, os programas de treinamento, as formas de remuneração, a organização interna e a cultura organizacional. Como disse um dos autores pioneiros dos estudos sobre capital humano, a educação e o treinamento são os investimentos mais importantes para o capital humano.[15]

O *capital social* é considerado cada vez mais importante para a operacionalização do desenvolvimento sustentável. Ele contribui para aumentar a eficiência da sociedade ao melhorar a utilização dos seus recursos.[16] O desenvolvimento conceitual e instrumental desse tipo de capital foi acelerado a partir dos anos 2000 com o programa Iniciativa do Capital Social, do Banco Mundial, que o define como "instituições, relacionamentos,

---

14 ODS 8, meta 8.4.

15 BECKER, 1994.

16 PUTNAM, 2000, p. 177.

atitudes e valores que governam as interações entre as pessoas e contribuem para o desenvolvimento econômico e social da sociedade".[17] O capital social, diferentemente do capital humano, não pode ser criado individualmente.

Em termos macrossocial, o capital social é constituído por um conjunto de normas, princípios e diretrizes que orientam os programas, projetos e as atividades nas diferentes instâncias da sociedade, com vistas a tornar o sistema produtivo mais eficiente e distribuir melhor o esforço comum. Imagine uma comunidade de agricultores familiares em que cada família tem condições de ter apenas um dos vários implementos agrícolas necessários para cultivar a terra (arado, grade, sulcador, roçadeira, plantadeira, colheitadeira). Se o capital social entre eles for alto, cada família poderá ter acesso aos implementos das outras. A confiança que cada um tem nos outros membros da comunidade, um componente do capital social, permite que os recursos de cada família sejam utilizados por todos, não havendo necessidade de cada uma ter todos os implementos necessários para realizar suas atividades.

Em termos organizacionais, o capital social decorre da observância das leis, dos acordos firmados, das práticas comerciais justas e do modo de tratar os trabalhadores, fornecedores, clientes, credores, acionistas, agentes públicos reguladores e fiscalizadores, membros da comunidade local, entre outras partes interessadas. Um componente importante desse capital é a credibilidade da organização perante a sociedade e da confiança que ela inspira. Como amplamente sabido, as empresas sem credibilidade pagam taxas de juros mais elevadas, não atraem os melhores profissionais e têm de gastar mais para obter clientes e fechar contratos. Quanto maior a confiança entre parceiros em transações comerciais, menor os custos envolvidos, pois se reduzem ou eliminam-se as providências para vigiar, controlar, conferir a execução contratual, defender direitos, entre outras atividades que não acrescentam mais valor aos bens e serviços entregues.

2.3.1 CAPITAL NATURAL

O capital natural é um conceito mais amplo do que o fator de produção terra. Esse fator é constituído por bens específicos destacados do meio ambiente para uso em atividades produtivas, como solo agricultável, terreno urbano, jazida de minérios, corpo de água, flora, fauna. O capital natural é o próprio meio ambiente enquanto provedor de bens e serviços para os sistemas produtivos humanos, por meio da sua biodiversidade e dos seus componentes abióticos (solo, subsolo, água doce, mares, atmosfera). Toda a produção humana usa bens materiais que antes estavam em sua forma natural no meio ambiente, como águas dos rios e lagos, cardumes de peixes, madeiras, fibras e resinas, minérios, códigos genéticos de plantas, animais, insetos, regulação climática, revitalização do solo, purificação do ar, assimilação e dispersão

[17] GROOTAERT e VAN BASTELAER, 2002, p. 2.

de poluentes, reciclagem de materiais, polinização de lavouras por insetos e pássaros e intemperismo são alguns exemplos entre os muitos serviços prestados pelo capital natural aos sistemas produtivos.

Enfim, esse capital é constituído pela totalidade de bens e serviços presentes no meio ambiente que desempenham múltiplas funções aos humanos e seus sistemas produtivos. Uma classificação dessas funções é a seguinte:

1) *funções de fonte*: proveem recursos naturais para as atividades humanas como solo agricultável, madeira, minérios, fibras, ar, água;
2) *funções de dissipação*: neutralizam, absorvem ou reciclam resíduos das atividades humanas;
3) *funções de suporte à saúde e ao bem-estar dos humanos*: proveem ar limpo, água potável, espaços, amenidades, paisagens com valor estético etc.; e
4) *funções de suporte à vida*: mantêm os ecossistemas e, consequentemente, as demais funções.[18]

O Quadro 2.2 apresenta outra classificação das funções do capital natural. A maioria das atividades humanas exige espaço e um substrato adequado (solo) ou um meio (água, ar) onde as infraestruturas associadas se apoiem. As funções de transporte implicam as transformações permanentes dos ecossistemas originais em outros tipos de capital, por exemplo, um trecho da Mata Atlântica transformada em armazém, posto de combustível, fábrica, loteamento para habitações, pasto, plantação. Contudo, é importante considerar que a capacidade dos sistemas naturais de converter uma função em outra em bases sustentáveis é limitada.[19]

---

18 EKINS, 2003.

19 DE GROOT et al., 2002; DE GROOT, 2006.

Quadro 2.2 – Funções do capital natural

Funções	Descrição	Exemplos
Regulação	Funções relacionadas com a capacidade dos ecossistemas naturais e seminaturais de regular os processos ecológicos essenciais e os sistemas de suporte de vida, como os ciclos biogeoquímicos e outros processos da biosfera. São funções que mantêm a saúde dos ecossistemas em diferentes níveis de escala: no nível da biosfera, elas proveem e mantêm as condições para a vida na Terra. Em muitos aspectos, elas fornecem as condições prévias necessárias para todas as outras funções do capital natural.	• Manutenção da qualidade do ar; • proteção do ozônio estratosférico contra os raios ultravioletas UV-B; • influência sobre o clima; • proteção contra tormentas marítimas provida por recifes de corais; • prevenção de erosões e manutenção da fertilidade do solo; • polinização das espécies de flora selvagem e de culturas agrícolas; • drenagem e irrigação natural; • controle biológico de pragas.
Hábitat	Funções realizadas pelos ecossistemas que fornecerem refúgio e proteção para reprodução de plantas selvagens e animais. Relacionam-se com as condições espaciais necessárias para manter a conservação *in situ* da biodiversidade e dos processos evolutivos.	• Manutenção da biodiversidade biológica e genética; • refúgio e berçário de espécies; • espaço adequado para animais e plantas; • espaço adequado para reprodução de espécies selvagens e domesticadas.
Produção	Funções realizadas pelos produtores primários, os que produzem seu alimento por meio da fotossíntese ou quimiossíntese e criam uma variedade de biomassas que fornecem recursos para os humanos, como alimentos, matérias-primas (fibras, resinas, madeira etc.) e material genético.	• Conversão de energia solar em plantas e animais comestíveis; • conversão de energia solar em biomassa para construções, produção de energia e outras aplicações humanas; • materiais genéticos; • materiais ornamentais.
Informação	Funções de referência proporcionadas pelos ecossistemas naturais e seminaturais que contribuem para a manutenção da saúde física e mental dos humanos ao oferecerem oportunidades de reflexão, enriquecimento espiritual e cognitivo, recreação e experiência estética.	• Ecossistemas com potencial para recreação (ecoturismo, esporte ao ar livre, esporte de aventura etc.), atividades culturais, artísticas e espirituais; • uso dos ecossistemas naturais para ensino e pesquisa científica e tecnológica.
Transporte	Funções relacionadas com a conversão permanente do ecossistema original. Fornece um substrato ou meio adequado para atividades e infraestrutura humanas.	• Espaços para os assentamentos humanos; • espaços para a disposição de resíduos; • transportes por terra e água; • fornecimento de alimentos e matérias-primas de terras cultivadas e de aquicultura; • fornecimento de minerais, petróleo etc.; atividades de turismo e lazer.

Fonte: DE GROOT et al., 2002; DE GROOT, 2006.

Uma comparação entre duas imagens de mundo ilustra o papel do capital natural ou dos bens e serviços ecossistêmicos na promoção do bem-estar humano, que é o resultado dos bens e serviços providos pelo sistema econômico e pelos serviços ecossistêmicos. No *mundo vazio* ou pouco povoado (Figura 2.3a), o tamanho do sistema econômico *vis-à-vis* ao ecossistema é pequeno e não provoca danos irrecuperáveis que comprometem o provimento dos bens e serviços ecossistêmicos, de modo que estes podem ser gratuitos. O capital construído e o trabalho são os recursos escassos. Nesse mundo, os bens e serviços ecossistêmicos contribuem mais para o bem-estar do que os bens e serviços econômicos, como mostram as setas com espessuras diferentes dessa figura.[20]

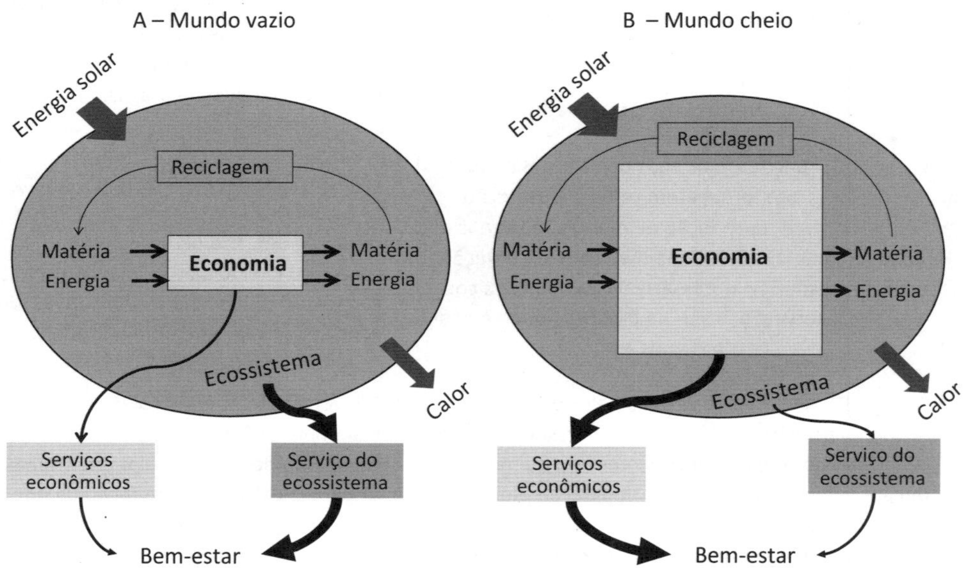

Figura 2.3 – Mundo vazio e mundo cheio.

Fonte: DALY e FARLEY, 2004, p. 47.

No *mundo cheio*, ou superpovoado, o sistema econômico cresce significativamente ao substituir grande parte do capital natural por capital construído. Desse modo, os serviços econômicos contribuem mais para o bem-estar do que os ecossistêmicos, como mostram as setas mais grossas da Figura 2.3b. Agora, os fatores escassos não são mais o capital construído e o trabalho, mas o capital natural em suas duas formas de contribuição para o bem-estar humano: como fonte de recursos naturais e como absorvedor dos poluentes lançados.[21] Na medida em que se torna o fator escasso, o capital natural passa a ser o fator limitante da economia como um todo. Com isso, esse

20 DALY e FARLEY, 2004, p. 47.

21 Ibid.

deveria ser o fator com que todos – pessoas, empresas, governos e sociedade civil organizada – deveriam se preocupar com mais empenho, principalmente aqueles com muito poder de decisão sobre os componentes do capital naturais, como os governantes, empresários e dirigentes empresariais.

2.3.2 SUSTENTABILIDADE FRACA E FORTE

A relação entre capital natural e os demais tipos de capital comentados anteriormente suscitaram diversas interpretações, sendo que as descritas a seguir são as mais usadas. Para que o desenvolvimento sustentável ocorra (1) o bem-estar não pode diminuir com o tempo; e, para isso, é necessário (2) administrar e aumentar o portfólio dos ativos econômicos, isto é, os diferentes tipos de capital.[22] Em outras palavras, para que o desenvolvimento seja sustentável, a capacidade para prover utilidade per capita não declinante indefinidamente não pode decrescer.[23] Logo, o capital total, que é a soma de todas as formas de capital, não pode declinar ao longo do tempo. O modo de usar essas formas de capital para promover o desenvolvimento sustentável gerou dois posicionamentos opostos, conhecidos por *sustentabilidade fraca* e *sustentabilidade forte*.

A Figura 2.4 apresenta de forma esquemática os raciocínios que embasam esses dois posicionamentos. Os principais desentendimentos entre os defensores de cada posicionamento referem-se às respostas dadas às seguintes questões: (1) o capital natural tem ou não uma singularidade ou um papel essencial para sustentar o bem-estar humano? E (2) as regras especiais de compensação entre as formas de capital são ou não necessárias para que as futuras gerações não fiquem mais pobres devido à depleção do capital natural que hoje se faz?

Para os defensores da *sustentabilidade fraca* não há diferenças essenciais inerentes entre os tipos de capital, de modo que a substituição de capital natural por outros é possível e viável, o que importa é manter igual ou aumentar o capital total. Assim, o objetivo primário de gestão para alcançar o desenvolvimento sustentável é manter ou aumentar o capital total independentemente da sua composição.[24] É importante esclarecer que essa proposta não tem nada a ver com as práticas econômicas predatórias e excludente experimentadas em muitos países, entre eles o Brasil, onde ocorreram e continuam ocorrendo verdadeiros assaltos ao capital natural, que sequer respeitam unidades de conservação e terras indígenas.

A proposta da sustentabilidade fraca tem em Robert Solow, Prêmio Nobel de Economia de 1987, um dos seus defensores seminais. Conforme sua explicação, um caminho sustentável para a economia não é necessariamente aquele que conserva cada coisa ou qualquer coisa; é aquele que substitui o que for preciso, tanto do patrimônio natural herdado quanto do legado material e intelectual construído. O que importa,

---

22 BARBIER e MARKANDYA, 2013.

23 NEUMAYER, 2003, p. 7.

24 BARBIER e MARKANDYA, 2013, p. 42.

segundo ele, não é a forma específica de substituição, mas *apenas* sua capacidade de produzir as coisas que a posteridade desfrutará.[25]

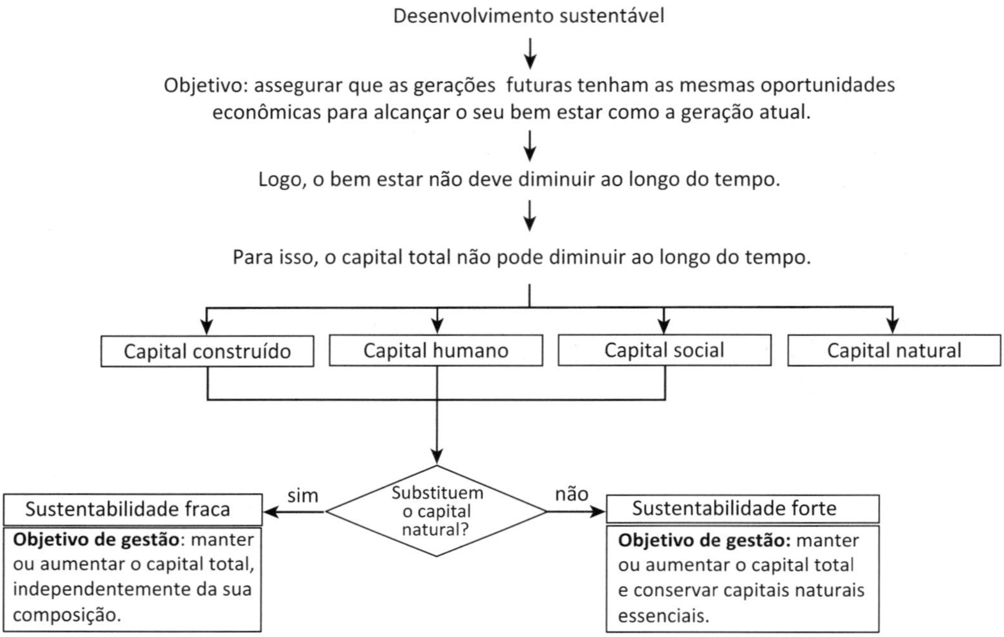

Figura 2.4 – Sustentabilidade forte e fraca.

Fonte: BARBIER e MARKANDYA, 2013, p. 41 (adaptado).

Os defensores da *sustentabilidade forte* entendem que o capital construído, o humano e o social não podem substituir todo o capital natural, seja na sua forma de estoques de recursos, seja na de provedora de serviços ecológicos. Alguns componentes do capital natural são essenciais para o bem-estar humano e, portanto, insubstituíveis, como a estabilidade climática, a biodiversidade e os ciclos biogeoquímicos. Entende-se que há perdas irreparáveis em certas conversões de capital natural em capital construído, além do fato de que os diferentes tipos de capitais não são homogêneos, o que dificulta a sua agregação. Como seria possível comparar coisas tão díspares, como máquinas, prédios, grau de escolaridade, jazidas de minérios, habilidade, confiança, controle biológico de pragas, ar fresco, sombra das árvores?

Note que a sustentabilidade forte, assim colocada, não significa que todo o capital natural deva permanecer completamente intacto ao longo do tempo, proposta que Herman Daly denomina *sustentabilidade absurdamente forte* e rechaça.[26] Para

[25] SOLOW, 1983, p. 168. Tradução e grifo nossos.

[26] DALY, 1995, p. 49-50.

os defensores da sustentabilidade forte, a única regra de compensação satisfatória para proteger o bem-estar das gerações futuras seria conservar os componentes essenciais do capital natural para que não diminuam ao longo do tempo. Desse ponto de vista, os objetivos primários de gestão seriam manter ou aumentar o capital total e conservar o capital natural essencial ou crítico.[27] O desafio é saber, primeiro, quais são os componentes críticos do capital natural e, segundo, como conservá-los.

2.3.3 CAPITAL NATURAL CRÍTICO

O capital natural crítico é aquele que não pode ser substituído por outro tipo de capital natural na função em que exerce ou pelos demais tipos de capital mencionados, ou seja, não é substituível quanto a uma certa função por nenhuma forma de capital, inclusive por outros componentes do capital natural. O projeto CRITINC,[28] promovido pela Comissão Europeia com o objetivo de identificar os componentes críticos do capital natural e contribuir para a sustentabilidade forte, concluiu que não há como identificá-los com exatidão devido à complexidade dos sistemas naturais e suas múltiplas interações; porém, elencou os seguintes critérios para definir o que deve ser considerado um componente crítico do capital natural:

1) as funções de manutenção da saúde física, psicológica e mental dos humanos devem ser mantidas em um nível capaz de evitar efeitos negativos;
2) as funções que neutralizam ou evitam ameaças devem ser mantidas se houver qualquer possibilidade de que as perdas ou reduções dessas funções impliquem custos elevados e imprevisíveis;
3) as funções que proveem bens ou serviços para as atividades humanas devem ser usadas de modo sustentável, o que pressupõe que sua exploração deve ser planejada, visando à sua continuidade em longo prazo.[29]

Com base nesses três critérios, o CRITINC derivou princípios de sustentabilidade ambiental relacionados ao capital natural crítico. Esses princípos baseiam-se na percepção de que para o meio ambiente continuar realizando suas funções, os impactos das atividades humanas sobre ele devem ser limitados, como:

1) em nível global é importante não perturbar o clima, não reduzir a camada de ozônio e não reduzir significativamente a biodiversidade;
2) para a poluição em geral, as emissões não devem exceder os níveis que causem danos à saúde dos humanos ou aos ecossistemas;

---

27 BARBIER e MARKANDYA, 2013, p. 43.

28 Acrônimo formado pelas iniciais das palavras que compõem o termo *Critical Natural Capital.*

29 EKINS, 2003, p. 279.

3) recursos renováveis devem ser renovados, e o desenvolvimento de recursos renováveis substitutos deve acompanhar a depleção dos não renováveis;
4) havendo grande incerteza associada aos impactos ambientais e a possibilidade de alguns deles gerarem altos custos, o princípio da precaução deve ser aplicado para limitar os riscos ambientais;
5) paisagens e elementos do meio ambiente humano preciosos devem ser preservados.[30]

O princípio de sustentabilidade concernente aos recursos não renováveis contemplado no item 3 pode ser enunciado da seguinte forma: eles podem ser explorados a uma taxa igual a da criação de substitutos renováveis.[31] O princípio da precaução, mencionado no item 4, visa a contornar as incertezas quanto aos impactos das ações humanas. Um dos enunciados desse princípio diz o seguinte: "quando houver ameaça de danos sérios ou irreversíveis, a ausência de absoluta certeza científica não deve ser utilizada como razão para postergar medidas eficazes e economicamente viáveis para prevenir a degradação ambiental".[32] A aplicação desse princípio demanda não agir antes de ampliar o conhecimento sobre os possíveis impactos adversos que podem causar ao meio ambiente físico, biológico e social.

Diante das dificuldades em identificar com precisão os componentes críticos do capital natural e considerando as funções descritas no Quadro 2.2, os seguintes critérios são úteis para lidar com esses componentes e considerá-los para efeito de gestão:

1) para as funções de regulação: atenção à capacidade máxima de carga, conservação da biodiversidade e integridade dos processos essenciais de suporte à vida;
2) para as funções de hábitats: uma dimensão espacial deve ser adicionada – por exemplo, o tamanho mínimo crítico de um ecossistema;
3) para as funções de produção: o nível máximo de rendimento sustentável;
4) para as funções de informação: critérios conduzidos pelas ciências sociais, como percepção do valor social das paisagens e valor cultural e histórico.[33]

Os critérios para a função de transporte envolvem uma combinação de critérios dessas quatro funções, com destaque para o nível máximo de rendimento e a capacidade de carga ou de suporte. Este último é a quantidade máxima de indivíduos que podem ser sustentados indefinidamente em certa área, representada pela letra K na

---

30 EKINS, 2003, p. 279.

31 DALY, 1991, p. 45.

32 *Declaração do Rio de Janeiro sobre Meio Ambiente e Desenvolvimento*, 1992. Disponível em: <www.onu.org.br>.

33 EKINS et al., 2003. p. 174.

Figura 2.5a. Essa quantidade é o resultado do potencial biótico da área e da sua resistência ambiental, isto é, os fatores que limitam o crescimento da população dessa área. Se ultrapassada, a capacidade pode cair para um nível inferior, por exemplo, K_1, de modo que essa área passaria a abrigar uma quantidade menor de indivíduos. Essa redução pode ser temporária ou permanente, dependendo dos fatores limitantes. A capacidade de suporte ótima situa-se abaixo de K, um nível no qual a taxa de crescimento do recurso renovável é a mais elevada, como mostra a Figura 2.5a, e corresponde ao rendimento máximo sustentável, ou seja, ao maior nível que esse recurso pode ser extraído sem comprometer a capacidade máxima de carga.[34] Esse rendimento é uma fração da capacidade máxima de carga, representada pelo ponto de inflexão da Figura 2.5a.

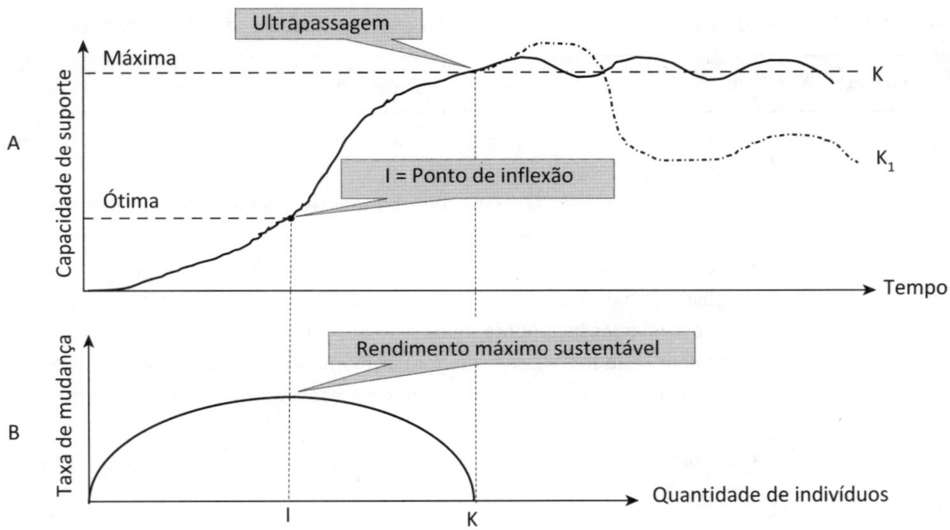

Figura 2.5 – Capacidade de carga e rendimento máximo sustentável.

Fonte: ODUM e BARRETT, 2007, p. 129.

Para que a parcela renovável dos recursos naturais possa prover rendimentos sustentáveis indefinidamente ao longo do tempo, sua taxa de extração ou de colheita não pode ser superior à taxa de regeneração. É o que diz o princípio (3) de sustentabilidade da CRITINC mencionado. Ou seja, *os recursos renováveis devem ser renovados*, o que implica manter ou melhorar a sua base produtiva sem nunca ultrapassar a taxa de reprodução. Para os não renováveis, cuja taxa de regeneração é por definição zero (0), o princípio citado recomenda substituí-los por recursos renováveis para reduzir suas taxas de depleção. Também contribui para reduzir essa taxa o uso eficiente dos recursos a fim de eliminar desperdícios e aproveitar ao máximo o que já foi extraído e usado, uma tarefa para as inovações, como será mostrada oportunamente.

[34] ODUM e BARRETT, 2007, p. 128-129.

2.3.4 MODELOS DE GESTÃO RELACIONADOS

A abordagem do capital inspirou vários modelos de gestão, como o do Projeto SIGMA,[35] criado pelo órgão de normalização britânico (British Standards Institution) em parceria com organizações não governamentais. A questão central desse modelo é a manutenção e o aperfeiçoamento das quatro formas de capital apresentadas anteriormente mais o capital financeiro, que inclui lucros ou perdas, ações, dividendos, receitas de venda, pagamentos, financiamentos. O Quadro 2.5 apresenta uma lista exemplificativa de recomendações para lidar de modo apropriado com essas formas de capital. Note que todas as recomendações são convites para realizar inovação em diferentes áreas da empresa.

Quadro 2.3 – Recomendações para melhorar e aumentar os cinco tipos de capital – exemplos

Capital	Exemplos
Natural	• Limitar e reduzir ao longo do tempo o uso de substâncias extraídas da crosta terrestre; • substituir minerais escassos por abundantes e assegurar que todo material seja usado eficientemente; • reduzir sistematicamente a dependência de combustíveis fósseis; • substituir todo composto sintético e persistente por compostos que podem ser assimiladas facilmente pelos sistemas naturais; • eliminar resíduos, reusar, reciclar e remanufaturar sempre que possível; • extrair recursos renováveis apenas de ecossistemas bem administrados e restaurados; • adotar o princípio da precaução em qualquer situação que possa alterar a natureza.
Manufaturado ou construído	• Desenvolver técnicas de produção que reduzam o uso dos recursos; • implementar sistemas de produção modular ou em circuito fechado que reflitam o ciclo de vida completo do produto ou serviço; • utilizar a logística reversa para recuperar produtos usados e desenvolver sistemas de remanufatura e reúso; • criar parcerias com fornecedores e clientes para aumentar o uso eficiente de recursos e para desenvolver ou melhorar os produtos e serviços; • aperfeiçoar os produtos por meio da ecoeficiência e a inovação; • adotar técnicas de construção sustentável nas novas infraestruturas e escritórios; • assegurar níveis adequados de investimentos, pesquisa e manutenção da infraestrutura.

(*continua*)

[35] SIGMA de *Sustainability Integrated Guidelines for Management.*

Quadro 2.3 – Recomendações para melhorar e aumentar os cinco tipos de capital – exemplos (*continuação*)

Capital	Exemplos
Humano	• Criar um ambiente de trabalho favorável ao aprendizado, à inovação e ao intercâmbio de conhecimentos; • respeitar os direitos humanos em suas operações e nas regiões onde atua; • entender e respeitar os valores humanos e os diferentes contextos culturais; • implementar políticas de diversidade e eliminar a discriminação; • assegurar saúde e segurança aos trabalhadores, inclusive bem-estar físico e mental; • pagar salários dignos aos trabalhadores e remuneração justa aos parceiros; • adotar normas justas de trabalho, incluindo combate ao trabalho escravo, forçado e infantil.
Social	• Oferecer produtos e serviços a preços razoáveis e mediante promoção justa e precisa; • apoiar o desenvolvimento da comunidade na qual a organização atua, incluindo oportunidades econômicas, como o uso de fornecedores e prestadores de serviços locais; • proporcionar condições de trabalho segura e solidária, incluindo políticas para as famílias; • garantir o suprimento de material de modo ético e o tratamento justo aos clientes, fornecedores e cidadãos; • respeitar e cumprir as leis locais, nacionais e internacionais; • pagar os impostos e apoiar a infraestrutura social; • promover uma cultura em que a corrupção e o pagamento de propinas sejam inaceitáveis, inclusive garantindo apoio e anonimato aos denunciantes.
Financeiro	• Assegurar que as métricas financeiras reflitam os valores dos outros quatro tipos de capital; • valorar os ativos intangíveis, como marcas e reputação, para o melhor entendimento da sua contribuição ao acionista; • internalizar os custos e benefícios sociais e ambientais e atribuir um valor econômico para eles, entendendo-os como ativo ou passivo no balanço contábil; • gerenciar oportunidades, riscos e questões de governança corporativa; • assegurar o uso equitativo da riqueza gerada; • respeitar o relacionamento com fornecedores, clientes e os cidadãos de um modo geral; • avaliar os impactos econômicos mais amplos das atividades, produtos e serviços da organização sobre a sociedade onde a organização opera.

Fonte: SIGMA Project (<www.projectsigma.com>). Acesso em 17/06/2023.

Entre as recomendações para melhorar o capital natural está a aplicação do princípio da precaução em qualquer situação que possa resultar em modificação da natureza. Como toda ação humana causa alguma modificação no meio ambiente, esse princípio deve ser aplicado apenas para o caso em que haja incerteza quanto à natureza e a gravidade dos impactos de uma inovação sobre o meio ambiente. Quando se conhece antecipadamente a natureza dos impactos e como eles ocorrem, caso típico nas replicações de inovações em um processo de difusão, adotam-se medidas de controle e prevenção. As recomendações para melhorar o capital humano têm consequências diretas sobre o esforço de inovação da empresa, na medida em que favorecem o aprendizado e o intercâmbio de conhecimentos. Minimizar os impactos sociais negativos dos produtos e serviços e maximizar os positivos é um imperativo para qualquer processo de inovação com vistas a transformar os sistemas produtivos ao longo do tempo de acordo com os objetivos do desenvolvimento sustentável. Por isso, a aposta nas inovações é alta.

2.4 LIMITES PLANETÁRIOS

O conceito de capital natural leva à noção de limites para as ações humanas e de que ultrapassá-los coloca em risco os ecossistemas e até mesmo o próprio planeta. Muitos estudos apontando possíveis ultrapassagens feitas ao longo tempo não despertaram grandes interesses, a não ser em pequenos círculos, em geral próximos aos que fizeram tais estudos. Há razões para isso, como as dificuldades inerentes ao modo de estimar a capacidade de suporte de grandes áreas geram ceticismo quanto aos resultados desses estudos. Além do fato de que a noção de limites não convive bem com a crença equivocada na capacidade humana ilimitada de resolver problemas por meio de inovações que incorporem novos conhecimentos científicos e tecnológicos. Com o movimento do desenvolvimento sustentável, as questões relacionadas aos limites do planeta ganharam destaque e estimularam a realização de mais e melhores estudos sobre a capacidade do planeta de sustentar as ações humana, bem como sobre a capacidade das ações humanas de ampliar esses limites.

Em 1997, cerca de 1.700 cientistas de vários países, inclusive 104 ganhadores do Prêmio Nobel, fizeram um manifesto de advertência à humanidade sobre os danos causados pelos humanos ao planeta, especialmente sobre a atmosfera, os recursos hídricos, os oceanos, o solo, as florestas e as espécies vivas. Advertiam que a intensa interferência humana em processos interdependentes da teia da vida global poderia disseminar efeitos nocivos sobre os sistemas biológicos críticos, inclusive colapsos imprevisíveis, cujos conhecimentos sobre suas dinâmicas e interações são imperfeitos. E advertiram que a imperfeição dos conhecimentos e as incertezas sobre a extensão desses danos não são desculpa para não enfrentar as ameaças,[36] outro modo de enunciar o princípio da precaução já comentado. Passados 25 anos, uma segunda advertência, feita por mais de 15.000 cientistas de 184 países, lamentava o agravamento dos danos ambientais mencionados e o fato de as suas advertências não terem sido consideradas.[37]

---

36 Union of Concerned Scientists, 1997.

37 RIPLE et al, 2017.

Ambas as advertências manifestam preocupações com o tamanho da população humana, a incapacidade de deter o crescimento populacional e o consequente crescimento do consumo de materiais. Apesar de os signatários serem do meio científico e tecnológico, a ciência e a tecnologia não foram exaltadas como as solucionadoras de todos os problemas. Os signatários entendem que as transições para situações sustentáveis ocorrem de muitos modos, e todos exigem pressão da sociedade civil e defesa argumentada com base em evidências, lideranças políticas e compreensão sólida dos instrumentos de política e de mercados, entre outros fatores.[38]

O Centro de Resiliência de Estocolmo (SRC)[39] criou o conceito de *limites planetários*, referente aos espaços para a realização de ações seguras para a humanidade. Esse conceito representa uma nova abordagem para pensar o crescimento econômico e sua relação com o desenvolvimento sustentável. Os estudos do SRC procuram situar-se no âmbito das ciências do Sistema Terra, definido como os processos e interações biofísicos e socioeconômicos integrados (ciclos) entre atmosfera, hidrosfera, criosfera, biosfera, geosfera e antroposfera (a soma do empreendimento humano) nas escalas espacial (do local ao global) e temporal, que determinam o estado ambiental do planeta dentro de sua posição atual no universo.[40]

Em 2009 o SRC identificou os limites dos seguintes processos do Sistema Terra: mudanças climáticas, perda de biodiversidade, fluxos biogeoquímicos do fósforo e do nitrogênio, esgotamento da camada de ozônio, acidificação dos oceanos, uso da água doce, mudança do solo, carga de aerossol na atmosfera e poluição química. Nessa ocasião, a SRC estimou que a humanidade já transgredira três fronteiras planetárias, a saber: mudança do clima, perda de biodiversidade e o fluxo global de nitrogênio. O fluxo do fósforo aproximava do limite seguro, assim com a disponibilidade de água doce, a acidificação dos oceanos e o uso do solo. Acreditando-se nesses estudos, o bem-estar da geração presente já está ameaçado, e o das futuras parece ser uma impossibilidade, caso não se iniciem ações imediatas para se retornar aos limites seguros.[41] Em 2015, os limites planetários foram revisitados e aprofundados por novos estudos, tendo como resultado a constatação da ultrapassagem de quatro limites: os três mencionados mais o fluxo biogeoquímico do fósforo.[42] Conforme artigo de 2022, já teria ocorrido a ultrapassagem do limite planetário relativo aos poluentes químicos, entendidas como novas entidades constituídas por novas substâncias, novas formas de substâncias conhecidas, formas de vida modificadas e elementos que ocorrem na natureza mobilizados pelas atividades humanas, como os metais pesados.[43]

38 RIPLE et al, 2017.

39 Do inglês, Stockholm Resilience Centre.

40 ROCKSTRÖM et al., 2009, nota 1.

41 Idem.

42 STEFFEN et al., 2015.

43 PERSSON et al., 2022.

Os estudos sobre os limites planetários do SRC têm muitos críticos, e não seria de esperar outra coisa; a crítica e contestação fazem parte do processo de produção de conhecimentos científicos, é por meio delas que esses conhecimentos avançam. Mesmo assim, a ideia de limites planetários fornece insight para as pessoas preocupadas com o estado do planeta e, consequentemente, com o futuro da humanidade, assim como alerta para a questão do crescimento econômico, tema comentado nesse Capítulo. Pensar que o planeta tem limites é coerente com os objetivos do desenvolvimento sustentável e com a manutenção e ampliação dos diferentes tipos de capitais, notadamente o capital natural.

REFERÊNCIAS

Ariès, P. *Décroissance ou barbarie*. Editions Golias, 2005.

Associação Brasileira de Normas Técnicas (ABNT). *NBR ISO/IEC 17000:2005 – Avaliação da conformidade* – vocabulário e princípios. Rio de Janeiro: ABNT, 2005.

Association Française de Normalisation (AFNOR). *SD 21000:2003*. Développement durable - Responsabilité sociétale des entreprises: Guide pour la prise en compte des enjeux du développement durable dans la stratégie et le management de l'entreprise. Paris: AFNOR, 2003.

Barbier, E. B.; Markandya, A. *A new blueprint for green economy*. Londres: Earthscan, 2013.

Becker, G.S. *Human Capital*: A Theoretical and Empirical Analysis with Special Reference to Education. Chicago: The University of Chicago Press, 1994.

Bergmans, F. Integrating People, Planet and Profit. In: Jonker, J.; Witte, M. (Orgs.). *Management models for corporate social responsibility*. Berlin: Springer, 2006.

Comissão Mundial Sobre Meio Ambiente e Desenvolvimento. *Nosso futuro comum*. Rio de Janeiro: Ed. Fundação Getulio Vargas, 1991.

Crutzen, P. J. Geology of mankind. *Nature*, v. 415, n. 3, January 2002. Disponível em: <www.nature.com>. Acesso em 12/06/2017.

Daly, H. E. Elements of environmental macroeconomics. In: Costanza, R. (Ed.), *Ecological economics*: the science and management of sustainability. New York: Columbia University Press, 1991.

Daly, H. E. On Wilfrid Beckerman's critique of sustainable development. *Environmental Values*, vol. 4, p. 49-55, 1995.

Daly, H.; Farley, J. *Ecologia ecológica*: princípios e aplicações. Lisboa: Instituto Piaget, 2008.

De Groot, R. Function-analysis and valuation as a tool to assess land use conflicts in planning for sustainable, multi-functional landscapes. *Landscape and Urban Planning*, v. 75, p. 175-186, 2006.

De Groot, R. S.; Wilson, M.; Boumans, R. A typology for the description, classification and valuation of Ecosystem Functions. *Ecological Economics*, v. 41 (3), p. 393-408, 2002.

Easterlin, R. A. Will raising the incomes of all increase the happiness of all? *Journal of Economic Behavior and Organization*, v. 27, p. 35-47, 1995.

Ekins, P. Identifying critical natural capital. Conclusions about critical natural capital. In: *Ecological Economics*, v. 44, p. 277-292, 2003.

Ekins, P.; et al. A framework for the practical application of the concepts of critical natural capital and strong sustainability. In: *Ecological Economics*, v. 44, n. 2-3, p. 165-185, 2003.

Elkington, J. Enter the triple bottom line. In: Henriques, A.; Richardson, J. (Orgs.). *Triple Bottom Line: does it all add up*? London: Earthcan, 2005.

Grootaert, C.; Van Bastelaer, T. (Orgs.). *Understanding and measuring social capital*: a multidisciplinary tool for practitioners. Washington (DC): World Bank, 2002.

Jackson, T. *Prosperidade sem crescimento*: vida boa em um planeta finito. São Paulo: Planeta Sustentável e Editora Abril, 2013.

Latouche, S. *Survivre au développment:* de la décolonisation de l'imaginaire économique à la construction d'une société alternative. UNESCO; Mille et une nuits, les petits libres, n. 55, 2004.

Latouche, S. *Pequeno tratado do decrescimento sereno.* Editora WMF e Martins Fontes, 2009.

Neumayer, E. *Weak versus strong sustainability*: exploring the limits of two opposing paradigms. Cheltenham, Uk: Edward Elgar, 2003.

Odum, E. P.; Barrett, G. W. *Fundamentos de ecologia.* São Paulo: Thomson Learning, 2007.

Organisation for Economic Co-operation and Development (OECD). *Indicators to measure decoupling of environmental pressure from economic growth* (executive summary). Paris, OECD Environment Programme, 2001, Disponível em: <https://www.oecd.org/environment/indicators-modelling-outlooks/1933638.pdf>. Acesso em 16/06/2023.

Pepper, D. *Modern environmentalism*: an introduction. London: Routledge, 1996.

Persson, L.; et al. Outside the safe operating space of the planetary boundary for novel entities. *Environmental Science & Technology*, v. 56, p. 1510-1521, 2022. Disponível em: <https://doi.org/10.1021/acs.est.1c04158>. Acesso em 16/06/2023.

Programa das Nações Unidas para o Desenvolvimento (PNUD). *Informe sobre el desarrollo humano 2011*: sostenibilidad y equidad – un mejor futuro para todos. 2011. Disponível em: <http://hdr.undp.org>. Acesso em 16/06/2023.

Programa das Nações Unidas para o Meio Ambiente (PNUMA). *Rumo a uma economia verde*: síntese para tomadores de decisão. 2011. Disponível em: <www.unep.org/greeneconomy>. Acesso em 16/06/2023.

Putnam, R. D. *Comunidade e democracia*: a experiência da Itália moderna. Rio de Janeiro: FGV Editora, 2000.

Ripple, W. J.; Wolf, C.; Newsome, T. M.; Galetti, M.; Alamgir, M.; Crist, E.; Mahmoud, M. I.; Laurance, W. F.; 15,364 scientist signatories from 184 countries. World Scientists' Warning to Humanity: A Second Notice. *BioScience*. Oxford Academic, 2017. Disponível em: <https://academic.oup.com/bioscience/article/67/12/1026/4605229>. Acesso em 16/06/2023.

Rockström, J., et al. *Planetary boundaries*: exploring the safe operating space for humanity. *Ecology & Society*, v. 12, n. 12, 2009.

Sachs, I. *Estratégias de transição para o século XXI:* desenvolvimento e meio ambiente. Studio Nobel e Fundação de Desenvolvimento Administrativo (FUNDAP), 1993.

Sachs, I. *A terceira margem*: em busca do ecodesenvolvimento. São Paulo: Cia das Letras, 2009.

Steffen, W., et al. Planetary boundaries: guiding human development on a changing planet. *Science,* v. 347, fev. 2015. Disponível em: <https://www.science.org/doi/10.1126/science.1259855>. Acesso em 16/06/2023.

Solow, R. An almost practical step toward sustainability. *Resources Policy*, set. 1993.

Strong, M. Prefácio. In: Sachs, I. *Estratégias de transição para o século XXI:* desenvolvimento e meio ambiente. São Paulo: Studio Nobel e Fundação de Desenvolvimento Administrativo (FUNDAP), 1993.

Transformando Nosso Mundo: a Agenda 2030 para o Desenvolvimento Sustentável, p. 2. Disponível em: <https://brasil.un.org/sites/default/files/2020-09/agenda2030-pt-br.pdf>.

United Nations General Assembly (UNGA). *Transforming our world: the 2030 Agenda for Sustainable Development.* N. York: UNGA, document A/RES/70/1, 21/10/2015. Disponível em: https://sustainabledevelopment.un.org/post2015/transformingourworld.

United Nations Environment Programme (UNEP)/International Resource Panel (IRP). *Decoupling natural resource use and environmental impacts from economic growth.* Nairóbi, 2011. Disponível em: <https://wedocs.unep.org/handle/20.500.11822/9816;jsessionid=F1C631B2C636AFEE1FE43AC7FAB8CCCD>. Acesso em 16/06/2023.

United Nations Environment Programme (UNEP). *Global outlook on sustainable consumption and production policies taking action together.* United Nations Environment Programme, 2012. Disponível em: <https://sustainabledevelopment.un.org/index.php?page=view&type=400&nr=559&menu=1515>. Acesso em 16/06/2023.

Union of Concerned Scientists. World scientists' warning to Humanity: a second notice. *BioScience*, 1992. Disponível em: <http://www.ucsusa.org/about/1992-world-scientists.html#.WhXmk1WnHIU>. Acesso em 16/06/2023.

Union of Concerned Scientists. World scientists' warning to Humanity: a second notice. *BioScience*, nov. 2017. Disponível em: <https://doi.org/10.1093/biosci/bix125>. Acesso em 16/06/2023.

CAPÍTULO 3

Inovações ambientais e sustentáveis

A atenção exclusiva em questões técnicas, econômicas e organizacionais é o que caracteriza a inovação convencional, a que busca resultados positivos para a empresa, sem uma preocupação efetiva com os efeitos indesejáveis sobre a sociedade e o meio ambiente, a não ser quando esses efeitos se voltam contra ela. As inovações afinadas com o desenvolvimento sustentável buscam resultados positivos nas dimensões econômicas, sociais e ambientais, ou, ao menos, buscam neutralizar ou evitar impactos negativos ao meio social e ambiental.

Considerando que as questões ambientais e sociais costumam andar juntas, uma primeira aproximação da inovação sustentável é a inovação ambiental. Esse pressuposto está baseado na ideia de que qualquer resultado positivo ao meio ambiente também beneficia a sociedade ou uma parte dela, ainda que de modo indireto ou defasado no tempo. É o caso das inovações que, ao reduzirem ou eliminarem significativamente as emissões de certo poluente, diminuem a incidência de doenças associadas a elas no entorno das empresas inovadoras. No entanto, inovações ambientais podem gerar prejuízos ou malefícios sociais, por exemplo, eliminando postos de trabalho, exceto se estes forem perigosos e insalubres. Por isso, neste livro, a expressão *inovação sustentável* e outras semelhantes serão reservadas às inovações nas quais as dimensões econômica, social e ambiental do desenvolvimento sustentável estão claramente consideradas e demonstradas.

3.1 INOVAÇÃO AMBIENTAL OU ECOINOVAÇÃO

A literatura especializada usa uma variedade de denominações para a inovação que atende às dimensões econômica e ambiental ao mesmo tempo, como inovação ambiental, inovação ecológica, ecoinovação, *ecodesign*, inovação verde. O Quadro 3.1 traz considerações sobre a palavra *design*, que integra o neologismo *ecodesign*. Essas denominações são consideradas equivalentes neste livro. Há uma variedade de termos para denominar os produtos resultantes desse tipo de inovação: produtos verdes, ecológicos, amigáveis ao meio ambiente, ambientalmente preferíveis... As atividades e os processos administrativos e operacionais associados a essas inovações também recebem adjetivações semelhantes, por exemplo, fábrica ecológica, manufatura verde, tecnologia verde, transporte ecológico, marketing verde, cadeia de suprimento verde.

Quadro 3.1 – Design e seus diversos entendimentos

Design, um termo muito usado no campo das inovações, apresenta vários significados, conforme a área que o utiliza, como arquitetura, confecções, artes gráficas, desenvolvimento de produtos, gestão ambiental, entre outras. É uma palavra de origem latina que combina a preposição *de* com o substantivo *signum* (sinal, marca, imagem gravada etc.) para formar o verbo *designo, designare* (= designar, marcar, delinear). Dela derivam as palavras *desenho* em português, *disegno* em italiano, *diseño* em espanhol e *design* em francês e inglês. A palavra *design* foi incorporada à língua portuguesa, dada a frequência com que é usada em diferentes áreas e situações.

O *Dicionário Houaiss* define *design* como "a concepção de um produto (máquina, utensílio, mobiliário, embalagem, publicação etc.) especialmente quanto à forma física e funcionalidade", bem como "o produto dessa concepção". E ainda lhe confere o sinônimo de desenho industrial, programação visual e desenho.[1] Na língua portuguesa, a palavra *desenho* tem entre seus significados a representação de seres e objetos, reais ou imaginados, em uma superfície, como uma folha de papel, uma chapa aço, uma taboa de madeira. Equivale às palavras *dibujo* do espanhol, *disegno* em italiano, *dessin* do francês e *draw* do inglês. *Design* entendido apenas como desenho é um significado restrito que tende a tornar-se anacrônico, exceto como sinônimo de desenho industrial, bastante usado no Brasil pelo motivo a seguir.

Na legislação de propriedade industrial brasileira, desenho industrial é "a forma plástica ornamental de um objeto ou o conjunto de linhas e cores que possa ser aplicado a um produto, proporcionando resultado visual novo e original na sua configuração externa e que possa servir de tipo de fabricação industrial".[2] Ou seja, a legislação adota o entendimento restrito de *design*. É com esse significado que se diz, por exemplo, "esse automóvel tem um *design* arrojado", referindo-se à sua configuração visual. As diferenças entre inovação e invenção, comentadas no Capítulo 1, valem para o desenho industrial, enquanto modalidade de propriedade industrial. Assim como a invenção e o modelo de utilidade (outras modalidades), o desenho industrial pode ou não ser transformado em inovação. Se for efetivamente implantado, é uma inovação de produto, pois introduz novidades estéticas e ornamentais em produtos.

1 *Dicionário Houaiss*, 2009, verbete.

2 BRASIL, Lei 9.279/1996, art. 95.

O *Manual de Oslo* entende por *design* uma atividade de inovação voltada para planejar e projetar procedimentos, especificações técnicas e outras características funcionais e de uso para novos produtos e processos de negócio. Inclui uma ampla variedade de atividades para desenvolver uma função, forma ou aparência, nova ou modificada, para bens, serviços ou processos, inclusive processos de negócio, para ser utilizado pela própria empresa. O objetivo do *design de produto* é melhorar a atratividade (estética) ou a facilidade de uso (funcionalidade) dos produtos. O *design de processo* objetiva aumentar a eficiência dos processos. *Design thinking* é definido como metodologia sistemática para identificar necessidades, definir problemas, gerar ideias, desenvolver protótipos e testar soluções.[3]

Design pode ser adequadamente traduzido ao português por projeto. Assim, o termo *ecodesign* é sinônimo de projeto de inovação com objetivo de produzir benefícios ambientais. A norma ISO NBR 14006 o define como "a integração de aspectos ambientais no projeto e desenvolvimento de bens ou serviços, com o objetivo de reduzir impactos ambientais adversos ao longo do seu ciclo de vida".[4] Projeto verde, projeto ambientalmente sustentável, projeto ambientalmente consciente (*environmentally conscious design),* projeto de inovação ambiental, projeto para o meio ambiente (*design for environment*) são denominações equivalentes a *ecodesign*.[5]

Há muitas definições de inovação ambiental, ecológica ou ecoinovação, o que seria de esperar, pela sua importância para o movimento do desenvolvimento sustentável e pela diversidade de olhares sobre esse tema. A definição do Quadro 3.1 (último parágrafo) aplica-se apenas a bens e serviços, e, portanto, é muito limitada, uma vez que há outros tipos de inovação, como discutido no Capítulo 1. Uma definição mais curta, mas nem por isso menos correta, é a seguinte: "ecoinovação é uma inovação que melhora o desempenho ambiental".[6] Uma definição mais completa é a seguinte: "produtos, processos, técnicas e sistemas, novos ou modificados, que evitam ou reduzem danos ambientais".[7] *Dano* significa "avaria", "degradação", "deterioração", "estrago", "perda", "prejuízo". *Dano ambiental* significa tudo isso aplicado ao meio ambiente físico, biológico e social, como doenças e morte de seres vivos (incluindo de humanos), degradação de componentes abióticos dos ecossistemas (atmosfera, água doce, mares e oceanos, solo, subsolo etc.), prejuízos aos componentes do capital construído, incluindo a infraestrutura pública e os bens culturais.

Os danos ambientais podem resultar de uma enorme variedade de ações humanas. O Quadro 3.2 mostra exemplos, alguns dos quais serão melhor explicados oportunamente. Por mais variadas que sejam as causas humanas desses danos, eles se enquadram

3 OECD/EUROSTAT, 2018, p. 88.

4 ibidem.

5 ABNT NBR ISO 14006:2014, nota à definição 3.2.

6 CARRILLO-HERMOSILLA et al. 2009, p. 8-9 (tradução nossa).

7 KEMP e ARUNDEL, 1998, p. 2-3 (tradução nossa).

em duas categorias básicas: (1) os usos do meio ambiente como fontes de recursos para as atividades humanas; e (2) os resultados indesejados ou não controlados dessas atividades. São exemplos da primeira categoria: desmatamentos, práticas agrícolas, uso e parcelamento do solo, derivações de corpos de água, exploração mineral, caça e pesca; da segunda: resíduos sólidos, efluentes líquidos, emissão de gases, erosões, assoreamento de rios e lagos resultantes daquelas atividades.

Danos ambientais também têm causas naturais, como vulcões expelindo gases e cinzas, pântanos emitindo metano, ventos carregando e depositando areia, enchentes assoreando rios e erodindo suas margens. Contudo, são os de origem humana que estão na raiz, no caule e nas folhas da crise ambiental planetária, cuja constatação deu origem ao movimento do desenvolvimento sustentável, comentado no Capítulo 2. As ecoinovações não visam apenas a evitar ou reduzir danos ambientais gerados pelos humanos; elas também são usadas contra danos por causas naturais, como: prevenção de enchentes, avalanches, deslizamento de encostas. O Marco de Sendai para o período de 2015 a 2030, aprovado na 3ª Conferência das Nações Unidas para a Redução do Risco de Desastres Naturais, aposta nas inovações ambientais ou ecoinovações para reduzir os riscos de desastres naturais e enfrentar os danos causados por eles.[8]

Quadro 3.2 – Danos ambientais – exemplos

Dano	Descrição/definição
Mudança do clima	Mudança atribuída direta e indiretamente à atividade humana e que altera a composição da atmosfera mundial, à qual se soma aquela provocada pela variabilidade climática natural observada ao longo de períodos comparáveis. Entre as causas humanas, está o aumento constante da emissão de gases de efeito estufa desde o início da Revolução Industrial no final do século XVIII (Convenção sobre Clima, art. 1º).
Depleção da camada de ozônio	Redução da camada de ozônio na estratosfera, que absorve os raios ultravioletas do Sol, nocivos aos seres vivos, devido às emissões de gases sintéticos contendo cloro e bromo.
Oxidantes fotoquímicos	Poluentes tóxicos da baixa atmosfera formados pela ação da luz solar sobre óxidos de nitrogênio (NO e NO_2) e hidrocarbonetos resultantes da queima incompleta de combustíveis fósseis em veículos, caldeiras, geradores, termoelétricas etc. São tóxicos para pessoas, animais e plantas, causam transtornos pulmonares, podendo levar a óbito.

(continua)

8 *Marco de Sendai*, disponível em: <www.undrr.org/publication/sendai-framework-disaster-risk-reduction-2015-2030>.

Quadro 3.2 – Danos ambientais – exemplos (*continuação*)

Dano	Descrição/definição
Precipitação ácida	Chuva, neblina e neve com pH menor do que o da água normal (± 5,6) que causam impactos negativos sobre plantas, peixes, solos, bens de capital, infraestrutura. As principais causas antrópicas são as emissões de dióxido de enxofre (SO_2) e NO_2, que reagem com a água, oxigênio e outros componentes do ar formando ácido sulfúrico (H_2SO_4), ácido nítrico (HNO_3), entre outros.
Perda de biodiversidade	Extinção de espécies por ação humana pela exploração predatória, destruição de hábitats, introdução de espécies exóticas, poluição, mudança do clima, acidificação etc.
Desertificação	Processo de redução ou perda da produtividade biológica e/ou econômica do solo por causas naturais (ventos, enchentes, secas prolongadas etc.) e humanas, como desmatamento e superexploração do solo agricultável. Mudança do clima, precipitações ácidas e perda da biodiversidade contribuem para esse processo.
Eutrofização	Aumento da população de algas e microrganismos em corpos de água, que, ao se decomporem, consomem o oxigênio presente na água, causando a morte de peixes e outros organismos aquáticos. Entre as causas humanas, está o lançamento de esgotos não tratados e fertilizantes agrícolas ricos em fósforo e nitrato arrastados aos corpos de água pelas enxurradas.
Toxicidade	Capacidade de uma substância por si mesma ou em combinação com outras de causar danos aos seres humanos (toxicidade humana) ou sobre os ecossistemas e seus organismos (ecotoxicidade).
Depleção de recursos naturais	Redução dos estoques de recursos naturais não renováveis, como recursos minerais e fósseis, e da capacidade de regeneração de recursos renováveis, como florestas, peixes, animais, solo agrícola.

Com base na definição de inovação do *Manual de Oslo* de 2005, o projeto *Measuring eco-innovation* (MEI), patrocinado pela Comissão Europeia e Agência Ambiental Europeia, definiu ecoinovação como:

> (...) produção, assimilação ou exploração de um produto, processo de produção, serviço ou método de gestão ou de negócio novo para a organização (desenvolvendo-o ou adotando-o) e que resulte, ao longo do seu ciclo de vida, em redução de risco ambiental, da poluição e de outros impactos negativos do uso de recursos (inclusive de energia), comparado com alternativas pertinentes.[9]

Seguindo a orientação do *Manual de Oslo*, a ecoinovação não necessita ser nova em termos absolutos, mas, sim, para o mercado ou para a organização que a implementa.

[9] KEMP e PEARSON, 2007, p. 7 (tradução nossa).

Os efeitos benéficos sobre o meio ambiente, como redução da poluição, dos riscos ambientais e dos impactos negativos do uso de recursos, devem ser considerados ao longo do ciclo de vida do produto. Há dois entendimentos sobre esse ciclo: o mercadológico e o físico. O primeiro é constituído por estágios de desempenho da demanda do produto no mercado ou na sociedade, ou seja, refere-se ao processo de difusão de um novo produto que começa com a sua introdução (inovação) e segue pelos estágios de crescimento da demanda, estabilidade ou maturidade e declínio, como ilustrado na Figura 3.1a. O ciclo de vida físico é constituído pelos estágios sucessivos e encadeados de um produto ou linha de produto, desde a aquisição da matéria-prima ou de sua geração a partir de recursos naturais até a disposição final.[10] Esse é o ciclo que interessa à caracterização da ecoinovação (Figura 3.1b). O ciclo físico liga o produto ao seu processo de produção, uso e descarte. Assim, não seria uma ecoinovação a que reduz os impactos ambientais adversos em um estágio do ciclo físico e transfere-os aos demais.

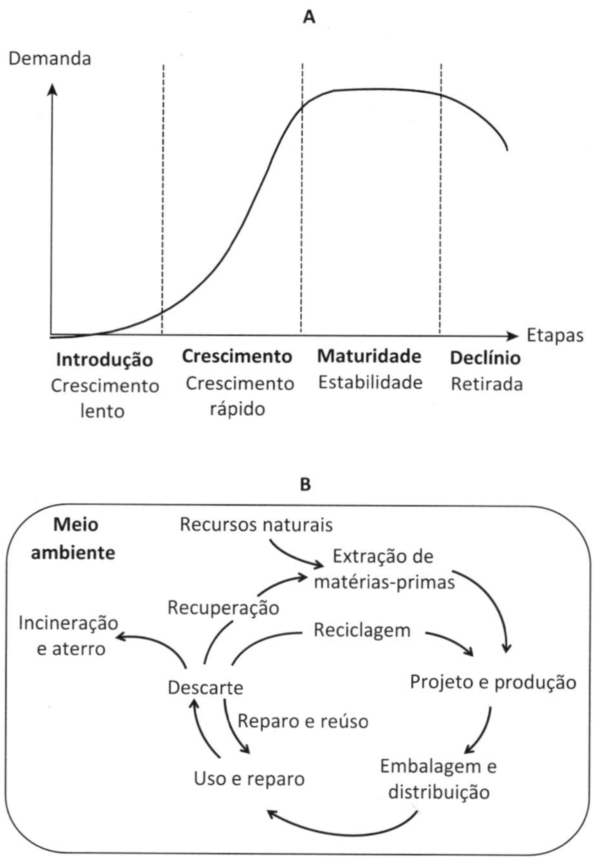

Figura 3.1 – Ciclos de vida do produto.

Fonte: (a) Baseado em ROGERS, 1971, p. 90-100; (b) UNEP, 2007, p. 12.

[10] ABNT NBR ISO 14040:2009.

Qualquer inovação é uma ecoinovação se for ambientalmente mais benigna do que a alternativa pertinente. Para fins de comparação, a alternativa pertinente pode ser: (1) o produto, processo ou método obtido com a melhor tecnologia disponível no momento; (2) a tecnologia disponível no mercado que atende à mesma finalidade; (3) ou a tecnologia usada normalmente pelo setor ou em uso na empresa. Por exemplo, uma inovação no processo de queima de carvão para gerar energia elétrica é uma ecoinovação se reduzir significativamente a emissão de poluentes comparativamente às melhores tecnologias existentes.[11]

Com esse entendimento, os pesquisadores do projeto MEI quiseram colocar um ponto final na discussão sobre ser ou não necessário haver intenção explícita do inovador em buscar benefícios ambientais para caracterizar a ecoinovação. A regra do MEI é muito simples: se trouxer benefícios ambientais significativos, então é uma ecoinovação, independentemente de o inovador ter pretendido obtê-los. Neste livro, a motivação importa, pois seu objetivo é esclarecer fatos sobre as ecoinovações e apresentar instrumentos de gestão apropriados a elas.

As inovações expressamente desenvolvidas com o objetivo de reduzir os danos ambientais são as mais fáceis de ser identificadas como ecoinovações, por exemplo, uma nova tecnologia para controlar com mais eficiência a emissão de certo poluente. As mais difíceis são as que geram benefícios ambientais pela via indireta, isto é, as que não foram desenvolvidas com o objetivo primeiro de produzir tais benefícios. Seria o caso das células de energia fotovoltaicas para calculadoras, cujo objetivo inicial foi proporcionar um produto delgado e que nunca perdesse a carga, a fim de facilitar a vida dos usuários. Entretanto, essa inovação também trouxe benefícios ao meio ambiente ao reduzir o uso de pilhas e o seu descarte pós-uso.[12]

Inovações concebidas para obterem-se resultados econômicos podem gerar benefícios ambientais. As mais frequentes são as que visam a reduzir o custo do produto ou do processo produtivo economizando materiais e energia, desde que o produto e o processo de produção não sejam degradantes por si mesmos. Não seria o caso de reduções de materiais e energia na produção de minas terrestres e produtos geradores de vícios e dependências. O problema com a regra do MEI é que as inovações para economizar materiais e energia acontecem o tempo todo e em todos os períodos que se tem notícia, o que permite às empresas mal-intencionadas posar de ecoinovadoras, ainda que não tenham apreço algum pelo meio ambiente.

Também seguindo o *Manual de Oslo*, o MEI entende que a ecoinovação deve produzir uma redução significativa ou não negligenciável do dano ambiental. As pequenas inovações incrementais, as melhorias resultantes da familiaridade dos trabalhadores com as tarefas do dia a dia não são consideradas ecoinovações. Essa exclusão visa a facilitar a elaboração de dados estatísticos, pois, se for considerada qualquer melhoria que

[11] KEMP e PEARSON, 2007, p. 7.

[12] Idem, p. 8.

traga benefícios ambientais, praticamente todas as empresas seriam ecoinovadoras. Neste livro, o grau de novidade não importa. As ecoinovações incrementais, ainda que tragam pequenas contribuições à melhoria ambiental, geram resultados expressivos quando somadas, além de serem as que estão acessíveis aos trabalhadores do campo, chão de fábrica, canteiro de obras, armazém, escritório, loja.

3.2 TIPOS DE ECOINOVAÇÃO

Os componentes das ecoinovações podem ser tecnológicos ou organizacionais, sendo que estes últimos podem ser pré-requisitos essenciais para as inovações ambientais tecnológicas. Exemplos: programas de treinamento ambiental, distribuição de tarefas e responsabilidades ambientais, sistemas de gestão ambiental, auditoria ambiental, criação de canais para comunicar problemas ambientais, redes interorganizacionais para tratar questões ambientais cooperativamente. Conforme seu objetivo geral, as ecoinovações tecnológicas podem ser de duas categorias: (1) aplicações tecnológicas adicionadas ao sistema de produção existente para controlar a emissão de poluentes; e (2) tecnologias que reduzem a geração de poluentes ou o consumo de materiais e energia. Essas duas categorias formam seis tipos distintos de ecoinovações tecnológicas, conforme seus respectivos objetivos específicos, a saber:

1) tecnologia de limpeza ou de remediação: extrair poluentes presentes em componentes do meio ambiente;
2) tecnologia de controle de poluição: impedir o lançamento direto de poluentes no meio ambiente;
3) tecnologia de gestão de resíduos: manusear, tratar e dispor resíduos;
4) tecnologia de reciclagem: reusar e reciclar materiais recuperados;
5) tecnologia limpa: reduzir a quantidade de poluentes e resíduos gerados em processos de produção;
6) tecnologia de produto limpo: desenvolver produtos com baixo impacto ambiental ao longo do seu ciclo de vida.[13]

Os quatro primeiros tipos de ecoinovação são constituídos por tecnologias incorporadas em bens de capital e em serviços técnicos especializados, visando a melhorar o desempenho ambiental das empresas por meio de soluções que eliminem ou minimizem os poluentes e resíduos gerados, dando-lhes destinações adequadas, seja reaproveitando por meio de reúso, reciclagem ou reaproveitamento energético, seja dispondo-os em condições seguras. São tecnologias providas tipicamente pela indústria ambiental,

---

[13] KEMP e ARUNDEL, 1998, p. 2-3 (tradução nossa).

que será apresentada oportunamente. Os dois últimos tipos buscam tornar os produtos de uso comum e seus processos de produção e distribuição mais ecoeficientes ou mais limpos do que os similares. Seus componentes são basicamente tecnológicos, podendo incluir mudanças na organização do trabalho, na cadeia de suprimento, no planejamento e controle da produção e em outros componentes organizacionais.

O projeto MEI classifica as ecoinovações em quatro tipos (Quadro 3.3), cada qual com várias espécies, correspondendo aproximadamente à classificação do *Manual de Oslo* de 2005 (ver Quadro 1.2). As ecoinovações tecnológicas (1ª linha do Quadro 3.3) visam a controlar a poluição gerada pelos processos produtivos, evitar a sua geração e remover poluentes já lançados ao meio ambiente. As ecoinovações em produtos (2ª linha do Quadro 3.3) são bens e serviços, novos ou melhorados, que geram resultados ambientais positivos, comparados às alternativas atuais. As organizacionais (3ª linha) são novos métodos aplicados às práticas de negócio da empresa, executadas prioritariamente no interior das organizações, podendo alcançar ou não os membros da cadeia de suprimento.[14]

Quadro 3.3 – Tipos de ecoinovações ou inovações ambientais segundo o projeto MEI

	Tipo	Espécies
1	Tecnologias ambientais	• Tecnologias de limpeza da poluição lançada ao meio ambiente; • tecnologias de controle de poluição, inclusive tecnologias para tratar água servida; • tecnologias de processos mais limpos, novos processos de manufatura menos poluidores e/ou mais eficientes no uso de recursos do que alternativas relevantes; • tecnologias de equipamentos para gestão de resíduos; • tecnologias para instrumentação e monitoramento; • tecnologias de energia verde; • tecnologias para suprimento de água; • tecnologias para controle de ruídos e vibrações.
2	Inovações em produtos (bens e serviços)	• Produtos materiais (bens) novos ou melhorados em termos ambientais, incluindo edificações (casas e prédios ecológicos); • produtos financeiros verdes, como *green bonds* e eco arrendamento; • serviços ambientais, como gestão de resíduos sólidos, gestão de água e de água residual, consultoria ambiental, ensaios, testes e outros serviços analíticos; • serviços menos intensivos em poluição e recursos que as alternativas pertinentes.

(*continua*)

14 KEMP e PEARSON, 2007, p. 10-11.

Quadro 3.3 – Tipos de ecoinovações ou inovações ambientais segundo o projeto MEI (*continuação*)

	Tipo	Espécies
3	Inovação organizacional para o meio ambiente	• Introdução de métodos organizacionais e sistemas de gestão para lidar com as questões ambientais em produtos e processos. Envolvem: – esquemas para prevenção da poluição; – sistemas de gestão ambiental e auditoria; – gestão da cadeia de suprimento, envolvendo a cooperação entre empresas para fechar o ciclo de materiais tanto quanto for possível para evitar danos ambientais ao longo da cadeia de valor (do berço ao berço).
4	Inovações de sistemas verdes	• Sistemas alternativos de produção e consumo mais benignos ao meio ambiente do que os existentes.

Fonte: KEMP e PEARSON, 2007, p. 10-11.

As ecoinovações de sistemas verdes (4ª linha do Quadro 3.3) referem-se à concepção e implantação de novos sistemas produtivos com melhor desempenho ambiental que os existentes. Exemplos: agricultura orgânica como alternativa a agricultura intensiva em fertilizantes, defensivos agrícolas; tecnologias de plantio direto que reduzem movimentação de solo e previnem a erosão; sistemas que combinam agricultura, pastoreio e silvicultura; sistemas de compartilhamento de veículos como alternativas ao transporte individual de passageiro.[15] Elas introduzem novos meios de organizar a produção e o consumo envolvendo novos modos de articulação entre organizações.

Um tipo de ecoinovações de sistemas verdes são os arranjos entre empresas numa determinada área ou território para explorar as sinergias entre elas, a fim de otimizar o uso dos recursos coletivamente, como:

- *ecologia industrial*: arranjo produtivo baseado em estudo das relações sistêmicas entre a sociedade, a economia e o meio ambiente natural, com foco na tecnologia, com o objetivo de reduzir os impactos ambientais e conciliar o desenvolvimento humano com o manejo do meio ambiente, reconhecendo a importância dos fatores socioeconômicos para o alcance desses objetivos;[16]
- *parques ecoindustriais*: áreas industriais gerenciadas que promovem a colaboração entre setores industriais e a comunidade local para obter benefícios comuns decorrentes do desempenho econômico, ambiental e social, como

[15] KEMP e PEARSON, 2007, p. 10-11.

[16] The International Society for Industrial Ecology (ISIE). Disponível em: https://is4ie.org/about/what-is-industrial-ecology. Acesso em 29/06/2023.

ganhos de eficiência, redução de riscos, melhoria do acesso às fontes de financiamento e apoio técnico;[17]

- *simbiose industrial*: envolvimento de empresas tradicionalmente separadas em uma abordagem coletiva para obter vantagens competitivas abrangendo trocas físicas de materiais, água, energia e subprodutos. É parte da ecologia industrial e baseia-se na cooperação entre empresas e nas possibilidades sinérgicas proporcionadas pela aproximação geográfica entre elas.[18]

Combinando a definição do MEI de ecoinovação mencionada com a de inovação empresarial ou de negócio do *Manual de Oslo* de 2018, comentada no Capítulo 1, a ecoinovação pode ser assim definida:

> (...) um produto ou processo negócio novo ou aprimorado (ou uma combinação de ambos) significativamente diferente dos existentes disponibilizado aos usuários potenciais (produto) ou utilizado pela empresa (processo) e que resulte, ao longo do seu ciclo de vida, em redução de risco ambiental, da poluição e de outros impactos negativos do uso de recursos (inclusive de energia), comparado com alternativas pertinentes.[19]

O Quadro 3.4 traz os tipos de ecoinovação seguindo a classificação do *Manual de Oslo*, apresentada no Quadro 1.3 do Capítulo 1. Essa tipificação é compatível com a apresentada no Quadro 3.3, apesar de menos abrangente por referir-se ao meio empresarial. Não estão inclusas as inovações sistêmicas mencionadas na última linha do Quadro 3.3, bem como as inovações sociais ou comunitárias implantadas para atender às necessidades sociais de comunidades como objetivo principal com reflexos positivos sobre o meio ambiente, que também são ecoinovações se trouxerem benefícios ambientais.

---

17 WORLD BANK, 2021, p. 21.

18 CHERTOW, 2007, p. 11.

19 Definição do autor inspirada no *Manual de Oslo* de 2018 e na definição do MEI.

Quadro 3.4 – Tipos de ecoinovações ou inovações ambientais e exemplos

Inovação		Exemplos
De produto (bens e serviços)		• Introdução de bens e serviços que geram menos impactos ambientais negativos do que as alternativas existentes.
De processo de negócio	Produção de bens e serviços	• Tecnologias novas ou melhoradas de controle de poluição do ar, da água, do solo, de locais de trabalho etc.; • processos de produção novos ou melhorados que reduzem a poluição e usem menos recursos do que alternativas relevantes.
	Distribuição e logística	• Introdução de embalagens de transporte retornáveis; • substituição de combustíveis fósseis por biocombustíveis.
	Marketing e vendas	• Adoção de rótulos ambientais baseados em programas de terceira parte; • novo modo de remunerar o consumidor pela devolução de bens usados.
	Sistema de informação e comunicação (SIC)	• Criação de cadastro de instituições, empresas e profissionais provedores de bens e serviços ambientais (fabricantes, distribuidores, consultorias, laudos, análises e ensaios, pareceres, assistência a emergências etc.); • criação de sistema de captação de dados sobre as condições ambientais do entorno da empresa para planejar as ações de controle e prevenção.
	Administração e gestão	• Implantação de um sistema de gestão ambiental; • novo método de avaliação e seleção de fornecedores.
	Desenvolvimento de produtos e processos	• Adoção da avaliação do ciclo do produto (ACV) no processo de desenvolvimento de novos bens e serviços; • Um novo método de design de produto, por exemplo, *design thinking*.

Fonte: com base em OECD/EUROSTAT, *Manual de Oslo*, 2018, p. 73, exceto os exemplos.

A discussão sobre o grau de novidade feita no Capítulo 1 também vale para as ecoinovações, porém, contextualizadas pelos resultados ambientais que proporcionam e que se caracterizam pela sua magnitude e abrangência. A magnitude refere-se aos benefícios obtidos em relação à gravidade da questão ambiental enfrentada, como frequência de ocorrência, intensidade do impacto, irreversibilidade do dano provocado. Por exemplo, a quantidade evitada ou capturada de um poluente tóxico em relação à quantidade gerada. A segunda refere-se ao espaço físico, biológico e social beneficiado pela ecoinovação, que pode se estender desde um local específico (chão da fábrica, bairro, município, bacia hidrográfica etc.) até o planeta como um todo.

O esperado é que os benefícios ambientais obtidos acompanhem o grau de novidade da ecoinovação. Mas isso nem sempre ocorre. Inovações radicais focadas prioritariamente em resultados econômicos podem gerar benefícios ambientais de pequena e mediana monta, e, como mostrado anteriormente, por tais benefícios são consideradas ecoinovações. Uma ecoinovação radical pode resultar em benefícios limitados caso seja implementada apenas numa única empresa. Esperam-se benefícios modestos da ecoinovação incremental, porém, se replicada por muitas empresas, seus benefícios podem alcançar ampla extensão espacial e grande magnitude pela soma dos benefícios individualizados. Ou seja, o processo de difusão da ecoinovação pelo sistema produtivo e social é tão ou mais importante que o grau de novidade e dos resultados individualmente considerados.

Resumindo, as ecoinovações atendem simultaneamente às dimensões econômica e ambiental. Podem ser novas para o mundo, para o mercado ou apenas para as organizações que as implementem. Podem referir-se a bens, serviços, software, processos, sistemas e modelos de negócios. Podem variar desde simples modificações até concepções radicalmente diferentes do que se conhece até então. Caracterizam-se pela magnitude e extensão dos resultados ambientais positivos que proporcionam, mesmo quando não houve intenção em obtê-los. Os resultados são melhorias comprovadas ao longo do seu ciclo de vida em relação às alternativas pertinentes viáveis, inclusive aquelas praticadas na organização.

3.3 BENS E SERVIÇOS AMBIENTAIS

Bens e serviços ambientais (EGSs, do inglês: *environmental goods and services*) são produtos manufaturados ou serviços prestados que medem, previnem, limitam, minimizam ou corrigem os danos ambientais à água, ao ar e ao solo, e os problemas relacionados com resíduos, ruídos e ecossistemas.[20] Há dois tipos básicos de EGS: (1) tecnologias, bens e serviços cuja finalidade precípua é a proteção ambiental; e (2) aqueles que, embora tenham outras finalidades que não a ambiental, apresentam características positivas ao meio ambiente comparadas aos similares ou substitutos próximos.

A OECD classifica-os em grupos, classes e subclasses (Quadro 3.5). Os do grupo 1, cuja finalidade essencial é a gestão da poluição (limpeza, controle e prevenção), são produzidos pela indústria ambiental ou ecoindústria, o conjunto de produtores de EGS do tipo 1 citados. Essa indústria faz parte de diversos setores econômicos, como máquinas, equipamentos de transporte, construção civil, embalagens, produtos químicos, montagem industrial.[21] Para as organizações usuárias, eles comparecem como:

1) construções, instalações e bens de capital (como: equipamentos de controle da poluição, separadores de resíduos, embalagens para resíduos e veículos coletores, placas fotovoltaicas, aerogeradores, aterros sanitários, estações de tratamento de água), incluindo-se acessórios e peças para manutenção e reparo;

[20] OCDE, 1999, p. 9 (tradução nossa).

[21] Veja a Classificação Nacional de Atividades Econômicas (CNAE) em <https://concla.ibge.gov.br/busca-online-cnae.html>.

2) materiais para operá-los, como solventes, remediadores, reagentes, aglomerantes, desinfetantes; e
3) serviços técnicos especializados, como P&D, engenharia ambiental consultiva, análises laboratoriais, gestão de projetos ambientais, avaliação do ciclo de vida, auditorias ambientais, educação ambiental.

Quadro 3.5 – Classificação dos bens e serviços ambientais (EGS)

<table>
<tr><th colspan="2">Grupo</th><th>Subgrupo</th><th>Classes</th></tr>
<tr><td rowspan="3">1</td><td rowspan="3">Gestão da poluição</td><td>Produção de equipamentos, instrumentos e materiais</td><td>• Controle da poluição do ar;
• tratamento de efluentes;
• gestão de resíduos sólidos (coleta, tratamento e disposição);
• reciclagem de resíduos;
• remediação e limpeza de solo e de águas superficiais e subterrâneas;
• redução de ruído e vibração;
• monitoramento, análise e avaliação ambiental.</td></tr>
<tr><td>Prestação de serviços</td><td>• Serviços associados aos bens mencionados;
• P&D ambiental;
• engenharia ambiental;
• serviços analíticos, coleta, avaliação e análise de dados;
• educação, treinamento e informação.</td></tr>
<tr><td>Construções e instalações</td><td>• Construções e instalações associadas aos itens mencionadas na primeira linha.</td></tr>
<tr><td>2</td><td>Produtos e tecnologias mais limpos</td><td>Produção de equipamentos e materiais</td><td>• Tecnologias mais limpas e eficientes no uso de recursos, que diminuem as entradas de materiais, reduzem o consumo de energia, recupera subprodutos valiosos, reduzem a emissão e a geração de resíduos, ou uma combinação desses benefícios;
• produtos mais limpos ou mais eficientes no uso de recursos, que diminuem as entradas de materiais, melhoram a qualidade do produto, reduzem o consumo de energia, a emissão e a geração de poluentes e resíduos durante o uso, ou uma combinação desses benefícios.</td></tr>
<tr><td>3</td><td>Gestão de recursos</td><td>Produção de equipamentos, tecnologias e materiais específicos, prestação de serviços, construções e instalações</td><td>• Controle da poluição do ar interno.
• suprimento de água;
• fabricação de novos materiais e produtos com resíduos ou sucatas;
• produção de energia renovável;
• gestão e conservação de energia e calor;
• pesca e agricultura sustentáveis;
• florestas sustentáveis;
• gestão de riscos naturais;
• ecoturismo;
• conservação da natureza, de hábitats e da biodiversidade etc.</td></tr>
</table>

Fonte: OECD, 1999, p. 10-11.

Os EGS do grupo 2 são os que reduzem ou eliminam os impactos ambientais negativos sem que seus objetivos finais sejam a proteção ambiental, ou seja, correspondem aos do tipo 2, citado anteriormente. Seria o caso de um automóvel que consome menos combustível do que os demais da sua categoria, pois o propósito do automóvel é transportar pessoas, e não proteger o meio ambiente. Os da 1ª classe (tecnologias mais limpas) aplicam-se aos processos de produção de qualquer bem ou serviço, de qualquer organização de qualquer setor da economia, inclusive do grupo 1. Essas tecnologias são providas pelas próprias organizações usuárias, ou pela indústria de bens de capital e de insumos (máquinas, equipamentos, instrumentos, materiais etc.), ou uma mescla de ambos.

Os EGS da 2ª classe do grupo 2 são os bens e serviços mais limpos de uso comum, como roupas, móveis, eletrodomésticos, computadores, celulares, automóveis, brinquedos, serviços de educação, saúde, transporte. Como eles convivem com outros que cumprem a mesma função, há a necessidade de distingui-los em sua categoria específica (por exemplo, geladeiras de 300 litros, automóveis de 100 cilindradas). Eles podem ser identificados por meio de:

1) medidas indiretas, como os esforços em P&D e inovação, para melhorar o seu desempenho ambiental, a fim de ultrapassar o padrão da sua categoria; ou
2) medidas diretas de resultados, por exemplo, a quantidade em unidades físicas de redução de poluentes e resíduos ou de energia consumida, bem como a correspondente valorização econômica, como a diminuição do valor da conta de energia.[22]

Os EGS do grupo 3 visam a proteger o meio ambiente e os recursos naturais extraídos e beneficiados, não inclusos nos outros grupos. São equipamentos, tecnologias, materiais e serviços específicos aplicados à geração, transmissão e uso de energia de fontes renováveis; aos sistemas de abastecimento e distribuição de água, públicos ou privados; à agricultura, pecuária, silvicultura e pesca, inclusive com o uso da biotecnologia; ao ecoturismo para proteger e gerenciar o patrimônio natural e cultural da comunidade receptora; aos sistemas para prevenir ou reduzir o impacto de desastres naturais (tempestades, inundações, secas etc.).[23] A rigor, os EGS aplicados ao controle da poluição do ar interno deveriam fazer parte do grupo 1. Enfim, não há esquema classificatório perfeito.

Os países desenvolvidos são os maiores produtores e exportadores de EGS. O seu acesso pelos países não desenvolvidos é uma das questões críticas do desenvolvimento sustentável para a qual não faltam recomendações, propostas, objetivos e metas. Uma

[22] OCDE, 1999, p. 31-32.

[23] Idem, p. 31-35.

das metas de desenvolvimento sustentável da Agenda 2030 visa a "promover o desenvolvimento, a transferência, a disseminação e a difusão de tecnologias ambientalmente corretas para os países em desenvolvimento, em condições favoráveis".[24] O seu cumprimento envolve questões de comércio internacional de bens e serviços sujeitos aos acordos multilaterais administrados pela Organização Mundial do Comércio (OMC/WTO).

Os EGS ganharam destaque com a Declaração de Doha, aprovada em 2001 no âmbito da OMC, ao propor a redução, ou conforme o caso, a eliminação de barreiras tarifárias e não tarifárias, para facilitar a sua difusão.[25] Em função disso, várias listas de bens e serviços foram propostas por países-membros da OMC, incluindo-se o Brasil, para serem enquadrados como EGS, a fim de obterem-se vantagens no comércio exterior. Consequentemente, aumentou-se a quantidade e heterogeneidade dos EGS, tornando mais difícil o encontro de consensos para fins de acordos comerciais multilaterais. Isso sem contar as rivalidades comerciais entre países a respeito de bens específicos. A proposta brasileira de incluir o etanol como bem ambiental foi rejeitada por outros países, entre eles os Estados Unidos. De cerca de 500 bens submetidos pelos países da APEC, apenas alguns poucos foram aceitos e tiveram suas tarifas reduzidas para 5% ou menos.[26]

3.3.1 PRODUTOS AMBIENTALMENTE PREFERÍVEIS

Produto ambientalmente preferível (EPP, de *environmentally preferable product*) é um conceito aderente ao de EGS do 2º grupo. Sua entrada do campo do comércio internacional ocorre em 1995 por meio de um relatório da Conferência das Nações Unidas sobre Comércio e Desenvolvimento (UNCTAD). O EPP foi, então, definido como "produto que causa significativamente menos danos ambientais em alguma fase do seu ciclo de vida (produção/processamento, distribuição, uso, descarte etc.) comparado aos que atendem a mesma finalidade, ou que contribuam significativamente para a preservação do meio ambiente".[27] Eles podem ser:

1) produtos ambientalmente mais amigáveis do que os produtos concorrentes, por exemplo, combustíveis oriundos de biomassa comparados aos de petróleo;

2) produtos produzidos de modo mais amigável, como os da agricultura orgânica comparados aos da agricultura intensiva em fertilizantes, biocidas e outros insumos industriais; e

3) produtos que contribuem para a preservação do meio ambiente, como especiarias, matérias-primas farmacêuticas, castanhas, essências naturais e

---

24 Agenda 2030, Objetivo de Desenvolvimento Sustentável 17, meta 17.7. Disponível em: <https://brasil.un.org/pt-br/sdgs>.

25 WTO, 2001, Art. 31, item iii.

26 Disponível em <https://www.apec.org>. APEC = *Asian-Pacific Economic Cooperation.*

27 UNCTAD, 1995, p. 7 (tradução nossa).

outros que aumentam o valor das florestas tropicais *vis-à-vis* ao desmatamento para fins agropecuários.[28]

Este último tipo de EPP inclui qualquer produto resultante do manejo de recursos renováveis que mantenha ou melhore a função de produção do capital natural, o que pressupõe uma exploração que não ultrapasse o nível máximo de rendimento sustentável e mantenha o capital crítico.[29] Apesar dos aperfeiçoamentos feitos ao longo do tempo, os entendimentos sobre os EPP continuam essencialmente os mesmos da sua formulação original. Um desses aperfeiçoamentos foi a inclusão dos serviços, pois a preocupação original da UNCTAD era com o comércio de mercadoria no âmbito do Acordo Geral de Tarifas e Comércio (GATT), até então o único acordo comercial multilateral sobre essa matéria. Outro aperfeiçoamento foi considerar o ciclo de vida integral, e não apenas como o produto se apresenta para fins comerciais. Assim, EPP passou a ser visto como um bem ou serviço que ganhou a competição entre alternativas relevantes em termos de benefícios ambientais, considerando-se o ciclo de vida. Portanto, é um conceito coerente com as definições de ecoinovação apresentadas anteriormente.

Embora a intenção da UNCTAD fosse promover as exportações dos países em desenvolvimento, o conceito de EPP foi encampado por diversas organizações internacionais influentes, como Comissão Europeia, UNEP, OECD, APEC, WBCSD, ICLEI.[30] Esse conceito está na base dos processos de compras e licitação verdes, ambientais ou sustentáveis, que são exemplos de ecoinovações organizacionais. A Comissão Europeia denomina *compras verdes* o "processo pelo qual as autoridades públicas procuram adquirir bens, serviços e obras com impacto ambiental reduzido em todo o seu ciclo de vida quando comparado com outros na mesma função primária que seriam de outro modo adquiridos".[31] No âmbito das atividades produtivas, a busca sistemática por EPP transforma a cadeia de suprimento convencional, a que privilegia os aspectos econômicos das transações entre os membros da cadeia, em cadeia verde ou ambiental e sustentável.

3.4 INOVAÇÃO SUSTENTÁVEL

O desenvolvimento sustentável busca atender as necessidades básicas de todos os humanos da geração atual e das futuras. Há várias denominações para as inovações afinadas com esse objetivo, como: *inovações sustentáveis, inovações para o desenvolvimento sustentável, inovações para a sustentabilidade, inovações orientadas à sustentabilidade*. Embora esta última seja a mais adequada por ser menos pretenciosa, a primeira será usada por ser mais curta, facilitar a leitura e ser muito usada.

---

28 UNCTAD, 1995, p. 11.15.23.

29 Veja função de produção do capital natural no Capítulo 2.

30 Governos Locais para a Sustentabilidade (ICLEI, do inglês: *Local Governments for Sustainability*).

31 Commission of the European Communities, 2008, p. 4.

Pode-se defini-la simplesmente como inovação que resulte em benefícios econômicos, ambientais e sociais, segundo a abordagem das dimensões do desenvolvimento sustentável, ou como a inovação que conserva ou amplia o capital total da organização enquanto protege o capital natural crítico, segundo a abordagem do capital.[32] Essas definições valem para qualquer tipo de inovação e organização. Combinando-se as definições do *Manual de Oslo* de 2018 com a do projeto MEI, no âmbito das empresas, a inovação sustentável:

> é um produto ou processo de negócio novo ou aprimorado (ou uma combinação de ambos), significativamente diferente dos existentes, disponibilizado aos usuários potenciais (produto) ou utilizado pela empresa (processo) e que resulte, ao longo do seu ciclo de vida em benefícios econômicos, sociais e ambientais comparado com alternativas pertinentes.[33]

Comparada às dimensões econômicas e ambientais, a dimensão social é a mais difícil de ser identificada e operacionalizada. Não por outra razão, uma pesquisadora, aprofundando-se nesse assunto, denominou-a *pilar invisível da sustentabilidade*.[34] É fácil identificar benefícios sociais em ecoinovações sobre abastecimento de água potável, coleta de lixo doméstico, tratamento de esgotos, redução da poluição atmosférica, substituição de um lixão por aterros sanitários. É mais difícil, em ecoinovações sobre bens de consumo final, métodos e modelos de gestão, o que favorece posicionamentos divergentes. Por exemplo, é perfeitamente defensável argumentar que as ecoinovações que reduzem drasticamente as emissões de poluentes em automóveis seriam sustentáveis, pois apresentam uma dimensão social decorrente do fato de reduzir a formação de oxidantes fotoquímicos, sabidamente prejudiciais à saúde. Também é perfeitamente defensável argumentar que essas ecoinovações não seriam sustentáveis, pois dão sobrevida a um bem de consumo impossível de ser universalizado.

E como ficam as ecoinovações que desempregam e destroem competências? As pessoas que perderam empregos e negócios com a difusão dos serviços de *streaming* certamente não aceitam o argumento de que o mundo ficou melhor ao reduzir a taxa de depleção dos recursos materiais e da poluição associada à produção e distribuição dos bens físicos. Tampouco se reconfortam ao saber das dezenas de milhares de novos empregos criados em substituição aos eliminados. O sofrimento físico, mental e moral causado pelo desemprego e pela obsolescência das atividades profissionais não pode ser ignorado; porém, pode-se argumentar que essas inovações seriam sustentáveis por atenderem às três dimensões da sustentabilidade: proporcionam resultados econômicos positivos aos inovadores; reduzem o uso de recursos naturais comparados aos mesmos serviços prestados por meio de suportes materiais; e disponibilizam serviços a um contingente significativamente maior de usuários que de outro modo não teria sido possível.

---

[32] Veja essas abordagens no Capítulo 2.

[33] Definição do autor inspirada no *Manual de Oslo* de 2018 e na definição de ecoinovação do projeto MEI.

[34] MORAIS, 2018.

A dimensão social do desenvolvimento sustentável refere-se à melhoria da qualidade de vida das populações, justiça social, universalização do acesso à educação, saúde, água potável, coleta de esgoto, igualdade de oportunidades, trabalho decente, erradicação da pobreza, entre outros componentes que tornam a sociedade humana crescentemente equitativa. Dito de outro modo, essa dimensão refere-se ao enfrentamento de múltiplas questões sociais, como as listadas no Quadro 3.6, que, por serem abrangentes e disseminadas na sociedade, são pouco suscetíveis de serem consideradas diretamente pelas empresas em seus projetos de inovação, tanto por não pertencerem ao escopo das atividades constantes em seus contratos sociais quanto por resultarem de causas que elas não controlam, ou controlam parcial e precariamente. São questões entranhadas na vida política e institucional dos países e suas subdivisões, que refletem a atuação conjunta dos governos, das instituições públicas, das empresas e da sociedade civil em geral, que, por sua vez, refletem o nível de participação e de cobranças da sociedade. Se esse nível for baixo ou pouco articulado, os problemas sociais se perpetuam.

Dada a dificuldade de tratar as questões listadas no Quadro 3.6 em projetos de inovação específicos, uma solução plausível é tratá-las coletivamente pela prática cotidiana da organização em relação às dimensões da sustentabilidade. Uma das razões do sucesso do modelo *Triple Bottom Line* (TBL) foi reconhecer a contribuição das três dimensões por meio dos resultados líquidos da totalidade das operações da organização num certo período, o que pressupõe que, no plano das atividades individualmente consideradas, possa haver resultados negativos, algo nem um pouco estranho aos empresários e dirigentes empresariais, pois, mesmo em questões estritamente econômicas, é comum se admitirem prejuízos em certas atividades ou produtos, desde que o resultado líquido total seja positivo.

Quadro 3.6 – Questões sociais – exemplos

Alta taxa de acidentes de trabalho	Analfabetismo digital
Alta taxa de mortalidade infantil	Analfabetismo funcional
Alta taxa de mortalidade por homicídios	Analfabetismo infantil e adulto
Déficit de moradias e moradias precárias	Baixa escolaridade da população adulta
Desemprego e informalidade	Corrupção, caixa dois, paraísos fiscais
Distribuição de renda desigual	Discriminação por sexo, raça, idade, religião etc.
Emprego forçado e análogo ao escravo	Menor escolaridade entre meninas e mulheres
Esperança de vida ao nascer	Narcotráfico e crime organizado
Fome e desnutrição	Racismo estrutural
Preocupação com as gerações futuras	Serviços básicos de saúde deficientes
Prostituição infantil	Serviços de água e saneamento deficientes

A dimensão social pode ser tratada adequada e coletivamente por meio de políticas e práticas que levem em conta as questões sociais sob o controle das empresas em sua esfera de influência, isto é, o conjunto de pessoas, grupos, organizações e comunidades impactadas pelas suas atividades, bens e serviços, incluindo sua capacidade de interferência política e nas práticas comerciais do setor a que pertence. O uso consistente dessas políticas e práticas de modo integrado às operações normais das empresas concernem aos novos entendimentos sobre responsabilidade social empresarial (RSE) ligados ao desenvolvimento sustentável, como mostram as definições do Quadro 3.7.

Quadro 3.7 – Responsabilidade social da empresa e desenvolvimento sustentável

Definição	Fonte
Responsabilidade social da empresa é o compromisso contínuo das empresas de atuar de modo ético para contribuir para o desenvolvimento econômico, melhorando a qualidade de vida dos trabalhadores e das suas famílias, assim como da comunidade local e da sociedade como um todo.	WBCSD, 2000
Responsabilidade social da empresa é a integração voluntária de preocupações sociais e ambientais por parte das empresas nas suas operações e interações com outras partes interessadas.	CCE, 2001.
A responsabilidade social da empresa caracteriza-se por: (1) sua natureza voluntária, que vai além das suas obrigações legais; (2) ser parte integrante da gestão da empresa; (3) ações sistemáticas e não ocasionais; (4) sua vinculação com o conceito de desenvolvimento sustentável; e (5) considerações sobre os impactos das operações comerciais na sociedade.	ILO, 2012
Responsabilidade social de uma organização é a responsabilidade pelos impactos de suas decisões e atividades na sociedade e no meio ambiente, por meio de um comportamento ético e transparente que: • contribua para o desenvolvimento sustentável, inclusive a saúde e o bem-estar da sociedade; leve em consideração as expectativas das partes interessadas; • esteja em conformidade com a legislação aplicável e seja consistente com as normas internacionais de comportamento; e • esteja integrada em toda a organização e seja praticada em suas relações.	ABNT NBR ISO 26000: 2010.
A responsabilidade social empresarial é a forma de gestão que se define pela relação ética e transparente da empresa em todos os públicos com os quais se relaciona e pelo estabelecimento de metas empresariais compatíveis com o desenvolvimento sustentável da sociedade, preservando recursos ambientais e culturais para as gerações futuras, respeitando a diversidade e promovendo a redução da desigualdade social.	Instituto Ethos, 2013.

A RSE atual abandonou a ideia de uma responsabilidade centrada exclusivamente na obtenção de resultados econômicos para os proprietários e acionistas. E passou a incluir outras partes interessadas (*stakeholder*), entendidas como "qualquer pessoa, grupo de pessoas ou organização que pode afetar, ser afetada ou se perceber afetada por uma decisão ou atividade da empresa",[35] como trabalhadores, consumidores, fornecedores, investidores, concorrentes, autoridades e comunidades locais, organizações da sociedade civil. Essa RSE incluiu novos princípios de gestão, a saber:

- respeito aos direitos humanos, aos direitos fundamentais dos trabalhadores, aos consumidores e outras partes interessadas;
- propaganda e concorrência leais;
- combate à corrupção, transparência e prestação de contas;
- responsabilização e compensação por danos econômicos, ambientais, sociais, morais;
- apoio ao desenvolvimento das comunidades, defesa do Estado de Direito e das instituições democráticas.

As práticas de gestão orientadas por essa abordagem de RSE devem ser adotadas em todas as atividades de todos os departamentos e setores da organização, a partir de um comprometimento firme da sua alta direção. Um de seus desdobramentos é conhecido pela sigla ESG (do inglês: *Environmental, Social & Governance*). Embora meio ambiente, sociedade e governança estejam presentes como temas centrais da RSE associada ao desenvolvimento sustentável, o ESG veio para dar maior efetividade às decisões relativas aos investimentos. O ESG despontou em 2004, a partir de uma iniciativa do Programa das Nações Unidas para o Meio Ambiente, em parceria com mais de 200 grandes bancos, seguradoras e outras empresas da indústria financeira global (UNEP-FI),[36] com o objetivo de integrar de forma colaborativa critérios ambientais (E), sociais (S) e de governança corporativa (G) nas operações e serviços dessa indústria. O Quadro 3.8 apresenta exemplos de questões ESG consideradas no contexto das empresas dessa indústria, mas aplicáveis a qualquer outra.[37]

---

35 ABNT, 2015.

36 UNEP-FI = *United Nations Environment Programme Finance Initiative.*

37 *The Global Compact*, 2004, p. xi.

Quadro 3.8 – Questões ESG – exemplos

Questões		
Ambientais (*Enviromental*)	**Sociais**	**Governança (Governance)**
• Mudança climática e riscos associados; • necessidade de reduzir resíduos e emissões tóxicas; • regulamentações que ampliam os limites da responsabilidade ambiental concernentes aos bens e serviços gerenciados corretamente; • mercados emergentes para produtos e serviços ecológicos.	• Saúde e segurança no local de trabalho; • relações comunitárias; • direitos humanos na empresa e nas instalações de fornecedores, transportadores e empreiteiros; • relações com governos e comunidades no contexto dos países em desenvolvimento.	• Estrutura e responsabilidades dos conselhos; • práticas de contabilidade e evidenciação (*disclosure*); • estrutura do comitê de auditoria e independência dos auditores; • remuneração dos executivos; • corrupção e subornos.

* Respostas ao aumento da pressão da sociedade civil para melhorar o desempenho, a transparência e responsabilização (*accountability*), sob risco de perda da reputação caso não gerenciados corretamente.

Fonte: adaptado de *The Global Compact*, 2004, p. 6

ESG e RSE se complementam; o primeiro é um componente do segundo, com foco nos investimentos, dentro de uma abordagem estratégica, o que pressupõe objetivos e metas a serem alcançados com atividades, programas e projetos dedicados, transparentes e auditáveis. Não por outra razão, três dos seis Princípios para Investimentos Responsáveis (PRI), também criados com a participação da UNEP-FI, mencionam explicitamente o ESG, a saber: (1) incorporação dos temas ESG às análises de investimento e à tomada de decisão; (2) incorporação desses temas às políticas e práticas de propriedade; e (3) divulgação adequada das questões ESG pelas entidades financiadas.[38] Com o tempo, as questões ESG deixaram de ser exclusivas da indústria financeira, sendo atualmente adotadas por empresas de todos os setores, com tendência a eclipsar a RSE, tamanho o prestígio que ganhou no meio empresarial, o que não é uma boa notícia, pois trocar o todo por uma de suas partes é um processo empobrecedor.

3.4.1 PESQUISA E INOVAÇÃO RESPONSÁVEIS

Como esperado, a inovação não poderia ficar de fora das preocupações RSE/ESG, surgindo daí a expressão *inovação responsável*, sinônima de *inovação sustentável*: aquela que, no mínimo, não produz resultados ambientais e sociais indesejáveis, como

[38] *Principles for Responsible Investment*. Disponível em: <https:www.unpri.org>. Acesso em 18/06/2023.

os citados no Capítulo 1. Lembrando o que ali foi dito sobre dispersão de substâncias tóxicas, aquecimento global, depleção da camada de ozônio consiste em exemplos de resultados não desejados ou não previstos de inovações bem-sucedidas do ponto de vista econômico para as empresas inovadoras. O desejável é que traga benefícios econômicos, sociais e ambientais relevantes em termos de produtos, processos, métodos de trabalho e negócios.

Um modelo de inovação responsável é conhecido por Pesquisa e Inovação Responsável (RRI, do inglês), que ganhou destaque com o Horizonte 2020, um programa de financiamento da pesquisa e inovação criado em 2010 pela União Europeia. A RRI foi definida como um modo de realizar pesquisa e inovação pelo qual as partes interessadas envolvidas possam: (1) obter conhecimentos relevantes sobre as consequências dos resultados e das opções abertas a eles; (2) avaliar efetivamente esses resultados e opções quanto às necessidades da sociedade e os seus valores morais; e (3) usar as considerações feitas em (1) e (2) como requisitos funcionais para conceber e desenvolver novas pesquisas e produtos.

A RRI é um componente fundamental dos processos de pesquisa e inovação estabelecido por meio de uma abordagem coletiva, inclusiva e abrangente.[39] Ou seja, RRI significa pesquisadores, cidadãos, agentes públicos, empresários, trabalhadores, ONGs e outros atores sociais trabalhando juntos durante todo o processo de pesquisa e inovação a fim de alinhar o processo e seus resultados aos valores, necessidades e expectativas da sociedade.[40] O programa Horizonte 2020 foi precedido pela Declaração de Lund, de 2009, exortando os países europeus a focarem a pesquisa e inovação nos grandes desafios da humanidade, como aquecimento global, energia, segurança alimentar, saúde pública, pandemias e outros identificados de modo transparente pelas partes interessadas públicas e privadas.[41] Embora concebida no contexto de uma política pública da União Europeia para enfrentar esses desafios, a RRI pode ser aplicada em outros contextos regionais, nacionais e subnacionais, inclusive por organizações atuando independentemente de auxílios advindos de políticas públicas de fomento à pesquisa e à inovação. Para isso, a organização deve:

1) selecionar projetos de pesquisa e inovação que atendam ao mesmo tempo às necessidades da organização e da sociedade;
2) avaliar os projetos do começo ao fim para eliminar ou neutralizar durante a sua execução quaisquer consequências não intencionais com potencial de impactar negativamente a sociedade e o meio ambiente;
3) aumentar a presença de partes interessadas para enriquecer a avaliação com pontos de vistas para além da organização inovadora;

39 Europe Commission, 2013, p. 3.

40 Europe Commission, 2020. Disponível em: <https://ec.europa.eu/programmes/horizon2020/en/h2020-section/responsible-research-innovation>.

41 Lund Declaration, 2009. Disponível em: <https://www.vr.se/download/18.3936818b16e6f40bd3e5cd/1574173799722/Lund%20Declaration%202009.pdf>.

4) aplicar o *princípio da precaução* sempre que houver indícios de que a inovação possa produzir danos graves e/ou irreversíveis ao meio ambiente ou à saúde humana.

A palavra *precaução*, do latim *præcautio*, significa "antecipar (*præ*) a cautela" (*cautio*), ou "cuidado para evitar danos". No *Dicionário Houaiss*, significa "medida antecipada para prevenir um mal, podendo também significar prevenção."[42] Em gestão ambiental, precaução e prevenção possuem significados diferentes. A *prevenção* é uma medida para reduzir o risco associado a uma situação cujos estimativa de ocorrência, modo de ocorrência e resultados danosos são conhecidos. A *precaução* é uma medida para lidar com situações nas quais a probabilidade, o modo de ocorrência e os impactos sobre a sociedade e o meio ambiente são desconhecidos ou conhecidos precariamente.

Nem todas as inovações envolvem incertezas quanto aos possíveis danos que possam trazer, como as incrementais e as que decorrem de processos de difusão, nas quais as inovações foram sendo replicadas acrescidas de melhorias. Os impactos adversos que essas inovações possam causar, em geral, são conhecidos, o que permite aplicar medidas de prevenção. O princípio da precaução faz sentido para as inovações intensivas em novos conhecimentos advindos das pesquisas científicas e tecnológicas recentes por serem mais incertezas devidas ao alto grau de novidade envolvido. Diante de indícios fortes de que uma inovação possa trazer danos graves e/ou irreversíveis ao meio ambiente e à sociedade, por exemplo, à saúde dos consumidores ou usuários, uma medida de precaução seria retardar o seu lançamento e ampliar as pesquisas para reduzir as incertezas e elaborar medidas preventivas. A aplicação desse princípio é um convite para continuar as pesquisas e as atividades do processo de inovação, a fim de evitar surpresas desagradáveis.

Concluindo, as empesas possuem responsabilidades econômicas, sociais e ambientais em sua esfera de influência que correspondem às dimensões econômicas, sociais e ambientais do desenvolvimento sustentável no que concerne a elas. Uma empresa atuando com tais responsabilidades seria, então, uma empresa orientada pelos objetivos do desenvolvimento sustentável. Suas pesquisas e inovações deveriam, portanto, buscar de modo sistemático resultados econômicos ambientais e sociais benéficos.

3.5 RESULTADOS INDESEJADOS

No campo das ecoinovações, também não há somente flores. O resultado esperado das ecoinovações individualmente consideradas é a redução do uso de recursos produtivos e dos impactos ambientais adversos. Do conjunto delas, espera-se uma redução global da extração de recursos naturais e dos danos ambientais. Contudo, o resultado global difere da soma dos resultados das inovações individuais devido ao

42 *Dicionário Houaiss*, 2009.

efeito rebote (*rebound effect*). *Rebote* é a volta da bola ao lugar de onde veio após quicar em algum local ou ser rebatida.[43] Em relação às ecoinovações, significa tomar de volta parte dos benefícios ambientais (economia de recursos e/ou redução da poluição) gerados por elas, por isso também é denominado *efeito retomada* (*take-back effect*) e, de modo mais enfático, efeito "tiro pela culatra" (*backfire effect*).

Esse efeito ocorre em qualquer situação na qual a eficiência aumenta em X%, mas o consumo de recurso diminui menos do que X%.[44] Em termos absolutos, é a diferença a menos entre o benefício ambiental que deveria ocorrer e o benefício realmente obtido.[45] Em termos relativos, é a razão entre o benefício não realizado (B_{nr}) e o benefício potencial (B_p) do aumento da eficiência técnica, ou seja, o efeito rebote é igual a B_{nr} / B_p; sendo $1 - (B_{nr} / B_p)$ o benefício realizado.

Esse efeito foi identificado pelo economista inglês William Stanley Jevons (1835-1882) em um estudo sobre o consumo de carvão mineral na Inglaterra, publicado em 1865. O estudo contrariou a crença comum de que a economia no uso de combustível equivale à diminuição do seu consumo. Segundo Jevons, se a quantidade de carvão usada em um alto forno diminuir em relação ao rendimento energético, os lucros do comércio aumentarão, novos capitais serão atraídos e o preço do ferro gusa cairá, mas a demanda pelo carvão aumentará e, eventualmente, o aumento do número de altos fornos em operação mais do que compensará a redução do consumo de cada um.[46] Por ser contrário ao pensamento dominante, isto é, que a eficiência no uso de um recurso diminui o seu consumo, suas constatações tornaram-se conhecidas como *paradoxo de Jevons*.

O efeito rebote pode ser direto ou indireto. É direto quando aumenta a demanda do recurso poupado com o aumento da eficiência; é indireto quando aumenta a demanda de outros recursos ou produtos. Esses efeitos se manifestam de modo diferente conforme o aumento da eficiência beneficie o produtor ou o consumidor. Para o produtor, o efeito direto é o aumento da produção dos bens que ficaram mais baratos devido à redução da intensidade de materiais e energia por unidade de produto; é indireto quando aumenta a produção de outros bens que utilizam tais insumos, como produzir mais automóveis para atender ao crescimento da demanda devido à diminuição dos preços do aço, que ficou mais barato ao ser produzido com uma tecnologia mais eficiente (Figura 3.2a). Para o consumidor, o efeito direto é o aumento do consumo do recurso que ficou mais barato, como andar mais de carro porque o novo modelo consome menos combustível. Gastar em férias ou adquirir outros produtos com as economias obtidas com a melhor eficiência no consumo de combustível é um exemplo de efeito indireto para o consumidor (Figura 3.2b).[47]

---

43 *Dicionário Houaiss*, verbete.

44 SONNBERGER e GROSS, 2018 apud YORK e McGEE, 2016.

45 UNEP, 2011, p. 67.

46 JEVONS, 1866, p. 74-75 (tradução nossa).

47 SORRELL, 2009, p. 1457-1458.

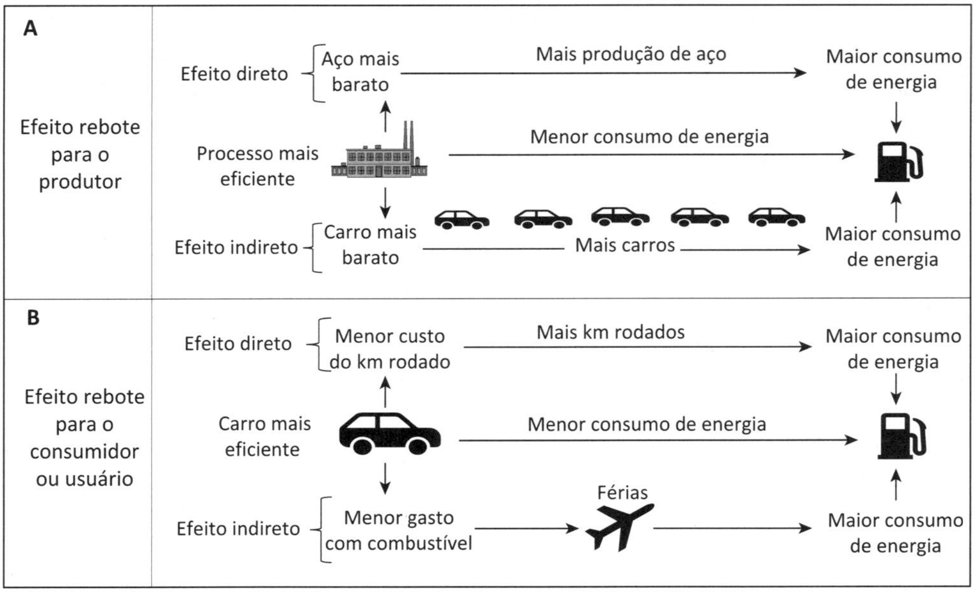

Figura 3.2 – Efeito rebote direto e indireto.

Fonte: Sorrell, 2009, p. 1458 (adaptado).

O Paradoxo de Jevons refere-se aos efeitos sobre a oferta e a demanda produzidos pelo aumento da eficiência energética, embora também se aplique ao aumento da eficiência de materiais e dos bens que os utilizam. Na visão original, esse efeito sempre ocorre como resposta ao aumento da demanda estimulada pela diminuição dos preços devido ao aumento da eficiência que reduz os custos de produção, uma espécie de corolário da ideia de que a oferta determina a demanda, um dos postulados centrais da economia neoclássica, da qual Jevons foi um dos formuladores. Visto desse modo, o efeito rebote funciona como uma alavanca para o crescimento econômico, cujo ponto de apoio são as inovações tecnológicas que aumentam a eficiência dos recursos produtivos. Visto de outro modo, ele favorece a exploração de recursos naturais cujas demandas globais tendem a aumentar apesar de serem usados em menor quantidade em bens e processos individualmente considerados. O alcance dos objetivos de desenvolvimento sustentável requer dissociar ou desacoplar o nível das atividades econômicas do nível de bem-estar que elas proporcionam, assunto concernente ao debate sobre crescimento e desenvolvimento comentado no Capítulo 2.

Desacoplar, neste contexto, significa "quebrar o nexo entre bens econômicos e malefícios ambientais".[48] Refere-se a reduzir globalmente o uso de recursos naturais e o impacto ambiental em nível global, enquanto aumenta-se a produção de bens e serviços e, consequentemente, o bem-estar geral. Ou seja, a eficiência no uso dos recursos deve crescer a uma taxa superior à do crescimento das atividades produtivas – leia-se

48 OECD, 2002, p. 4.

"crescimento econômico" –, enquanto a taxa dos impactos ambientais deve decrescer. Visto de outro modo, significa produzir mais valor econômico com menos recursos e menos degradação ambiental.

O desacoplamento pode ser relativo ou absoluto (Figuras 3.3). O relativo ocorre quando a taxa de crescimento de uma variável ambiental, como extração de materiais, uso de energia, geração de resíduos, emissão de poluentes, é positiva, embora cresça menos do que a taxa de crescimento da variável econômica, como PIB, PNB, produtividade do trabalho. Ou seja, a variável ambiental cresce relativamente menos do que a econômica. O absoluto ocorre quando a taxa de crescimento de uma variável ambiental é negativa ou declinante, enquanto a da variável econômica é positiva ou crescente, o que significa que a sociedade está produzindo mais com menos recursos, ambos em termos absolutos. É esse desacoplamento que interessa ao desenvolvimento sustentável, pois permite aumentar a produção (crescimento econômico) para aumentar o bem-estar da população (desenvolvimento), reduzindo o uso de recursos e os impactos ambientais adversos relacionados.[49]

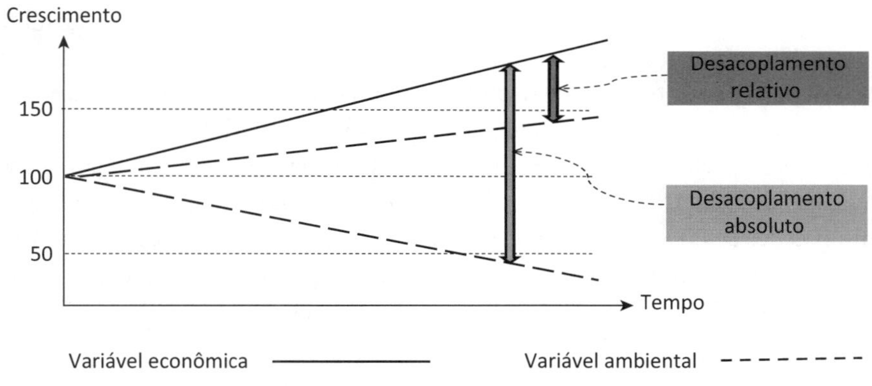

Figura 3.3 – Desacoplamento relativo e absoluto.

Fonte: IRP, 2011, p. 8 (adaptado).

Há três modos de desacoplar: (1) por maturação, processo típico de superação das ineficiências do sistema produtivo e a transformação de uma economia baseada em extração de recursos e produção de bens para uma de serviço; (2) por transferência da produção de bens para outros países, por exemplo, substituindo a produção doméstica por importação; e (3) por aumento intencional da produtividade por meio de inovações tecnológicas e infraestruturas que favoreçam a eficiência dos recursos e a produção com baixa intensidade de material e energia acrescida de atitudes de consumo adequadas.[50]

[49] UNEP/IRP, 2014, p. 38-39.

[50] ibidem, p. 38-39.

Os dois primeiros modos produzem desacoplamentos relativos e de pequenas escalas. O *desacoplamento por maturação* resulta de ecoinovações não intencionais, como as que reduzem materiais e energia estimuladas por ganhos econômicos. Esse fato foi visto como uma vocação natural dos agentes econômicos diante de avanços tecnológicos, novas necessidades sociais e novas relações entre setores econômicos.[51]

O *desacoplamento por transferências* da produção de um país ou região para outros é a prática denominada *transferência de ônus*. Por exemplo: transferir os estágios mais intensivos em recursos de uma cadeia de suprimento para países com mais dotação desses recursos para reduzir o custo logístico das matérias-primas.[52] Desse modo, o consumo de recursos e o impacto ambiental a ele associado diminui em um local e aumenta em outro. Mesmo que essa troca gere benefícios ambientais líquidos, o seu alcance é limitado. É o caso do intenso processo de realocação de unidades industriais de Estados Unidos, Europa Ocidental e Japão para China, América Latina, Sudoeste Asiático e Leste Europeu nas últimas décadas do século XX, realocando também a degradação ambiental. Foi assim que os Estados Unidos, até então campeões em emissão de poluentes, passou para a China esse nefasto troféu.

O *desacoplamento intencional*, o mais apropriado ao desacoplamento absoluto, resulta tanto de ecoinovações de todo tipo implementadas sistematica e crescentemente ao longo do tempo em todas as atividades humanas como mudanças comportamentais da sociedade, como novos hábitos de consumo que privilegiem os bens e serviços ambientalmente preferíveis. Ou seja, resulta de padrões de produção e consumo sustentáveis, um dos objetivos de desenvolvimento sustentável comentados no Capítulo 2. As ecoinovações referem-se a ambos: à produção, quando busca economizar recursos naturais e protejer o capital natural; e ao consumo, quando busca oferecer como opção de escolhas os bens e serviços ambientalmente preferíveis.

REFERÊNCIAS

Associação Brasileira de Normas Técnicas (ABNT). *NBR ISO 14040:2009 – Gestão ambiental* – Avaliação do ciclo de vida – princípios e estruturas. Rio de Janeiro: ABNT, 2009.

Associação Brasileira de Normas Técnicas (ABNT). *NBR ISO 26000:2010 – Diretrizes sobre responsabilidade social*. Rio de Janeiro: ABNT, 2010.

Associação Brasileira de Normas Técnicas (ABNT). *NBR ISO 14006:2014 – Sistema de gestão ambiental* – diretrizes para incorporar o ecodesign. Rio de Janeiro: ABNT, 2014.

---

51 WORLD BANK, 1992.

52 UNEP/IRP, 2014, p. 38-39.

Associação Brasileira de Normas Técnicas (ABNT). *ABNT NBR ISO 14001:2015*. Sistema de gestão ambiental – requisitos com orientações para uso. Rio de Janeiro: ABNT, 2015.

Brasil. *Lei 9.279 de 14 de maio de 1996*. Regula os direitos e obrigações relativos à propriedade industrial. Brasilia: DOU 15/05/1996.

Carrillo-Hermosilla, J.; Gonzálvez, P. R.; Könnölä. T. *Eco-innovation*: when sustainability and competitiveness shake hands. New York: Palgrave MacMillan, 2009.

Chertow, M. R. "Uncovering" industrial symbiosis. *Journal of Industrial Ecology*, v. 11, n. 1, 2007.

Comissão das Comunidades Europeias (CCE). *Livro verde*: promover um quadro europeu para a responsabilidade social das empresas. Bruxelas: CCE, 2001.

Commission of the European Communities (CEE). Communication from the Commission to the European Parliament, the Council, the European Economic and Social Committee and the Committee of the Regions Public procurement for a better environment. Brussel: CEE, 2008. Disponível em: <https://eur-lex.europa.eu/legal-content/EN/TXT/PDF/?uri=CELEX:52008DC0400&from>. Acesso em 16/06/2023.

Department of Economic and Social Affairs of the United Nations (Undesa)/ Statistics Division *International Standard Industrial Classification of All Economic Activities* – Revision 4. N. York, United Nations (ONU), 2008.

European Commission/Directorate-General for Research and Innovation. *Options for Strengthening Responsible Research and Innovation*. Report of the Expert Group on the State of Art in Europe on Responsible Research and Innovation. Luxembourg: Publications Office of the European Union, 2013.

Houaiss, A. *Dicionário Houaiss da língua portuguesa*. Rio de Janeiro: Editora Objetiva, 2009.

Instituto Ethos de Empresas e Responsabilidade Social. *Indicadores Ethos de responsabilidade empresarial*. São Paulo: Instituto Ethos, 2013.

International Labour Organization (ILO) *International Instruments and Corporate Social Responsibility*. Genebra: ILO, 2012. Disponível em: <https://www.ilo.org/wcmsp5/groups/public/---ed_emp/---emp_ent/---multi/documents/instructionalmaterial/wcms_227866.pdf>. Acesso em 16/06/2023.

International Resource Panel (IRP)/United Nations Environment Programme (UNEP). Decoupling natural resource use and environmental impacts from economic growth. Nairobi, Kenya: UNEP/IRP, 2011.

International Resource Panel (IRP)/United Nations Environment Programme (UNEP). Decoupling 2: technologies, opportunities and policy options. Nairobi, Kenya, UNEP/IRP, 2014.

Jevons, W. S. *The coal question*: an inquiry concerning the progress of the nation, and the probable exhaustion of our coal-mines. Macmillan and Co. (Second edition, revised), 1865. Disponível em: <https://energyhistory.yale.edu/library-item/w-stanley-jevons-coal-question-1865>. Acesso em 16/06/2023.

Kemp, R.; Arundel, A. *Survey indicators for environmental innovation*. Indicators and Data for European Analysis – IDEA, *Idea Project*, 1998. Disponível em: <https://nifu.brage.unit.no/nifu-xmlui/handle/11250/226478>. Acesso em 16/06/2023.

Kemp, R.; Pearson, P. (Eds.). *Final report of the project Measuring Eco-Innovation*. Maastricht (Holanda), 2007. Disponível em: <https://www.oecd.org/env/consumption-innovation/43960830.pdf>. Acesso em 16/06/2023.

Morais, D. O. C. *O pilar social*: dimensão invisível das cadeias de suprimentos sustentáveis. Tese (doutorado) apresentada à Escola de Administração de Empresas de São Paulo da Fundação Getúlio Vargas (FGV/EAESP). São Paulo: FGV/EAESP, 2018.

Organization for Economic Co-operation and Development (OECD). *The Environmental Goods & Services industry*: manual for data collection and analysis. OECD, 1999.

Organization for Economic Co-operation and Development (OECD). *Indicators to measure decoupling of environmental pressure from economic growth*. Paris: OECD, 2002. Disponível em: <https://www.oecd.org/officialdocuments/publicdisplaydocumentpdf/?doclanguage=en&cote=sg/sd(2002)1/final>.

Organization for Economic Co-operation and Development (OECD). *The environmental goods & services industry*: manual for data collection and analysis. OECD, 2005.

Organization for Economic Co-operation and Development (OECD); Statistical Office of the European Communities (EUROSTAT). *Oslo Manual 2018*. Guidelines for collecting, reporting and using data on innovation. OECD, EUROSTAT, 2018.

Rogers, E. M. *Difusion of innovation*. New York: The free press; Macmillan Publishing (3a ed.), 1971.

Sonnberger, M., Gross, M. Rebound effects in practice: an invitation to consider rebound from a practice theory perspective. In *Ecological Economics*, n. 154, p. 14-21, 2018.

Sorrell, S. Jevon's paradox revisited: the evidence for backfire from improved energy efficiency. *Energy Policy*, v. 27, p. 1456-1469, 2009.

The Global Compact. *Who Cares Wins*: connecting financial markets to a changing world. United Nations & Swiss Federal Department of Foreign Affairs. N.York: United Nations Organization, 2004.

United Nations Conference on Trade and Development (UNCTAD). *Environmentally preferable products (ERPs)*: as a trade opportunity for developing countries. Geneve: UNCTAD, report by UNCTAD Secretariat, Doc. UNCTAD/COM/70, 19/12/1995.

World. *World development report 1992*: development and the environment. New York: Oxford University Press. World Bank, 1992.

World Bank. *International Framework for Eco-Industrial Parks* v.2. Washington, DC: World Bank, 2021.

World Business Council for Sustainable Development (WBCSD). *Corporate Social Responsibility.* Geneve: World Business Council for Sustainable Development, 2000. Disponível em: <https://growthorientedsustainableentrepreneurship.files.wordpress.com/2016/07/csr-wbcsd-csr-primer.pdf>. Acesso em 16/06/2023.

World Trade Organization (WTO); Ministerial Conference/Fourth Session Doha. *Ministerial declaration*: Doha: WTO, 14/11/2001.

CAPÍTULO 4

Remediação e controle da poluição

As ecoinovações tecnológicas constituem a face mais visível do combate à degradação ambiental. Entre elas, estão as que visam a controlar a poluição e descontaminar solos e corpos de água contaminados. Elas combatem a degradação ambiental por meio de uma abordagem de redução do risco, uma vez que a poluição já foi gerada pelo sistema produtivo e um segmento do meio ambiente foi contaminado. Os componentes dessas tecnologias são bens e serviços ambientais fornecidos pela indústria ambiental, aquela cuja finalidade essencial é a proteção ambiental, conforme comentado no Capítulo 3. Esses bens e serviços estão sujeitos a intensa regulamentação de caráter mandatório por parte dos órgãos ambientais governamentais competentes.

As legislações ambientais estabelecem padrões de qualidade ambiental e de emissão de poluentes para efeito de controle da poluição e remediação. *Padrão* é uma quantidade limite adotada como requisito normativo de um parâmetro de qualidade do meio ambiente (ar, água ou solo) ou de emissões e efluentes.[1] As normas legais que estabelecem esses padrões também criam os meios e modos de fiscalização e as penalidades pelo não cumprimento. São instrumentos de política pública do tipo comando e controle; comando porque obriga alguém a fazer ou deixar de fazer alguma coisa, ou a fazer conforme especificado na norma; e controle porque fiscaliza o seu cumprimento e impõe penalidades às infrações. Essas normas baseiam-se no poder de polícia do Estado de impor obrigações, proibições e restrições aos indivíduos e organizações

[1] CONAMA, Resolução 357/2005.

para proteger o interesse público, no caso, o meio ambiente, "bem de uso comum do povo e essencial à sadia qualidade de vida", conforme o ditame constitucional.[2]

Padrões também são definidos em normas técnicas e de gestão, que, no Brasil, são criadas pela Associação Brasileira de Normas Técnicas (ABNT), o Fórum Nacional de Normalização, órgão integrante do Sistema Nacional de Metrologia, Normalização e Qualidade Industrial (SINMETRO). Embora sejam voluntárias, a não ser que estejam referenciadas em normas legais, essas normas são importantes fontes de conhecimento científico e tecnológico para os inovadores, produtores e usuários de bens e serviços. A elaboração de normas técnicas e de gestão, junto com a metrologia (legal, científica e industrial) e a avaliação da conformidade (rede de laboratórios credenciados para realizar ensaios e calibrações, de organizações acreditadas para certificar produtos, profissionais, organizações de inspeção, sistemas de gestão, homologações de produtos e processos), formam o tripé da Tecnologia Industrial de Base (TIB), um conjunto de conhecimentos científicos e tecnológicos indistintamente disponível ao setor produtivo, formando uma base de tecnologia consolidada pela comunidade de praticantes na qual se assentam os melhoramentos contínuos posteriores.

4.1 LIMPEZA E REMEDIAÇÃO

Essas tecnologias ambientais são usadas após a ocorrência do lançamento de poluentes em locais específicos, e por isso também são denominadas *tecnologias de limpeza* (*clean-up technology*). O poluente, o agente causador da poluição, é qualquer substância ou energia que direta ou indiretamente degrada o meio ambiente devido às suas propriedades físico-químicas e às quantidades lançadas ao meio ambiente. *Poluição* é a degradação da qualidade ambiental resultante de atividades que direta ou indiretamente: (1) prejudiquem a saúde, a segurança e o bem-estar da população; (2) criem condições adversas às atividades sociais e econômicas; (3) afetem desfavoravelmente a biota; (4) afetem as condições estéticas ou sanitárias do meio ambiente; e (5) lancem matérias ou energia em desacordo com os padrões ambientais estabelecidos.[3]

Poluição e *contaminação* não são exatamente a mesma coisa, embora sejam palavras usadas frequentemente como sinônimas. *Contaminação* é a presença de substâncias químicas no ar, na água ou no solo em concentrações tais que impedem o seu uso pleno ou habitual ou coloquem em risco à saúde humana. A contaminação decorre da poluição que degrada o meio receptor devido às condições desse meio e das quantidades e propriedades dos poluentes lançados. Nem todos os poluentes tornam-se contaminantes, devido à capacidade do meio receptor de absorver, dissipar e eliminar os poluentes nele despejados. As tecnologias de remediação são aplicáveis em corpos de água e solos contaminados para descontaminá-los. Elas correm atrás do prejuízo, pois os danos ambientais já ocorreram (Figura 4.1).

---

[2] BRASIL, Constituição Federal, Art. 225, *caput*.

[3] BRASIL, Lei 6.938 de 31/08/1981, art. 3º.

Figura 4.1 – Correndo atrás do prejuízo.

Fonte: iStock.

Remediação significa "reparação", "correção", "aplicação de um remédio para combater ou minimizar um mal já instalado". A legislação brasileira distingue *remediação* de *regeneração*. A *remediação* visa a remover, conter ou reduzir as concentrações de contaminantes no solo ou em corpos de água, a fim de reabilitá-los; e a *regeneração*, a alcançar um nível de risco tolerável, para o seu uso declarado ou futuro.[4] *Área contaminada* é área, terreno, local, instalação, edificação ou benfeitoria com concentrações de substâncias que causem ou possam causar danos à saúde humana, ao meio ambiente ou a outro bem a proteger.[5] Corpo de água contaminado pode ser um rio, lago, açude, aquífero, lençol freático ou outro tipo de reservatório de água contendo substâncias contaminantes além dos padrões estabelecidos.

As causas humanas de contaminações são acidentes, vazamentos, infiltrações, descargas de efluentes e deposições de poluentes em condições inadequadas. Exemplos: vazamento de tanques de combustíveis, derramamento de produtos químicos em acidentes no transporte, enterramento de resíduos industriais perigosos, deposição de resíduos doméstico em lixões, lançamento de efluentes industriais e esgotos domésticos sem tratamento em rios e lagos, espalhamento de pesticidas e fertilizantes pela enxurrada. Como a contaminação já ocorreu, essas tecnologias procuram remover as substâncias contaminantes ou transformá-las em outras não nocivas ao meio ambiente, ou, ainda, imobilizá-las para estancar a sua propagação.

Há dois campos de desenvolvimento das tecnologias de remediação: (1) o da avaliação, detecção e identificação da área contaminada para selecionar as tecnologias mais adequadas e planejar as ações pertinentes; e (2) o da limpeza ou remediação propriamente dita, a extração ou neutralização dos contaminantes presentes nessa área ou corpo de água. A sua aplicação envolve diversas atividades reguladas por leis,

---

4 CONAMA, Resolução 420/2009, art. 6º.

5 ABNT NBR 15515:2021, definição 3.1.

orientadas por normas técnicas e supervisionadas por órgãos ambientais, a exemplo da Figura 4.2. Exemplos: delimitação da área em avaliação, determinação dos pontos de amostragem, coleta de amostras, análises e testes laboratoriais, identificação das substâncias contaminantes e suas concentrações, avaliação de riscos ao meio ambiente e à saúde humana, elaboração de planos de intervenção, de emergência, de encerramento, execução das ações planejadas, monitoramento.

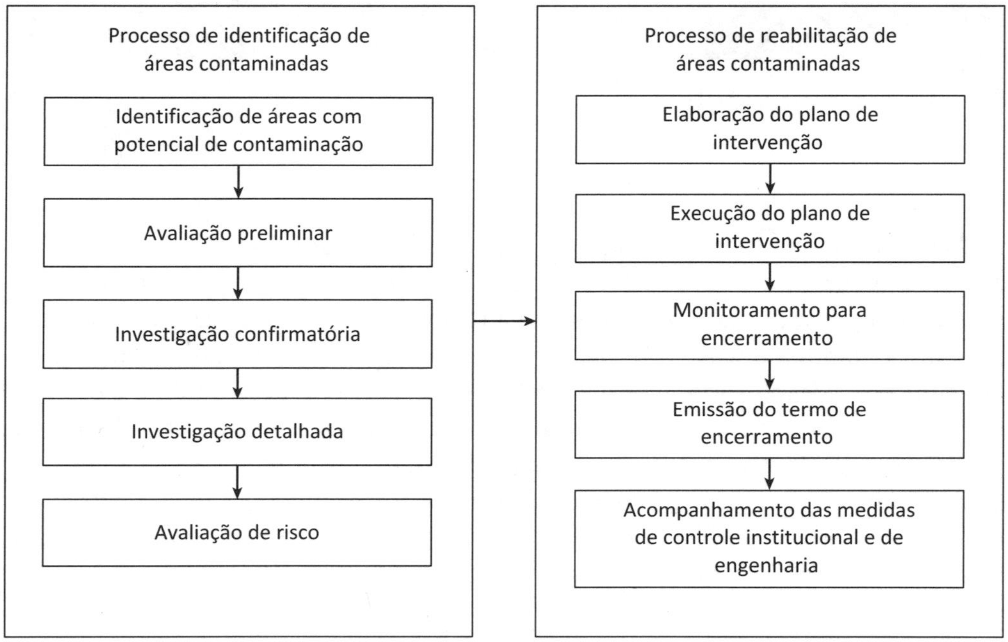

Figura 4.2 – Fluxograma de gerenciamento de áreas contaminadas.

Fonte: CETESB, 2021. Disponível em <https://cetesb.sp.gov.br/areas-contaminadas/documentacao/manual-de- gerenciamento-de-areas-contaminadas/>.

As ecoinovações em tecnologia de remediação podem ser: (1) inovações de produto, como novos remediadores ou mudanças nas formulações dos existentes para aumentar a eficiência da remoção ou neutralização dos contaminantes; (2) inovações de processo, como novos equipamentos para extrair os contaminantes, ou melhoramentos nos existentes, instrumentos para monitoramento novos ou melhorados; (3) inovações de gestão, como novos métodos de gerenciamento da área contaminada, novo software para acompanhar o plano de remediação e a aplicação dos remediadores; e (4) inovações no modelo de negócio, como uma mudança no modo de relacionamento comercial entre o fornecedor da tecnologia e o responsável pela área contaminada contratante dos serviços de remediação. A variedade de tecnologias de remediação reflete a enorme quantidade de áreas e corpos de água contaminados por uma grande variedade de contaminantes.

As tecnologias de remediação são fornecidas por empresas especializadas, e sua aplicação requer a observância de normas legais com alto grau de detalhamento, além de depender de licenciamentos pelo órgão ambiental. Por exemplo, o *remediador*, um dos componentes dessas tecnologias, é um produto ou agente de um processo físico, químico ou biológico destinado à recuperação de áreas contaminadas e ao tratamento de efluentes e resíduos.[6] No Brasil, seus produção, comercialização, uso e experimentação requerem registro prévio no Instituto Brasileiro do Meio Ambiente e Recursos Naturais Renováveis (Ibama).[7]

Essas tecnologias são desenvolvidas para eliminar poluentes específicos conforme as condições da área contaminada, o que favorece o surgimento de uma grande variedade de soluções tecnológicas cuja adequação à área contaminada deve ser verificada caso a caso. Essas soluções são baseadas em processos biológicos ou físico-químicos e podem ser aplicadas na própria área contraminada (tecnologias *in situ*) ou por meio da remoção da massa contaminada, para tratá-la em outro local (tecnologias *ex situ*).

4.1.1 PROCESSOS BIOLÓGICOS

A biorremediação baseia-se em processos de biodegradação, decomposição ou estabilização da matéria orgânica natural ou sintética por microrganismos (Quadro 4.1) por meio de processos metabólicos, nos quais os contaminantes são eliminados ao alimentá-los, ou decomposto por enzimas geradas nesse processo.[8] Como a população dos microrganismos cresce ou declina conforme a quantidade de alimentos disponíveis, a redução da quantidade dos contaminantes pela ação dos microrganismos reduz a quantidade destes a um nível aceitável. O aumento da população de microrganismos para ampliar a eficiência dos processos biológicos pode ser estimulado por meio de: (1) *bioremediadores* cujos agentes ativos são microrganismos capazes de reproduzir-se e degradar os contaminantes; e (2) *bioestimuladores*, remediadores que favorecem o crescimento de microrganismos naturalmente presentes nas áreas contaminadas para acelerar a degradação dos contaminantes.[9]

---

6 CONAMA, Resolução 463/2014, art. 2º, I.

7 IBAMA, Instrução normativa 05/2010 e CONAMA, Resolução 463/2014). Veja a lista de remediadores registrados no *site* desse órgão: <https://www.gov.br/ibama/pt-br/assuntos/quimicos-e-biologicos/produtos-remediadores/registro-de-produtos-remediadores>. Acesso em 18/06/2023.

8 ABNT, NBR 9896:1.993. Confirmada em 08/04/2021.

9 CONAMA, Resolução 463/2014, art. 2º, II e III.

Quadro 4.1 – Os microrganismos

Microrganismo é o nome genérico de organismos não visíveis ao olho nu, como bactérias, microalgas, protozoários e fungos. Há uma imensa variedade deles, muitos ainda desconhecidos, e que se encontram em todos os quadrantes do planeta. Uma importante atividade inovadora concernente à remediação é a identificação de microrganismos capazes de eliminar substâncias específicas, bem como modificá-los, a fim de aumentar sua capacidade de remoção.

As bactérias são organismos unicelulares que se reproduzem por divisão binária ou por esporos. Encontram-se no solo, na água, no ar e no interior dos seres vivos, como a *Escherichia coli*, que vive no intestino humano. Elas desempenham funções importantes na manutenção do ciclo de nutrientes nos ecossistemas que as abrigam. São os principais agentes de decomposição da natureza e das tecnologias de biorremediação. As bactérias aeróbicas obrigatórias necessitam de oxigênio livre para se multiplicar; as anaeróbicas, não. Elas consomem materiais presentes no seu ambiente, principalmente orgânicos, liberando os inorgânicos. Os que absorvem substâncias e misturas contendo contaminantes (arsênio, cádmio, chumbo, mercúrio, compostos orgânicos sintéticos etc.) podem ser usados para eliminá-los quando presentes no solo e na água em processos de biorremediação. Os anaeróbicos facultativos são os que, em certas condições, sobrevivem na presença de oxigênio. Daí a biodegradação aeróbica e a anaeróbica. Cólera, tifo, difteria, tuberculose, gonorreia, tétano são algumas entre as muitas doenças causadas por bactérias patológicas.

Os fungos formam um reino no sistema taxonômico (*Fungi*), constituído de vários filos, como o *Deuteromiceto*, no qual se encontra a espécie *Penicillium chrysogenum*, que aparece na forma de bolor e do qual se produziu inicialmente a penicilina. A maioria desenvolve em ambiente aeróbico. Muitas espécies de microfungos são usadas para despoluir resíduos industriais pelo fato de tolerarem ambientes com acidez elevada. As leveduras, fungos do gênero *Saccharomyces*, têm uma ampla utilização na produção de pães, queijos e cervejas. Bactérias e fungos são os microrganismos mais usados na biorremediação.

As microalgas são microrganismos uni ou multicelulares que desempenham funções importantes nos meios aquáticos, pois são fotossintetizadoras, o que significa que produzem oxigênio. Microalgas têm sido usadas em tratamentos de esgotos e efluentes industriais. Os protozoários são microrganismos unicelulares associados geralmente a doenças como o *Trypanosoma cruzi*, causador da doença de Chagas. Seu uso em biorremediação é mais limitado. Por serem predadores de bactérias, são usados em processos de remediação consorciadas com bactérias para controlar a população destas. As bactérias degradam os poluentes e os protozoários consomem as bactérias, o que mantém a população de bactérias equilibrada.

Fontes: NBR 9896:1993, HENRY, HEIKE (1999); MILLER, JR. (2007); MORAES, TEIXEIRA e MAXIMIANO (2013).

O ideal é usar as espécies de microrganismos autóctones, aqueles existentes naturalmente na área a ser descontaminada, mas isso nem sempre é possível, pois cada espécie degrada apenas certos poluentes, e nem sempre o microrganismo certo para o contaminante existente encontra-se na mesma área. Nesse caso, é necessário importar microrganismos de outros locais. Como os seres vivos são adaptados às condições do seu local de origem, seu hábitat, a área onde serão introduzidos deve possuir condições semelhantes ao local de origem, como temperatura, acidez e umidade. E, se não possuir, deve ser tratada previamente para que os microrganismos importados possam realizar sua ação biodegradadora. Conforme o caso, pode ser necessário usar espécies consorciadas para dar conta da variedade dos poluentes.

Um exemplo de tecnologia de biorremediação *in situ* é a *biosparging* (do inglês *sparging* = aspersão), que consiste em um conjunto de equipamentos (bombas, compressores, aspiradores, filtros, coletores de gás etc.) para injetar ar limpo ou oxigênio na zona saturada contaminada, para estimular o processo de biodegradação dos microrganismos autóctones. Zona saturada é a porção do solo cujos poros estão totalmente preenchidos por água. O *bioventing* (do inglês *venting* = ventilação) é outra tecnologia de remediação *in situ* que injeta ar limpo ou oxigênio na zona não saturada.[10] Em ambas, pode-se usar bioestimuladores para induzir o crescimento dos microrganismos e acelerar a degradação dos contaminantes.

Um exemplo de tecnologia *ex situ* é o *landfarming*, no qual o solo contaminado é escavado, transportado e esparramado em uma camada fina sobre a superfície de um solo não contaminado (Figura 4.3). A biodegradação dos constituintes orgânicos do solo contaminado ocorre na camada superior do solo por meio da atividade microbiana aeróbica. Os microrganismos presentes no solo são estimulados por técnicas similares às agrícolas (aração, gradeação, sulcação), e, se necessário, adicionam-se água e bioestimuladores. A aplicação dessa tecnologia requer estudos prévios para a escolha da área de tratamento, a fim de não gerar danos ambientais e sociais. Profundidade do solo, declividade, distâncias mínimas das fontes de captação de água, regime de chuvas são algumas questões consideradas para a escolha do local.

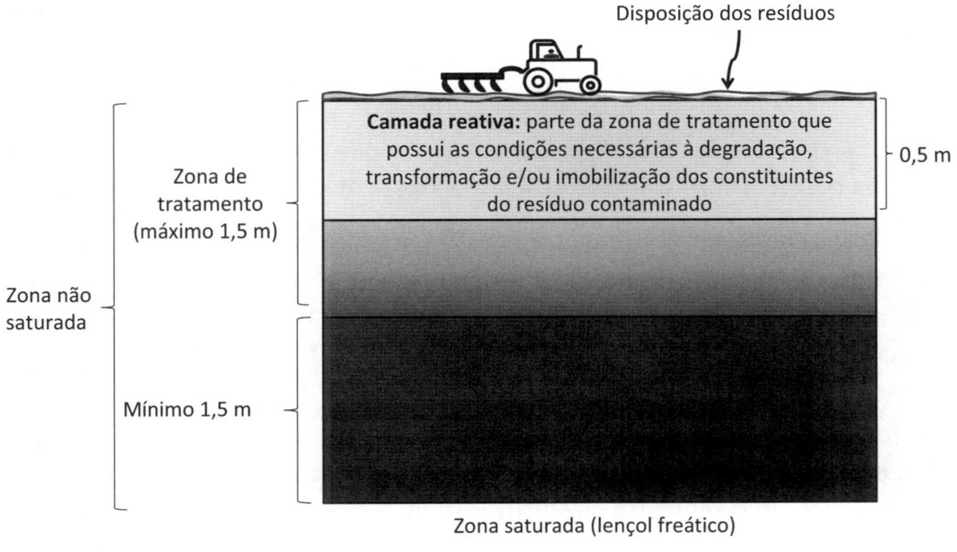

Figura 4.3 – Seção transversal de uma célula de tratamento *landfarming*.

Fonte: ABNT NBR 13894, 1997, Anexo A (adaptado).

[10] ABNT NBR 13894: 1997. Confirmada em 08/04/2021.

Biopilha é uma tecnologia de remediação *ex situ* similar ao *landfarming*, na qual o solo contaminado é disposto em pilhas ou montes cobertos com mantas impermeáveis. O arejamento para estimular a degradação aeróbica é feito por injeção de ar limpo, e os gases resultantes são captados por meio de tubulações com paredes perfuradas introduzidas nas pilhas. *Biorreator* é a denominação genérica para qualquer equipamento para cultivo de microrganismos. As biopilhas e os biorreatores para biorremediação *ex situ* são alternativas ao *landfarming*, tanto pela dificuldade de encontrar áreas apropriadas, devido às exigências legais rigorosas para sua aplicação, quanto pelo menor tempo que levam para degradar os contaminantes, um fator importante na escolha das alternativas tecnológicas.

A *fitorremediação* é um processo biológico de remediação que se realiza por meio do cultivo de espécies de vegetais, que funcionam como *fitorremediadores* para remover, imobilizar ou reduzir o potencial de poluentes orgânicos e inorgânicos presentes no solo ou na água.[11] É particularmente apropriada para eliminar resíduos de pesticidas e herbicidas agrícolas. Em geral, é usada depois da aplicação de outras tecnologias, com o objetivo de dar acabamento na área descontaminada. A questão central da fitorremediação está na escolha das espécies vegetais que apresentem boa capacidade de acumular ou produzir degradação do contaminante presente no solo e de adaptação ao solo contaminado. São exemplos de fitorremediação:

- *fitoextração*: biorremediação por meio do cultivo de plantas capazes de absorver os contaminantes pelas raízes e transportá-los para os caules, galhos e folhas, que depois serão podados e dispostos em condição segura para não contaminarem o solo novamente;
- *fitovolaterização*: uso de plantas cultivadas que absorvem os contaminantes pelas raízes e elimina-os para a atmosfera por meio da transpiração;
- *fitosequestração*: uso de plantas cultivadas que imobilizam os contaminantes na rizosfera, a zona de influência das raízes, impedindo a sua dispersão;
- *rizodegradação*: na rizosfera, a atividade microbiana aumenta naturalmente para que a planta obtenha nutrientes, o que degrada os contaminantes próximos às raízes, principalmente, os de origens orgânicas, como benzeno, tolueno, etil-benzeno, xileno, pesticidas organocloradas.[12]

As tecnologias de remediação baseadas em processos biológicos se beneficiam dos avanços científicos e tecnológicos no campo da *biotecnologia*, entendida como qualquer aplicação tecnológica que utilize sistemas biológicos, organismos vivos, ou seus derivados, para fabricar ou modificar produtos ou processos para utilizações

---

[11] CONAMA, Resolução 463 de 2014, art. 2º v.

[12] Resumido de NRMRL; USEPA, 2000.

específicas.[13] A biotecnologia baseada na manipulação genética desenvolve microrganismos para atender a objetivos específicos de biorremediação, por exemplo, aumentar a taxa de degradação do contaminante, degradar materiais que os microrganismos não degradariam em estado natural e aumentar a resistência para atuar em condições adversas.

Organismo Geneticamente Modificado (OGM) é um organismo cujo material genético tenha sido modificado por qualquer técnica de engenharia genética. O DNA (ácido desoxirribonucleico) e o RNA (ácido ribonucleico) são materiais genéticos que contém informações determinantes dos caracteres hereditários transmissíveis à descendência.[14] Transgênico é um OGM cuja modificação se deu pela introdução de materiais genéticos de outros organismos. Desde que Ananda Chakrabarty, pesquisador em microbiologia do centro de P&D da General Electric, modificou espécies de bactérias do gênero *Pseudomonas* para acelerar a degradação de derivados de petróleo na década de 1970 (Figura 4.4), as novidades nessa área da biotecnologia não param de surgir, tornando-a uma das tecnologias de remediação mais promissoras.

United States Patent [19] [11] **4,259,444**
Chakrabarty [45] **Mar. 31, 1981**

[54] MICROORGANISMS HAVING MULTIPLE COMPATIBLE DEGRADATIVE ENERGY-GENERATING PLASMIDS AND PREPARATION THEREOF

[75] Inventor: Ananda M. Chakrabarty, Latham, N.Y.

[73] Assignee: General Electric Company, Schenectady, N.Y.

[21] Appl. No.: 260,563

[22] Filed: Jun. 7, 1972

[51] Int. Cl.³ C12N 15/00

[52] U.S. Cl. 435/172; 435/253; 435/264; 435/281; 435/820; 435/875; 435/877

[58] Field of Search .... 195/28 R, 1, 3 H, 3 R, 195/96, 78, 79, 112; 435/172, 253, 264, 820, 281, 875, 877

[56] References Cited

PUBLICATIONS

Annual Review of Microbiology vol. 26 Annual Review Inc. 1972 pp. 362–368.
Journal of Bacteriology vol. 106 pp. 468–478 (1971).
Bacteriological Reviews vol. 33 pp. 210–263 (1969).

Primary Examiner—R. B. Penland

Attorney, Agent, or Firm—Leo I. MaLossi; James C. Davis, Jr.

[57] ABSTRACT

Unique microorganisms have been developed by the application of genetic engineering techniques. These microorganisms contain at least two stable (compatible) energy-generating plasmids, these plasmids specifying separate degradative pathways. The techniques for preparing such multi-plasmid strains from bacteria of the genus Pseudomonas are described. Living cultures of two strains of Pseudomonas (*P. aeruginosa* [NRRL B-5472] and *P. putida* [NRRL B-5473]) have been deposited with the United States Department of Agriculture, Agricultural Research Service, Northern Marketing and Nutrient Research Division, Peoria, Ill. The *P. aeruginosa* NRRL B-5472 was derived from *Pseudomonas aeruginosa* strain 1c by the genetic transfer thereto, and containment therein, of camphor, octane, salicylate and naphthalene degradative pathways in the form of plasmids. The *P. putida* NRRL B-5473 was derived from *Pseudomonas putida* strain PpG1 by genetic transfer thereto, and containment therein, of camphor, salicylate and naphthalene degradative pathways and drug resistance factor RP-1, all in the form of plasmids.

Figura 4.4 – Patente do microrganismo desenvolvido por Ananda Chakrabarty.

Fonte: United States Patent and Trademark Office. Disponível em: <https://www.uspto.gov/patents-application--process/search-patents#heading-1>. Acesso em 20/09/2018. Fragmento.

[13] Convenção da Biodiversidade, art. 2º. Disponível em: http://www.planalto.gov.br/ccivil_03/decreto/d2519.htm.

[14] BRASIL, Lei 11.105 de 2005, art. 3º.

4.1.2 PROCESSOS FÍSICO-QUÍMICOS

Há um número crescente de tecnologias de limpeza e remediação baseadas em processos químicos ou físico-químicos, como lavagem, bombeamento, oxidação, tratamento térmico, extração a vácuo, extração por meio de solventes. O Quadro 4.2 apresenta uma pequena amostra de tecnologias de limpeza e remediação baseadas em processos químicos ou físico-químicos que podem ser aplicadas *in situ* e *ex situ*, sendo que algumas delas também são tecnologias de gestão de resíduos, como se verá oportunamente.

Quadro 4.2 – Tecnologias de remediação por processos físico-químicos – exemplos

Processo	Descrição resumida
Lavagem de solo	Processo *ex situ* à base de água para remover contaminantes do solo. Há dois tipos de lavagem: dissolução ou suspensão dos contaminantes na solução de lavagem; e concentração dos contaminantes em um volume menor do solo pela separação das partículas por gravidade ou esfregação.
Extração multifase	Processo *in situ* que utiliza um sistema de vácuo para remover várias combinações de águas subterrâneas contaminadas, produtos petrolíferos e os vapores do subsolo. Os contaminantes da zona de aeração, isto é, a subsuperficial do solo na qual os poros estão cheios de ar, tornam-se acessíveis ao vapor de extração. Depois, as águas e os vapores orgânicos extraídos do solo são separados e tratados.
Nanorremediação	Nanotecnologia é a tecnologia que usa materiais na escala nano. Um nano (símbolo n) é a bilionésima parte de um metro (10^{-9} ou 0,000.000.001 metro = 1 metro/1.000.000.000). Esses materiais podem ser manipulados para aplicações específicas por meio do desenvolvimento de propriedades novas que não se encontram em partículas do mesmo material em escalas maiores. Na escala nano, os materiais podem ser altamente reativos por terem uma grande área de superfície em relação ao seu volume, o que aumenta a área de contato com os contaminantes e reduz o tempo da descontaminação.
Oxidação química	Processo que usa agentes oxidantes para transformar os contaminantes em substâncias não nocivas. Peróxido de hidrogênio (H_2O_2), permanganato de potássio ($KMnO_4$), reagente de Fenton (H_2O_2 + ion de Fe^{+2}), hipoclorito de sódio (NaClO) e ozônio (O_3) estão entre os oxidantes mais utilizados para essa finalidade.
Solidificação	Processo *ex situ* para encapsular resíduos contaminados, transformando-os em material sólido ou revestindo-os com materiais pouco permeáveis, para impedir ou limitar o vazamento dos contaminantes. A solidificação pode ser realizada por processos mecânicos, como prensagem, ou por reação química entre os resíduos e um reagente de ligação ou solidificação, como cimento, cal ou cinza.

(*continua*)

Quadro 4.2 – Tecnologias de remediação por processos físico-químicos – exemplos (*continuação*)

Processo	Descrição resumida
Tratamento térmico	Processo que usa calor para destruir ou volatilizar os contaminantes do solo ou de águas subterrâneas. No tratamento *in situ*, o calor é introduzido na área contaminada por resistência elétrica, radiofrequência, injeção de vapor, ar ou água quente etc. O calor transforma os contaminantes em gases, que recebem tratamento *ex situ* após serem extraídos por equipamentos apropriados. No tratamento *ex situ*, o solo é retirado da área e submetido a altas temperaturas em células de tratamento ou câmaras de combustão.
Vitrificação	Processo que usa temperaturas elevadas (acima de 1.000 ºC) para derreter o solo contaminado *in situ* ou o solo removido (*ex situ*). Depois de esfriado, o material resultante é uma vitrificação quimicamente estável, resistente a lixiviação, vítreo e cristalino, como a obsidiana ou a rocha basáltica.

Fonte: USEPA, 2017.

As tecnologias de remediação experimentam um vigoroso desenvolvimento estimulado pela escalada da legislação e pelas cobranças da sociedade, principalmente diante de rios, lagos, lagoas e baias degradadas por efluentes industriais, esgotos não tratados e despejos de resíduos. As áreas degradadas por acidentes ambientais de grande extensão, como derramamentos de petróleo no mar e explosões em fábricas e depósitos, chamam a atenção pela magnitude dos estragos causados, principalmente quando há vítimas fatais. No entanto, as contaminações geradas pelas atividades normais de produção e consumo espalhados por todo o planeta, como vazamentos em postos de combustíveis, lançamento de efluentes não tratados, descarte irregular de resíduos, vão delapidando o capital natural lenta, constante, silenciosa e exponencialmente, destruindo hábitats e causando doenças, incapacitações e abreviando a vida de muita gente. Recuperar as áreas degradadas é fundamental, mas não basta, é preciso impedir o seu surgimento. Esse é o objetivo das tecnologias de controle da poluição, comentadas a seguir.

4.2 CONTROLE DA POLUIÇÃO

As tecnologias de controle da poluição visam a impedir o lançamento direto de poluentes no solo, na atmosfera ou em corpos de água. Isso é feito pela captura dos poluentes diretamente nos pontos de saída das fontes poluidoras, por exemplo, no cano de escape da fumaça produzida por um queimador de combustível, ou por meio de captadores instalados juntos ou próximos às fontes de poluição, como coifas, sugadores, bacias de contenção. Por isso, essas tecnologias são denominadas tecnologias de fim do tubo ou fim do processo (*end-of-pipe technologies*). Também são denominadas *add on technologies*, pois são adicionadas aos equipamentos produtivos existentes.[15] Em projetos de novos empreendimentos produtivos, elas são previstas e implantadas junto com os equipamentos produtivos. Seja adicionada posteriormente aos equipamentos produtivos existentes, seja junto com estes, essas tecnologias não interferem na qualidade dos bens e serviços e não lhes aumentam seus valores perante os consumidores e usuários, mas adicionam custos aos seus processos de produção.

Essas tecnologias se materializam por meio de equipamentos específicos para captar os poluentes e instalações auxiliares, como tubulações, redutores e aceleradores de velocidade de fluídos, coletores de poluentes, chaminés, embalagens e viaturas para acondicionar e transportar os poluentes coletados em condições seguras e muitos outros. Também são necessários instrumentos e materiais de análise e monitoramento, como coletores de amostras, medidores, reagentes, entre outros. Esse conjunto de capital manufaturado, acrescido do capital humano representado pelos conhecimentos, habilidades e experiências dos operadores, técnicos de manutenção, laboratoristas e supervisores, é o que se denomina *tecnologia de controle de poluição.*

Os componentes físicos dessas tecnologias são produzidos pela indústria ambiental, como mostrado no Capítulo 3, por segmentos da indústria de bens de capital seriada e por encomenda. A primeira produz equipamentos padronizados apropriados para pequenos volumes de poluentes de baixa complexidade; a segunda produz equipamentos conforme especificações que levem em consideração o meio receptor (ar, água ou solo), as propriedades físico-químicas dos poluentes e suas concentrações, os fluídos que os transportam (tipo, vazão, velocidade, volume, temperaturas, carga elétrica etc.), as características construtivas das fontes geradoras dos poluentes e sua localização na planta produtiva. Ambas devem atender a legislação ambiental pertinente. Da diversidade de poluentes e das condições em que são gerados deriva a variedade crescente das tecnologias de controle.

O controle da poluição visa primeiro atingir os padrões estabelecidos pela legislação, depois, ultrapassá-los sempre que possível. Há dois tipos básicos de padrões associados ao controle da poluição do ar: padrões de qualidade ambiental e padrões de emissões. Os padrões de qualidade são estabelecidos como um valor de concentração de um poluente específico em um compartimento do meio ambiente (ar, rio, lago, solo etc.) associado a um intervalo de tempo de exposição, para preservar o meio ambiente e a saúde da população dos riscos de danos que possa causar.[16]

Os padrões de qualidade ambiental dependem das emissões de substâncias poluentes individualizadas no meio ambiente, tanto de fontes fixas, como caldeiras, reatores, fornos, queimadores, secadores, quanto móveis, como automóveis, motos, caminhões, embarcações. Os padrões de emissão são estabelecidos como: (1) quantidades máximas admitidas de um poluente específico por unidade de medida (quilograma, litro, metro cúbico etc.), por exemplo, 0,01 micrograma de chumbo por litro

15 KEMP e ARUNDEL, 1998.

16 Veja em WHO, 2006.

(0,01 mg/l); ou quantidades máximas de um poluente por fonte específica, por exemplo, 0,4 grama de monóxido de carbono por quilômetro rodado de veículo automotor leve (0,4 g/km). A relação entre os padrões de qualidade e os de emissão não é direta nem linear, pois há diversos fatores que favorecem ou dificultam a assimilação e a dispersão de poluentes no meio ambiente, como relevo, variação da temperatura, regime de chuvas, volume e velocidade das águas, velocidade de ventos.

4.2.1 PADRÕES DE QUALIDADE DO AR

Os padrões de qualidade do ar podem ser intermediários ou finais: aquele são valores temporários a serem cumpridos em etapas do processo de controle da poluição; estes são os valores guias definidos pela Organização Mundial da Saúde (OMS/WHO). A Tabela 4.1 apresenta exemplos de padrões finais de qualidade do ar estabelecidos pelo Conselho Nacional do Meio Ambiente (CONAMA). Há dois grupos de tecnologias para controle da poluição do ar de fontes fixas ou estacionárias, conforme o estado do poluente: um para materiais particulados e outro para gases.

Tabela 4.1 – Padrões finais de qualidade do ar

Poluente	Período de referência	Padrão final	
		em $\mu g/m^3$	em ppm
Material particulado – MP_{10}	24 horas	50	
	Anual (média aritmética)	20	
Material particulado – $MP_{2,5}$	24 horas	25	
	Anual (média aritmética)	10	
Partículas totais em suspensão (PTS)	24 horas	240	
	Anual (média geométrica anual)	80	
Dióxido de enxofre (SO_2)	Média de 24 horas	20	
	Anual (média aritmética)	-	
Dióxido de nitrogênio (NO_2)	1 hora (média horária)	200	
	Anual (média aritmética)	40	
Ozônio (O_3)	8 horas (máxima média móvel obtida no dia)	100	

(*continua*)

Tabela 4.1 – Padrões finais de qualidade do ar (*continuação*)

Poluente	Período de referência	Padrão final	
		em µg/m³	em ppm
Fumaça	24 horas	50	
	Anual (média aritmética)	20	
Monóxido de carbono (CO)	8 horas (máxima média móvel obtida no dia)		9
Chumbo (Pb)	Anual (média aritmética anual)	0,5	

Obs.: µg/m³= micrograma por metro cúbico; ppp = partes por milhão.

Fonte: CONAMA, Resolução 491/2018.

4.2.2 CONTROLE DE MATERIAIS PARTICULADOS

Material particulado (MP), ou, simplesmente, *particulado*, é um termo genérico que indica qualquer material no estado sólido ou líquido em suspensão no ar ou na água devido às suas dimensões diminutas, em geral menores que 100 micrômetros de diâmetro (1.000 mm).[17] Micrômetro (mm) é uma unidade de comprimento do Sistema Internacional de Unidades (SI), na qual 1 mm = 10^{-6} metro = 1 metro/1.000.000 = 0,000.001 metro, ou seja, a milionésima parte de um metro. Os particulados apresentam-se como poeira, neblina, aerossol, fuligem, fumaça, cinza, entre outras formas. São produzidos tanto por fenômenos naturais, como ventanias, dispersão de polens e erupções vulcânicas, quanto por ações humanas, como varrição, aração, queima de biomassa, transporte, beneficiamento de cereais, processamento de madeira, extração e tratamento de minérios, lixamento de paredes e inúmeras outras atividades industriais.

Redução da visibilidade, deposição ácida, corrosão de equipamentos públicos e de ativos produtivos e enfermidades são alguns problemas causados pelos particulados na atmosfera. Nos humanos, causam doenças respiratórias, alergias, irritações e inflamações oculares e cutâneas. Quanto menor a partícula, maior seu potencial de causar doenças. Para efeito de controle, os particulados são classificados em: (1) Partículas Totais em Suspensão (PTS), materiais sólidos ou líquidos suspensos no ar com diâmetro aerodinâmico equivalente de corte de 50 mm; (2) Materiais Particulados MP10, com diâmetros iguais ou inferiores a 10 mm; e Materiais Particulados MP2,5, com diâmetros iguais ou inferiores a 2,5 mm.[18] Esses dois últimos são inaláveis; eles

[17] ABNT, NBR 9896:1993, confirmada em 08/04/2021.

[18] CONAMA, Resolução 491/2018.

atravessam as barreiras do aparelho respiratório superior e alojam-se nos alvéolos pulmonares, causando doenças graves que, conforme o tempo de exposição, geram doenças que podem abreviar a vida das pessoas afetadas.[19]

Para o controle de particulados gerados em processos industriais, há uma variedade de tecnologias, sendo que as resumidas a seguir estão entre as mais utilizadas. As *câmaras de sedimentação* são usadas para separar materiais particulados com diâmetros acima de 50 mm. Com esse tamanho, as partículas não se sustentam no ar por muito tempo e rapidamente se assentam impulsionadas apenas pela força da gravidade desde que a câmara tenha tamanho apropriado. A técnica consiste em introduzir o ar carregado de partículas em uma câmara por meio de um fluxo horizontal. Ao entrar na câmara, o ar se expande, e a velocidade do fluxo cai, permitindo que a força da gravidade atraia as partículas para o fundo, separando-as do ar limpo que sai pelo lado oposto da câmara (Figura 4.5a).

Os *ciclones* são equipamentos em forma de um cone, com a base voltada para cima (Figura 4.5b). O fluxo de ar contendo os particulados entra pela parte superior do ciclone, tangenciando a sua parede cônica, e desce em uma trajetória espiralada, na qual as partículas são atraídas para a parede do equipamento pela força centrífuga, e daí para o fundo do cone pela força gravitacional. O fluxo de ar limpo, que se concentra na parte central do cone, é empurrado para cima até sair para a atmosfera. Esses equipamentos conseguem captar particulados com diâmetros acima de 5 mm. Conforme a quantidade do fluxo gasoso e dos particulados nele contidos, usa-se mais de um ciclone acoplado em série (Figura 4.5c).

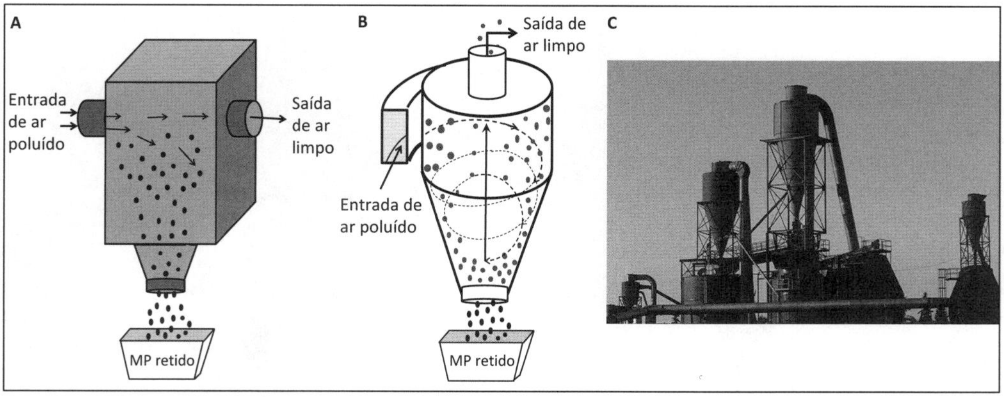

Figura 4.5 – Câmara de sedimentação (A) e ciclone (B e C).

Fonte: (a) e (b): autor; (c): iStock.

[19] WHO, 2006.

Os *precipitadores eletrostáticos* usam um campo elétrico para separar as partículas do fluxo gasoso. Carregadas de carga negativa por eletrodos de alta voltagem, as partículas são expulsas do fluxo gasoso e atraídas para placas, barras ou tubos metálicos com carga elétrica positiva onde ficam retidas. Os precipitadores possuem configurações variadas conforme a fonte de energia, o tipo de eletrodos e de coletores, entre outras especificações tecnológicas. Como as partículas retidas formam camadas, aplicam-se constantemente golpes na parede externa do equipamento para que se desprendam e precipitem-se ao fundo do equipamento para serem coletadas (Figura 4.6a). Essa tecnologia permite capturar partículas com diâmetros muito pequenos, inclusive $MP_{2,5}$.

Os *filtros* estão entre as tecnologias mais antigas e mais usadas para controle de poluição do ar, da água e do solo. Podem ser feitos de vários materiais, como papel, papelão, tecido de algodão, nylon, teflon, fibra de vidro, carvão, carvão ativado, nanotubos de carbono. Um exemplo é o *filtro de manga*, um conjunto de sacos ou bolsas de tecido em formato cilíndrico (mangas) dispostos um ao lado do outro no interior de uma câmara (Figura 4.6b). As partículas ficam retidas nos poros do tecido à medida que o fluxo gasoso passa pelo interior das mangas. Estas precisam ser limpas quando as camadas de partículas retidas ficam muito espessas, dificultando a passagem do fluxo, o que reduz a eficiência do controle. A limpeza pode ser feita por inversão do fluxo, vibração, injeção de ar comprimido, entre outras técnicas. Conforme o tipo de material do filtro, pode-se reter partículas muito finas como as $MP_{2,5}$. Uma área de desenvolvimento em expansão é a aplicação da nanotecnologia para produzir filtros capazes tanto de reter particulados inferiores à 2,5 mm quanto para reduzir o tempo da passagem do fluxo gasoso.

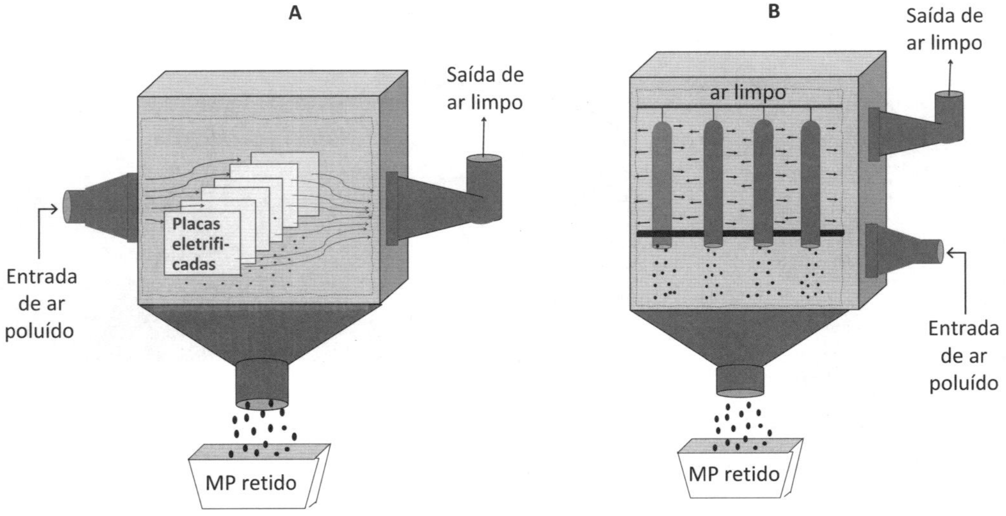

Figura 4.6 – Precipitador eletrostático e filtro de manga – esquemas simplificados.

Os lavadores (*scrubbers*) são equipamentos que utilizam água ou uma solução aquosa para absorver os particulados contidos em um fluxo gasoso. O líquido usado precisa ser tratado para ser reusado sempre que possível, seja para reduzir o seu consumo, seja para não trocar a poluição atmosférica pela hídrica. A variedade e de lavadores é enorme. O lavador de Venturi, um dos mais usados, é um equipamento em forma tubular que contém uma seção mais estreita, uma garganta, que separa as seções extremas do equipamento. Quando o fluxo gasoso passa pela garganta, sua velocidade aumenta. A água ou outro líquido, introduzido pela garganta de forma contínua e perpendicular ao fluxo gasoso, choca-se com este, formando gotas que capturam as partículas. Ao ultrapassar a garganta e entrar em uma seção mais larga, o fluxo se desacelera, permitindo a aglomeração das gotas e a sua retirada.

Cada tecnologia possui vantagens e desvantagens, cada qual em relação às demais aplicadas a fins semelhantes; por exemplo, para controlar a emissão de particulados, as câmaras e os ciclones são mais simples de operar e têm custos menores dos que os precipitadores. No entanto, mais do que uma avaliação do tipo vantagem-desvantagem, a questão central para a escolha da tecnologia são as características dos contaminantes, como: composição, massa, volume, diâmetro, solubilidade, reatividade, combustibilidade, toxicidade, bem como dos fluxos que os carregam – por exemplo, composição, volume, velocidade, pressão, densidade, temperatura, humidade. Além dessas, influem na seleção da tecnologia questões concernentes ao local, como disponibilidade de espaço para acomodar os equipamentos e realizar tratamentos complementares, como armazenar temporiamente as partículas coletadas.

4.2.3 CONTROLE DE GASES

As tecnologias de controle de gases poluentes são aplicadas aos poluentes primários, aqueles emitidos diretamente de fontes poluidoras. Exemplos: monóxido de carbono (CO), dióxido de enxofre (SO_2), gás sulfídrico (H_2S), óxidos de nitrogênio (NO_x), metano (CH_4), amônia (NH_3), hidrofluorcarbonos (HFCs). O dióxido de carbono (CO_2) é um componente natural da atmosfera e indispensável para a manutenção da vida, mas é um gás de efeito estufa (GEE); portanto, absorve e reemite radiação infravermelha. Com o crescimento das suas emissões pelas atividades humanas, como queima de combustíveis fósseis e desmatamentos, esse gás tornou-se um dos principais vilões do aquecimento global. As tecnologias de controle de GEE são prioritárias para o cumprimento da Convenção-Quadro das Nações Unidas sobre Mudança do Clima, cujo objetivo é estabilizar as concentrações desses gases na atmosfera, a fim de impedir uma interferência antrópica perigosa no sistema climático.

Os poluentes secundários não são objeto dessas tecnologias, por serem produzidos na atmosfera por meio de reações químicas entre poluentes primários, ou entre estes e os componentes da atmosfera. Exemplo: o SO_2 lançado na atmosfera pela queima de combustível fóssil reage com os componentes do ar, formando trióxido de enxofre (SO_3), ácido sulfúrico (H_2SO_4) e ácido sulfídrico (H_2S), todos eles geradores de precipitações ácidas que causam danos aos ecossistemas e aumentam a taxa de corrosão de ativos produtivos, equipamentos públicos e monumentos históricos. O controle de poluentes secundários se realiza pelo controle dos primários. Esse controle se faz removendo-os do fluxo gasoso emitido ou mudando suas características para torná-los benignos ou inertes ao meio ambiente.

A variedade de gases poluentes atmosféricos e das condições em que são gerados produziram e continuam produzindo uma grande diversidade de tecnologias de controle. As mais empregadas são as tecnologias de absorção, adsorção, combustão e condensação. *Absorção* é um processo físico e/ou químico pelo qual um material – o absorvente – colhe e retém em seu interior outro material – o absorvido.[20] Em controle de gases, o absorvente é um líquido, em geral água, e o absorvido, um gás solúvel nesse líquido. O gás contido em um fluxo gasoso é capturado ao dissolver-se nesse líquido, que, depois, deve ser tratado para ser reusado ou lançado em corpos de água. Há diferentes modos pelos quais o gás entra em contato com o líquido. Os lavadores comentados na Seção anterior são exemplos de tecnologias de absorção. Nos lavadores do tipo torre ou coluna de pratos ou de bandejas, a água, introduzida no alto torre, desce e acumula-se em pratos dispostos em paralelo na torre, enquanto o fluxo gasoso sobe e entra em contato com a água, que, depois sair da torre, é coletada e tratada. Nos lavadores do tipo *spray*, o fluxo de água é espargido para formar uma névoa sobre o fluxo gasoso.

Adsorção é um processo físico e/ou químico pelo qual um material (sólido, líquido ou gasoso) – o adsorvido – se aloja na superfície do adsorvente ou em seus poros. No caso de controle de gases, suas moléculas aderem ou reagem à superfície de corpos porosos, ficando aí retidos. Um exemplo é a passagem do fluxo gasoso por uma camada de carvão ativado, alumina ativada, gel de sílica ou qualquer outro material poroso. A capacidade de retenção depende do tamanho dos microporos. As moléculas adsorvidas do gás precisam ser removidas (dessorção) periodicamente para manter a eficiência do processo e recuperar o adsorvente para reusá-lo.

Certos gases podem ser controlados por meio da combustão em incineradores ou em câmaras de combustão, pela qual os compostos oxidáveis (combustíveis) presentes num fluxo gasoso reagem com o oxigênio (carburante), gerando calor e outros compostos, como NO_x, CO_2 e água. São particularmente apropriados para eliminar COVs. Em geral, a combustão é antecedida pela remoção de particulados para aumentar a eficiência da queima e gerar menor quantidade de resíduos. Essas tecnologias são mais caras que as citadas anteriormente pelo fato de exigirem temperaturas elevadas, algumas acima de 1.000 °C, o que implica consumo elevado de energia. Além disso, requerem dispositivos de segurança contra emissões fugidias, incêndios e explosões. E podem ser uma opção vantajosa caso seja possível utilizar o calor gerado em algum processo produtivo, como produção de vapor, secagem, aquecimento de matérias-primas.

Há gases que podem ser controlados por tecnologias de condensação, nas quais a separação de um gás poluente do fluxo que o transporta se dá manipulando a pressão e a temperatura em uma câmara para que passe à fase líquida e precipite-se ao fundo da câmara para ser coletado e tratado antes de ser liberado ao meio ambiente. São

[20] ABNT NBR 9896:1993.

tecnologias mais caras que as de absorção e adsorção pela necessidade do uso de fluidos refrigerantes e da operação com temperaturas muito baixas, por exemplo, entre -20 e -30 °C, o que aumenta a necessidade da energia.

4.3 POLUIÇÃO DAS ÁGUAS

A poluição das águas ocorre pela introdução de materiais e energia, tornando-a imprópria para o uso a que se destina. O leitor deve ter ouvido que a água é incolor, insípida e inodora, mas essas são características da água destilada. Na natureza, as águas carregam componentes orgânicos e inorgânicos que encontram em seu trajeto, ou seja, são misturas e, como tais, contêm diversas substâncias cujas características e concentrações determinam a sua qualidade.

A qualidade da água é identificada por parâmetros físicos, químicos e biológicos e seus respectivos limites. Entre os primeiros, estão os seguintes:

- sólidos em suspensão: materiais minerais ou orgânicos, dissolvidos e/ou suspensos na água, que, a partir de certa concentração, tornam-na imprópria para usos determinados;
- turbidez: característica decorrente da presença de substâncias em suspensão como sólidos finamente divididos e organismos microscópicos que dificulta a passagem da luz e dificulta a fotossíntese da fauna aquática;
- dureza: característica decorrente da presença de sais alcalinoterrosos, como cálcio e magnésio, que além de interferir no sabor, pode se encrustar nos equipamentos e tubulações danificando-os;
- cor: característica dada pela presença de substâncias dissolvidas ou em estado coloidal, ou seja, partículas finas e estáveis dispersas que somente se sedimentam por coagulação ou ação bioquímica.[21]

Os parâmetros biológicos referem-se à presença de constituintes patogênicos, como coliformes fecais, cianobactérias (algas azuis), salmonelas e outros microrganismos. Os principais parâmetros químicos são:

- pH – potencial hidrogeniônico: indica o grau de acidez (pH <7) ou de alcalinidade da água (pH >7);
- Oxigênio Dissolvido (OD): quantidade de oxigênio contido em corpo de água;
- Demanda Bioquímica de Oxigênio (DBO): quantidade de oxigênio requerida para oxidar matéria orgânica existente na água pela ação de bactérias que a estabilizam em condições aeróbicas;

---

21 ABNT NBR 9889:1993. Confirmada em 08/04/2021.

- Demanda Química de Oxigênio (DBQ): quantidade de oxigênio necessária para oxidar materiais orgânicos presentes num corpo de água por meio de agentes químicos;
- nitrogênio e fósforo: elementos constituintes de vários compostos (nitrato, nitrito, amônia, fosfato etc.), cuja presença excessiva aumenta as populações espécies aquáticas que degradam a qualidade da água, fenômeno denominado eutrofização;
- constituintes inorgânicos: arsênio, cádmio, cromo, chumbo, mercúrio e outros metais com peso atômico elevado, por isso denominados *metais pesados*;
- constituintes orgânicos resistentes aos processos químicos, fotoquímicos de degradação, como dioxinas, furanos e outros compostos orgânicos persistentes (POPs).[22]

O tratamento da água para o consumo humano e uso em atividades produtivas depende: (1) das características da água bruta captada em rios, lagos, aquíferos e outras fontes naturais; (2) do volume a ser tratado; e (3) da qualidade desejada. Como os constituintes que interferem na qualidade da água são diversos (areia, sais, gases, óleos, graxas, amônia, nitrato, fosfatos, materiais orgânicos, microrganismos etc.), são necessárias diversas tecnologias para dar conta de todos eles. Para grandes volumes, por exemplo, para abastecimento de cidades, essas tecnologias se materializam em estruturas, dispositivos, instalações, equipamentos e aparelhos diversos, formando uma Estação de Tratamento de Água (ETA). Uma ETA funciona como um sistema de produção contínua, na qual a matéria-prima, a água bruta, passa por uma sequência contínua de processos físicos, químicos e biológicos, como os mencionados no Quadro 4.3, ligados por dutos, até chegar tratada aos usuários domésticos, comerciais e industriais.

Quadro 4.3 – Tecnologias para tratamento de água – exemplos

Processo	Descrição resumida
Aeração	Tratamento por meio da introdução de ar na água para remover compostos voláteis e oxidáveis e gases indesejáveis.
Gradeação e peneiramento	Tratamento preliminar para reter folhas, galhos, garrafas, latas, sapatos, trapos, sacos plásticos, papelões e outros sólidos de tamanho grande presentes na água superficial captada, caso não tenha sido possível retê-los na fonte de captação da água bruta. O peneiramento visa a reter sólidos de menor dimensão não retidos pela gradeação.

(*continua*)

[22] ABNT NBR 9896:1993. Confirmada em 21/01/2022.

Quadro 4.3 – Tecnologias para tratamento de água – exemplos (*continuação*)

Processo	Descrição resumida
Coagulação	Tratamento para eliminar coloides e partículas sólidas muito diminutas e não sedimentáveis dissolvidas ou em suspensão na água, por meio de substâncias químicas coagulantes, para formar flóculos com maior dimensão. Há várias técnicas de coagulação, entre elas, pela aplicação de coagulantes (sulfato de alumínio, sulfato ferroso, cloreto férrico) e pelo uso de correntes elétricas (eletrocoagulação). Pode exigir correção de pH para melhorar as condições de agregação dos sólidos.
Floculação	Processo de aglutinação dos flóculos para que possam ser removidos mais facilmente por flotação, decantação ou filtração. Pode ser feita por meio de floculadores mecânicos ou hidráulicos para agitar a água.
Sedimentação/ decantação	Separação de sólidos presentes líquidos pela ação da gravidade. Em tratamento de água, serve para separar as partículas em suspensão, fazendo-as alojar no fundo do decantador a unidade onde se processa a decantação da água pela deposição dos sólidos sedimentáveis contidos nas águas. O material retido, o lodo, deve ser periodicamente removido e tratado.
Filtração	Tratamento para reter sólidos muito pequenos e leves, fazendo o líquido passar por uma camada porosa, como leitos de areia, carvão, brita fina ou outro material filtrante, usando apenas a gravidade ou por meio de pressão (filtro de pressão).
Desinfecção	Aplicação de produtos químicos (cloro, peróxido de hidrogênio, ozônio etc.) para inativar ou eliminar microrganismos patogênicos. O cloro é o desinfetante mais antigo e o mais usado, podendo ser aplicado como gás de cloro (Cl_2), dióxido de cloro (ClO_2), hipoclorito de sódio (NaOCl) etc. Certa quantidade de cloro deve permanecer na água tratada a ser consumida para evitar sua contaminação ao ser transportada, armazenada e distribuída.
Correção do pH	Adição de produtos químicos para reduzir a acidez, que provoca corrosão nos equipamentos e tubulações, e a alcalinidade, que produz incrustações, bem como para adequar o pH ao consumo humano. Recomenda-se que, no sistema de distribuição, o pH da água seja mantido na faixa de 6,0 a 9,5.[23]
Fluoretação	Adição de substâncias químicas na água tratada potável para aumentar a concentração de íons de flúor, até um limite pré-determinado, a fim de reduzir a incidência de cáries dentárias.

Fonte: ABNT NBR 12216:1992, confirmada em 27/01/22; ABNT NBR 9896:1993, confirmada em 2022; BRASIL. Ministério da Saúde, 2011.

[23] BRASIL. Ministério da Saúde, Portaria 2.914 de 12/12/2011, art. 39, § 1º.

O grau de tratamento requerido para água potável, aquela adequada ao consumo humano, depende da classificação da água (Quadro 4.4) e das condições da fonte de captação. O consumo humano de água doce da classe especial requer apenas a desinfecção (remoção ou inativação de organismos potencialmente patogênicos) e a manutenção das condições naturais do corpo de água; o consumo da classe 1 requer tratamento simplificado constituído de clarificação por filtração, desinfecção e correção de pH; o da classe 2, tratamento convencional constituído de coagulação, floculação, desinfecção e correção de pH; e o da classe 3, tratamento convencional ou avançado, usando técnicas de remoção e/ou inativação de constituintes refratários ao tratamento convencional, que conferem à agua cor, odor, sabor, toxicidade ou patogenia, entre outras características.[24] Para usos industriais e agrícolas, o tratamento pode ser mais simplificado.

Quadro 4.4 – Classificação das águas doces

Classe	Destinação
Especial	• Abastecimento para consumo humano após desinfecção; • preservação do equilíbrio natural das comunidades aquáticas; • preservação dos ambientes aquáticos em unidades de conservação de proteção integral.
Classe 1	• Abastecimento para consumo humano, após tratamento simplificado; • proteção das comunidades aquáticas; • recreação de contato primário, como natação, esqui aquático e mergulho; • irrigação de hortaliças que são consumidas cruas e de frutas que se desenvolvam rentes ao solo e que sejam ingeridas cruas sem remoção de película; • proteção das comunidades aquáticas em terras indígenas.
Classe 2	• Abastecimento para consumo humano, após tratamento convencional; • proteção das comunidades aquáticas; • recreação de contato primário, como natação, esqui aquático e mergulho; • irrigação de hortaliças, plantas frutíferas e de parques, jardins, campos de esporte e lazer, com os quais o público possa vir a ter contato direto; • aquicultura e a atividade de pesca.
Classe 3	• Abastecimento para consumo humano, após tratamento convencional ou avançado; • irrigação de culturas arbóreas, cerealíferas e forrageiras; • pesca amadora; • recreação de contato secundário; • dessedentação de animais.
Classe 4	• Navegação; • harmonia paisagística.

Fonte: CONAMA, Resolução 357/2005, art. 4º.

24 Ver outras classes de água em: BRASIL. Resolução CONAMA 357/2005.

4.3.1 CONTROLE DE EFLUENTES

Em sentido amplo, *efluente* é qualquer material descartado no meio ambiente, ou qualquer substância líquida, sólida ou gasosa procedente de um sistema como uma ETA ou um processo industrial.[25] Em sentido restrito, refere-se especificamente aos despejos líquidos provenientes de diversas atividades ou processos.[26] *Água residuária* é outra denominação para esgoto, água descartada e efluente líquido de edificações, estabelecimentos fabris e agropecuários, tratada ou não.[27] Despejos não tratados com alta concentração de poluentes geram áreas contaminadas cujo tratamento requer o uso de tecnologias de remediação comentadas anteriormente (Figura 4.7).

Figura 4.7 – Efluentes lançados ao meio ambiente sem tratamento.

Os esgotos domésticos urbanos devem ser tratados antes de serem despejados para serem diluídos em corpos de água. Uma estação de tratamento de esgoto (ETE) é constituída por uma sequência de processos físicos, químicos e biológicos para remover, reduzir ou neutralizar os poluentes, a fim de não alterar a qualidade do corpo de água receptor, conforme as metas do seu enquadramento estabelecidas na legislação.[28] Os efluentes líquidos industriais são os despejos líquidos provenientes de estabelecimentos fabris.[29] As tecnologias de controle desses efluentes variam conforme as características dos poluentes contidos no fluxo e sua concentração. O efluente tratado pode ser usado ou despejado em um corpo de água ou na rede pública de esgoto, dependendo da quantidade do fluxo. O lodo resultante do tratamento é um resíduo sólido ou semissólido perigoso e, como tal, deve ser tratado por meio de tecnologias de gestão de resíduos.

---

25 ABNT NBR 9896:1993.

26 CONAMA. Resolução. 430/2011, art. 4º.

27 CNRH. Resolução 54 de 2005.

28 CONAMA, Resolução 430/2011, art. 16.

29 CONAMA, Resolução 430/2011, art. 16, art. 4º.

A água cumpre muitas funções em estabelecimentos industriais, como matérias-primas, geração de vapor, solventes, resfriamento, alimentação dos empregados, limpeza de matérias-primas, peças, máquinas, caldeiras, reatores, veículos, pisos, banheiros, entre outras. Os estabelecimentos produtivos em áreas urbanas que consomem pouca água em seus processos e, portanto, geram poucos efluentes, o uso da rede de esgoto é um meio adequado para descartá-los, desde que recebam tratamentos especificados pela legislação ambiental. Estabelecimentos que usam muita água (siderúrgicas, mineradoras, fábricas de celulose, de alimentos, curtumes, lavanderias industriais e hospitalares, refinarias de petróleo, produtos químicos) necessitam de outorga para captação de água própria. A *outorga* é um ato administrativo pelo qual o poder público concede ou autoriza por prazo determinado o uso ou a interferência em recursos hídricos sob sua jurisdição, conforme as condições previstas na legislação e a disponibilidade de água.[30]

O lançamento direto de efluente para diluição em corpo de água também requer outorga concedida pelo órgão ambiental competente, devendo o outorgado observar os usos dos recursos hídricos e do corpo receptor, as condições e os padrões de qualidade da classe em que o corpo de água estiver enquadrado, entre outras exigências.[31] Quanto maior a quantidade de efluente gerado por um estabelecimento, mais interessante se torna o seu tratamento para fins de reúso, seja em termos econômicos, pela possibilidade de reduzir o custo da captação, seja em termos ambientais, pela possibilidade de contar com um abastecimento mais seguro, principalmente quando se vislumbra escassez de água devido às mudanças climáticas e ao aumento da demanda de água para uso humano. Alcançar acesso universal e equitativo a água potável e saneamento para todos até 2030 é um dos Objetivos de Desenvolvimento Sustentável constantes da Agenda 2030.[32]

Reúso de água é a utilização de água residuária, uma prática de racionalização e conservação de recursos hídricos. Água de reúso é água residuária que atende aos padrões exigidos para sua utilização nas modalidades pretendidas. Reúso direto é o uso planejado de água de reúso sem prévio lançamento ou diluição em corpos de água superficiais ou subterrâneos,[33] por exemplo, o uso da água de efluente tratado para resfriar equipamentos, limpar calçadas, pisos, veículos, descarga em vasos sanitários, desentupir bueiros, apagar incêndios, irrigar parques e jardins. O reúso indireto é o uso da água de um corpo de água que recebeu e diluiu efluentes tratados à montante do local de captação (Figura 4.8).

---

30 BRASIL, Lei 9.433 de 1997, art. 12.

31 ibidem.

32 ODS 6: assegurar a disponibilidade e gestão sustentável da água e saneamento para todos. Disponível em: <https://unesdoc.unesco.org/ark:/48223/pf0000375080>.

33 CNRH, 2005.

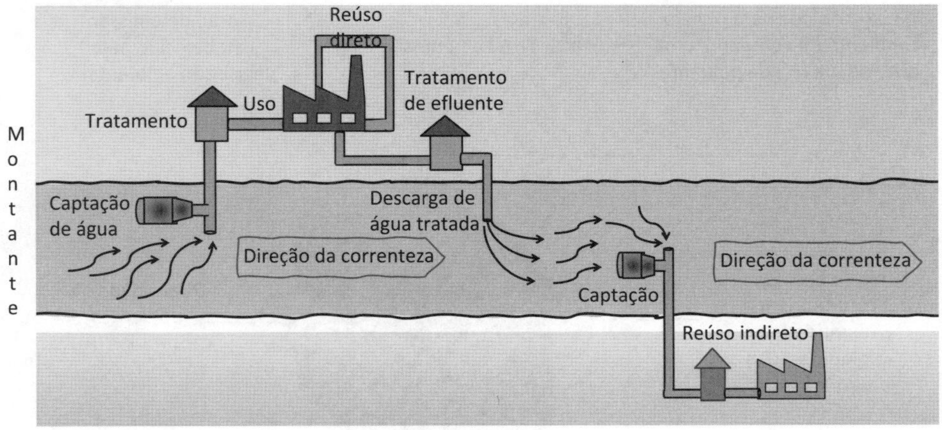

Figura 4.8 – Reúso direto e indireto.

4.4 EFICIÊNCIA E CUSTO DO CONTROLE

Eficiência é a capacidade de um ente de produzir certo efeito com determinado esforço ou recurso utilizado. Como medida do resultado desse esforço, eficiência é a razão ou o quociente entre o resultado alcançado e o recurso utilizado. O processo básico da tecnologia de controle da poluição se dá pela coleta dos poluentes (P_E) misturados num fluxo de entrada de ar, água ou outro meio de transporte, como ilustra a Figura 4.9. Como nenhum equipamento de controle retém completamente os poluentes contidos no fluxo de entrada (E), o fluxo de saída (S) lançado ao meio ambiente receptor (ar, água ou solo) ainda carrega uma porcentagem de poluentes (P_S). Ou seja, o equipamento separa do fluxo de entrada uma quantidade de poluente $P_C = P_E - P_S$. Assim, o equipamento de controle libera ao meio ambiente receptor um fluxo com uma taxa de emissão de poluente dada por P_S/S, que deve ser menor ou igual ($\leq$) ao padrão de emissão estabelecido pela legislação ambiental, de preferência com folga para acomodar as variabilidades típicas dos processos de produção. Uma rota típica das inovações em controle da poluição é aumentar a eficiência da coleta dos poluentes [P_C/P_E ou $(P_E - P_S)/P_E$] para reduzir a taxa de emissão, ou seja, aumentar a taxa de pureza do fluxo liberado para diluição no meio ambiente (S/P_S).

A taxa de coleta ou de retenção de poluentes nunca alcança 100%, embora possa chegar muito perto, pois sempre ocorre alguma perda no equipamento de controle ou nos componentes auxiliares, como coletores, tubulações, juntas e válvulas. Os equipamentos de controle operam com variações ao longo do tempo, devido às flutuações do volume e da velocidade dos fluxos de entrada e da variação da concentração dos poluentes contidos nesses fluxos, devido a programação diária ou semanal da produção, estado dos equipamentos, qualidade dos materiais processados e outras eventualidades. Desse modo, eles devem ser projetados para obter uma eficiência que atenda com folga aos limites máximos de emissão estabelecidos pela legislação.

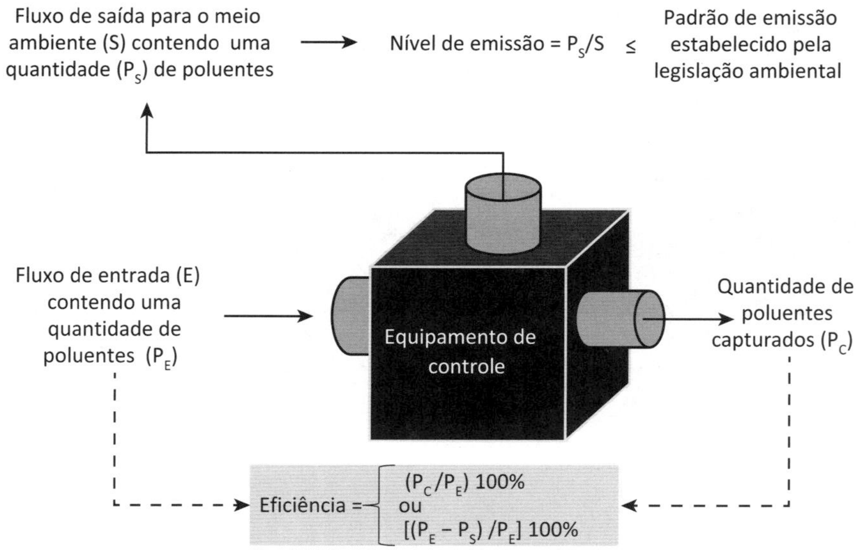

Figura 4.9 – Equipamento separador e algumas medidas associadas.

Fonte: BOUBEL et. al, 2008, p. 779 (adaptado).

O oferecimento de tecnologias com menores custos de implantação e operação é um modo típico de competição entre os fornecedores de tecnologias de controle. A instalação dessas tecnologias envolve investimentos em serviços de engenharia consultiva, preparação da área, fundações, construções, aquisições de equipamentos e instrumentos de mensuração, montagem industrial, contratação de funcionários, treinamentos, testes e posta em marcha.[34] Isso sem contar que os recursos empregados, incluindo os espaços ocupados, poderiam ser utilizados em atividades produtivas geradoras de receitas caso não houvesse poluição a ser controlada. Uma vez instaladas, as atividades rotineiras geram diversos custos diretos e indiretos, como exemplificado na Figura 4.10, e eventualmente receitas.

O custo do controle da poluição, linha cheia no gráfico da Figura 4.8, tende a subir mais que proporcionalmente ao aumento da quantidade de poluentes removidos. Quantidades maiores de poluentes requerem equipamentos maiores, que ocupam mais espaço e usam mais recursos humanos e materiais para operação, monitoramento, manutenção, registros de dados e informações, fornecimento de informações ao órgão ambiental. Em certos casos, é possível obter algum ganho com o controle da poluição, por exemplo, uso do calor gerado em queimadores de gases para produzir vapor, uso do SO_2 recuperado para produzir ácido sulfúrico. O valor da recuperação (RR), representado pela linha pontilhada do gráfico, cresce proporcionalmente ao aumento da quantidade de material recuperada, supondo que o preço unitário desse

[34] USEPA, 2002, p. 2-6.

material seja constante. Como em geral o RR não ultrapassa o custo do controle da poluição (CCP), as tecnologias de controle acabam aumentando os custos totais de produção e distribuição. Essa é uma das razões por que dificilmente essas tecnologias seriam implantadas sem leis que obriguem as empresas a respeitarem os limites máximos de emissão.

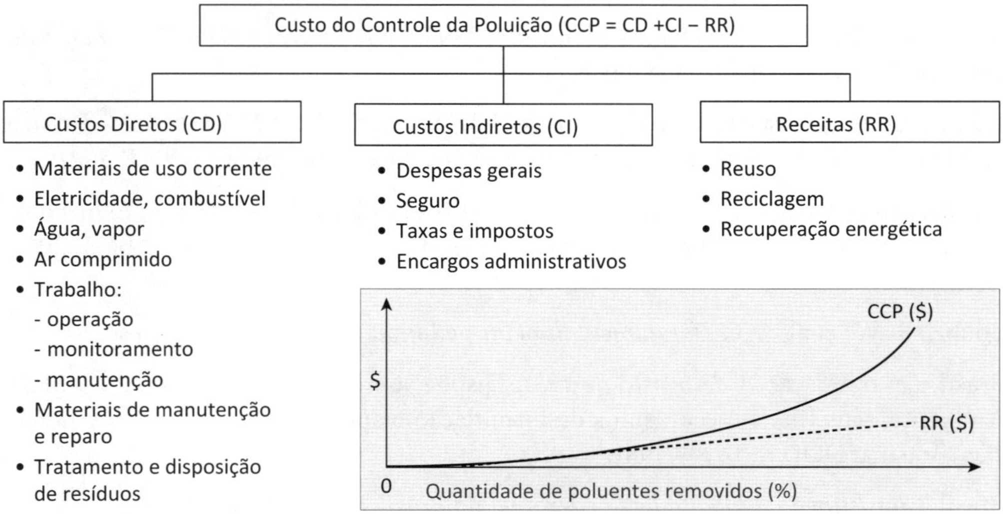

Figura 4.10 – Custos do controle de poluição – exemplos.

Fonte: USEPA, 2002, p. 2-8 e BOUBEL et al., 2008, p. 775 (adaptado).

A importância do controle da poluição para a qualidade do meio ambiente e o bem-estar dos seres vivos é direta; são milhões de toneladas de poluentes de inúmeros tipos que deixam de ser lançados diariamente no mundo todo. Quanto aos recursos naturais, sua importância é indireta, mas igualmente significativa. Um ambiente limpo de poluentes conserva melhor o capital construído (máquinas, equipamentos, prédios etc.), a infraestrutura pública (redes de distribuição de energia, água, gás, pontes, viadutos, viaturas, edifícios etc.), os bens de uso das famílias (residências, móveis, aparelhos e utensílios domésticos), os monumentos históricos, sítio arqueológicos e outros componentes da herança cultural dos povos. A redução da carga de poluentes para um nível abaixo da capacidade de assimilação do meio ambiente melhora o capital natural e, por consequência, o bem-estar humano, que depende em muito dos serviços ecossistêmicos, conforme mostrado no Capítulo 2.

REFERÊNCIAS

Associação Brasileira de Normas Técnicas (ABNT). *NBR 12216:1992 – Projeto de estação de tratamento de água para abastecimento público* – Procedimento. Rio de Janeiro: 1991, confirmada em 2017.

Associação Brasileira de Normas Técnicas (ABNT). *NBR 9896:1993*: Glossário de poluição das águas. ABNT, 1993. Confirmada em 2021.

Associação Brasileira de Normas Técnicas (ABNT). *NBR 13894:1997 – Tratamento do solo*. ABNT, 1997. Confirmada em 2021.

Associação Brasileira de Normas Técnicas (ABNT). *ABNT NBR 15515-1:2021 – Passivo ambiental em solo e água subterrânea*. Parte 1: avaliação preliminar. ABNT, 2021.

Associação Brasileira de Normas Técnicas (ABNT). *NBR 15515-2:2011 – Passivo ambiental em solo e água subterrânea*. Parte 1: investigação confirmatória. ABNT, 2011. Confirmada em 2019.

Boubel, R. W.; et al, A. C. *Fundamentals of air pollution*. 4. ed. Academic Press, 2008.

Brasil. *Lei 6.938, de 31 de agosto de 1981*. Dispõe sobre a Política Nacional do Meio Ambiente, seus fins e mecanismos de formulação e aplicação e dá outras providências. Brasília: DOU de 02/09/1981.

Brasil. *Constituição da República Federativa do Brasil*. Senado Federal, 1988.

Brasil. *Lei 9.279 14/05/ 1996*. Regula os direitos e obrigações relativos à propriedade industrial. DOU de 15/05/1996.

Brasil. *Lei nº 9.433, de 08/01/1997*. Institui a Política Nacional de Recursos Hídricos, cria o Sistema Nacional de Gerenciamento de Recursos Hídricos. Brasília: DOU de 09/01/1997.

Brasil. Ministério da Saúde. *Lei 11.105 de 24/03/2005*. Regulamenta os incisos II, IV e V do § 1º do art. 225 da Constituição Federal, estabelece normas de segurança e mecanismos de fiscalização de atividades que envolvam organismos geneticamente modificados e seus derivados, cria o Conselho Nacional de Biossegurança - CNBS etc. DOU de 28/03/2005.

Brasil. Ministério da Saúde. *Portaria nº 2.914, DE 12/12/2011*, dispõe sobre os procedimentos de controle e de vigilância da qualidade da água para consumo humano e seu padrão de potabilidade. Gabinete do Ministro.

Conselho Nacional de Recursos Hídricos (CNRH). *Resolução 54, de 28/11/2005*. Estabelece modalidades, diretrizes e critérios gerais para a prática de reúso direto não potável de água, e dá outras providências. Brasília: DOU de 09/03/06.

Conselho Nacional do Meio Ambiente (CONAMA) (2005). *Resolução 357, de 17/03/2005*. Dispõe sobre a classificação dos corpos de água e diretrizes ambientais para o seu enquadramento, bem como estabelece as condições e padrões de lançamento de efluentes, e dá outras providências. DOU de 18/03/2005.

Conselho Nacional do Meio Ambiente (CONAMA). *Resolução 420, de 28/12/2009.* Dispõe sobre critérios e valores orientadores de qualidade do solo quanto à presença de substâncias químicas e estabelece diretrizes para o gerenciamento ambiental de áreas contaminadas por essas substâncias em decorrência de atividades antrópicas. Brasília: DOU 249, de 30/12/2009.

Conselho Nacional do Meio Ambiente (CONAMA). *Resolução 430, de 13/05/2011.* Dispõe sobre as condições e padrões de lançamento de efluentes, complementa e altera a Resolução 357, de 17/03/2005.Brasíslia: 16/05/11.

Conselho Nacional do Meio Ambiente (CONAMA). *Resolução 463, de 29/06/ 2014.* Dispõe sobre o controle ambiental de produtos destinados à remediação. Brasília, DOU de 30/07/2014.

Conselho Nacional do Meio Ambiente (CONAMA). *Resolução 491 de 19/11/2018.* Dispõe sobre padrões de qualidade do ar. Brasília, CONAMA, DOU de 21/11/2018.

Convenção da Diversidade Biológica, art. 2°. Disponível em: http://www.planalto.gov.br/ccivil_03/decreto/d2519.htm.

Instituto Brasileiro do Meio Ambiente e dos Recursos Naturais Renováveis (Ibama). Instrução normativa 05 de 19/05/2010. Estabelece os procedimentos e exigências a serem adotados para efeito de anuência prévia para a realização de pesquisa e experimentação, registro e renovação de registro de produtos remediadores. Brasília, DOU de 19/05/2010.

Henry, J. G.; Heinke, G. W. *Ingeniería ambiental.* México, DC.: Prentice-Hall, 1990.

Kemp, R.; Arundel, A. (1998). *Survey indicators for environmental innovation.* Indicators and Data for European Analysis – IDEA, Idea Project. Disponível em: https://nifu.brage.unit.no/nifu-xmlui/bitstream/handle/11250/226478/Idea8.pdf?sequence=1. Acesso em 29/06/2023.

Kemp, R.; Pearson, P. (Eds.). MEI project about Measuring Eco-Innovation: Final report Maastricht (Netherlands): 2008. Disponível em: <https://www.osti.gov/etdeweb/biblio/21124989>. Acesso em 16/06/2023.

Miller Jr., G. T. *Ciência ambiental.* São Paulo: Cengage Learning, 2007.

Moraes, S. L.; Teixeira, C. E.; Maximiano, A. M. S. *Guia de elaboração de planos para o gerenciamento de áreas contaminadas.* São Paulo: Instituto de Pesquisa Tecnológica (IPT) e BNDES, 2013.

National Risk Management Research Laboratory; U.S (NRMRL). Environmental Protection Agency (USEPA). Introduction to Phytoremediation. USA, Cincinnati: EPA's Office of Research and Development, EPA/600/R-99/107, February 2000.

United States Environmental Protection Agency (USEPA). *EPA Air pollution control cost manua*l – 6ª ed. Research Triangle Park. USEPA, 2002.

United States Environmental Protection Agency (USEPA). *Superfund Remedy Report*, 15th Edition. USEPA/Office of Land and Emergence Management, 2017. Disponível em: <https://semspub.epa.gov/work/HQ/100000349.pdf>. Acesso em 16/06/2023.

World Health Organization (WHO) *Air quality guidelines for particulate matter, ozone, nitrogen dioxide and sulfur dioxide Global update 2005*. Geneve: WHO, 2006. Disponível em: <https://apps.who.int/iris/handle/10665/69477>. Acesso em 17/06/2023.

CAPÍTULO 5
Gestão de resíduos sólidos

Os resíduos sólidos são causadores de degradação do meio ambiente, tanto por serem um desperdício de recursos naturais quanto por provocarem danos à saúde humana e ao meio ambiente quando dispostos sem critérios técnicos. As tecnologias para gestão de resíduos, da mesma forma que as de controle da poluição e remediação, apresentam-se como bens e serviços ambientais em grande parte fornecidos pela indústria ambiental. E que são concebidos, desenvolvidos e produzidos para lidar com uma grande diversidade de resíduos e em diferentes fases de sua gestão, tendo como parâmetros básicos as regulamentações expedidas por órgãos ambientais governamentais competentes.

Resíduo é qualquer substância ou objeto cujo detentor pretende ou é obrigado a dispor.[1] Popularmente, significa resto, sobra, material inservível, descartado, sem valor, lixo. O propósito último da gestão de resíduos sólidos é contrariar esses significados, tornando-os úteis na medida do possível, enquanto melhora a qualidade do meio ambiente ao dispor corretamente os rejeitos. *Rejeitos* são resíduos para os quais se esgotaram as possibilidades de tratamento e recuperação por processos tecnológicos disponíveis e economicamente viáveis, não restando para eles outro destino que não a sua eliminação ou disposição final ambientalmente adequada.[2] Como se vê, rejeito difere de *lixo*, um conjunto de materiais descartados de modo impróprio pelos seus

1 ABNT NBR ISO 14040, definição 3.35.

2 BRASIL, Lei 12.305/2010, Art. 3º.

detentores e não alcançados pela gestão de resíduos, tornando-os fontes de degradação ambiental.

5.1 CLASSIFICAÇÃO PELA ORIGEM

Resíduos sólidos e semissólidos são materiais, substâncias, objetos ou bens descartados resultantes de atividades humanas em sociedade, inclusive das atividades de controle da poluição (lodo, lama, borra, particulados captados em ciclones, filtros, lavadores, incineradores, condensadores e outros equipamentos de controle da poluição). Inclui os gases contidos em recipientes e líquidos cujas particularidades tornem inviável o seu lançamento na rede pública de esgotos ou em corpos de água, ou exijam para isso soluções técnica ou economicamente inviáveis em face da melhor tecnologia disponível.[3] Tomando como critérios as fontes ou origens dos resíduos sólidos, eles são classificados em:

1) Resíduos sólidos urbanos (RSU): resíduos constituídos por:

   1.1) resíduos domiciliares: os originários de atividades domésticas em residências urbanas. São constituídos por uma enorme variedade de itens, como restos de alimentos, embalagens, papel higiênico, trapos, objetos quebrados e deteriorados;

   1.2) resíduos de limpeza urbana: os originários em serviços de limpeza urbana, como folhas, galhos, gramas, terra, papeis, plásticos e outros materiais obtidos em podas de árvores, varrição e limpeza de rua, praças, praias, bueiros, córregos, galerias pluviais.

2) Resíduos de estabelecimentos comerciais e de serviços (lojas, mercearias, açougues, supermercados, armazéns, shopping centers, bares, restaurantes, agências bancárias), exceto os mencionados em 1.2, 3, 5, 6 e 7.

3) Resíduos de serviços públicos de saneamento básico: os resíduos de estações de tratamento de água (ETA) e de tratamento de esgoto (ETE), exceto os mencionados em 1.1 e 1.2.

4) Resíduos industriais: os gerados nos processos produtivos e nas instalações industriais, incluindo os resultantes do controle da poluição.[4]

5) Resíduos de serviços de saúde (RSS): resíduos gerados em atividades relacionadas com a atenção à saúde humana ou animal, inclusive serviços de assistência domiciliar, laboratórios de análise de produtos para saúde, necrotérios, serviços de medicina legal, drogarias e farmácias, estabelecimentos de ensino e pesquisa na área de saúde, centros de controle de zoonoses, distribui-

---

[3] ABNT NBR 10004:2004 e Lei 12.305 de 2010.

[4] Outras definições em: Norma Regulamentadora 25, do Ministério do Trabalho e Resolução CONAMA 313/2002.

dores de produtos farmacêuticos e veterinários, unidades móveis de saúde, acupuntura, piercing e tatuagem, salões de beleza e estética, entre outros definidos pela Agência Nacional de Vigilância Sanitária (Anvisa), o órgão governamental competente nessa matéria.

6) Resíduos da construção civil: resíduos gerados em construções, reformas, reparos, demolições de obras de construção civil, preparação e escavação de terrenos para obras civis, também conhecidos por resíduos de construções e demolições.

7) Resíduos agrossilvopastoris: os gerados nas atividades agrícolas, pecuária e silvicultura, incluindo-se os resíduos de fertilizantes, pesticidas, herbicidas, ração, medicamentos e vacinas e outros insumos utilizados nessas atividades.

8) Resíduos de serviços de transportes: os originários de portos, aeroportos, terminais alfandegários, rodoviários e ferroviários e passagens de fronteira. Em geral, constituídos por restos de alimentos, embalagens, papel higiênico e outros materiais descartados pelos passageiros, tripulantes e trabalhadores desses locais. Apesar de semelhantes aos resíduos 1.1 e 2, apresentam potencial de contaminação mais elevado, por ser gerado por pessoas em trânsito.

9) Resíduos de mineração: os gerados na atividade de pesquisa, extração ou beneficiamento de minérios.[5] Os resíduos da extração ou lavra, denominados estéreis, são os materiais rochosos retirados nas escavações e separados dos minérios e dispostos em pilhas fora da mina; possuem pouco ou nenhum valor econômico. Os rejeitos são resíduos das operações de beneficiamento (britagem, moagem, lavagem etc.) para obter um mineral concentrado, que, em geral, ainda contém teores do minério beneficiado, podendo ser útil no presente ou no futuro dependendo do estado da tecnologia e sua viabilidade econômica.

10) Rejeito radioativo: qualquer material resultante de atividades humanas que contenha radionuclídeos em quantidades superiores aos limites de isenção, estabelecidos pelo órgão regulador competente, a Comissão Nacional de Energia Nuclear (CNEN), para o qual a reutilização é imprópria ou não prevista.[6]

A classificação por origem determina a responsabilidade pela sua gestão: os resíduos urbanos e do pequeno comércio e serviço são da responsabilidade das prefeituras municipais; os demais, dos seus geradores. De acordo com a Política Nacional de Resíduos Sólidos (PNRS), a gestão de resíduos envolve diversas atividades, como coleta, classificação, seleção, armazenagem, transporte, disposição final, que devem ser as mais integradas possíveis, a fim de gerar o máximo de benefícios econômicos, ambientais e sociais, as três dimensões do desenvolvimento sustentável. Para isso, essa gestão deve observar a seguinte ordem de prioridade:

---

[5] BRASIL, Lei 12.305, Art. 13, inciso I, e no caso da letra g, ANVISA, Resolução RDC 222 de 2018.

[6] BRASIL, Lei 12.305, Art. 13. Obs.: sobre rejeitos radioativos, ver Resolução CNEN 167/2014.

(1) não geração → (2) redução → (3) reutilização → (4) reciclagem →
(5) tratamento dos resíduos sólidos → (6) disposição final
ambientalmente adequada dos rejeitos.[7]

As quatro primeiras prioridades concernem ao uso sustentável dos recursos naturais por meio de ações de prevenção da poluição; as duas últimas, à mitigação dos danos por meio de ações de controle da poluição. Como os resíduos são desperdícios de recursos naturais e potenciais contaminadores ambientais, a não geração é a prioridade máxima. Não sendo possível evitá-los, pois muitos não são evitáveis, a prioridade seguinte visa a reduzi-los em quantidade e periculosidade. As duas primeiras prioridades envolvem ecoinovações tecnológicas em produtos e processos de produção e distribuição, temas dos próximos capítulos deste livro, bem como mudanças nos hábitos de consumo.

Uma vez que resíduos foram gerados, as ações de gestão buscam reaproveitá-los o máximo possível e encaminhar a menor quantidade de rejeitos à disposição final, o que significa realocar a maior quantidade de materiais usados no sistema produtivo. A observância dessas prioridades, representadas na Figura 5.1a, transforma a gestão de resíduos em gestão de recursos afinada com o desenvolvimento sustentável, como mostra a Figura 5.1b.

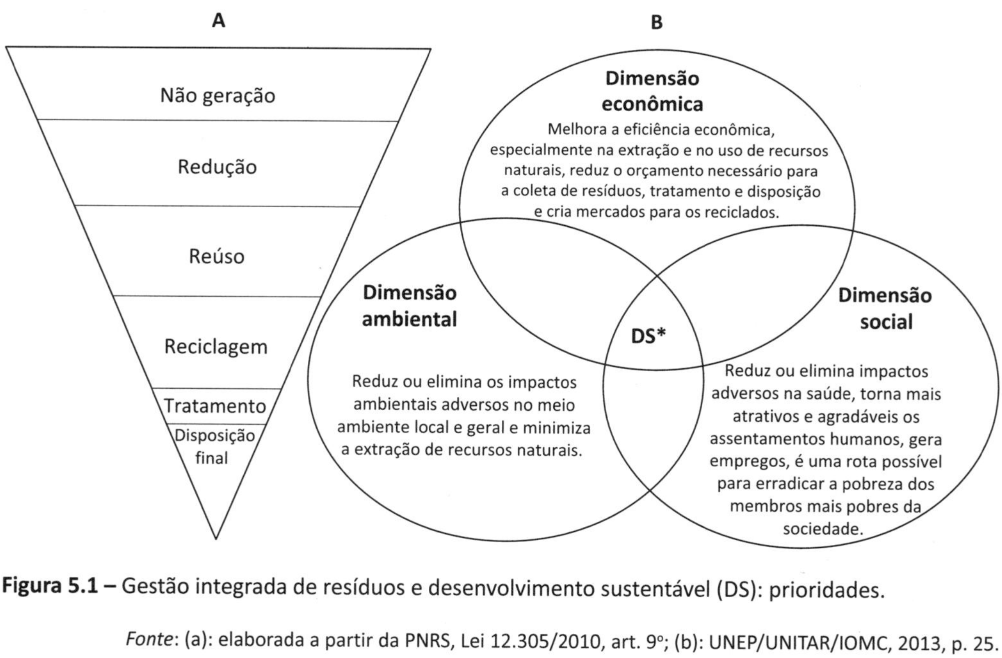

Figura 5.1 – Gestão integrada de resíduos e desenvolvimento sustentável (DS): prioridades.

Fonte: (a): elaborada a partir da PNRS, Lei 12.305/2010, art. 9º; (b): UNEP/UNITAR/IOMC, 2013, p. 25.
*Obs. DS = desenvolvimento sustentável.

[7] BRASIL, Lei 12.305, Art. 3º e 9º.

5.2 CARACTERIZAÇÃO DOS RESÍDUOS

A operacionalização da gestão começa com a caracterização dos resíduos para determinar os processos gestão que lhes são os mais adequados. Os resíduos sólidos apresentam características físicas, químicas e biológicas. Uma das características físicas é a quantificação dos resíduos em diversos níveis de agregação (resíduo total, per capita, por localidade, por material etc.), a fim de planejar as operações de gestão, entre elas o dimensionamento de equipamentos, embalagens, frota de veículos coletores, áreas de transbordo, construções, bem como a quantidade de pessoas e requisitos dos cargos. A quantidade de resíduo, em geral, é expressa em unidades de massa, quilograma (kg) ou tonelada (t), por exemplo, geração diária por dia em toneladas (t/dia), geração per capita em quilo por habitante do local de geração (kg/habitante.dia), quilo diário de RSS por leito (kg/leito.dia), quantidade total em tonelada por quilometro percorrido pela frota de veículos coletores (t/dia.km). Também são usadas unidades de volume (m^3) ou litro (ℓ ou L).

Essas quantidades são obtidas por meio de amostras coletadas e analisadas com base em metodologias que especificam o local da coleta e sua periodicidade, o tipo de coletor, a forma de armazenagem, os exames laboratoriais e outras providências consideradas necessárias para assegurar a confiabilidade dos resultados. Outras características físicas importantes para caracterizar os resíduos sólidos são as seguintes:

- *densidade aparente*: a relação entre massa e volume (kg/m^3) do resíduo na forma como é coletado, também denominada *peso específico aparente*, medida importante para determinar a capacidade de carga de equipamentos e contendores e da área dos locais de deposição final;
- *compressividade*: mede a redução do volume de um resíduo quando submetido a determinada pressão. É uma medida importante para se determinarem a frota de veículos e equipamentos compactadores e o tempo de preenchimento de aterros;
- *composição gravimétrica*: a porcentagem de um material específico em relação à massa total do resíduo, o que permite informar a fração de cada material considerado relevante para efeito de gestão; por exemplo: 15% de papel e papelão contidos na massa total de resíduos domésticos, 3% de vidro, 57% de material orgânico. A identificação das frações de materiais na massa total de resíduos é a base para planejar os processos de reutilização, reciclagem, tratamento e disposição final dos resíduos sólidos;
- *teor de umidade*: é a porcentagem de água (%) em relação à massa total de resíduo. É um caso especial da composição gravimétrica. Graus diferentes de umidade impactam a velocidade do tratamento biológico ou térmico do resíduo. Essa medida apresenta oscilações sazonais devido aos períodos de seca e chuva.

O *poder calorífico*, uma importante característica química do resíduo sólido, é a capacidade do resíduo de gerar energia na forma de calor pela combustão de uma quantidade de resíduo, em geral medido em quilocalorias por quilo de resíduos (kcal/kg). É bastante influenciado pelo teor de umidade e pela quantidade de materiais combustíveis presentes no resíduo. Complementa o poder calorífico a porcentagem (%) entre materiais combustíveis e não combustíveis na massa total de resíduos. A composição química influencia a seleção de tecnologias de reaproveitamento de resíduos e de tratamento para efeito de disposição final. É o caso da proporção entre carbono e nitrogênio (C/N) na massa total dos resíduos sólidos orgânicos, pois esses dois elementos influenciam a ação bacteriana. A presença de certas substâncias químicas torna os resíduos perigosos, conforme citado no anexo C da norma ABNT NBR 10004, assunto que será retomado logo adiante.

O *potencial hidrogeniônico* (pH) impacta o tratamento dos resíduos para efeito de reaproveitamento ou disposição final por influir na capacidade de biodegradação dos microrganismos presentes nos resíduos. As características biológicas estão relacionadas com os microrganismos presentes na fração orgânica do resíduo e com a presença ou ausência de oxigênio livre. No primeiro caso, tem-se a decomposição aeróbica gerando dióxido de carbono (CO_2), água e compostos inorgânicos; no segundo, além dos citados, gás metano (CH_4) e ácido sulfídrico (H_2S), um gás malcheiroso e muito perigoso. Os microrganismos adaptam-se melhor em ambientes nem muito ácidos nem muito alcalinos, ou seja, dentro de um pequeno intervalo em torno de um ambiente neutro (pH ± 7).

5.3 RESÍDUOS PERIGOSOS

Resíduos perigosos "são substâncias, soluções, misturas ou artigos que contêm ou estão contaminados por um ou mais produtos perigosos, para os quais não há um uso direto, mas são transportados para fins de disposição final, reciclagem, reprocessamento, coprocessamento, eliminação por incineração ou outro método de disposição".[8] A periculosidade do resíduo decorre de suas propriedades físicas, químicas ou infectocontagiosas, a saber: inflamabilidade, corrosividade, reatividade, toxicidade e patogenicidade, podendo apresentar riscos: (1) à saúde pública, provocando mortalidade, incidência de doenças ou acentuando a sua ocorrência; e (2) ao meio ambiente se gerenciado inadequadamente.[9] A norma ABNT NBR 10004 define três classes de resíduos segundo sua periculosidade e apresenta um esquema para classificá-los, como mostra o Quadro 5.1. A norma técnica supracitada não inclui a radioatividade como característica de perigosidade de resíduos, um assunto regulamentado exclusivamente pelo CNEN. Listas de resíduos perigosos e de substâncias que conferem periculosidade aos resíduos constam nos anexos da ABNT NBR 10004, como os citados no esquema do Quadro 5.1.

---

8 ABNT NBR 7501: 2011, definição 3.106.

9 ABNT NBR 10004:2004, definição 3.2.

Quadro 5.1 – Classificação de resíduos sólidos quanto a sua periculosidade

Classe	Definição	Esquema para classificação de resíduo
Classe I: Perigosos	Resíduos que apresentam periculosidade conforme definido anteriormente, ou uma das seguintes características: inflamabilidade, corrosividade, reatividade, toxicidade e patogenicidade. Ou que constem nos anexos A e B, respectivamente, resíduos perigosos de fontes específicas e não específicas.	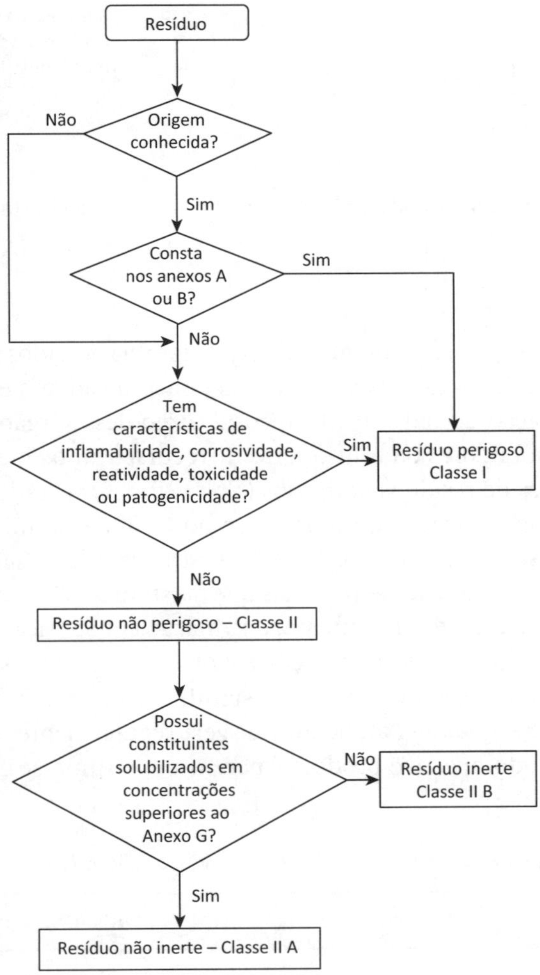
Classe II A: Não perigosos – não inertes	Resíduos que não se enquadram como Classe I ou Classe II-B, mas podem ter propriedades como biodegradabilidade, combustibilidade ou solubilidade em água.	
Classe II B: Não perigosos – inertes	Não se enquadram nas duas classes anteriores. São resíduos que submetidos a um contato dinâmico e estático com a água destilada ou desionizada, à temperatura ambiente, não apresentam constituintes solubilizados a concentrações superiores aos padrões de potabilidade de água, excetuando-se aspecto, cor, turbidez, dureza e sabor, conforme o Anexo G.	

Fonte: ABNT NBR 10004:2004.

A Lista Brasileira de Resíduos Sólidos (LBRS), publicada pelo Ibama, é a fonte oficial de identificação obrigatória de resíduos em documentos, declarações e inventários concernentes à implementação da gestão de resíduos consoante à PNRS.[10] Ela classifica os resíduos pelos processos ou atividades que os gera e identifica-os com um código de seis dígitos conforme o esquema da Figura 5.2a e o exemplificado na Figura 5.2b.

[10] IBAMA, Instrução Normativa 13 de 2012.

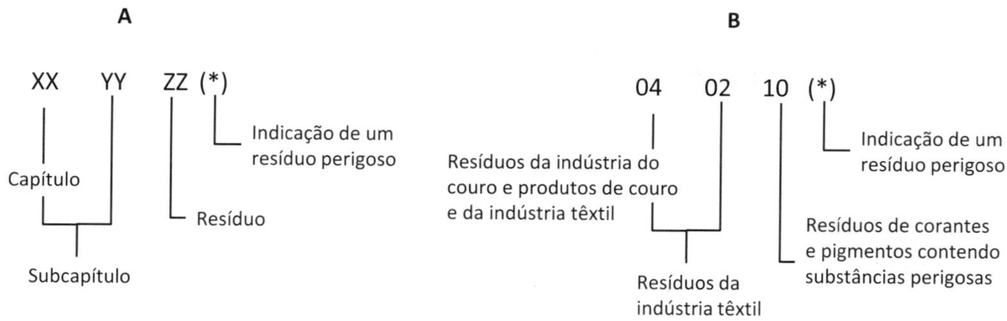

Figura 5.2 – Codificação de resíduos sólidos: esquema (a) e exemplo (b).

Fonte: LBRS.

A LBRS contém os 20 capítulos relacionados no Quadro 5.2, cada qual com números variados de subcapítulos. Ela visa a subsidiar a efetivação da PNRS, auxiliando a elaboração de cadastros técnicos a cargo desse órgão, como o de atividades potencialmente poluidoras ou utilizadoras de recursos ambientais (CTF/APP) e o cadastro de operadores de resíduos perigosos (CNORP).[11] Os geradores e operadores de resíduos perigosos são obrigados a inscrever-se no CNORP, administrado pelo Ibama. Para isso, devem estar inscritos no CTF/APP. Esses operadores são pessoas jurídicas, portanto, organizações públicas ou privadas que prestam serviços de coleta, transporte, transbordo, armazenamento, tratamento, destinação e disposição final de resíduos ou rejeitos perigosos, ou que prestam serviços envolvendo operações com produtos que possam gerar resíduos perigosos com risco significativo, a critério do órgão ambiental competente.[12] Ou seja, qualquer atividade que gere regularmente resíduos perigosos é potencialmente poluidora; e, se o produto é perigoso, presume-se que o seu resíduo também o seja.

Quadro 5.2 – Lista Brasileira de Resíduos Sólidos (LBRS) – Capítulos

Título do Capítulo
01 – Resíduos da prospecção e exploração de minas e pedreiras, bem como de tratamentos físicos e químicos das matérias extraídas.
02 – Resíduos da agricultura, horticultura, aquicultura, silvicultura, caça e pesca, e da preparação e processamento de produtos alimentares.
03 – Resíduos do processamento de madeira e da fabricação de painéis, mobiliário, papel e celulose.
04 – Resíduos da indústria do couro e produtos de couro e da indústria têxtil.

(*continua*)

[11] IBAMA, Instrução Normativa 13 de 2012.

[12] IBAMA, Instrução Normativa 01 de 2013.

Quadro 5.2 – Lista Brasileira de Resíduos Sólidos (LBRS) – Capítulos (*continuação*)

Título do Capítulo
05 – Resíduos da refinação de petróleo, da purificação de gás natural e do tratamento pirolítico do carvão.
06 – Resíduos de processos químicos inorgânicos.
07 – Resíduos de processos químicos orgânicos.
08 – Resíduos da fabricação, formulação, distribuição e utilização de revestimentos (tintas, vernizes e esmaltes vítreos), colas, vedantes e tintas de impressão.
09 – Resíduos da indústria fotográfica.
10 – Resíduos de processos térmicos.
11 – Resíduos de tratamentos químicos e revestimentos de metais e outros materiais; resíduos da hidrometalurgia de metais não ferrosos.
12 – Resíduos da moldagem e do tratamento físico e mecânico de superfície de metais e plásticos.
13 – Óleos usados e resíduos de combustíveis líquidos (exceto óleos alimentares e capítulos 05, 12 e 19).
14 – Resíduos de solventes, fluidos de refrigeração e gases propulsores orgânicos (exceto os capítulos 07 e 08).
15 – Resíduos de embalagens; absorventes, panos de limpeza, materiais filtrantes e vestuário de proteção não anteriormente especificados.
16 – Resíduos não especificados em outros capítulos da Lista Brasileira de Resíduos Sólidos.
17 – Resíduos de construção e demolição, incluindo solos escavados de locais contaminados (RCC).
18 – Resíduos dos serviços de saúde (RSS)
19 – Resíduos de instalações de gestão de resíduos, de estações de tratamento de águas residuais e da preparação de água para consumo humano e água para consumo industrial;
20 – Resíduos sólidos urbanos e equiparados (resíduos domésticos, do comércio, indústria e serviços), incluindo as frações provenientes da coleta seletiva.

Fonte: IBAMA, Instrução Normativa 13 de 2012.

A Organização das Nações Unidas (ONU), por meio de suas agências, criou listas próprias de produtos e resíduos perigosos para instrumentalizar acordos internacionais relacionados a eles. É o caso da lista de características que conferem periculosidade aos resíduos do Anexo III da Convenção de Basileia sobre o Controle de

Movimentos Transfronteiriços de Resíduos Perigosos e seu Depósito,[13] adotada por 188 estados-membros em 2021. Uma lista nominal de produtos e substâncias perigosas banidas ou de uso restrito encontra-se no Anexo III da Convenção de Roterdã sobre o Procedimento de Consentimento Prévio Informado Aplicado a Certos Defensivos Agrícola e Substâncias Químicas Perigosas Objetos de Comércio Internacional.[14] A Convenção de Estocolmo sobre Poluentes Orgânicos Persistentes (POPs) apresenta três listas: (1) produtos banidos no Anexo A; (2) produtos de uso restrito no Anexo B; e (3) produtos gerados e lançados não intencionalmente por fontes antrópicas no Anexo C, como fornos de cimentos, incineradores de resíduos, processamento secundário de alumínio e zinco, termoelétricas movidas a combustível fóssil.[15]

As convenções mencionadas foram adotadas no Brasil, de modo que as suas listas também foram internalizadas no quadro regulatório brasileiro. Essas listas se influenciam mutuamente e não poderiam ser diferentes, pois as atividades ou os processos geradores desses resíduos acompanham a difusão internacional de inovações. As listas são atualizadas constantemente devido ao surgimento de novos resíduos, como resultado das inovações, inclusive os não intencionais, como mostrado no Capítulo 1.

5.3.1 ARMAZENAGEM DE RESÍDUOS PERIGOSOS

A armazenagem é uma retenção temporária do resíduo em área autorizada pelo órgão ambiental, à espera de reciclagem, recuperação, tratamento ou disposição final adequada em condições básicas de segurança (Figura 5.3). Nenhum resíduo pode ser armazenado sem análise prévia de suas propriedades físicas e químicas, pois disso depende a sua caracterização como perigoso ou não, e o seu armazenamento adequado. O acondicionamento dos resíduos pode ser feito em containers, tambores, tanques ou a granel. Os resíduos devem ser armazenados de modo a não se alterar a sua classificação. Em seu local de armazenamento, o resíduo deve estar devidamente identificado, com sua classificação exposta de forma visível. Esses locais devem ser aprovados pelo órgão ambiental competente,[16] ou seja, deve passar por um processo de licenciamento de acordo com a legislação ambiental vigente.

---

13 Veja Convenção e seus anexos em: <http://www.basel.int/TheConvention/Overview/TextoftheConvention>.

14 Veja Convenção e produtos sujeitos a consentimento prévio em: <www.pic.int>.

15 Ver Convenção e lista de produtos em: <https://www.pops.int>.

16 ABNT NBR 12235:1992.

Figura 5.3 – Armazenamento temporário de resíduos.

A escolha da área de armazenamento de resíduos perigosos (Classe I) requer atenção especial para minimizar a contaminação ambiental e a alteração da ecologia da região. A área deve obedecer ao zoneamento da região e observar as distâncias indicadas pela legislação vigente quanto aos mananciais hídricos, lençóis freáticos e outras condições físicas do terreno, incluindo riscos potenciais de desastres naturais. Deve ainda observar distâncias de núcleos habitacionais, logradouros públicos, rede viária e atividades industriais, conforme indicadas pela legislação. Os resíduos incompatíveis, ou seja, aqueles que misturados provocam fogo, explosão, gases tóxicos e outros efeitos indesejáveis, não devem ser colocados em contato uns com os outros. A área de armazenamento deve possuir um sistema de isolamento que impeça o acesso de pessoas estranhas, com sinalização de segurança identificando os riscos associados ao local. Os acessos, internos e externos, devem ser protegidos e mantidos para que possa ser utilizado sob qualquer condição climática.[17]

Conforme as características de periculosidade dos resíduos, a área de armazenamento deve possuir equipamentos para controle da poluição ou tratamento de efluente; ser coberta, bem ventilada; estar sobre uma base de concreto ou outro material que impeça a transferência do *lixiviado* (mistura das substâncias removidas dos resíduos em meio líquido) e do *percolado* (líquidos que atravessam meios porosos) para o solo e as águas subterrâneas. Deve, ainda, possuir bacias de contenção se os resíduos estiverem acondicionados em contêineres ou tambores. Para cada área, é preciso designar um funcionário e seu substituto, com condições de coordenar qualquer medida de emergência que se fizer necessária. Para isso, deve haver um plano de emergência, contendo:

1) informações de possíveis acidentes e das ações a serem tomadas;
2) indicação do coordenador e seu substituto, com endereços atualizados; e
3) lista de todos os equipamentos de segurança na área, suas localizações e descrições do tipo e capacidade.[18]

[17] ABNT NBR 12235:1992.

[18] ABNT NBR 12235:1992.

O armazenamento de resíduos Classe II, não perigosos, é menos rigoroso do que o da Classe I, mas não menos exigente em termos de providências para impedir alterações de sua classificação e minimizar o risco de contaminação do meio ambiente. A escolha da área também deve considerar o uso do solo, a topografia, a geologia, os recursos hídricos, a meteorologia. Também deve ser aprovado pelo órgão ambiental competente. Esses resíduos não devem ser armazenados junto com os da Classe I. A área de armazenamento deve ser isolada para impedir o acesso de pessoas estranhas; os resíduos devem ser identificados e, conforme suas características, deve conter equipamentos de controle da poluição.[19] As providências concernentes à segurança e à emergência são menores do que para a Classe I, mas não dispensadas.

5.3.2 EMBALAGEM E TRANSPORTE

Para efeito de transporte terrestre, os resíduos perigosos, assim como qualquer produto perigoso, são classificados conforme a classe de risco envolvido (Quadro 5.3), sendo que a ordem numérica das classes nada tem a ver com o grau de risco apresentado pelo produto ou resíduo. A classificação deve ser feita pelo seu fabricante ou expedidor, este orientado pelo fabricante, ou pela autoridade competente quando aplicável.[20] As classes de risco e as exigências em torno delas baseiam-se no modelo de regulamentação denominado *Orange Book*, elaborado por uma comissão de especialistas em transporte de produtos perigosos convocada pelo Conselho Econômico e Social das Nações Unidas (ECOSOC) e pela Comissão Econômica das Nações Unidas para a Europa (UNECE). Como esse modelo é adotado em praticamente todos os países, as regras que regem o acondicionamento e o transporte terrestre de produtos e resíduos perigosos estão harmonizadas mundialmente.[21]

[19] ABNT NBR 11174:1990.

[20] ANTT, Resolução 5.998/2022.

[21] Sistema Globalmente Harmonizado de Classificação e Rotulagem de Produtos Químicos.

Quadro 5.3 – Classes e subclasses de produtos perigosos, incluindo substâncias e misturas

Classe de risco		Subclasse	
1	Explosivos	1.1	Substâncias e artigos com risco de explosão em massa.
		1.2	Substâncias e artigos com risco de projeção, mas sem risco de explosão em massa.
		1.3	Substâncias e artigos com risco de fogo e com pequeno risco de explosão ou de projeção, ou ambos, mas sem risco de explosão em massa.
		1.4	Substâncias e artigos que não apresentam risco significativo.
		1.5	Substâncias muito insensíveis, com risco de explosão em massa.
		1.6	Artigos extremamente insensíveis, sem risco de explosão em massa.
2	Gases	2.1	Gases inflamáveis.
		2.2	Gases não inflamáveis e não tóxicos.
		2.3	Gases tóxicos.
3	Líquidos inflamáveis		
4	Sólidos inflamáveis	4.1	Sólidos inflamáveis, substâncias autorreagentes e explosivos sólidos insensibilizados.
		4.2	Substâncias sujeitas a combustão espontânea.
		4.3	Substâncias que, em contato com a água, emitem gases inflamáveis.
5	Substâncias oxidantes e peróxidos orgânicos	5.1	Substâncias oxidantes.
		5.2	Peróxidos orgânicos.
6	Substâncias tóxicas e infectantes	6.1	Substâncias tóxicas.
		6.2	Substâncias infectantes.
7	Material radioativo		
8	Substâncias corrosivas		
9	Substâncias e artigos perigosos diversos, incluindo os que apresentem risco ao meio ambiente		

Fonte: ANTT, Resolução 5.998/2022.

Os produtos e os resíduos perigosos devem ser transportados de acordo com as exigências aplicáveis à sua classe de risco. Os resíduos não enquadrados em nenhuma das classes de 1 a 8 do Quadro 5.3 podem ser inclusos na Classe 9. Nessa classe foram inclusas as baterias e pilhas de lítio, amianto, bifenilas policloradas, nitrato de amônio e dióxido de carbono. Este último é um componente da atmosfera e não se enquadra nos critérios de periculosidade; porém, sendo um gás de efeito estufa, demanda cuidados especiais em seu transporte, para não aumentar ainda mais a sua concentração na atmosfera.

Também são enquadrados na Classe 9 os resíduos elencados na Convenção de Basileia, comentada anteriormente. Essa Convenção estabelece que os países que a aderirem podem proibir a importação de resíduos, perigosos ou não, devendo, para isso, informar os demais países signatários.[22] O comércio internacional de resíduos pode ocorrer entre esses países desde que haja consentimento prévio e informado entre eles e seja feito mediante mecanismos de controle para evitar danos à saúde e ao meio ambiente. Esse comércio é muito ativo, pois os resíduos gerados em certos países, inclusive perigosos, podem servir de insumos para as empresas de outros países.

A Convenção de Basileia busca disciplinar a exportação de resíduos dos países ricos aos países pobres, para que aqueles se esforcem para dar conta internamente dos seus resíduos e deixem de enviá-los para fora de seus territórios, abominável prática conhecida como "não no meu quintal" (*not in my backyard*). Baseando-se na Convenção de Basileia, vários países proibiram a exportação de resíduos perigosos, enquanto outros proibiram a importação. Em 2019, entrou em vigência uma emenda à Convenção, estabelecendo que os países da OCDE e da Comunidade Europeia não podem exportar para os demais países resíduos perigosos destinados às operações para recuperar recursos, reciclar, regenerar, reutilizar diretamente, entre outros usos.[23] No Brasil, é proibida a importação de resíduos sólidos perigosos e rejeitos, bem como de resíduos sólidos cujas características causem danos ao meio ambiente, à saúde pública e animal e à sanidade vegetal, mesmo que sejam para tratamento, reforma, reúso, reutilização ou recuperação.[24]

5.3.3 NÚMERO ONU

Os produtos e resíduos perigosos são alocados a números ONU e a nomes apropriados para embarque e rotulagem, de acordo com sua classe de risco e composição. Cada número ONU remete o produto a exigências específicas, como quantidade máxima por veículo, instruções para embarque e desembarque, ações de emergências, e a grupos específicos de embalagem (tanque, tambor, bombona, lata, caixa, saco, contêiner, contentores intermediários para granéis etc.), conforme o risco seja elevado

22 Disponível em: <http://www.basel.int/TheConvention/Overview/TextoftheConvention>.

23 Convenção de Basileia, Art. 4ª e Anexo IV.

24 BRASIL, Lei 12.305 de 2010, art. 49.

(grupo I), médio (grupo II) ou baixo (grupo III). Todos os grupos devem atender, além de requisitos e métodos gerais de ensaio (de queda, estanqueidade, pressão interna, resistência a empilhamento etc.), aos requisitos específicos estabelecidos em normas técnicas e regulamentos técnicos expedidos por órgãos públicos competentes. Esses requisitos especificam os materiais das embalagens e suas características dimensionais (massa, espessura, densidade, resistência, tenacidade), os procedimentos operacionais (cravação, selagem, costura, vedação etc.) e os dispositivos construtivos (corpo, tampa, fecho, lacre).[25]

As exigências diferenciadas por grupo de embalagem constantes em regulamentos e normas técnicas visam a torná-las tanto mais robustas quanto mais perigosos os produtos ou resíduos a serem embalados, o que tende a aumentar os custos e, portanto, seus preços, e, assim, estimular a busca de soluções inovadoras que atendam às exigências sem acrescentar custos excessivos. Um exemplo é a lata de 18 litros para produtos perigosos lançada pela Brasilata S.A., tradicional empresa brasileira do setor de embalagens de lata de aço. Essa empresa desenvolveu uma solução construtiva inovadora aplicada ao corpo da lata que permitiu reduzir a espessura da folha de aço e, com isso, o custo de produção e frete, mantendo todas as exigências regulamentares que a tornam segura para embalar produtos perigosos.[26] As embalagens dos grupos I e II, alto e médio risco, respectivamente, estão sujeitas à avaliação de conformidade compulsória, segundo regulamentos do Instituto Nacional de Metrologia, Qualidade e Tecnologia (Inmetro).

A identificação do conteúdo embalado é feita por meio de duas sinalizações: (1) um rótulo de risco com o símbolo e o número da classe e subclasse de risco; e (2) um painel de segurança com o número ONU, com quatro algarismos, e o número do risco, com até três, que indica a natureza e a intensidade do risco. Exemplo: o número 3 indica líquidos e gases inflamáveis ou sujeitos a autoaquecimento; o 33 indica líquidos altamente inflamáveis; o 336, líquidos altamente inflamáveis e tóxicos. As Figuras 5.4a e 5.4b apresentam, respectivamente, o rótulo de risco e o painel de segurança para bifenila policlorada, os quais devem constar nas embalagens e nos veículos de transporte.

Figura 5.4 – Rótulo de risco e painel de segurança: nitrato de amônio.

Fonte: ANTT, Resolução 5.998/202 e ABNT NBR 7500.

25 ANTT, Resolução 5.232 de 2016.

26 Brasilata S.A. <https://www.brasilata.com.br/especificacoes/lata-18-litros/>. Acesso em 30/06/2023.

5.3.4 TRATAMENTO DE RESÍDUOS PERIGOSOS

Esses resíduos devem ser tratados antes da sua disposição final, para modificar-se as características que lhes conferem periculosidade e reduzir-se o seu tamanho, a fim de facilitar a disposição final e torná-la menos dispendiosa. A escolha da técnica de tratamento depende de vários fatores, como tipo do resíduo, classe de risco, estado, volume, composição e teor de humidade. Há duas técnicas básicas de tratamento: técnicas baseadas em processos químicos; e em processos físicos, mecânicos ou térmicos. Um exemplo da primeira é a desinfecção do resíduo por meio de substâncias químicas, como formaldeído ou óxido de etileno, gases com propriedades bactericidas apropriados para tratar resíduos contaminados por microrganismos provenientes dos serviços de saúde. Centrifugação, filtração e prensagem são exemplos de processos mecânicos usados para a redução do volume de resíduos com elevado teor de umidade, como as borras e os lodos de tratamento de efluentes, lavagem de gases e outros resíduos semissólidos.

A autoclave e o micro-onda são exemplos de técnicas de tratamento térmico de resíduos em baixa temperatura. A *autoclave*, antiga conhecida do setor de saúde e usada para esterilizar instrumentos médicos e odontológicos. Ela trata os resíduos por meio de vapor aquecido entre 100 e 200 °C em alta pressão. É uma panela de pressão que não solta o vapor do seu interior. É fabricada em diversos tamanhos, fontes de aquecimento e disposições construtivas, o que facilita a sua acomodação em qualquer tipo de recinto. É apropriada para tratar resíduos sólidos miúdos, orgânicos ou não, contaminados por patógenos. O forno de micro-ondas usa ondas eletromagnéticas de alta frequência para aquecer o resíduo e eliminar microrganismos. Em geral, usa-se um triturador acoplado para transformar os resíduos em grãos, a fim de aumentar a sua exposição às ondas. O micro-ondas reduz o volume dos resíduos tratados; a autoclave, não. Esta gera efluentes; aquela, particulados e gases. Em qualquer caso, esses resíduos secundários precisam ser controlados e tratados.

A incineração, um dos processos mais usados de tratamento térmico, destrói os resíduos de qualquer tipo e estado da matéria por meio de combustão (oxidação a alta temperatura, entre 800 e 1.200 °C), o que elimina completamente os agentes biológicos patogênicos e reduz substancialmente a massa e o volume dos resíduos. O *incinerador* é um conjunto de equipamentos que forma um sistema de tratamento térmico constituído pelos seguintes componentes: (1) equipamentos para preparar os resíduos (triagem, moenda, fragmentador, secador, misturador etc.), a fim de facilitar a queima e evitar a combustão incompleta; (2) câmaras de combustão, os componentes principais nos quais os resíduos são queimados, bem como os gases resultantes da queima; (3) equipamentos para capturar os poluentes gerados, como filtros, precipitadores, lavadores de gases, pós-queimadores; (4) caldeira, turbina, gerador e outros equipamentos para recuperar a energia dos resíduos e gerar energia elétrica ou vapor. Esses componentes são produzidos pela indústria de bens de capital, em geral sob encomenda do gerador de resíduos, pois devem ser compatíveis com os resíduos que serão incinerados.

Figura 5.5 – (a) autoclave, (b) forno micro-ondas e (c) incinerador de resíduos industrial.

Fonte: (a) e (b) iStock; (c) Wikimedia commons public domain. Industrial Waste Incinerator With Reliable Quality And Technical Service.

A incineração ideal produziria apenas água, CO_2 e cinzas, os dois primeiros devido à combustão de materiais orgânicos, e esta última, à presença de materiais incombustíveis.[27] Contudo, além desses três, a incineração de resíduos produz diversos poluentes, como materiais particulados, SO_2, NO_x, e compostos orgânicos perigosos, como furanos e dioxinas, produtos da combustão de resíduos contendo cloro em sua composição. A geração de poluentes depende da eficiência: (1) da triagem para retirar materiais incombustíveis, como vidros e metais; (2) da preparação do resíduo para reduzir a umidade e o tamanho das partículas; e (3) da condução do processo de combustão, por exemplo, controle da entrada de resíduos, do teor de oxigênio, da movimentação dos resíduos no interior da câmara de combustão (turbulência) e do tempo de residência do resíduo na câmara.

As cinzas leves que acompanham os gases da combustão, denominadas *cinzas volantes*, podem apresentar características de periculosidade, tanto pelas suas propriedades intrínsecas, por exemplo, constituídas por metais pesados, quanto pelas suas dimensões diminutas, que as tornam inaláveis, como os particulados MP10 e MP2,5. Essas cinzas devem ser capturadas por equipamentos de controle da poluição do ar, como os mencionados no Capítulo 4, tratadas e encaminhadas aos aterros industriais, caso sejam resíduos Classe I, conforme a NBR 14004. Os da Classe II podem ser encaminhados a aterros dessa classe ou utilizados, por exemplo, em misturas com materiais de pavimentação.

As cinzas de fundo ou escórias, aquelas mais pesadas que se acumulam nos fundos das câmeras de combustão, são compostas basicamente por vidros, metais, óxidos metálicos e cerâmicas. Na incineração de resíduos sólidos urbanos, essas cinzas são, em geral, enquadradas como resíduos Classe II-inerte e representam um percentual não desprezível da massa total dos resíduos incinerados, cerca de 10%, dependendo da sua composição. Encontrar aplicações a essas cinzas tem sido um desafio, uma vez que a incineração desses resíduos vem crescendo no mundo todo. No entanto, se elas

27 IPT; CEMPRE, 2000, p. 214.

apresentarem características de periculosidade, devem ser encaminhadas aos aterros industriais de resíduos Classe I. Além dos gases e das cinzas, os incineradores também geram resíduos semissólidos na forma de lama, devido ao processo de lavagem de gases e o carregamento de cinzas pelas águas, resultantes da combustão.[28]

Os sistemas de tratamento e disposição de resíduos de qualquer origem devem ser licenciados pelo órgão ambiental competente. A norma técnica ABNT NBR 11175 estabelece padrões de desempenho do incinerador, a começar pela compatibilidade dos resíduos ao equipamento. O incinerador não pode receber qualquer resíduo, apenas os indicados no processo de licenciamento, quando a compatibilidade é analisada. Essa norma estabelece padrões de emissão para diversas substâncias típicas da incineração, como ácido clorídrico, ácido fluorídrico, óxidos de enxofre, óxido de nitrogênio, material particulado total e por tipo de componente, como arsênio, cádmio, cobalto, mercúrio. Ela estabelece como requisito a queima experimental antes de o incinerador entrar em operação normal, ou quando for incinerar resíduos não especificados no licenciamento. E ele deve comprovar em testes de queima uma Eficiência de Destruição e Remoção de 99,99% para os compostos de queima difícil, e de 99,999% para bifenilas policloradas e dioxinas,[29] eficiência muito próxima do inalcançável 100%.

Há outros sistemas de tratamento térmico, como a pirólise e a tocha de plasma. A primeira decompõe os resíduos em média e alta temperatura na ausência total ou parcial de oxigênio, tendo como resultado a formação de líquidos, gases e sólidos inorgânicos. Os resíduos não são destruídos como no incinerador, pois não há oxigênio suficiente para combustão, mas por um conjunto de reações químicas desencadeadas pelo calor em equipamentos especiais denominados *pirolisadores* ou *reatores pirolíticos*. É mais um processo de reaproveitamento de resíduos do que de tratamento visando à sua disposição final, ou seja, é uma tecnologia de recuperação de resíduos. O plasma, uma espécie de quarto estado da matéria (os outros três são: sólido, líquido e gasoso), é um gás que perdeu elétrons e ionizou-se ao ser submetido a alta temperatura, acima de 2.000 °C. A tocha ou maçarico de plasma é o equipamento que produz esse gás por meio de um arco elétrico e direciona-o para finalidades específicas, como corte em chapas de metal, soldagem e tratamento de resíduos orgânicos.

5.3.5 DISPOSIÇÃO FINAL

O *aterro industrial* é uma técnica de disposição final ambientalmente adequada de resíduos industriais perigosos (Classe I) depois de tratados para reduzir seu volume e periculosidade (Figura 5.6). Deve ser licenciado pelo órgão ambiental, o que significa atender aos requisitos legais a que está sujeito. O aterro industrial para resíduo Classe I é um local para confinar esses resíduos perigosos, dispondo-os no solo segundo procedimentos específicos de engenharia, a fim de não causar danos ou riscos à saúde

---

[28] IPT, CEMPRE, 2000.

[29] ABNT NBR 11175:1990, confirmada em 08/04/21.

pública e minimizar os impactos ambientais. A norma ABNT NBR 10157 estabelece as condições mínimas exigíveis para projetar, construir e operar um aterro industrial para essa classe de resíduo. O aterro deve ser projetado de modo a proteger adequadamente os corpos de água superficiais e subterrâneos próximos, os operadores do aterro e as populações vizinhas. Essa preocupação começa com a escolha do local a ser instalado o aterro industrial, uma etapa crucial do projeto.

Figura 5.6 – Aterros industriais.

O local adequado ao aterro industrial depende da combinação de vários fatores, como topografia que influencia os métodos construtivos e as necessidades de terraplanagem, sendo recomendável local com declive superior a 1% e inferior a 20%; geologia e tipos de solos que determinam a sua capacidade de depuração e a velocidade de infiltração; distância mínima de 200 metros de qualquer coleção hídrica ou curso de água, ou outra distância a critério do órgão ambiental competente; distância mínima de núcleos habitacionais, sendo recomendável que seja superior a 500 metros; tamanho compatível com uma vida útil mínima de 10 anos.[30]

Um componente essencial do aterro é a impermeabilização do solo, que consiste na deposição de camadas de materiais artificiais ou naturais para impedir ou reduzir substancialmente a infiltração dos líquidos percolados no solo, aqueles que atravessam um meio poroso, no caso, a massa de resíduos depositados. A camada impermeabilizante deve ser construída com materiais de propriedades químicas compatíveis com o resíduo, com suficiente espessura e resistência para evitar rupturas decorrentes: (1) das pressões hidrostáticas e hidrogeológicas; (2) do contato físico com o líquido percolado e os resíduos; (3) das condições climáticas; e (4) das tensões da própria impermeabilização e das operações diárias do aterro. Essa camada deve cobrir toda a área do fundo do aterro, de modo que o resíduo e o líquido percolado não entrem em contato com o solo natural. Deve contar com dispositivos para detectar vazamentos, a fim de impedir ou reduzir a infiltração do percolado no solo. Para evitar a acumulação de percolado, o aterro deve possuir um sistema de drenagem instalado imediatamente acima da camada impermeabilizante, para coletá-lo e removê-lo do aterro.[31]

30 ABNT NBR 10157: 1987, confirmada em 2018.

31 Idem.

Os sistemas de drenagem são componentes essenciais do aterro, pois garantem a integridade dos resíduos e a segurança do próprio aterro e das suas operações. São eles: rede de drenagem superficial para captar e desviar as águas de escoamento superficial das áreas externas e internas do aterro, incluindo as chuvas, para que não entrem no aterro; rede subsuperficial para captar e remover o líquido percolado para tratá-lo antes de ser lançado em corpos de água; rede para drenar gases. Os gases que podem ser liberados dos aterros devem ser monitorados. O aterro deve contemplar os seguintes planos:

- plano de emergência: define as ações a serem tomadas no caso de emergência (fogo, explosão, derramamentos, liberação de gases tóxicos etc.), descreve os equipamentos de segurança a serem instalados e a pessoa responsável pela coordenação das ações de emergência;
- plano de inspeção e manutenção preventiva: descreve as atividades rotineiras necessárias a promover uma manutenção adequada da instalação, devendo incluir os problemas que devem ser observados durante a inspeção (bombas inoperantes, erosão nos diques, drenos entupidos etc.) e a frequência da inspeção, levando em conta a probabilidade de falha do equipamento.
- plano rotineiro de amostragem e análise de resíduos: descreve os parâmetros que serão analisados em cada resíduo, justificando para cada um o método de amostragem e de análise, e ensaios a serem utilizados, a frequência de análise, as características de periculosidade e a incompatibilidade com outros resíduos;
- plano de fechamento: descreve os procedimentos a serem realizados por ocasião do encerramento do aterro, como: medidas para promover a desativação, operações de manutenção a serem observadas após o fechamento, estimativas da qualidade e da quantidade dos resíduos dispostos até a data do fechamento, usos do local após o término das operações.[32]

Uma vez instalado, o aterro somente poderá receber resíduos previamente analisados, pois eles determinam as operações de manuseio e disposição mais apropriadas às suas propriedades físicas e químicas. Resíduos inflamáveis ou reativos somente podem ser aceitos após tratamento prévio (neutralização, diluição, absorção etc.) capaz de eliminar essas características de periculosidade. Devem ser segregados os resíduos que, misturados, provoquem fogo, liberem gases tóxicos, facilitem a lixiviação de substâncias tóxicas ou gerem quaisquer outros efeitos indesejáveis. A disposição das embalagens vazias no aterro deve ser reduzida ao mínimo possível; quando íntegras, os resíduos não podem ultrapassar 90% de sua capacidade.[33]

As condições mínimas exigíveis aos aterros industriais para resíduos sólidos não perigosos, Classe II, estabelecidas pela norma ABNT NBR 13896, são semelhantes às do aterro Classe I, apenas com menos rigor – por exemplo, a declividade do terreno

---

32 ABNT NBR 10157:1987, confirmada em 2018.

33 ABNT NBR 10157:1987, confirmada em 2018.

pode variar de 1 a 30%. Deve ter os mesmos planos citados, os mesmos sistemas de drenos e as mesmas condições operacionais gerais, apenas com menos detalhamento. Esse aterro somente pode receber resíduos previamente analisados, segregar resíduos incompatíveis e manter um plano rotineiro de amostragem para analisar os resíduos recebidos. Não deve aceitar resíduos inflamáveis, reativos ou que contenham líquidos livres, aqueles que escoam de filtros de tintas. A disposição das embalagens vazias e íntegras é a mesma para o aterro da Classe I.[34]

5.4 RESÍDUOS SÓLIDOS URBANOS (RSU)

Os RSU são constituídos pelos resíduos domésticos, de limpeza pública e do pequeno comércio e serviço que não excedam a quantidade estabelecida pela autoridade municipal. Os resíduos industriais e os RSS se encontram concentrados por tipo e local de geração (fábricas, hospitais, laboratórios etc.), enquanto os RSU, particularmente os domésticos, envolvem uma variedade de tipos gerados nas residências das pessoas espalhadas pela área urbana. A responsabilidade pela gestão daqueles resíduos é dos seus geradores; a dos RSU, das autoridades municipais, por meio dos serviços públicos de limpeza urbana e de manejo de resíduos sólidos. A responsabilidade do gerador domiciliar cessa com a disponibilização adequada dos resíduos para a coleta pública, como dispor o resíduo embalado na calçada em dia e hora preestabelecidos pela prefeitura. A gestão dos RSU é parte integrante dos serviços de saneamento básico, que se realizam pela disponibilização e manutenção de infraestruturas e instalações operacionais e pelas atividades de coleta, varrição, asseio e conservação urbana, transporte, transbordo, tratamento e destinação final ambientalmente adequada dos resíduos sólidos.[35]

Como qualquer tipo de resíduo sólido, os RSU também estão sujeitos às prioridades mencionadas anteriormente. Ou seja, a ordem de prioridade começa com a não geração e termina com a disposição final ambientalmente adequada. Diante dos resíduos gerados, aqueles que não podem ser evitados, as providências de gestão se deslocam para o reaproveitamento e a reciclagem. Essas prioridades são particularmente influenciadas pela sensibilização e conscientização da população frente aos problemas dos resíduos, que a levam a segregar os resíduos em suas próprias residências, para fins de coleta seletiva, aquela que "remove os resíduos previamente separados pelo gerador, como papéis, latas, vidros e outros".[36]

As atividades operacionais básicas da gestão a cargo da municipalidade, realizadas diretamente ou por terceiros, são: coleta dos resíduos, transbordo, se for o caso; triagem, tratamento biológico ou térmico e disposição final em aterro sanitário. A coleta de resíduos indiferenciados, aquela em que não são separados os resíduos potencialmente reaproveitáveis, deve ser encaminhada a uma unidade ou usina de tria-

---

34 ABNT NBR 13896:1997, confirmada em 2017 e ABNT NBR 12988:1993, confirmada em 2017.

35 BRASIL, Lei 11.445 de 2007. Art. 3º e Lei 12.305 de 2010, art. 28.

36 ABNT NBR 12980:1993.

gem (Figura 5.7), em geral um galpão no qual os resíduos secos são descarregados, a fim de se separarem os reaproveitáveis contidos na massa coletada por sua composição, particularmente vidro, metal, papel, papelão, plásticos.

A triagem também separa os resíduos perigosos contidos na massa coletada, como tinta, vernizes, inseticidas, óleos lubrificantes, frascos de aerossóis, recipientes com restos de combustível, medicamentos vencidos. Os resíduos domésticos são tipicamente não perigosos, Classe II, conforme a NBR 10004, embora alguns sejam não inertes, Classe II B, e apresentem características de inflamabilidade, corrosividade, solubilidade em água ou outra que possa comprometer a disposição final, o que recomenda separá-los dos demais. Os produtos perigosos de uso doméstico (inseticidas, removedores, desengraxantes, soda cáustica etc.) e seus resíduos devem ser separados do fluxo de resíduos comuns para serem tratados e dispostos como resíduos perigosos, Classe I.

A triagem pode ser feita manualmente e, assim, gerar emprego e renda para pessoas que, antes, viviam catando material nos lixões, ou para catadores de material reciclado retirado das ruas (Figura 5.7a). Essa solução é apropriada para pequenos volumes de resíduos, não mais do que dez toneladas por dia. Na triagem automática, os resíduos são retirados do fluxo indiferenciado por meio de processos físicos, como separadores magnéticos para metais ferrosos, sensores óticos para vidro, separação por densidade para plásticos, por sopro de ar para papel (Figura 5.7b). Essa é uma solução apropriada para grandes volumes de resíduos; entre uma e outra, há os sistemas mistos ou semiautomáticos.

Uma área técnica problemática é a separação automática de plásticos que deve ser feita por tipo de molécula, como politereftalato de etileno (PET), polietileno de alta (PEAD) e de baixa (PEBD) densidade, polipropileno (PP) e poliestireno (PE). A mistura de resíduos com moléculas diferentes compromete a qualidade do material reciclado, quando não o inviabiliza completamente. Outra área-problema são os resíduos compostos por mais de um material, por exemplo, as embalagens cartonadas, ou longa vida, constituídas de papel, polietileno e alumínio, como a embalagem *Tetra Brik*, uma inovação da empresa sueca Tetra Pak para embalar leite, sucos, refrigerantes, molhos e outros líquidos por meses, reduzindo a quantidade de conservantes.

Figura 5.7 – Triagens manual e automática: exemplos.

Da triagem, resultam, de um lado, os resíduos reaproveitáveis, e, do outro, os rejeitos a serem encaminhados à disposição final de modo seguro e ambientalmente adequado. Como todo equipamento separador, os de triagem também deixam passar alguma porção de resíduos reaproveitáveis para o lado dos rejeitos. Ou seja, não são 100% eficientes. Esse fato e as dificuldades mencionadas são os grandes gargalos das tecnologias de triagem automática e semiautomática, para as quais se voltam as atividades de P&D e de desenvolvimento de soluções novas ou melhoradas para separação de materiais sólidos de outros sólidos, como sensores de alto desempenho capazes de reconhecer diversos tipos de materiais ao mesmo tempo.

5.4.1 ATERRO SANITÁRIO

O *aterro sanitário* é uma técnica de disposição de RSU no solo, sem causar danos à saúde pública e à sua segurança, minimizando os impactos ambientais, que utiliza princípios de engenharia para confinar os resíduos sólidos à menor área possível e reduzi-los ao menor volume permissível, cobrindo-os com uma camada de terra na conclusão de cada jornada de trabalho, ou a intervalos menores, se necessário.[37] O resíduo enviado ao aterro é um rejeito, pois ou não há mais modos de reaproveitamento, ou assim foi considerado pelo gestor. A rigor, para o aterro, somente devem ser encaminhados os materiais que já não servem mais a nenhum propósito econômico, social e ambientalmente útil.

A norma ABNT NBR 8419 fornece as condições mínimas para se construir e operar um aterro sanitário de RSU, independentemente do seu porte. Sendo os RSU não perigosos, também são aplicáveis as considerações feitas para aterros de resíduos da classe II, comentadas na Seção 5.3.5. A base do aterro sanitário para RSU deve ser previamente preparada, impermeabilizada e monitorada o tempo todo para evitar vazamentos do percolado ao subsolo, que possam contaminar o lençol freático e os aquíferos.[38]

A impermeabilização pode ser feita com matérias naturais presentes no local escolhido, como argila, um tipo de rocha abundante na natureza com excelentes propriedades para esse fim, notadamente, plasticidade (capacidade de sofrer grandes deformações permanentes sem sofrer rupturas, fissuras ou variação de volume) e baixa permeabilidade, capacidade de oferecer muita resistência à passagem de um líquido pelos seus poros.[39] Se o local não apresentar essa condição, deve ser implantada uma camada impermeabilizante constituída de materiais com propriedades químicas compatíveis com os resíduos, com suficiente espessura e resistência para evitar rupturas decorrentes das pressões exercidas pela massa de resíduos, condições climáticas,

---

[37] ABNT NBR 8419:1992 e ABNT NBR 10157.

[38] ABNT NBR 13896:1997.

[39] ABNT NBR 10157 e ABNT NBR 6502:2022.

tensões da própria impermeabilização e das operações diárias do aterro, como descarregamento de rejeitos, nivelamento, compactação, cobertura diária.[40]

O desenvolvimento e a produção de geossintéticos, uma área de intenso desenvolvimento tecnológico, veio ao encontro das necessidades de prover impermeabilização e proteção eficientes aos aterros, sendo que sua adoção é uma ecoinovação, conforme definido no Capítulo 2 (Figura 5.8). *Geossintético* é um produto que tem ao menos um dos componentes produzido a partir de um polímero sintético (poliamida, polipropileno, polietileno etc.) ou natural (látex, celulose, lã etc.), sob a forma de manta, tira, rede, grade ou estrutura tridimensional, utilizado em contato com o solo ou outros materiais, em aplicações da engenharia geotécnica e civil.[41] Ou seja, tem vários usos, não apenas em aterros. Os vários tipos de geossintéticos (geogrelha, geomembrana, geotubo, geotêxtil etc.) são aplicáveis em aterros de resíduos em diversas funções, como drenagem, filtração, proteção de taludes, controle de erosão superficial, cobertura final, barreira para prevenir ou limitar a migração de percolados.[42] O uso desses materiais em aterros de qualquer tipo garante uma proteção muito eficiente ao meio ambiente, à saúde da população local e dos seus operadores.

Figura 5.8 – Aplicações de geossintéticos na construção de aterros – exemplos.

Um aterro sanitário contém diversos componentes ou subsistemas que proveem proteção ambiental, minimizando os impactos negativos da disposição de resíduos no solo. Entre eles, estão os sistemas de drenagens concebidos, construídos e operados (1) para impedir que as águas superficiais escoem para dentro do aterro; (2) para captar o lixiviado, a fim de submetê-lo a tratamento biológico, físico e químico semelhantemente ao do esgoto, antes de lançá-lo em algum corpo de água; e (3) para drenar os gases gerados pela decomposição anaeróbica da fração orgânica dos resíduos aterrados, basicamente metano (CH_4) e dióxido de carbono (CO_2), dois gases de efeito estufa.[43] O lixiviado ou chorume é um líquido que contém substâncias retiradas dos

[40] ABNT NBR 8419:1992 e ABNT NBR 10157.

[41] ABNT ISO NBR 10318-1:2018.

[42] IGS Brasil, 2016.

[43] Idem.

resíduos pela ação da sua própria umidade, pela água das chuvas e pela decomposição bacteriana dos materiais orgânicos. A captação de gases produzidos nos aterros para produção de energia constitui uma ampla área de ecoinovação, visando a aproveitar a fração orgânica dos rejeitos ao mesmo tempo que reduz a emissão de gases de efeito estufa por causas humanas.

Os resíduos são depositados sobre a camada impermeabilizante à medida que chegam, sendo, então, compactados e cobertos diariamente com solo, para evitar animais, insetos e odores. Em geral o aterro possui terra escavada para usar nas coberturas diárias, mas se não for suficiente, será necessário prever as quantidades a serem importadas e de onde elas serão obtidas.[44] Essa é uma questão crucial, pois o aterro sanitário necessita cobrir diariamente o rejeito recebido. O projeto do aterro deve conter um plano de encerramento, informando como e quando será encerrado e quais os cuidados a serem mantidos, como monitoramento de corpos de água e controle de vetores. Deve ainda apresentar um plano de uso futuro da área do aterro sanitário.[45]

O que se denomina *lixão*, vazadouro ou deposição a céu aberto é uma forma inadequada e, portanto, ilegal de disposição final de resíduos sólidos de qualquer tipo. O resíduo é simplesmente lançado sobre um terreno que não foi preparado para essa finalidade, de modo que não oferece qualquer proteção às águas, à flora, à fauna e à saúde pública. Incorre em crime ambiental aquele que dispõe resíduos dessa forma, incluindo as autoridades municipais, as responsáveis pela gestão do resíduo urbano.[46] Qualquer medida para atenuar os impactos negativos ao meio ambiente e à sociedade, preservando o lixão, não tem amparo legal. A solução correta é o seu fechamento, acompanhado da aplicação de técnicas de remediação para recuperar a área e os corpos de água degradados por ele.[47] E o lixo deve ser transferido para aterros sanitários.

Um meio termo entre o lixão e o aterro sanitário é o *aterro controlado*, no qual apenas alguns princípios de engenharia são aplicados, o que é insuficiente para evitar danos à saúde pública, aos operadores do aterro e ao meio ambiente. Por isso, também é ilegal; na melhor das hipóteses, tolerado temporariamente. De fato, para a PNRS, disposição final ambientalmente adequada é a distribuição ordenada de rejeitos em aterros, observando-se normas operacionais específicas, de modo a evitar danos ou riscos à saúde pública e à segurança, e a minimizar os impactos ambientais adversos, o que corresponde ao aterro sanitário.[48]

---

[44] Idem.

[45] Idem.

[46] BRASIL, Lei 9.605 de 1998, art. 54, §2º, inciso V e Lei 12.305 de 2010, art. 3º.

[47] Veja a seção "Tecnologia de limpeza e remediação" no Capítulo 4.

[48] BRASIL, Lei 12.305 de 2010, art. 3º.

5.4.2 ATERRO SANITÁRIO DE PEQUENO PORTE

Os aterros sanitários são empreendimentos que requerem recursos financeiros vultosos, tanto para sua implantação quanto para sua operação, que não cabem nos orçamentos de municípios pequenos. Por isso, foi concedida a esses municípios uma forma excepcional de disposição final em aterros sanitários de pequeno porte, aqueles com disposição diária de até 20 toneladas por dia de RSU. Também devem ser submetidos ao licenciamento ambiental, para o qual são exigidos condições, critérios e diretrizes, como:

1) a área do aterro não deve possuir restrições quanto ao zoneamento ambiental e à legislação municipal de uso e ocupação do solo; deve manter as distâncias mínimas de ecossistemas frágeis e de recursos hídricos superficiais e subterrâneos; deve possuir vias de acesso com boas condições de tráfego ao longo de todo o ano e garantir uma vida útil do aterro, superior a 15 anos;
2) descrição da população beneficiada e caracterização qualitativa e quantitativa dos resíduos a serem dispostos no aterro, capacidade operacional proposta para o empreendimento, caracterização do local, métodos para a prevenção e minimização dos impactos ambientais, plano de operação, acompanhamento e controle;
3) estudos ambientais, acompanhados de anotação de responsabilidade técnica;
4) programa de educação ambiental participativo, que priorize a não geração de resíduos e estimule a coleta seletiva, baseado nos princípios da redução, reutilização e reciclagem de RSU, a ser executado concomitantemente à implantação do aterro;
5) projeto de encerramento, recuperação e monitoramento da área degradada pelos antigos lixões, propondo uso futuro dessas áreas, com seus respectivos cronogramas de execução;
6) plano de encerramento, recuperação, monitoramento e uso futuro previsto para a área do aterro sanitário; e
7) plano de gestão integrada municipal ou regional de RSU ou de saneamento básico, quando existente, ou compromisso de elaborá-los em conformidade com a legislação pertinente.[49]

Como se vê, é mais que um aterro controlado, seja pelos critérios de escolha do local, seja pelos estudos e planos requeridos para o seu licenciamento. A rigor, essa solução é uma exceção admitida provisoriamente, mas, como as dificuldades orçamentárias dos pequenos municípios são permanentes, sempre haverá justificativas plausíveis para mantê-la. Com o objetivo de atender a esses municípios, a ABNT NBR 15849 estabeleceu requisitos mínimos para localização, projeto, implantação, operação

[49] CONAMA, Resolução 404/2008. Obs.: ver também Resolução Conama 237/1997.

e encerramento de aterros sanitários de pequeno porte para a disposição no solo de até 20 toneladas de RSU por dia, quando definido por legislação local. Essa norma inclui as condições para proteger os corpos hídricos superficiais e subterrâneos, o ar, o solo, a saúde e bem-estar das populações vizinhas.[50]

Segundo a norma citada, um aterro sanitário de pequeno porte (ASPP) admite a disposição final de resíduos sólidos domiciliares, de resíduos de serviços de limpeza urbana, de resíduos de serviços de saúde, bem como de resíduos sólidos provenientes de pequenos estabelecimentos comerciais, industriais e de prestação de serviços, que estejam inclusos no serviço de coleta regular de resíduos (aquela executada em intervalos determinados) e que tenham características similares aos resíduos domiciliares, particularmente, ausência de periculosidade.[51] Um ASPP pode ser feito de acordo com as seguintes técnicas:

1) *em vala*: escavação com profundidade limitada e largura variável, confinada em todos os lados e operação mecanizada;
2) *em trincheira*: escavação sem limitação de profundidade e largura variável, confinada em três lados e operação mecanizada;
3) *em encosta*: disposição caracterizada pelo uso de taludes preexistentes, usualmente implantados em áreas onduladas ou depressões naturais e encostas de morros; e
4) *em área*: disposição caracterizada pela disposição em áreas planas acima da cota do terreno natural.[52]

A escolha da técnica depende das características do relevo e do solo, embora a técnica de disposição em valas seja a preferível. No *aterro em vala* (Figura 5.9a), cada vala deve ser projetada para uma vida útil de 30 dias, aproximadamente. Como a vida útil de um ASPP deve ser superior a 15 anos, a área escolhida para o aterro em valas deve ser suficiente para acomodar mais de 180 valas com largura de no máximo 5,0 m (metros), sendo 3,0 m a recomendada. Os espaços entre as bordas superiores das valas devem ter 1,0 metro no mínimo para permitir as operações do aterro, como descarregamento, espalhamento dos resíduos na vala, cobertura diária. A profundidade da vala não deve ser superior a 3,0 m. Definidas a largura e a profundidade, cujos valores máximos constam da norma, o comprimento de uma vala para suportar 30 dias de disposição depende do volume de resíduos produzidos durante esses dias, que, por sua vez, depende do tamanho da população local, da taxa de geração de resíduos dessa população e da densidade aparente ou do peso específico aparente dos resíduos, uma característica do resíduo apresentada no início do Capítulo. O Quadro 5.4 mostra um exemplo simplificado desse cálculo.

---

50 ABNT NBR 15849:2010 e ABNT NBR 12980:1993.

51 CONAMA, Resolução 404/2008 e ABNT NBR 15849:2010.

52 ABNT NBR 15849:2010.

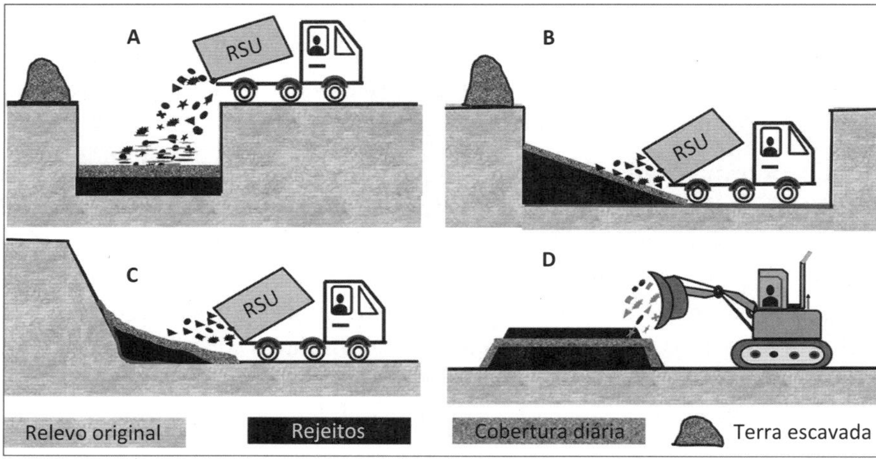

Figura 5.9 – ASPP (a) em vala, (b) em trincheira, (c) em encosta e (d) em área.

Fonte: baseado em ABNT NBR 15849 e SMA, 2005.

Quadro 5.4 – Parâmetros de um ASPP em valas – exemplos

Suponha um município com uma população de 10 mil habitantes em sua zona urbana. A profundidade ou altura da vala (A) foi fixada em 3 m e a largura (B) em 5 m, como mostra a figura a seguir. Uma pesquisa sobre os RSU dessa população indicou uma taxa de geração de resíduos de 0,6 kg por habitante por dia. As amostras dos resíduos coletados indicam uma densidade aparente ou peso específico aparente de 0,5 t/m³. Cada vala foi dimensionada para dispor resíduos por um período aproximado de 30 dias (± 1 mês).

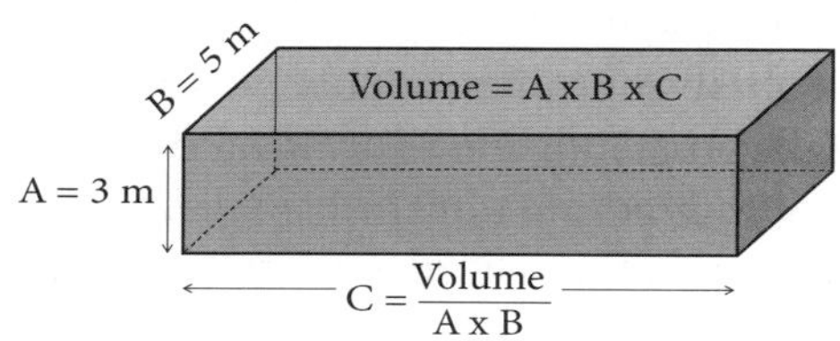

- Quantidade diária de RSU gerada: $10.000 \text{ hab} \times 0{,}6 \frac{\text{kg}}{\text{hab.dia}} = 6.000 \text{ kg.dia} = 6 \text{ t/dia}$.
- Quantidade mensal, 30 dias: $6 \frac{\text{t}}{\text{dia}} \times 30 \text{ dias} = 180 \text{ t}$
- O volume de resíduos (Vr) dispostos na vala: $Vr = \frac{180 \text{ t}}{0{,}5 \text{ t/m}^3} = 360 \text{ m}^3$
- Considerando-se a necessidade de adicionar 20% de espaço para cobertura diária com camadas de solo ou outro material, o volume total da vala (Vt) é dado por: $Vt = Vr(1+0{,}2) = 360 \times 1{,}2 = 432 \text{ m}^3$.
- Assim, o comprimento da vala (C) será dado por:

$$C = \frac{Vt}{AxB} = \frac{432 \text{ m}^3}{3 \text{ m} x 5 \text{ m}} = \frac{432 \text{ m}^3}{15 \text{ m}^2} = 28{,}8 \text{ m} \approx 30 \text{ metros}$$

Fonte: baseado em ABNT NBR 15849 e SMA, 2005.

Cada vala deve ser escavada de uma só vez e dimensionada para permitir a disposição dos resíduos por um período aproximado de 30 dias. A terra removida deve ser depositada apenas num dos lados do comprimento, deixando o lado oposto livre para realizar o descarregamento dos resíduos por cima da vala, começando por uma das suas extremidades e seguindo em direção à outra, até o seu encerramento. O resíduo depositado deve ser nivelado, e a vala, coberta todos os dias com uma camada de 30 a 50 centímetros da terra removida, ou de outro material apropriado, como areia, saibro, argila, a fim de evitar erosão, mau cheiro, formação de lixiviado, infestação de animais e insetos, gases e outros inconvenientes. As operações são sempre feitas do lado de fora, de um único lado. Desse modo, a compactação é feita manualmente ou usando-se o braço, a lança ou a caçamba da retroescavadeira posicionada no alto da vala. Encerrada a vala, a cobertura final deve conter uma camada contínua de, no mínimo, 1,0 m de solo compactado, com declividade de 7% no mínimo na menor dimensão da vala, a fim de reduzir a acumulação de águas pluviais. Posteriormente, a vala deve ser coberta com solo orgânico e cobertura vegetal.[53]

O *aterro em trincheira* também é construído abaixo do nível do terreno por meio de escavações (Figura 5.9b). Assim como o aterro em vala, este também é apropriado para terrenos planos com pouca declividade e lençol freático profundo. As dimensões da trincheira não são previamente limitadas como as da vala, o que confere maior flexibilidade para escavar e operar, pois permite a entrada e a saída de equipamentos para descarga de resíduo e compactação, propiciando uma redução significativa do volume dos resíduos dispostos, o que aumenta a vida útil do aterro. A profundidade da trincheira está condicionada ao nível do lençol freático e à estabilidade dos taludes, mas não se recomenda ultrapassar cinco metros. [54]

O *aterro em encosta* é feito em declive acentuado do terreno, aproveitando um talude natural do relevo, depressões naturais, encostas de morros, pedreiras e áreas de mineração desativadas (Figura 5.9c). Os rejeitos são descarregados junto ao talude, compactados e cobertos ao final do dia, formando uma rampa. O encerramento do aterro ocorre quando a massa acumulada alcançar o nível mais elevado da encosta. No *aterro em área*, não há escavação (Figura 5.9d), os rejeitos são descarregados ao nível do solo e compactados formando camadas, cuja sobreposição compõe um monte ou uma pilha de rejeitos, cuja altura não deve ultrapassar cinco metros. Como não há escavação de solo, a terra para cobertura deve ser importada de outros locais, sendo esta uma das maiores limitações desse tipo de aterro. Nos quatro tipos de ASPP descritos, deve ser efetuada cobertura diária com camadas de solo ou outro material apropriado, reutilizável ou não. Uma cobertura final deve ser executada quando o aterro atingir a configuração final estabelecida no projeto, a fim de impermeabilizar e proteger as superfícies contra erosão.[55]

---

53 ABNT NBR 15849:2010.

54 ABNT NBR 15849:2010.

55 ABNT NBR 15849:2010.

O sistema de impermeabilização do ASPP é mais simples, mas não dispensável. Essa questão começa com a escolha do local, na qual se deve observar a consistência e granulometria das camadas de subsolo da base do aterro, sendo recomendado o uso de solos naturalmente pouco permeáveis, como os argilosos. Caso isso não ocorra, deve-se considerar a adoção de uma impermeabilização complementar, executada por meio de compactação com controle tecnológico do solo, local ou importado; ou, ainda, com aplicação de geossintéticos. O mesmo deve ser feito caso a fração orgânica do rejeito seja superior a 30% no caso de aterros com mais de três metros de altura. Todos os ASPP devem ter um sistema de drenagem superficial para desviar o fluxo das águas pluviais por meio de drenos escavados no solo.[56]

Os ASPP devem ainda possuir um plano de monitoramento contemplando os seguintes itens: (1) lixiviado, águas superficiais e subterrâneas, cada qual com a definição de parâmetros físicos, químicos e biológicos; (2) pontos de coleta das amostras; e (3) frequência de amostragem. A gestão do ASPP deve manter registros das suas operações, com informações sobre quantidades mensais recebidas, procedimentos de monitoramento e de inspeções realizados, descrição dos resíduos rejeitados, caso houver. O plano de encerramento é um documento obrigatório que deve contemplar os usos programados para a área do aterro após o encerramento e as medidas de monitoramento e manutenção por um período de dez anos, concernentes ao sistema de drenagem de lixiviados e gases, à cobertura final e ao isolamento do local até a implantação dos usos programados.[57]

5.5 RESÍDUOS DE SERVIÇOS DE SAÚDE (RSS)

Pelos impactos adversos diretos na saúde pública em geral e, em especial, no próprio desempenho dos serviços de saúde, esses resíduos requerem processos específicos de manejo, sendo que muitos deles requerem tratamento prévio para destinação final segura. Conforme sua composição, esses resíduos são classificados em um dos seguintes grupos, cada qual com as palavras-chave que as definem escritas em *itálico*:

1) Grupo A: resíduos com a possível presença de *agentes biológicos* (microrganismos) que, por suas características, podem apresentar risco de infecção. Compreende cinco subgrupos:

- subgrupo A1: culturas e estoques de microrganismos, bolsas de sangue, vacinas de microrganismos e amostras contendo sangue;
- subgrupo A2: carcaças, peças anatômicas, vísceras e outros resíduos de animais submetidos à experimentação com inoculação de microrganismos;
- subgrupo A3: peças anatômicas do ser humano; produto de fecundação sem sinais vitais, com peso menor que 500 gramas ou estatura menor que 25

[56] ABNT NBR 15849:2010.

[57] ABNT NBR 15849:2010.

centímetros ou idade gestacional menor que 20 semanas, sem valor científico ou legal e que foram requisitados pelo paciente ou por seus familiares;

- subgrupo A4: kits de linhas arteriais, endovenosas e dialisadores descartados; filtros de ar e gases aspirados de área contaminada; membrana filtrante de equipamento médico-hospitalar e de pesquisa; sobras de amostras de laboratório, e seus recipientes, contendo urina, fezes e secreções, tecido adiposo, órgãos e tecidos provenientes de cirurgias;
- subgrupo A5: órgãos, tecidos e fluidos orgânicos de alta infectividade de casos suspeitos ou confirmados de contaminação por príons, agentes infecciosos compostos de estruturas proteicas responsáveis por diversas formas de encefalite espongiforme.

2) Grupo B: resíduos contendo *produtos químicos* que apresentam periculosidade à saúde pública ou ao meio ambiente, dependendo da quantidade e de suas características de inflamabilidade, corrosividade, reatividade, toxicidade, carcinogenicidade, teratogenicidade, mutagenicidade. Exemplos: medicamentos, resíduos de saneantes e desinfetantes, reagentes de laboratórios, reveladores e fixadores de imagens, resíduos com metais pesados (antimônio, cádmio, cromo, chumbo, estanho, mercúrio, níquel, prata, selênio, telúrio, tálio).
3) Grupo C: qualquer material que contenha *radionuclídeo* em quantidade superior aos níveis de dispensa especificados em norma da CNEN e para os quais a reutilização é imprópria ou não prevista. Exemplos: rejeitos radiativos de laboratórios de ensino e pesquisa na área da saúde e de serviços de medicina nuclear e radioterapia.
4) Grupo D: resíduos que não apresentam risco biológico, químico ou radiológico à saúde ou ao meio ambiente, podendo ser equiparados aos *resíduos domiciliares*. Exemplos: sobra de alimentos, embalagens de medicamentos, resíduos das áreas administrativas, jornais, copos descartáveis usados pelos funcionários e visitantes.
5) Grupo E: materiais *perfurocortantes* ou escarificantes. Exemplos: lâminas de barbear, agulhas, escalpes, ampolas de vidro, brocas, limas endodônticas, pontas diamantadas, lâminas de bisturi, tubos capilares; espátulas; utensílios de vidro quebrados no laboratório (pipetas, tubos de coleta sanguínea e placas de Petri).[58]

O manejo dos RSS compreende as seguintes etapas: segregação, acondicionamento, identificação, coleta e transporte interno, armazenamento temporário, armazenamento externo, coleta e transporte externo, destinação e disposição final ambientalmente adequada dos resíduos (Quadro 5.5). Essas etapas apresentam especificidades conforme o grupo ao qual pertença, o estado em que se encontra (líquido ou sólido) e o risco

[58] ANVISA, Resolução 222/2018.

associado. Os resíduos do Grupo A são classificados em quatro classes de risco associadas aos agentes biológicos que caracterizam os resíduos desse grupo (Quadro 5.6), estabelecidos pela Comissão de Biossegurança em Saúde do Ministério da Saúde.[59]

Quadro 5.5 – Etapas do gerenciamento de RSS

Etapas (processos)	Fluxo operacional
Segregação: separação dos resíduos no momento e local de sua geração, conforme a classificação dos Grupos e as suas características físicas, químicas, biológicas, seu estado físico e os riscos envolvidos.	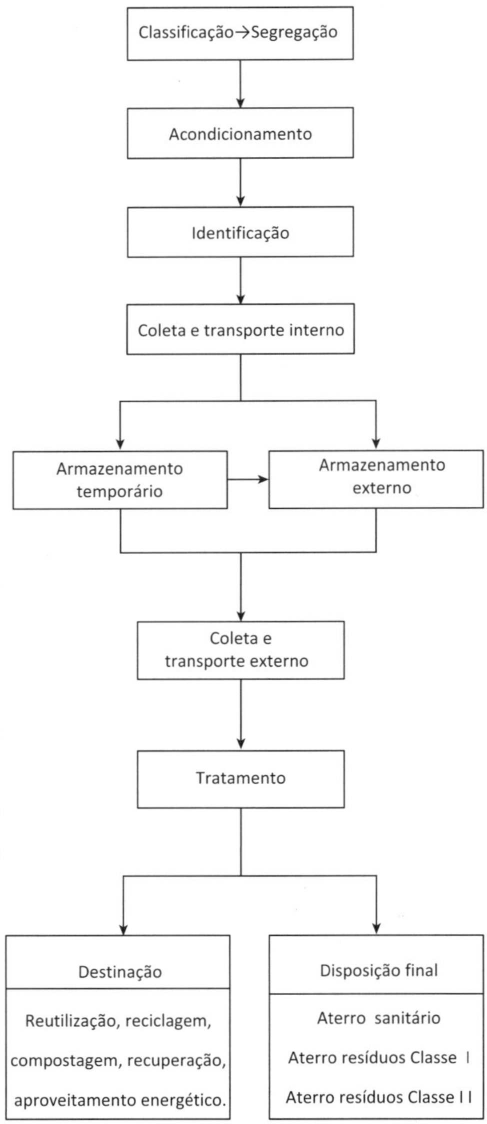
Acondicionamento: ato de embalar os resíduos segregados em sacos ou recipientes resistentes às ações de punctura (furo), ruptura, tombamento e vazamento, e que sejam adequados física e quimicamente ao conteúdo acondicionado.	
Identificação: medidas que permitem reconhecer os riscos presentes nos resíduos acondicionados, de forma clara e legível, em tamanho proporcional aos sacos, coletores e seus ambientes de armazenamento.	
Coleta e transporte interno: traslado dos resíduos dos pontos de geração até o abrigo temporário ou o abrigo externo.	
Armazenamento temporário: guarda temporária dos coletores de resíduos em ambiente próximo aos pontos de geração, visando a agilizar a coleta no interior das instalações e otimizar o deslocamento entre os pontos geradores e o ponto destinado à apresentação para coleta externa.	
Armazenamento externo: guarda dos coletores de resíduos em ambiente exclusivo com acesso fácil à coleta externa.	
Coleta e transporte externos: remoção dos resíduos do abrigo externo até a unidade de tratamento ou outra destinação, ou disposição final ambientalmente adequada.	

(*continua*)

[59] Ministério da Saúde, Portaria 2.349, de 04/09/2017.

Quadro 5.5 – Etapas do gerenciamento de RSS (*continuação*)

Etapas (processos)	Fluxo operacional
Tratamento: etapa da destinação que consiste na aplicação de processo que modifique as características físicas, químicas ou biológicas dos resíduos, reduzindo ou eliminando o risco de dano ao meio ambiente ou à saúde pública.	
Destinação final ambientalmente adequada: destinação de resíduos para reutilização, reciclagem, compostagem, recuperação e aproveitamento energético ou outras admitidas pelos órgãos competentes.	
Disposição final ambientalmente adequada: deposição definitiva de rejeitos em local previamente preparado para recebê-los, observando normas operacionais específicas para evitar danos ou riscos à saúde pública e à segurança, e a minimizar os impactos ambientais adversos.	

Fonte: ANVISA, Resolução RDC 222/2018.

Quadro 5.6 – RSS – Grupo A: Classes de risco biológico

Classe de risco	Grau de risco	Descrição do risco	Exemplos
1	Baixo risco individual e para a comunidade	Agentes biológicos conhecidos por não causarem doenças nos humanos ou nos animais adultos sadios.	- *Lactobacillus spp* - *Bacillus subtilis*
2	Moderado risco individual e limitado risco para a comunidade	Agentes biológicos que provocam infecções nos humanos e nos animais com potencial limitado de propagação na comunidade e de disseminação no meio ambiente, e para os quais existem medidas terapêuticas e profiláticas eficazes.	- *Schistosoma mansoni* - Vírus da rubéola - *Escherichia coli* - *Salmonella enterica*
3	Alto risco individual e moderado risco para a comunidade	Agentes biológicos com capacidade de transmissão por via respiratória e que causam patologias humanas ou animais, potencialmente letais, para as quais existem usualmente medidas de tratamento ou de prevenção. Representam risco se disseminados na comunidade e no meio ambiente, podendo se propagar de pessoa a pessoa.	- *Bacillus anthracis* - *Clostridium botulinum* - SARS-CoV-2 (coronavírus)* - HIV – Vírus da Imunodeficiência Humana

(*continua*)

Quadro 5.6 – RSS – Grupo A: Classes de risco biológico (*continuação*)

Classe de risco	Grau de risco	Descrição do risco	Exemplos
4	Elevado risco individual e elevado risco para a comunidade	Agentes biológicos que representam grande ameaça para os humanos e os animais, implicando grande risco a quem os manipula, com grande poder de transmissibilidade de um indivíduo a outro, não existindo medidas preventivas e de tratamento para esses agentes.	- *Herpesvirus simiae* - Gênero Arenavírus - Morbillivirus equino - Ebolavirus - Vírus da varíola

Obs.: * ANVISA, Nota Técnica 4/2020, p. 70.

Fonte: MINISTÉRIO DA SAÚDE, Portaria 2.349, 14/09/2017 e ANVISA, Resolução RDC No 222/2018, art. 3º.

5.5.1 DA SEGREGAÇÃO AO ARMAZENAMENTO

A segregação dos RSS deve ser realizada no momento da sua geração, conforme o grupo a que pertença, ou seja, dentro da unidade geradora (centro cirúrgico, sala de coleta de sangue, berçário, centro de materiais esterilizados etc.). Se estiverem no estado sólido e não houver orientação específica, devem ser acondicionados em sacos constituídos de material resistente a ruptura, vazamento e impermeáveis, respeitados os limites de peso de cada saco indicado pelo fabricante e o limite de 2/3 de sua capacidade, a fim de assegurar a sua integridade e fechamento. Uma vez ensacado o resíduo, é proibido esvaziar ou reaproveitar os sacos. Resíduos em estado líquido devem ser acondicionados em recipientes feitos com material compatível com o líquido armazenado e que sejam resistentes, rígidos, estanques e tenham tampa para assegurar sua contenção.

A identificação dos resíduos (Figura 5.10) deve estar afixada nos carros de coleta, nos locais de armazenamento e nas embalagens que os acondicionam. Os resíduos do Grupo D, aqueles equiparados aos resíduos domiciliares, também denominados resíduos comuns, devem ser acondicionados conforme definido pelo órgão de limpeza urbana do município. Para esses resíduos, usam-se sacos de plástico preto típicos da limpeza pública, de modo que não há necessidade de usar símbolos específicos.[60] A organização geradora (hospitais, clínicas, laboratórios etc.) pode coletá-los por tipo de material e destiná-los ao reaproveitamento, usando recipientes com as cores padronizadas de cada material, por exemplo, azul para papel e papelão, verde para vidro, vermelho para plástico, amarelo para metal.

60 ANVISA, Resolução RDC 222/2018. Idem para os parágrafos seguintes.

Figura 5.10 – RSS – Símbolos de identificação dos grupos A, B, C e E.

Fonte: ANVISA, Resolução RDC Nº 222/2018 – Anexo II. Obs.: grupo E, fundo amarelo.

O transporte interno deve ser realizado em horários e rotas previamente determinados. O coletor utilizado para esse transporte deve ser constituído de material liso, rígido, lavável, impermeável, provido de tampa articulada ao próprio corpo do equipamento, cantos e bordas arredondados. Coletor com capacidade superior a 400 litros deve possuir válvula de dreno no fundo. Todos os resíduos acondicionados em sacos devem ser mantidos nos coletores com a tampa fechada durante sua permanência no abrigo temporário, que, entre outras exigências, deve ter: pisos e paredes revestidos de material resistente, lavável e impermeável; pontos de iluminação artificial e de água; tela de proteção contra roedores e vetores; porta de largura compatível com as dimensões dos coletores; e placa com identificação com os dizeres: *Abrigo Temporário de Resíduos.*

Certos resíduos podem seguir direto para o armazenamento externo, como mostra o fluxograma do Quadro 5.5. O abrigo externo deve, no mínimo, ter um local para armazenar os coletores de resíduos dos grupos A e E, e um local exclusivo para os do grupo D. Esse abrigo deve ter acesso fácil para o transporte interno e externo; piso, paredes e teto de materiais resistentes, facilmente laváveis e higienizáveis; pontos de iluminação; aberturas para ventilação e tela de proteção contra a entrada de moscas, pernilongos e outros vetores; canaletas para o escoamento dos efluentes de lavagem, direcionadas para a rede de esgoto, com ralo sifonado com tampa. O transporte externo de todos os resíduos, exceto os do grupo B, não pode ser realizado com veículos com sistema de compactação ou com qualquer outro que danifique as embalagens embarcadas. Esse transporte deve ser realizado de acordo com a regulamentação das autoridades municipais responsáveis pela limpeza pública.

5.5.2 DO TRATAMENTO À DISPOSIÇÃO FINAL

Todos os resíduos que apresentem riscos biológico, químico ou radiológico devem ser tratados previamente, dentro ou fora da unidade geradora, antes de serem encaminhados para disposição final ambientalmente adequada. Esses resíduos não podem sair da organização geradora sem tratamento. Alguns devem ser tratados necessariamente dentro da unidade geradora, como os do grupo A das classes de risco 3 e 4 definidas no Quadro 5.6. Já os da classe de risco 1 e 2 podem ser tratados fora da unidade geradora, porém, dentro das dependências da organização. O impacto ambiental do tratamento pode ser reduzido em qualquer das alternativas por meio de tecnologias de controle de poluição, como as comentadas no Capítulo 4.

Há diferentes tipos de tecnologias de tratamento de RSS do grupo A, cada qual com suas vantagens e desvantagens em termos de investimentos para aquisição dos equipamentos, instalações e adequação predial, custos operacionais, capacidade diária de tratamento, eficiência do tratamento, inclusive quanto à redução de massa e volume, impactos ambientais e ocupacionais. A Tabela 5.1 exemplifica esse fato com respeito a certas tecnologias para tratamento para resíduos infecciosos, inclusive os perfurocortantes (Grupo E), que também podem conter agentes biológicos infectantes e que, por isso, devem ser tratados antes de serem dispostos.

Tabela 5.1 – Tecnologias de tratamento infectantes e perfurocortantes – exemplos

Tipo de tecnologia	Capacidade (kg/hora)	Impacto ambiental*	Investimento*	Custo operacional*
Autoclave à vácuo	3 a 5.000	1	1	1
Autoclave com triturador integrado	3 a 5.000	1	2	2
Micro-onda operação por lotes	1 a 200	1	1	2
Micro-onda operação contínua	100 a 600	1	2	2
Tratamento com hipoclorito de sódio (NaClO)	600 a 3.000	2	3	2
Tratamento com ozônio (O_3)	45 a 1.000	1	3	1
Incineração**	50 a 3.000 ou +	2	4	3
Incineração simples	5 a 500	3	3	1
Incinerador com duas câmaras de combustão	5 a 500	2	2	2

Obs.:* 1 = baixo, 2 = médio, 3 = alto, e 4 = muito alto. ** incluindo tratamento do gás de combustão.

Fonte: WHO, 2019, p. 7.

Os resíduos suscetíveis ao tratamento térmico à alta temperatura, ou seja, igual ou superior à 800 °C, devem ser destinados a sistemas especialmente licenciados para esse fim pelo órgão ambiental competente. É o caso dos resíduos do grupo A que apresentam riscos à saúde pública e ao meio ambiente devido à presença de agentes biológicos. Os do Grupo B, resíduos contendo produtos químicos, devem ser submetidos às mesmas condições específicas de tratamento térmico para resíduos de origem industrial, conforme identificados nas Fichas de Informações de Segurança de Produtos Químicos (FISPQ). Entre outras informações sobre a substância ou mistura, a FISPQ deve informar os métodos recomendados para tratamento e disposição, como coprocessamento, autoclave, incineração, aplicáveis tanto ao produto quanto aos seus resíduos e às embalagens usadas.[61] Os sistemas de tratamento térmico devem possuir unidades de recepção, armazenamento, alimentação, tratamento.

Os resíduos do grupo D, resíduos comuns comparáveis aos domésticos, devem ser enquadrados nas condições específicas dos RSU, entre elas, a implementação de um programa de segregação para fins de reaproveitamento.[62] Esses resíduos, por não apresentarem riscos, podem ser encaminhados diretamente para reciclagem, reúso, compostagem ou outra forma de reaproveitamento; porém, se estiverem contaminados, devem ser segregados no grupo do contaminante – por exemplo, se estiverem contaminados por agentes biológicos, devem ser enquadrados no grupo A e tratados como tal. Os resíduos do grupo E contaminados por agentes biológicos, químicos e substâncias radioativas devem ser tratados e dispostos de acordo com a classe de risco associada. Nesse caso, a sua embalagem deve conter a identificação de todos os riscos presentes. As seringas, agulhas e outros materiais perfurocortantes que não apresentem risco químico, biológico ou radiológico não necessitam de tratamento prévio à disposição final ambientalmente adequada. Os RSS devem ter seu símbolo de identificação (Figura 5.9) retirado depois de ter sido tratado.[63]

Por *disposição final ambientalmente adequada de RSS* entende-se a distribuição ordenada de rejeitos em aterros, observando-se normas operacionais específicas, de modo a evitar danos ou riscos à saúde pública e à segurança e a minimizar os impactos ambientais adversos. Esses aterros ou são sanitários ou industriais. O aterro industrial, comentado anteriormente, é o destino dos resíduos do grupo B por serem também da Classe I, conforme a norma ABNT NBR 10004. Os do grupo D e outros não contaminados e não perigosos podem ser encaminhados a um aterro sanitário que é um local específico para disposição final de resíduos sólidos urbanos, porém, seu destino deveria ser o reaproveitamento, sempre que possível.

Os resíduos dos subgrupos A1 e A2 podem ser dispostos em aterros sanitários licenciados após tratamento prévio. Os do subgrupo A3 devem ser encaminhados para sepultamento em cemitério ou tratamento térmico por incineração ou cremação em equipamento devidamente licenciado para esse fim, caso não tenham sido requisitados pelo paciente ou familiares ou não tenham mais valor científico. Os resíduos do subgrupo A4 podem ser encaminhados a aterros sanitários com ou sem tratamento, a critério do órgão ambiental estadual e municipal. Devido ao seu elevado nível contaminação, confirmado ou suspeito, os resíduos do subgrupo A5 devem ser encaminhados para tratamento por incineração.

---

[61] ABNT NBR 14725-4:2009.

[62] CONAMA, Resolução 316/2002.

[63] ANVISA RDC 222, 2018.

5.6 RESÍDUOS DA CONSTRUÇÃO CIVIL (RCC)

Os RSS são gerados em construções, reformas, manutenções e demolições de obras civis. Eles são conhecidos popularmente por *entulhos*, um conjunto de materiais usados (reboco antigo, cacos de tijolos, telhas, ladrilhos, pregos, pedaços de concreto, lascas de madeira, fiação) com retalhos de materiais novos, sobras de argamassas, tintas, removedores, solventes, selantes, vergalhões, embalagens. Nesse conjunto há resíduos das três classes consideradas na NBR 10004 (veja Quadro 5.1). O Quadro 5.7 apresenta uma classificação própria desses resíduos, Em geral, os resíduos das classes A, B e C são da Classe II – não perigosos; os da classe D, por definição são da Classe I.

Quadro 5.7 – Resíduos da construção civil

Classe	Definição	Exemplos
A	Resíduos reutilizáveis ou recicláveis como agregados, isto é, materiais granulados provenientes do beneficiamento de resíduos de construção civil que apresentem características técnicas para a aplicação em obras de edificação, de infraestrutura, em aterros sanitários ou outras obras de engenharia.	a) Resíduos de construção, demolição, reformas e reparos de pavimentação e de outras obras de infraestrutura, inclusive solos provenientes de terraplanagem. b) Resíduos de construção, demolição, reformas e reparos de edificações: componentes cerâmicos (tijolos, blocos, telhas, placas de revestimento etc.), argamassa e concreto. c) Resíduos de fabricação e/ou demolição de peças pré-moldadas em concreto (blocos, tubos, meios-fios etc.) produzidas nos canteiros de obras.
B	Resíduos recicláveis para outras destinações.	Plástico, papel, papelão, metais, vidros, madeiras, embalagens vazias de tintas imobiliárias e gesso.
C	Resíduos para os quais não foram desenvolvidas tecnologias ou aplicações economicamente viáveis que permitam a sua reciclagem ou recuperação.	Isopor, esponja, espuma, vidro temperado, espelho, divisória de acrílico, porcelana, tomada, espelho e interruptores elétricos.
D	Resíduos perigosos oriundos do processo de construção e demolição.	Solventes, óleos, graxas, tintas e outros resíduos contaminados ou prejudiciais à saúde oriundos de demolições, reformas e reparos de clínicas radiológicas, instalações industriais e outros. Telhas e demais objetos e materiais que contenham amianto, lâmpadas, pilhas, baterias, materiais filtrantes, EPIs contaminados etc.

Fonte: CONAMA, Resolução 307/2002.

Os RCC não são recolhidos pela coleta pública municipal, a exemplo dos *resíduos volumosos*, como móveis, fogões, geladeiras, portas, janelas, divisórias, grades e outros equipamentos domésticos descartados, grandes embalagens e outros objetos e materiais de grande porte não provenientes de processos industriais.[64] A responsabilidade pelos RCC cabe aos geradores, pessoas físicas ou jurídicas, públicas ou privadas, responsáveis pelas atividades ou empreendimentos que os geram. Também cabe a eles, preferencialmente, realizar a triagem dos resíduos, separando-os conforme sua classe na sua origem, no canteiro da obra em construção ou em demolição.[65] Em geral, isso é praticamente inviável para os geradores de pequeno porte, pessoas físicas que eventualmente constroem ou reformam suas casas. A triagem na origem requer espaços reservados para depositar, selecionar e armazenar os resíduos, que, em geral, são recursos escasso nas obras, a não ser em construções de prédios comerciais e residenciais e em obras de infraestrutura, como barragens, terminais portuários, estradas, aeroportos.

Seguindo a sequência de prioridade da PNRS, em primeiro lugar convém envidar esforços para não gerar ou gerar o mínimo de resíduos, o que depende dos métodos construtivos, da escolha dos materiais de construção, da organização do canteiro de obras, do planejamento e programação das atividades, da habilidade dos trabalhadores. Exemplos: uso de peças pré-moldadas em vez produzi-las *ad hoc* no local a serem instaladas, tubulações hidráulicas externas, para não se quebrarem paredes concluídas. Em segundo lugar, reaproveitar o máximo possível de resíduos na própria obra desde que não comprometa a segurança e a qualidade. Esgotadas essas possibilidades, os resíduos gerados devem ser encaminhados para uma área de transbordo e triagem (ATT).

A ATT deve ser especialmente projetada para receber os RSS e os resíduos volumosos para triagem, armazenamento temporário dos materiais segregados, eventual transformação e posterior remoção para destinação adequada, em conformidade com a classe a que pertence. A área de operação da ATT deve ser isolada para impedir o acesso de pessoas estranhas e animais; conter anteparos para proteção da vizinhança e dos ventos dominantes; ter equipamentos de proteção individual, de proteção contra descargas atmosféricas e de combate a incêndio; ter pontos de iluminação e energia que permitam ações de emergência. A ATT deve possuir um sistema de proteção ambiental que contemple:

- sistema de controle de poeira gerada nas descargas, no manejo e nas zonas de acumulação de resíduos;
- dispositivos de contenção de ruído em veículos e equipamentos;
- sistema de drenagem superficial para evitar o carreamento de materiais pelas águas das chuvas; e
- revestimento primário do piso das áreas de acesso, operação e estocagem, executado e mantido para permitir a utilização sob quaisquer condições climáticas.[66]

---

64 ABNT NBR 15112:2004.

65 CONAMA, Resolução 307/2002.

66 ABNT NBR 15112:2004.

A gestão da ATT deve controlar os resíduos quantitativa e qualitativamente quanto à procedência e observar as seguintes diretrizes operacionais: (a) receber somente resíduos de construção civil e resíduos volumosos; (b) não receber cargas constituídas predominantemente de resíduos da classe D; (c) somente aceitar descargas e expedição de veículos com a cobertura dos resíduos transportados; (d) aceitar apenas os resíduos acompanhados do Controle de Transporte de Resíduos (CTR); (e) triar integralmente os resíduos aceitos; (f) evitar o acúmulo de material não triado; (g) classificar os resíduos pela sua natureza e acondiciona-los em locais diferenciados; (h) destinar adequadamente os rejeitos resultantes da triagem; (i) remover os resíduos somente quando acompanhados do CTR. Após a triagem, os resíduos:

1) classe A devem ser destinados à reutilização ou reciclagem na forma de agregados ou encaminhados a aterros de RCC e de resíduos inertes;
2) classe B devem ser destinados à reutilização, à reciclagem e ao armazenamento, ou encaminhados para áreas de disposição final de resíduos;
3) classe C devem ser armazenados, transportados e destinados conforme normas brasileiras específicas;
4) classe D devem ser armazenados em áreas cobertas, transportados, reutilizados e destinados em conformidade com as normas brasileiras específicas.[67]

5.6.1 ATERRO PARA RCC CLASSE A E RESÍDUOS INERTES

Os RCC classe A devem ser prioritariamente destinados à reciclagem ou encaminhados para aterros especialmente preparados para eles. Espera-se que esse aterro seja um local de disposição temporária desse resíduo à espera de oportunidade de reciclagem; ou seja, é uma área para reservação de resíduos da classe A. *Reservação* de resíduos é a disposição segregada de resíduos triados para reutilização ou reciclagem futura.

Este aterro também utiliza princípios de engenharia para confinar os resíduos ao menor volume possível, sem causar danos à saúde pública e ao meio ambiente, e devidamente licenciado pelo órgão ambiental competente, a exemplo dos outros citados anteriormente.[68] O local para sua implantação deve ser tal que o impacto ambiental a ser causado pela instalação do aterro seja minimizado; a aceitação da instalação pela população seja maximizada; e esteja de acordo com a legislação ambiental e de uso do solo. A adequabilidade do local a esses critérios deve ser avaliada observando-se os seguintes aspectos: geologia e tipos de solos existentes, hidrologia, passivo ambiental, vegetação, vias de acesso, área, volumes disponíveis, vida útil e distância de núcleos populacionais.[69]

---

67 ABNT, NBR 15112:2004.

68 CONAMA, Resolução 307/2002 e ABNT NBR 15113:2004.

69 ABNT NBR 15113:2004.

Figura 5.11 – RCC na obra (A), na caçamba (B) e no aterro inerte (C).

O aterro deve prever sistema de monitoramento das águas subterrâneas do aquífero mais próximo à superfície. Porém, o órgão ambiental competente pode dispensar esse sistema em função da condição hidrogeológica local. Também estão dispensados os aterros de pequeno porte, aqueles com área inferior a 10.000 m² e volume de disposição inferior a 10.000 m³. Para a implantação e operação do aterr,o devem ser apresentados ao órgão ambiental os seguintes planos:

- plano de monitoramento abrangendo a vida útil e o período pós-fechamento;
- plano de inspeção e manutenção para controlar regularmente os sistemas de drenagem, a estabilidade do aterro, a dispersão de material particulado, a emissão de ruídos e a segurança ocupacional dos operadores e instalações;
- plano de encerramento do aterro e uso futuro da área, com o objetivo de minimizar a necessidade de manutenção futura e a ocorrência de poluição ambiental.[70]

Nenhum resíduo pode ser enviado ao aterro sem que sejam conhecidas suas procedência e composição. O aterro só pode receber resíduos previamente triados, na fonte geradora, em ATT ou em área de triagem do próprio aterro, para que sejam dispostos apenas RCC da classe A, ou resíduos inertes. Plásticos, papelões, embalagens de aço, alumínio, vidros, vergalhões e outros RCC da Classe B, triados em qualquer dessas áreas, podem ser encaminhados diretamente aos sucateiros ou aos próprios recicladores.

Os resíduos classe C, por não possuirem tecnologias de reaproveitamento, ou se possuem, elas ainda não são economicamente viáveis ou atrativas, devem ser encaminhados à disposição final em condições seguras. Como são resíduos da classe II, não perigosos, segundo a NBR 10004, devem ser dispostos em aterros para essa classe, assunto comentado anteriormente. Os resíduos da classe D podem ser temporariamente armazenados em áreas específicas, cobertas e protegidas de intempéries. Porém, como

[70] ABNT NBR 15113:2004.

são resíduos da classe I, perigosos, devem ser encaminhados para disposição em aterros industriais para esta classe.[71]

5.7 OS RESÍDUOS E SUAS TRAJETÓRIAS

A Figura 5.12 apresenta o fluxo parcial da gestão integrada de resíduos sólidos do ponto de vista técnico. O processo central dessa gestão é a classificação dos resíduos quanto aos riscos potenciais que causam ao meio ambiente e à saúde pública por meio da identificação das características que lhes conferem, ou não periculosidade, conforme a norma NBR 10004 e o esquema indicado no Quadro 5.1. Esse fluxo divide os resíduos em dois grades grupos: perigosos e não perigosos, cada um com seus requisitos próprios de gestão.

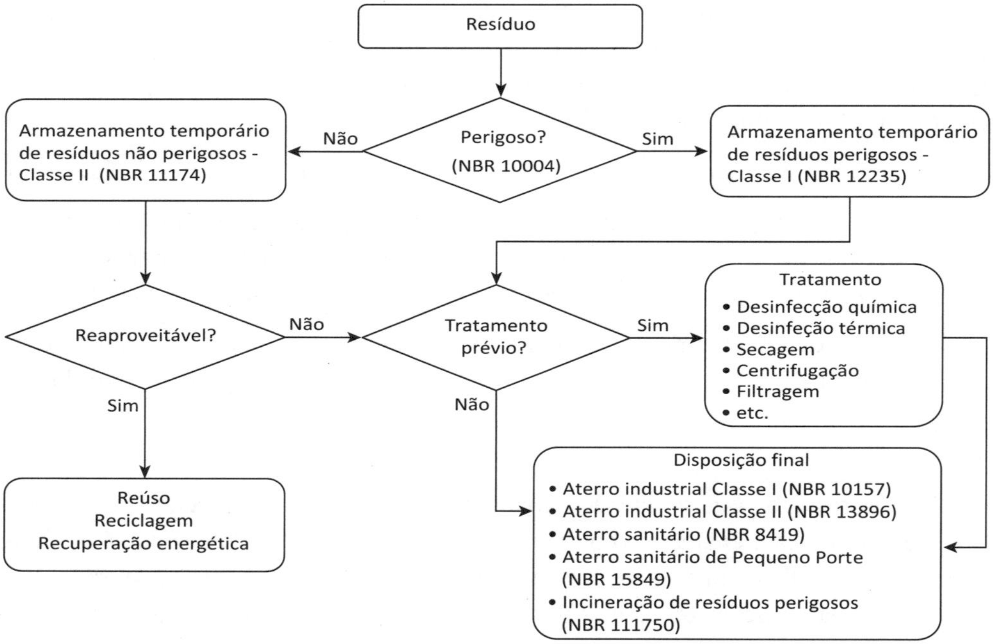

Figura 5.12 – Visão parcial da gestão integrada de resíduos sólidos.

As normas citadas na Figura 5.12 estabelecem condições mínimas exigíveis para projetar, implantar e operar as instalações apropriadas ao armazenamento e à disposição final ambientalmente segura dos resíduos desses dois grupos. Essas instalações requerem licenciamento ambiental por serem potencialmente poluidoras e degradadoras do meio ambiente. O órgão governamental ambiental competente pode acres-

[71] ABNT NBR 15113:2004.

centar outras exigências constantes em normas legais dos entes da federação envolvidos, incluindo seus planos de gerenciamento integrado de resíduos sólidos instituídos em conformidade com a PNRS.

Embora o fluxo da Figura 5.12 refira-se aos resíduos comentados neste capítulo, ele mostra um fato de caráter geral válido para todos os tipos de resíduo sólido submetido a uma gestão integrada orientada pelas prioridades comentadas: somente há duas trajetórias possíveis a um resíduo qualquer: (1) uma que o leva à disposição final ambientalmente adequada (último bloco à direita da Figura); e (2) outra que o recoloca no circuito da produção e consumo por meio de diversas formas de reaproveitamento (último bloco à esquerda). O objetivo básico da gestão de resíduos é aumentar a intensidade dessa última trajetória, o que significa reduzir a da primeira. Ou seja, essa gestão busca recuperar o máximo possível de resíduos ou, dito de outro modo, aproveitar ao máximo os recursos naturais extraídos enquanto reduz os riscos ambientais e os espaços destinados à disposição final. Assunto do Capítulo 6.

REFERÊNCIAS

Agência Nacional de Transportes Terrestres (ANTT). Resolução 5.998 de 03/11/2022. Atualiza o Regulamento para o Transporte Rodoviário de Produtos Perigosos, aprova suas Instruções Complementares, e dá outras providências. Brasília: DOU de 04/11/2022.

Agência Nacional de Vigilância Sanitária (Anvisa). *Resolução da diretoria colegiada – RDC Nº 222, de 28/03/2018.* Regulamenta as Boas Práticas de Gerenciamento dos Resíduos de Serviços de Saúde e dá outras providências. Brasília: DOU de 29/03/ 2018.

Agência Nacional de Vigilância Sanitária (Anvisa). *Nota Técnica GVIMS/GGTES/ANVISA 04 de 30/01/2020.* Orientações para serviços de saúde: medidas de prevenção e controle que devem ser adotadas durante a assistência aos casos suspeitos e confirmados de infecção pelo novo coronavírus (SARS-CoV-2). Brasília: ANVISA. Atualizada em 25/02/2021.

Associação Brasileira de Geossintéticos (IGS Brasil). *Recomendação IGS Brasil 004*: aplicações de geossintéticos em áreas de disposição de resíduos. IGS Brasil, 2016. Disponível em: <https://igsbrasil.org.br/wp-content/uploads/2020/06/Recomenda%C3%A7%C3%A3o-IGSBrasil-004-2016-Aplica%C3%A7%C3%A3o-de-Geossint%C3%A9ticos-em-%C3%81reas-de-Disposi%C3%A7%C3%A3o-de-Res%C3%ADduos.pdf>. Acesso em 17/06/2023.

Associação Brasileira de Normas Técnicas (ABNT). *NBR 12235.* Armazenamento de resíduos sólidos perigosos – procedimentos. Rio de Janeiro: ABNT, 1992. Confirmada em 2021.

Associação Brasileira de Normas Técnicas (ABNT). *ABNT NBR 12980.* Coleta, varrição e acondicionamento de resíduos sólidos urbanos. Terminologia. Rio de Janeiro: ABNT, 1993. Confirmada em 2021.

Associação Brasileira de Normas Técnicas (ABNT). *NBR 10157 – Aterros de resíduos perigosos* – Critérios para projeto, construção e operação – Procedimento. Rio de Janeiro: ABNT, 1987. Confirmada em 27/11/2018.

Associação Brasileira de Normas Técnicas (ABNT). *NBR 11175 – Incineração de resíduos sólidos perigosos* – padrões de desempenho. Rio de Janeiro: ABNT, 1990. Confirmada em 08/04/2021.

Associação Brasileira de Normas Técnicas (ABNT). *NBR 12235:1992*. Armazenamento de resíduos sólidos perigosos. Rio de Janeiro: ABNT, 1992.

Associação Brasileira de Normas Técnicas (ABNT). *NBR 8419 – Apresentação de projetos de aterros sanitários de resíduos sólidos urbanos* – Procedimento. Rio de Janeiro: ABNT, 1992. Versão corrigida e confirmada em 27/11/2018.

Associação Brasileira de Normas Técnicas (ABNT). *NBR 12988 – Líquidos livres* – Verificação em amostra de resíduos – Método de ensaio. Rio de Janeiro: ABNT, 1993. Confirmada em 2017 e em 2021.

Associação Brasileira de Normas Técnicas (ABNT). *NBR 13896 – Aterros de resíduos não perigosos* – Critérios para projeto, implantação e operação. Rio de Janeiro: ABNT, 1997. Confirmada em 08/04/2018.

Associação Brasileira de Normas Técnicas (ABNT). *NBR 11174 – Armazenamento de resíduos classes II* – não inertes e III – inertes. Rio de Janeiro: ABNT, 1999. Confirmada em 08/04/2021.

Associação Brasileira de Normas Técnicas (ABNT). *NBR 10004 – Resíduos sólidos* – classificação. Rio de Janeiro: ABNT, 2004. Confirmada em 27/11/2018.

Associação Brasileira de Normas Técnicas (ABNT). *NBR 15112:2004 – Resíduos da construção civil e resíduos volumosos* – Áreas de transbordo e triagem – Diretrizes para projeto, implantação e operação. Rio de Janeiro: ABNT, 2004. Confirmada em 27/01/2022.

Associação Brasileira de Normas Técnicas (ABNT). *NBR 15113:2004 – Resíduos sólidos da construção civil e resíduos inertes* – Aterros – Diretrizes para projeto, implantação e operação. Rio de Janeiro: ABNT, 2004. Confirmada em 02/12/2019.

Associação Brasileira de Normas Técnicas (ABNT). *NBR ISSO 14040:2009 – Gestão ambiental* – Avaliação do ciclo de vida – princípios e estrutura. Rio de Janeiro: ABNT, 2009. Confirmada em 27/11/2018.

Associação Brasileira de Normas Técnicas (ABNT). *NBR 14725-4 – Produtos químicos* – Informações sobre segurança, saúde e meio ambiente Parte 4: Ficha de informações de segurança de produtos químicos (FISPQ). Rio de Janeiro: ABNT, 2009. Versão corrigida de 2010. Confirmada em 09/08/2022.

Associação Brasileira de Normas Técnicas (ABNT). *NBR 15849:2010 – Resíduos sólidos urbanos* – Aterros sanitários de pequeno porte – Diretrizes para localização, projeto, implantação, operação e encerramento. Rio de Janeiro: ABNT, 2010. Confirmada em 27/11/2018.

Associação Brasileira de Normas Técnicas (ABNT). *NBR ISO 10318-1 – geossintéticos*: termos e definições. Rio de Janeiro: ABNT, 2018.

Associação Brasileira de Normas Técnicas (ABNT). *NBR 6502:2022 – Rochas e solos*: terminologia. Rio de Janeiro: ABNT, 2022.

Associação Brasileira de Normas Técnicas (ABNT). *NBR 7500:2023* – Identificação para o transporte terrestre, manuseio, movimentação e armazenamento de produtos. Rio de Janeiro: ABNT, 2023.

Brasil. *Lei 6.938, de 31 de agosto de 1981.* Dispõe sobre a Política Nacional do Meio Ambiente, seus fins e mecanismos de formulação e aplicação e dá outras providências. DOU de 02/09/1981.

Brasil. *Constituição da República Federativa do Brasil.* Brasília, DF: Senado Federal, 1988.

Brasil. *Lei 8.078, de 11/09/1990.* Dispõe sobre a proteção do consumidor e dá outras providências. DOU de 12/09/1990.

Brasil. *Lei 9.055, de 01/06/1995.* Disciplina a extração, industrialização, utilização, comercialização e transporte do asbesto/amianto e dos produtos que o contenham, bem como das fibras naturais e artificiais, de qualquer origem, utilizadas para o mesmo fim e dá outras providências. DOU de 02/06/1995.

Brasil. *Lei 9.279 14 de maio de 1996.* Regula os direitos e obrigações relativos à propriedade industrial. Brasília: DOU de 15/05/1996.

Brasil. *Lei 9.605, de 12/2/1998* – Dispõe sobre sanções penais e administrativas derivadas de condutas e atividades lesivas ao meio ambiente e dá outras providências (Lei dos Crimes Ambientais). Brasília: DOU de 17/02/1998.

Brasil. *Lei nº 11.445, de 5 de janeiro de 2007.* Estabelece diretrizes nacionais para o saneamento básico; altera as Leis no 6.766, de 19 de dezembro de 1979, 8.036, de 11 de maio de 1990, 8.666, de 21 de junho de 1993, 8.987, de 13 de fevereiro de 1995; revoga a Lei nº 6.528, de 11 de maio de 1978; e dá outras providências. Brasília, DF, 5 de janeiro de 2007.

Brasil. *Lei 12.305 de 02 de agosto de 2010.* Institui a Política Nacional de Resíduos Sólidos: altera a Lei 99.605/1998; e dá outras providências. Brasília: DOU de 03/10/2010.

Brasil. Ministério do Trabalho/Secretaria de Inspeção do Trabalho. Norma regulamentadora 25. Brasília: DOU de 08/09/2011.

Brasil. Ministério da Saúde (MS) (2017). *Portaria 2.349,* de *14/09/2017.* Aprova a Classificação de Risco dos Agentes Biológicos. MS, DOU de 17/07/2017.

Comissão Nacional de Energia Nuclear (CNEN). *Resolução CNEN 167 de 14/04/2014.* Gerência de rejeitos radioativos de baixo e médio níveis de radiação. Brasília, CNEM, DOU 15.05.2014.

Conselho Nacional do Meio Ambiente (CONAMA). *Resolução 237, de 19/12/1997.* Dispõe sobre a revisão e complementação dos procedimentos e critérios utilizados para o licenciamento ambiental. CONAMA, DOU de 22/12/1997.

Conselho Nacional do Meio Ambiente (CONAMA). *Resolução 307 de 06/07/2002*. Estabelece diretrizes, critérios e procedimentos para a gestão dos resíduos da construção civil. CONAMA, DOU de 17/07/2002.

Conselho Nacional do Meio Ambiente (CONAMA). *Resolução 313, de 29/10/2002. Dispõe sobre o Inventário Nacional de Resíduos Sólidos Industriais*. CONAMA, DOU de 22/10/2002.

Conselho Nacional do Meio Ambiente (CONAMA). *Resolução 316, de 29/10/2002*. Dispõe sobre procedimentos e critérios para o funcionamento de sistemas de tratamento térmico de resíduos. CONAMA, DOU de 20/11/2002.

Conselho Nacional do Meio Ambiente (CONAMA). *Resolução 404, de 11/11/2008*. Estabelece critérios e diretrizes para o licenciamento ambiental de aterro sanitário de pequeno porte de resíduos sólidos urbanos. CONAMA, DOU de 12/11/2008.

Conselho Nacional do Meio Ambiente (CONAMA). *Resolução 452, de 02/07/2012*. Dispõe sobre os procedimentos de controle da importação de resíduos, conforme as normas adotadas pela Convenção de Basileia sobre o Controle de Movimentos Transfronteiriços de Resíduos Perigosos e seu Depósito. CONAMA, DOU de 04/07/2012.

Estado de São Paulo/Secretaria Estadual do Meio Ambiente (SMA). *Manual para implantação de aterros sanitários em valas de pequenas dimensões, trincheiras e em células*. São Paulo: SMA/CETESB, 2005.

Instituto Brasileiro do Meio Ambiente e dos Recursos Naturais Renováveis (Ibama). *Instrução Normativa 13 de 18/12/2012*. Publica a Lista Brasileira de Resíduos Sólidos. Ibama, DOU de 20/12/2012.

Instituto Brasileiro do Meio Ambiente e dos Recursos Naturais Renováveis (Ibama) (2013). *Instrução Normativa 01 de 25/01/2013. Regulamenta o Cadastro Nacional de Operadores de Resíduos Perigosos (CNORP), e dá outras providências*. Brasília: Ibama, DOU de 30/01/2013.

Instituto de Pesquisas Tecnológicas do Estado de São Paulo (IPT); Compromisso Empresarial para Reciclagem (CEMPRE). *Lixo municipal*: manual de gerenciamento integrado, 2ª edição. IPT e CEMPRE, 2000.

United Nations Environment Programme (UNEP). *Decisions adopted by the third meeting of the Conference of the Parties to Basel Convention*: amendment to Basel Convention. Geneve: UNEP, 1995.

United Nations Environment Programme (UNEP)/United Nations Training and Development (UNITAR)/Inter-organization Programme for the Sound Management of Chemicals (IOMC) (2013). *Guidelines for national waste management strategies*: moving from challenges to opportunities. Nairóbi, Quênia: UNEP/UNITAR/IOMC, 2013. Disponível em: <www.unitar.org/sites/default/files/media/publication/doc/waste-management.pdf>. Acesso em 17/06/2023.

World Health Organization (WHO). *Overview of technologies for the treatment of infectious and sharp waste from health care facilities*. Geneve: WHO, 2019.

CAPÍTULO 6

Recuperação de resíduos

Por *recuperação de resíduos* entende-se qualquer processo, ou conjunto de processos, aplicado aos resíduos para devolver sua capacidade de satisfazer necessidades específicas. Portanto, é um modo de valorizar os resíduos, conferindo-lhes novas utilidades. O material descartado e reaproveitado possui utilidade e valor econômico; caso contrário, é um rejeito, devendo ser disposto em aterros ou destruído em incineradores. Conforme o tipo, a composição e o estado em que este se encontra, seu reaproveitamento pode ser realizado pelos seguintes modos: reúso, reciclagem, recuperação energética e compostagem. Remanufatura e recondicionamento não são aplicáveis a resíduos, mas aos bens de consumo duráveis e ativos produtivos, como máquinas e equipamentos.

Os benefícios da recuperação de resíduos são muitos e distribuem-se pelas dimensões econômica, social e ambiental do desenvolvimento sustentável. Os mais evidentes são: redução da necessidade de extração de material original do meio ambiente; redução da emissão de gases de efeito estufa; diminuição da taxa de esgotamento dos aterros, que, em geral ocupam áreas enormes, principalmente em médias e grandes cidades, onde chegam a ocupar mais de um milhão de metros quadrados, área que poderia ser mais bem utilizada com habitações, escolas, praças, hospitais, fábricas, armazéns, lojas, lavouras; redução dos gastos da municipalidade com a gestão dos resíduos; e geração de atividades econômicas, empregos diversificados e renda.

6.1 REÚSO

A Política Nacional de Resíduos Sólidos (PNRS) define *reúso* como "processo de aproveitamento dos *resíduos sólidos* sem sua transformação biológica, física ou físico-química".[1] Exemplos: sofá, armário, cama, fogão, utensílios domésticos, roupas, sapatos, utensílios domésticos descartados pelos seus detentores e que voltam a ser usados por outras pessoas nas mesmas funções ou em funções semelhantes. A legislação da União Europeia, uma das mais desenvolvidas do mundo sobre gestão de resíduos, considera reúso "qualquer operação pela qual produtos ou componentes *que não sejam resíduos* são utilizados novamente para o mesmo fim para os quais foram concebidos";[2] e define *preparação para reúso* como "operações de checagem, limpeza ou reparação pelas quais produtos ou componentes de produtos *que se tornaram resíduos* são preparados para serem reutilizados sem qualquer outro tipo de pré-processamento".[3] Note as expressões destacadas nesse trecho. Ou seja, a preparação para reúso conforme a União Europeia é o que a PNRS entende por reúso de resíduos. Ambos estão certos a seu modo, pois há dois tipos de reúso: o reúso de resíduo e o de não resíduo.

Este último se divide em dois subtipos: reúso industrial e reúso de bens de segunda mão. O industrial integra a cadeia de suprimento, o conjunto de agentes envolvidos direta ou indiretamente no atendimento às demandas dos consumidores ou usuários, como produtores de matérias-primas, fabricantes de componentes e produtos acabados, transportadores, armazenadores, certificadores, atacadistas, varejistas, além dos usuários ou consumidores.[4] Reúso de segunda mão é a continuação do uso de um bem por outro usuário, um prolongamento da cadeia de suprimento. A Figura 6.1 mostra uma cadeia de suprimento genérica, na qual as setas cheias representam os fluxos de matérias e bens em direção aos consumidores ou usuários finais; as setas interrompidas por traços, os fluxos de reúso de não resíduo; e as setas interrompidas por pontos, os fluxos de reúso de segunda mão.

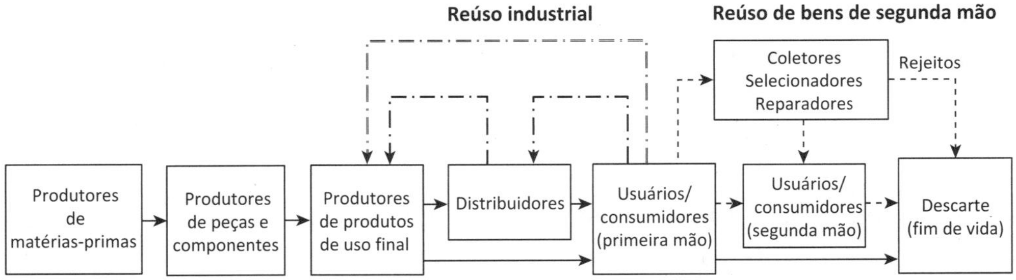

Figura 6.1 – Reúso de não resíduo em uma cadeia de suprimento genérica.

1 BRASIL. Lei 12.305/2010, art. 3º, XVIII. Grifo nosso.

2 UNIÃO EUROPEIA, Diretiva 2008/98, art. 3º. Grifo nosso.

3 Idem.

4 CARVALHO & BARBIERI, 2019, p. 293.

O *reúso industrial* é o retorno de bens usados aos seus fabricantes em bom estado de conservação para serem reusados como se encontram, passando apenas por operações de limpeza que não alteram sua forma ou composição originais.[5] Exemplos: garrafas de bebidas devolvidas ao ponto de venda pelos consumidores para que as mesmas bebidas sejam envasadas depois que as garrafas forem lavadas e higienizadas; embalagens de bens de consumo duráveis, que retornam aos seus fabricantes para embalar novamente o mesmo tipo de produto, após ser certificado que continuam íntegras para os propósitos a que se destinam. O reúso industrial ocorre dentro de condições preestabelecidas entre fabricantes, distribuidores e consumidores, envolvendo valores e considerações técnicas e fiscais.

O reúso de bem de segunda mão é a transferência de bens em condição de uso diretamente aos novos usuários pelos usuários originais (primeira mão), ou indiretamente, por meio de intermediários que os coletam, separam, reparam e distribuem, via comércio ou doação. Exemplos: carros, mobílias, eletrodomésticos, portas, janelas, telhas, livros e outros bens usados comercializados pelos seus proprietários no mercado de bens usados ou de segunda mão. Outros exemplos: roupas, calçados, cobertores, utensílios domésticos e outros bens doados pelos seus proprietários às pessoas necessitadas em campanhas de fraternidade ou de ajuda humanitária. Esses bens não são resíduos: são mercadorias e, como tais, possuem valor de uso e de troca, ainda que seja simbólico, como a satisfação do doador em fazer uma boa ação ou de se ver livre de bens que não lhe interessam mais.

Esse tipo de reúso movimenta uma indústria formada por coletores, triadores, reparadores, distribuidores e outros agentes econômicos especializados por tipos de resíduos, que captam bens reusáveis diretamente dos usuários. Um exemplo é empresa austríaca Refurbed, especializada em adquirir, reparar e comercializar produtos eletroeletrônicos de uso pessoal (smartphone, *iPhone*, *iPad*, notebook, tablet, monitor, scanner). Esses produtos são vendidos com preço até 40% menor do que os novos, com um ano de garantia e 30 dias para devolver sem custo se não for do agrado do comprador.[6] Cooperativas de catadores e associações beneficentes costumam coletar, selecionar e reparar bens para reúso de segunda mão.

Esse reúso também movimenta o comércio internacional, principalmente no sentido dos países desenvolvidos para os não desenvolvidos. Muitos países criaram listas de proibições e de exigências para autorizar a importação desses bens. No Brasil, a regra básica é a proibição da importação de produtos de consumo usados, exceto as realizadas diretamente, sem cobertura cambial e sob a forma de doação, por entes da federação, por instituições educacionais, científicas e tecnológicas, e por entidades beneficentes de utilidade pública e sem fins lucrativos, para uso próprio e para atender às suas finalidades institucionais, sem caráter comercial.[7]

---

5 ABNT NBR 9198:2010.

6 Disponível em: https://www.refurbed.at Acesso em 30/06/2023.

7 SECEX, Portaria SECEX nº 23, de 14/07/2011, art. 57.

O reúso de resíduos se faz com *resíduo reusável*, aquele em condições de realizar as mesmas funções do bem ou material original, com intervenções mínimas que não alterem suas características básicas originais. Esse reúso reaproveita bens descartados por seus usuários e que, posteriormente, são retirados do fluxo ou da massa de resíduos coletados, chegando aos novos usuários após passarem pelas operações de triagem, limpeza e reparos. Esse reúso também ocorre por meio de catação direta de resíduos reusáveis descartados em lixões, algo completamente em desconformidade com a PNRS. Como os resíduos reusáveis estiveram antes misturados com outros resíduos de vários tipos em condições diversas, eles possuem baixa qualidade, o que restringe a sua adoção e dificulta a sua distribuição pela via comercial. O ideal é que sejam descartados em pontos especiais de coleta para que não entrem em contato com a massa de resíduos, a fim de que se mantenham o mais íntegros possíveis.

O reúso de resíduos é um modo de reaproveitamento direto de resíduos que requer pouca ou nenhuma quantidade adicional de atividades e de recursos materiais e energéticos, embora possa exigir consertos, pequenos ajustes, calibragem, limpeza e até mesmo a substituição de alguns componentes, a fim de restituir sua antiga funcionalidade. Isso justifica que esteja à frente da reciclagem na ordem de prioridades da PNRS comentada no Capítulo 5.[8]

6.2 RECICLAGEM

Reciclagem é um modo de reaproveitamento de resíduos por meio de processos industriais que agem sobre suas propriedades físicas, físico-químicas ou biológicas, transformando-os outra vez em matéria-prima para a mesma finalidade ou outra qualquer.[9] *Resíduos recicláveis* são aqueles passíveis de serem reciclados, podendo ser ou não efetivamente reciclados, dependendo de: (1) condições técnicas, como suas propriedades e seu estado de conservação (por exemplo, ausência ou não de contaminantes e de partes degradadas); e (2) condições econômicas, como demanda, preço de mercado, quantidade ou lote econômico de processamento. Os tipos básicos de resíduos recicláveis são os seguintes:

a) resíduos industriais ou primários: gerados nos processos de manufatura, como cavacos, limalhas, carepas, retalhos, recortes, sobras, materiais em processo com defeitos, produtos refugados, entre outros resíduos pré-consumo;

b) resíduos pós-consumo: gerados ao fim de vida de produtos de consumo de massa e de suas embalagens, selecionados dos fluxos de resíduos comuns coletados em residências, escolas, escritórios, repartições públicas, pequenos estabelecimentos de comércio e serviço;

---

8 Veja Figura 5.1a

9 BRASIL. Lei 12.305/2010, art. 3º, XIV.

c) resíduos de obsolescência: gerados pela desatualização técnica ou pelo fim de vida de produtos de consumo durável e seus componentes (carros, geladeiras, fogões, eletrodomésticos, equipamentos eletroeletrônicos) e de ativos produtivos, como máquinas, equipamentos, instalações, instrumentos de medição e de controle. Uma fonte tradicional desse tipo de resíduo é conhecida genericamente por *ferro-velho*;

d) resíduos especiais para os quais existe legislação própria, como pneus, embalagens de agroquímicos, graxas e óleos lubrificantes, pilhas e baterias, resíduos do setor de saúde, de construção civil, nuclear.

Material reciclado é o material resultante de um processo de reciclagem que se apresenta como matéria-prima para a produção de novos produtos. Também é denominado *material secundário* para distingui-lo da matéria-prima virgem ou primária, aquela que ainda não foi processada em qualquer forma de produto acabado ou final.[10] *Produto reciclado* é um novo produto, feito com material reciclado. Quando o material reciclado não constitui a totalidade do material usado no novo produto, o correto é designá-lo *produto contendo material reciclado. Conteúdo reciclado absoluto* é a quantidade de material reciclado contido no novo produto medido em unidade de massa, quilograma (kg) pelo Sistema Internacional de Unidades (SI). O *conteúdo reciclado relativo* é a proporção ou porcentagem da massa de material reciclado contido em um produto, calculado de acordo com a seguinte fórmula:

$$\text{Conteúdo reciclado}\left(\%\right)=\left(\frac{\text{Massa de material reciclado}}{\text{Massa total do produto}}\right)100\%$$

O conteúdo reciclado pode ser constituído de mais de um material reciclado; por exemplo, um certo papel 100% reciclado disponível no mercado é constituído por 75% de resíduos industriais de papel (resíduo pré-consumo) e por 25% de resíduos pós-consumo, obtido de cooperativas de catadores de material reciclado e de aparistas, empresas dedicadas ao comércio de papel e papelão usados.

6.2.1 TIPOS DE RECICLAGEM

A reciclagem pode ser feita em circuito fechado (*closed-loop cycle*) ou aberto (*open-loop cycle*). A primeira ocorre quando o material reciclado é usado uma ou mais vezes para a produção dos mesmos produtos, ou produtos próximos substitutos com o mesmo grau de qualidade dos originais, na mesma organização que os gerou ou em outra do mesmo setor de atividade. Ou seja, o material reciclado retorna como matéria-prima na mesma empresa ou em empresas de cadeias de suprimento assemelhadas e

---

[10] ISO 18604:2013.

será utilizado para fabricar produtos iguais ou semelhantes.[11] Por exemplo, latas de alumínio recicladas para fabricar novas latas de alumínio, aparas de papel de escrita e impressão para fabricar o mesmo tipo de papel com o mesmo grau de qualidade.

A Figura 6.2a exemplifica um processo de produção sem reciclagem. Os 100 kg de materiais virgens usados para fabricar certo produto geram 100 kg de rejeitos encaminhados à disposição final após o fim de vida dos produtos. A continuidade da produção da mesma quantidade desse produto requererá igual quantidade de material virgem. Caso a reciclagem seja em ciclo fechado (Figura 6.2b), a quantidade de matéria-prima para produzir esse produto é suprida com 51 kg de material virgem e 49 kg de material reciclado do processo de produção e uso. Com isso, 51 kg é o total de rejeitos para disposição final, sendo 30 kg resultantes da produção e uso e 21 kg, do processo de reciclagem. Caso a eficiência desse processo fosse maior que 0,7, a quantidade de material reciclado seria maior, e o total de rejeitos, menor. Aumentar a fração reciclável dos produtos e reciclá-la ao máximo são objetivos das ecoinovações de produto e processo, a serem apresentadas no Capítulo 7.

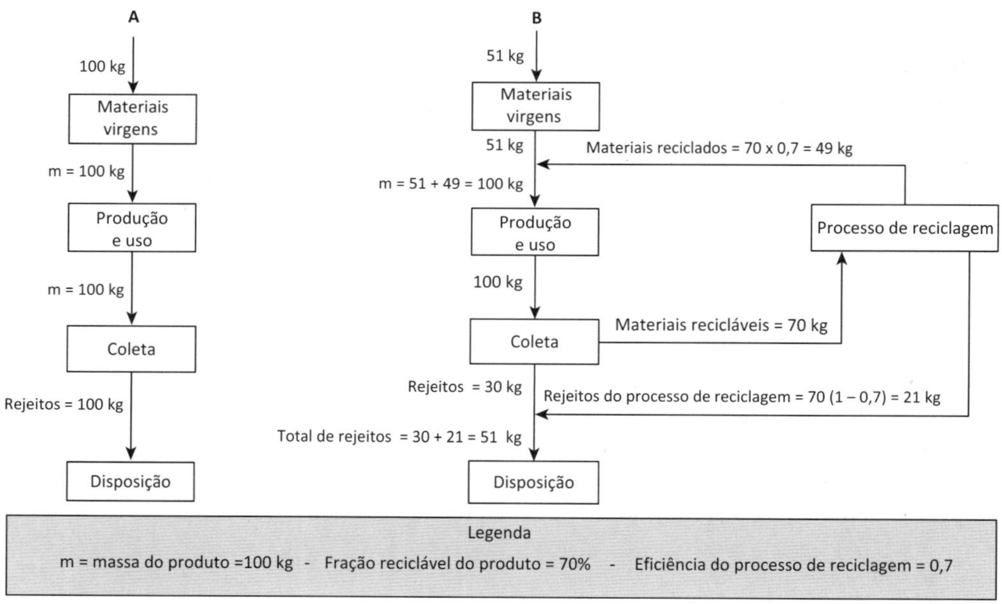

Figura 6.2 – Reciclagem em circuito fechado (*closed-loop*).

Fonte: GRAEDEL & ALLENBY, 2003, p. 172-173 (adaptado), com exceção dos os exemplos.

Pela reciclagem em circuito aberto, os materiais recuperados são usados em produtos diferentes dos anteriores. Exemplos: aparas de papel de escrita e impressão para fazer sacos de papel; garrafas usadas de plástico para fabricar madeira plástica ou tecido

11 VIGON et al., 1993, p. 87.

sintético; sucatas da fabricação de lata de aço para fabricar arames, vergalhões, treliças. Conforme exemplo da Figura 6.3, o Produto 1 usa 100 kg materiais virgens. Após seu fim da vida, 70 kg de resíduos recicláveis são processados, gerando 63 kg de material reciclado usado na fabricação do Produto 2. Assim, são necessários apenas 57 kg de materiais virgens para completar a quantidade total de matérias-primas requerida para fabricar este produto (120 kg). Ao fim da vida desse produto, 72 kg de resíduos recicláveis geram aproximadamente 50 kg para o Produto 3, que, por sua vez, pode conter uma fração de material reciclável utilizável em outro produto, e assim sucessivamente.[12] Por isso, a reciclagem em circuito aberto também é denominada reciclagem em cascata.

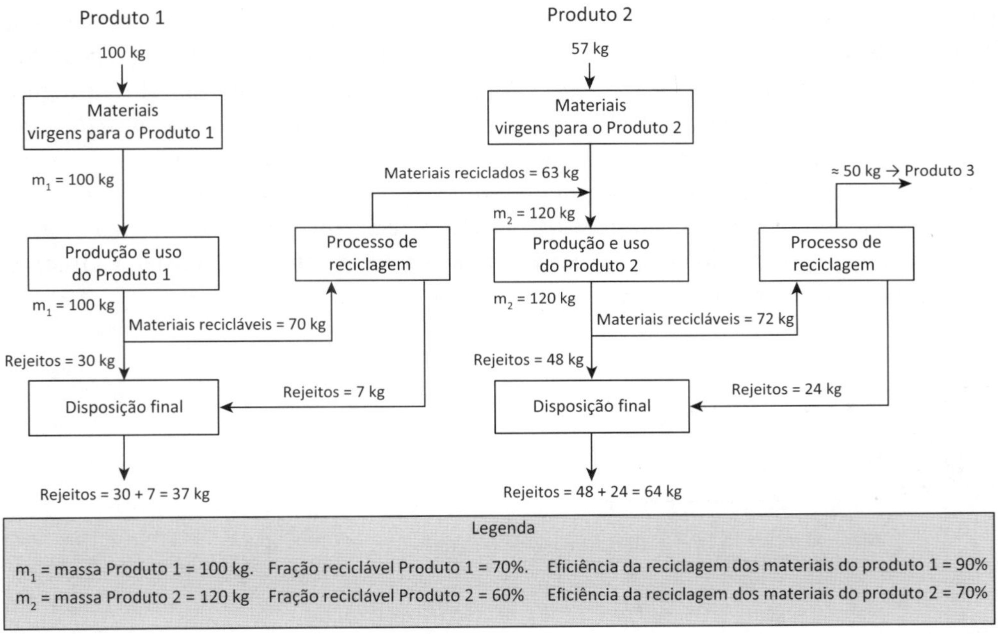

Figura 6.3 – Reciclagem em circuito aberto (*open-loop*).

Fonte: GRAEDEL e ALLENBY, 2003, p. 172-173 (adaptado), com exceção do exemplo.

Note que, em ambos os ciclos produtivos, há sempre uma quantidade de resíduos não reaproveitáveis enviados à disposição final. Os processos de reciclagem, como quaisquer outros, nunca são 100% eficientes. Esse fato decorre da degradação e da dissipação dos materiais submetidos aos processos de produção e uso. O caso mais evidente é a geração de poluentes do ar, da água e do solo. Do ponto de vista do processo de produção, os poluentes são percentuais de materiais adquiridos pelo produtor não incorporados aos produtos; portanto, são recursos produtivos desperdiçados, como ensinavam os mestres do Movimento da Qualidade.

---

[12] VIGON et al., 1993, p. 87-88.

6.2.2 QUALIDADE DO MATERIAL RECICLADO

A reciclagem de resíduos industriais ou primários ocorre nos mesmos estabelecimentos que os geraram (reciclagem interna) ou em outros semelhantes em operações e produtos (reciclagem externa). A qualidade do material reciclado internamente é comparável à do material original, devido à homogeneidade desses resíduos (mesmas propriedades físico-químicas e biológicas) e à ausência de contaminantes ou sujeiras, por terem sido separados em etapas específicas do processo de produção, como corte, usinagem, prensagem, tratamento superficial, moldagem, pintura e extrusão, o que evita que se misture com resíduos de outra natureza.

Concentrações significativas de contaminantes não eliminados completamente no processo de reciclagem reduzem as possibilidades de uso do material reciclado ao conferir-lhes propriedades não desejáveis para os fins a que se destinam, o que configura uma reciclagem inferior ou degradada, denominada *downcycling* (literalmente, do inglês: "reciclagem para baixo") na literatura especializada. *Downcycling* é um processo de reciclagem que gera materiais reciclados com qualidade inferior aos materiais virgens ou reciclados anteriormente (*downcycled*). É associado à reciclagem em ciclo aberto ou em cascata, na qual os materiais reciclados decaem em qualidade e valor de mercado à medida que as reciclagens se sucedem, até não serem mais interessante em termos econômicos e ambientais, como mostra a Figura 6.4.

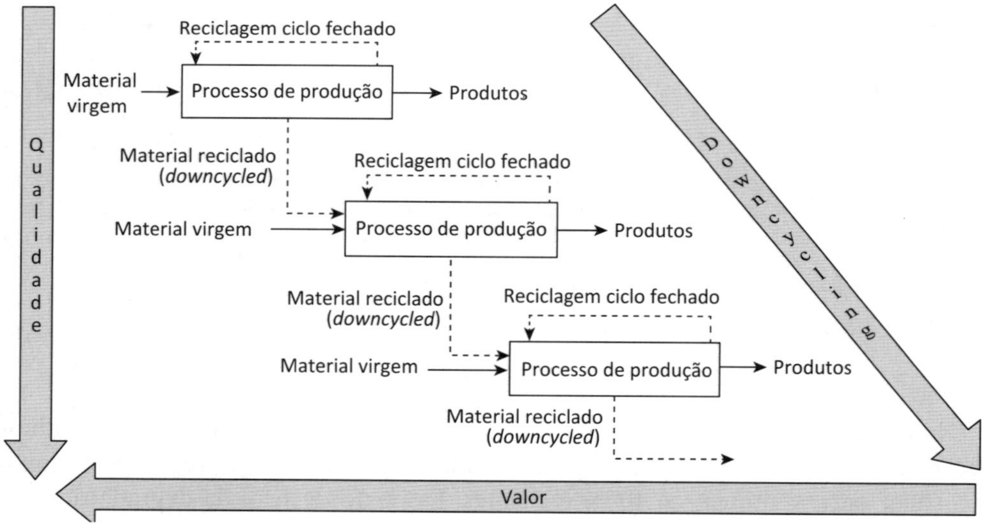

Figura 6.4 – Reciclagem em cascata – *downcycling*.

Fonte: Baseado em Hill, 2011, p 106.

Mesmo com a adição de material virgem ao material *downcycled*, o produto resultante será inferior ao fabricado somente com material virgem. O papel com conteúdo reciclado, ainda que em pequenas proporções, é sempre inferior ao fabricado exclusivamente com celulose virgem. A adição de material virgem é um modo de melhorar a qualidade do material *downcycled*, tornando-o apropriado para aplicações específicas. Exemplo: o aço longo para construção civil é produzido com elevada porcentagem de aço reciclado complementado com aço virgem. A perda da qualidade do material reciclado a cada processamento para reciclá-lo limita a quantidade de reciclagens possíveis. Por exemplo, papéis, em geral, não suportam mais do que cinco reciclagens, e o PET, não mais que quatro. Ou seja, o *downcycling* apenas retarda a disposição final desses resíduos.

O decaimento da qualidade do material *downcycled* decorre primeiramente das propriedades dos resíduos. Resíduos de papel, papelão e tecidos e outros constituídos por fibras que se quebram nos processos de reciclagem resultam em materiais com fibras menores e menos resistentes, o que limita suas aplicações. As ligações químicas dos compostos orgânicos são afetadas pelos processos de reciclagem, resultando em compostos com propriedades diferentes das originais, tornando-os impróprios para as mesmas finalidades anteriores. Com grânulos de PET virgem, fabricam-se garrafas de bebidas, porém, a reciclagem das garrafas usadas resulta em grânulos ou fibras de PET com qualidade inferior à do material virgem, não servindo mais para envasar bebidas, mas, sim, para fabricar produtos que requeiram matérias-primas de qualidade inferior, como carpetes, painéis, cordas, cerdas, baldes, mangueiras, sacos de lixo. Como mostra o Quadro 6.1, resíduos da construção civil reciclados não podem ser usados em funções estruturais, pois perdem resistência mecânica no processo de reciclagem.

A qualidade do material reciclado também decai devido às impurezas contidas na massa de materiais reciclados. O vidro exemplifica esse fato. Como os metais, ele pode ser total e infinitamente reciclado, o que é uma grande vantagem, pois seus constituintes (barrilha, areia, calcário etc.) são recursos não renováveis. A qualidade do vidro reciclável pode ser idêntica à do vidro original, aquele fabricado exclusivamente com esses constituintes, mas depende da ausência de impurezas, como fragmentos de espelhos, vidros temperados, cristais e outros vidros não recicláveis, bem como de metais, plásticos, areia, pedriscos. A presença dessas impurezas na massa de cacos reciclados gera imperfeições no vidro reciclado, como bolhas e trincas. A eliminação das impurezas evita a produção de vidro *downcycled*, uma área tecnológica concernente à separação de materiais sólidos específicos em fluxos de materiais sólidos recicláveis, ou seja, de tecnologias de separação sólido-sólido em misturas heterogêneas.

Quadro 6.1 – Reciclagem de resíduos da construção civil (RCC) – um exemplo de *downcycling*

Das quatro classes de RCC comentadas, apenas duas são passíveis de reciclagem: as classes A e B (veja o Quadro 5.6). A reciclagem de resíduos classe A gera agregados reciclados (materiais granulados), que devem ser produzidos em áreas isoladas e especialmente preparadas para esse fim. Essas áreas somente podem receber resíduos da classe A com procedência e composição conhecidas.[13] Somente resíduos previamente triados podem ser reciclados. O local da triagem deve respeitar as condições estabelecidas pela norma ABNT NBR 15114, a fim de garantir que a área recicle apenas resíduos classe A, inclusive o solo retirado de terraplanagem, com o mínimo de resíduos estranhos, para assegurar qualidade ao agregado reciclado.

A produção de agregados reciclados envolve: (1) seleção dos resíduos para separar os resíduos cerâmicos (tijolos, telhas, azulejos, lajotas etc.) dos resíduos de concreto; (2) trituração ou moagem; e (3) peneiramento para separar o material reciclado conforme a granulometria desejada.[14] A tecnologia é madura e consolidada, e os equipamentos são semelhantes aos usados em pedreiras: britadeiras, peneiras vibratórias, correias transportadoras, pás carregadeiras, caminhões basculantes.

O agregado reciclado classe A é um material granular na forma de areia, pedrisco, bica corrida e brita de diversas dimensões. Há dois tipos: o agregado reciclado de concreto (ARC) e o agregado reciclado misto (ARM), ambos podem ser miúdos ou graúdos. O ARC graúdo é composto de no mínimo 90% em massa de fragmentos à base de cimento Portland e rochas; o AMR pode ter menos de 90%; em ambos os casos, determinados conforme a NBR 15116.

O uso de agregados reciclados requer atenção às normas ABNT NBR 15115 e 15116. A primeira estabelece requisitos para usá-los como camadas de reforço do subleito, sub-base e base de pavimentos, bem como camada de revestimento primário, em obras de pavimentação.[15] A segunda, em vias não pavimentadas e no preparo de concreto sem função estrutural, podendo substituir, parcial ou totalmente, a areia e a brita virgens. Esse concreto pode ser usado como enchimentos, contrapisos, calçadas, fabricação blocos de vedação, guias, sarjeta, canaletas, mourões, placas de muro e outros artefatos sem funções estruturais.[16] É vedado o uso desses agregados em concreto estrutural, por sua menor resistência mecânica comparada à brita e à areia extraídas diretamente de pedreiras, portos de areia e outras fontes naturais.

Também ocorre *downcycling* quando há normas técnicas ou legais estabelecendo proibição ou limitação ao uso do material reciclado para as mesmas finalidades admitidas aos materiais virgens. Por exemplo, embalagens metálicas de alimentos não podem ser fabricadas com metais reciclados que contenham mais do que 1% de impurezas constituídas por arsênio, chumbo, mercúrio, antimônio, cádmio e cobre, considerados em conjunto, sendo que os três primeiros não podem individualmente exceder 0,01% do metal reciclado. Note que a limitação é apenas para embalagens de

[13] ABNT NBR 15114:2004.

[14] Ibidem.

[15] ABNT NBR 15115:2004.

[16] ABNT NBR 15116:2004.

alimentos; para embalar tintas e vernizes, esses limites de impureza podem não ser limitantes. Outro exemplo, o uso do PET pós-consumo reciclado em embalagem que entra em contato com alimentos somente é admitido se atender às exigências legais e que não são poucas.[17]

6.2.3 *UPCYCLING*

Upcycling (do inglês, "reciclagem para cima") é o processamento de resíduos que geram materiais reciclados (*upcycled*) com qualidade superior à dos materiais originais, o que lhes conferem valores de mercado igualmente superiores. Obter materiais reciclados com qualidade e valor superiores aos materiais originais soa parecido com busca do moto perpétuo, o *perpetuum mobile* dos alquimistas, artistas e filósofos de outras eras, inclusive uma obsessão de *Messer* Leonardo da Vinci, o gênio-síntese do Renascimento. Enquanto a ciência moderna enterrou de vez essa busca, principalmente com a segunda lei da termodinâmica, o *upcycling* parece escorar-se na ciência e dá mostra que não é um sonho impossível.

Um ilustre desconhecido até o início deste século, o *upcycling* teve sua popularidade alavancada pela obra de William McDonough e Michael Braungart, que o associou ao ciclo de vida do produto do *berço ao berço* (*cradle to cradle*), um ciclo que imita o sistema natural, no qual o conceito de resíduos não existe.[18] Desse modo, a produção e o consumo dos humanos deixariam de gerar resíduos porque seriam reduzidos ao máximo, tanto por meio da adoção de melhores tecnologias de produto e de processo, incluindo tecnologias de reciclagem, quanto pelo consumo consciente e pelo descarte responsável. Essa é a ideia central das propostas de *resíduo zero* (*zero waste*), a qual atualmente embala incontáveis projetos de gestão de resíduos mundo afora, com objetivos específicos de reduzir ao máximo, se possível a zero, os rejeitos aterrados e incinerados. Dentro dessa perspectiva, não haveria lugar para o *downcycling*, que irremediavelmente gera rejeitos cujo destino são aterros e incineradores. Assim, o *upcycling* ganhou prestígio, desencadeou estudos, experimentos e práticas diversas que ampliaram seu entendimento e passou a ter um lugar de destaque na moderna economia circular associada ao desenvolvimento sustentável.

O *upcycling* pode ser entendido como um processo de reciclagem que produz materiais reciclados de alta qualidade, o que não significa qualidade superior à dos materiais originais ou virgens, pois, tecnicamente, isso não é possível. É fato amplamente conhecido que a qualidade do produto depende da qualidade da matéria-prima, como grau de pureza, presença de defeitos, materiais com especificações variadas. Isso também ocorre com a reciclagem: a qualidade do material reciclado (produto da reciclagem) depende da qualidade do resíduo reciclável (matéria-prima da reciclagem). Assim, quanto mais próximo das características da matéria-prima original, maior a

---

[17] ANVISA RDC 20/2008.

[18] MCDONOUGH e BRAUNGART, 2002, p. 102-110.

qualidade do material reciclável. A qualidade de materiais reciclados pode ser aumentada, preocupando-se com ele desde a concepção e projeto dos produtos que os incorporam, de modo que, ao fim da vida do produto, os materiais que o compõem possam ser separados facilmente e sem se impregnar de outros materiais, para que a massa reciclável seja mais pura e homogenia.

Também pode ser entendido como aproveitamento de resíduos e materiais naturais (cascas, galhos, folhas, conchas, areia, pedregulhos) para elaborar produtos baseados em designs criativos que lhes conferem valor pela usabilidade, estética e sintonia com os movimentos de defesa do meio ambiente, consumo sustentável, apoio a grupos vulneráveis, entre outros. O resultado desse tipo de *upcycling* não é material reciclado, mas, sim, produtos de uso final; o processo de produção não é industrial, mas artesanal; não se destina aos mercados de massa, mas aos de nicho. A Figura 6.5 apresenta um exemplo desse tipo de *upcycling*, pelo qual os resíduos, reformados e remodelados, são combinados com materiais naturais de modo criativo e que extrapola as funções precípuas dos produtos ao atribuir-lhes não somente valor econômico, mas também estético e simbólico.

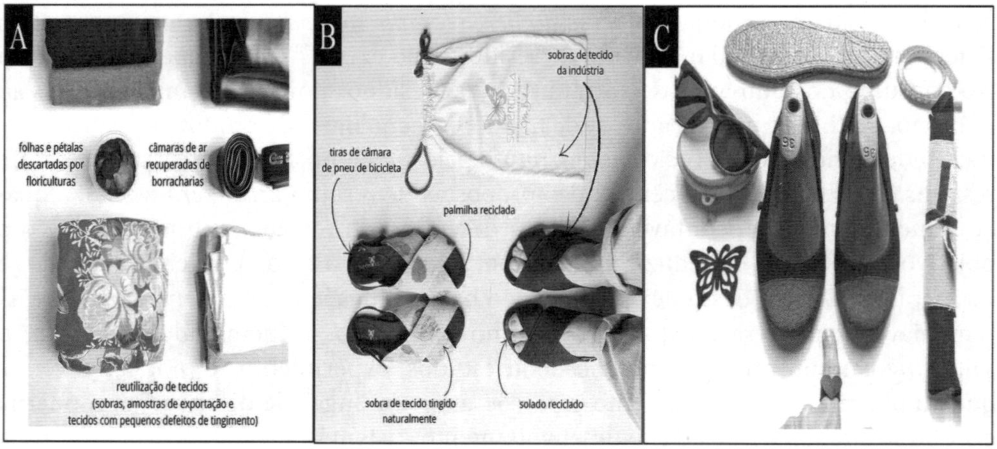

Figura 6.5 – Exemplo de *upcycling* enquanto reúso – (a) resíduos; (b) e (c) produtos.

Fonte: cortesia de Supercicla, by Marta Alves Barbieri.

6.2.3 TECNOLOGIAS DE RECICLAGEM

O *downcycling* ocorre com as tecnologias convencionais de reciclagem, as que produzem materiais reciclados da mesma natureza dos originais, por exemplo, cacos de vidros em chapa de vidro, sucatas de alumínio em lingotes de alumínio, papel usado em papel reciclado. Essas tecnologias derivam das tecnologias de produção do material virgem, quando não são as mesmas. A reciclagem de papel, por exemplo, utiliza os mesmos equipamentos para a produção de papéis a partir de celulose virgem. Os mesmos altos-fornos que processam minérios para produzir aço, cobre, alumínio, zinco e outros metais também processam suas sucatas. Essas tecnologias são constantemente aprimoradas por inovações que aumentam a eficiência dos processos, reduzem os custos operacionais e melhoram a qualidade do material reciclado, sem alcançar a qualidade do material virgem, pelos motivos já comentados. Sendo assim, uma reciclagem que resulte em material reciclado igual ao original, *upcycled*, teria de ser obtido em processos não convencionais. A reciclagem de resíduos plásticos, resumida no Quadro 6.2 ilustra essa questão.

Quadro 6.2 – Reciclagem de resíduos plásticos – metodologias e produtos

Como mostra a Figura a seguir, há duas metodologias básicas para se reaproveitarem resíduos de plásticos: (1) reciclagem (a) mecânica, (b) química ou (c) biológica; e (2) recuperação de energia na forma de vapor, calor ou eletricidade, na qual os resíduos plásticos são usados como substitutos de combustíveis fósseis primários para produzir energia útil por meio de combustão direta e controlada.[19]

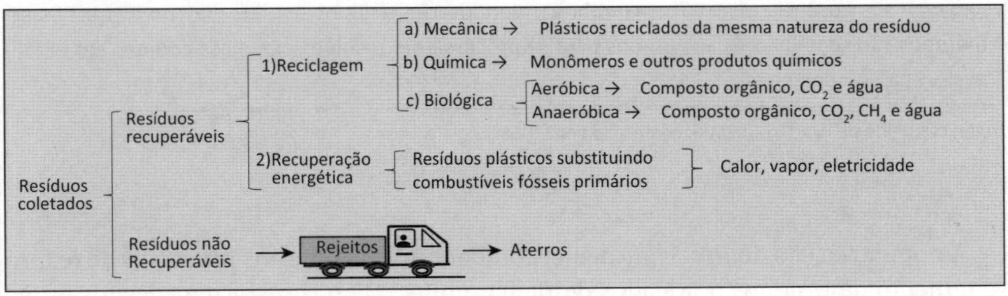

A reciclagem mecânica (1a) é o processo convencional que transforma resíduos plásticos recicláveis em plásticos reciclados sem alterar significativamente a sua estrutura básica,[20] por exemplo, resíduos de polietileno de alta densidade (PEAD) são transformados em PEAD reciclado. Os resíduos coletados são separados por tipo de molécula, lavados, secos, triturados e fundidos, a fim de transformá-los em matérias-primas secundárias, prontas para a fabricação de produtos e peças de plástico. É a reciclagem mais utilizada pela simplicidade técnica, frente às demais, além de envolver menores custos de capital e de operação, o que impõe menores barreiras à entrada de novos recicladores no mercado.

---

19 ISO 15270:2008, confirmada em 2018.

20 ISO 15270:2008, confirmada em 2018.

A reciclagem química (1b) é um processo não convencional, embora tenha uma longa história para contar. Reações químicas alteram a estrutura dos resíduos, convertendo-os em monômeros, pequenas moléculas precursoras dos plásticos (polímeros), ou em novas matérias-primas.[21] Etileno, estireno, propileno, cloreto de vinila e outros monômeros resultantes da reciclagem química possuem estruturas idênticas às produzidas a partir da nafta, um produto da cadeia do petróleo. Exemplos: a despolimerização do PEAD resulta no etileno (C_2H_4); a do cloreto de polivinila (PVC), em cloreto de vinila (CH_2CHCl). Com esses monômeros, pode-se obter novas resinas virgens, e, com elas, produtos de alta qualidade.

Os monômeros reciclados alcançam preços idênticos aos originais, caso tenham níveis de qualidade compatíveis, e que podem ser obtidos com processos adicionais de purificação. Além de monômeros, conforme o método adotado (pirolise, gaseificação, dissolução por meio de solventes etc.), pode-se obter combustíveis e outros produtos químicos. A pirólise, um processo de decomposição térmica na ausência de oxigênio, pode recuperar os monômeros contidos nos resíduos e gerar gases e líquidos combustíveis, como o conhecido óleo de pirólise.

A reciclagem biológica (1c) é aplicada aos resíduos de plásticos biodegradáveis por meio do uso de microrganismos em condições controladas. Plásticos biodegradáveis ou biopolímeros são aqueles produzidos com matéria-prima obtida de recursos renováveis. A reciclagem na presença de oxigênio (compostagem) produz resíduos orgânicos estabilizados, dióxido de carbono (CO_2) e água; na sua ausência (digestão anaeróbica), além desses resíduos, produz metano (CH_4).[22] Esses métodos são semelhantes aos usados para se processarem resíduos orgânicos comuns em biodigestores e composteiras.

Fonte: resumido de ISO 15270:2008, confirmada em 2018.

A popularização do *upcycling* deu visibilidade aos incontáveis processos de reaproveitamento de resíduos praticados desde há muito, como transformar dejetos humanos e animais em gases nos milenares digestores e biodigestores, aproveitar os restos de colheitas para alimentar animais, sobras de serraria, carpintaria e marcenaria para produzir placas e painéis. E tornou-se um modo de pensar sintonizado com o conceito *do berço ao berço*, no qual qualquer resíduo pode em princípio ser recuperado e reinserido na cadeia produtiva, seja como materiais, seja como energia. Os avanços científico e tecnológico alimentam essa perspectiva. Graças às ecoinovações, muitos resíduos saíram das listas dos não recicláveis ou de reciclagem difícil, como gesso, isopor, embalagens longa vida, espumas vinílicas, lâmpadas; outros aguardam a otimização dos processos para se viabilizarem economicamente. No entanto, problemas não faltam; um dos mais graves concerne aos resíduos eletroeletrônicos (*e-waste*),[23] como mostra o Quadro 6.3.

---

21 ISO 15270:2008, confirmada em 2018.

22 Ibidem.

23 Outros termos usuais em inglês: *e-scrap*, *e-flow*, *waste electrical and electronic equipment* (WEEE).

Quadro 6.3 – Reciclagem de resíduos de equipamentos eletroeletrônicos – um resumo

Equipamentos eletroeletrônicos (EEE) são equipamentos, partes e peças cujo funcionamento adequado depende de correntes elétricas ou campos eletromagnéticos, bem como os equipamentos para geração, transmissão, transformação e medição dessas correntes e campos, podendo ser de uso doméstico, industrial, comercial e de serviços.[23] Exemplos: eletrodomésticos, equipamentos de informática e telecomunicações, de iluminação, ferramentas e brinquedos eletroeletrônicos, instrumentos e equipamentos eletromédicos e hospitalares. Envolve uma ampla variedade de tipos, modelos e marcas, bem como de tamanhos, abrangendo equipamentos de centenas de toneladas, como grandes transformadores e geradores, até objetos leves e miúdos como plugues, carregadores de bateria, celulares, pen drivers, microfones e fones de ouvido.

Resíduos eletroeletrônicos (REEE) são EEE que chegaram ao fim de vida útil ou cujo uso foi descontinuado.[24] Estão entre os mais desafiantes de todos os tipos de resíduos pelas suas quantidades e características. São os que mais crescem no mundo. Estima-se que cerca de 50 milhões de toneladas foram produzidas em 2018, o equivalente a 4.500 torres Eiffel. A ONU comparou seu crescimento vertiginoso a um tsunami. Desse total, 40 milhões de toneladas foram descartadas em aterros, queimadas ou comercializadas de modo ilegal ou abaixo dos padrões mínimos de qualidade.[25]

Essa quantidade já seria um problema e tanto, mas fica ainda pior diante das suas características. Começando pelo fato de serem resíduos os próprios EEE em fim de uso, o que demanda atividades de *manufatura reversa*, processo de desmonte dos REEE em partes e peças, insumos ou matérias-primas, sem a obtenção de novos produtos.[26] Os REEE, em seu conjunto, são formados por diversos tipos de materiais de engenharia: metais, polímeros, elastômeros, cerâmicas, compósitos. Milhares de substâncias e compostos são usados em EEE, muitos deles perigosos, como as biofinilas usadas como retardantes de chamas, ou causadores de efeito estufa, como o hexafluoreto de enxofre (SF_6) usado como isolante de equipamentos de alta tensão, e os hidrofluorocarbonetos (HFC), em equipamentos de ar-condicionado. A norma ABNT NBR 16156 apresenta uma longa lista não exaustiva de substâncias que conferem periculosidade aos REEE.

Mais de 60 elementos da tabela periódica são usados em EEEs e depois viram resíduos. A Figura 6.6 apresenta alguns dos mais problemáticos e a natureza do seu principal problema. Os elementos críticos apresentam importância econômica e risco de suprimento elevados, pois comparecem apenas com alguns gramas por tonelada de rocha. Vários desses elementos apresentam taxas de reciclagem baixa por várias razões (Tabela 6.1), mesmo quando há tecnologias consolidadas. Muitos elementos estão presentes em pequenas quantidades por unidade de REEE e acabam se perdendo ou dissipando-se pela dificuldade de coleta. Por exemplo, um celular sem bateria contém, em média, 250 miligramas (mg) de prata, 24 mg de ouro, 9 mg de paládio e 9 gramas (g) de cobre.[27] Note na Tabela 6.1 que, entre os elementos com as menores taxas de reciclagem, estão os metais de alta tecnologia (berílio, gálio, germânio, lítio, índio, neodímio, paládio, tântalo, zircônio etc.), altamente usados na produção de EEE, cuja demanda aumentará com o avanço da Quarta Revolução Industrial (veja Quadro 1.7).

---

24 ABNT NBR 16156:2013.

25 Ibidem.

26 PACE/WEF, 2019.

27 ABNT NBR 16156:2013.

28 UNEP/IRP, 2013, p. 73.

A enorme variedade de EEE em diferentes estados de conservação impõe dificuldades à manufatura reversa (Figura ao lado), tornando lentas as atividades de desmonte, separação, classificação, descaracterização e direcionamento dos resíduos aos tratamentos pertinentes: (1) os componentes conservados em bom estado para reúso; (2) as frações contendo metais, plásticos, vidros e outros materiais recicláveis aos estabelecimentos recicladores; (3) os materiais sem condições de reuso e reciclagem, para aterros e recuperação energética.

O desmonte é feito equipamento a equipamento como em um sistema de produção unitário. Como lidam com materiais perigosos, essas atividades requerem cuidados especiais para assegurar condições de saúde e segurança aos trabalhadores e evitar impactos ambientais adversos. Tudo isso conspira para manter baixa a taxa de reciclagem e alto o comércio e a transferência irregulares ou ilegais de REEE.

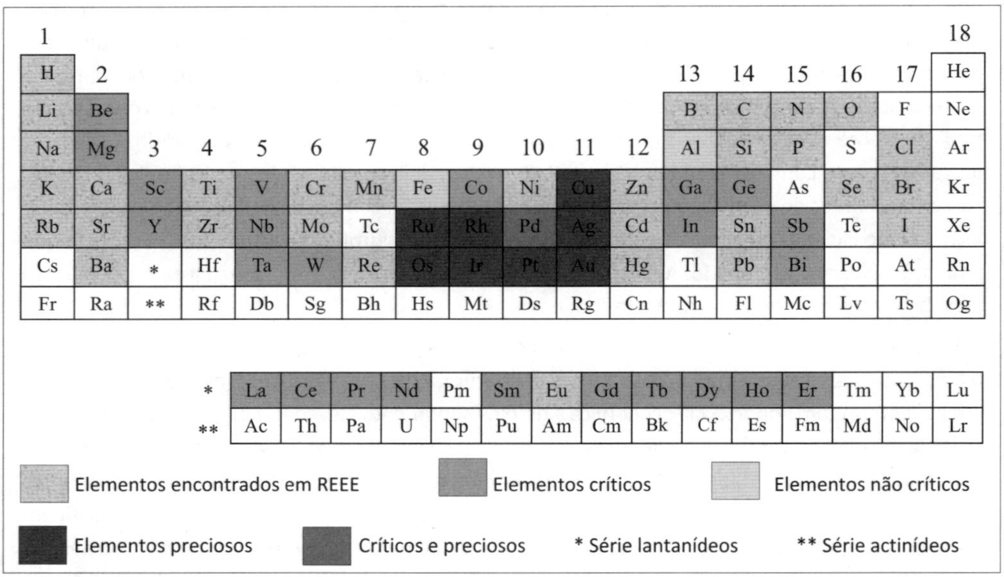

Figura 6.6 – Tabela periódica: elementos encontrados em REEE.

Fonte: FORTI et al, 2020, p. 58.

Tabela 6.1 – Taxa de reciclagem de elementos encontrados em REEE selecionados

Taxa de reciclagem em %						
Menos que 1%		**1 a 10%**	**10 a 25%**	**25 a 50%**	**Mais de 50%**	
Arsênio (As)	Lantânio (La)	Antimônio (Sb)	Cádmio (Cd)	Magnésio (Mg)	Alumínio (Al)	Nióbio (Nb)
Bário (Ba)	Lítio (Li)	Cálcio (Ca)	Tungstênio (W)	Molibdênio (Mo)	Cobalto (Co)	Níquel (Ni)
Berilo (Be)	Neodímio (Nd)	Césio (Cs)			Cobre (Cu)	Ouro (Au)
Cério (Ce)	Praseodímio (Pr)	Mercúrio (Hg)			Cromo (Cr)	Prata (Ag)
Érbio (Er)	Samário (Sm)	Potássio (K)			Chumbo (Pb)	Rênio (Re)
Escândio (Sc)	Selênio (Se)	Silício (Si)			Estanho (Sn)	Titânio (Ti)
Estrôncio (Sr)	Tálio (Tl)	Sódio (Na)			Ferro (Fe)	Zinco (Zn)
Európio (Eu)	Tântalo (Ta)	Rubídio (Rb)				
Gadolínio Gd)	Telúrio (Te)					
Gálio (Ga)	Térbio (Tb)					
Germânio (Ge)	Itérbio (Yb)					
Hólmio (Ho)	Ítrio (Y)					
Índio (In)	Zircônio (Zr)					

Fonte: PACE/WEF, 2019, p. 8.

As vantagens econômicas dos materiais *upcycled* em relação aos reciclados pelos processos tradicionais estimulam o surgimento de tecnologias radicalmente diferentes das convencionais. A reciclagem convencional gera *commodities*, produtos primários de baixo valor agregado e sujeitos a intensa oscilação no mercado, enquanto o *upcycling* pode gerar produtos de alto valor com usos específicos. Por exemplo, os óxidos condutores transparentes (TCF) são componentes essenciais de diversos dispositivos eletrônicos, como telas e painéis de cristal líquido e telas sensíveis ao toque (*touch screen*). O óxido de índio-estanho (ITO) é o material mais usado como TCF devido à sua excepcional condutividade elétrica e estabilidade. Todavia, o alto custo do processo de manufatura do ITO e a escassez do elemento índio (In) têm demandado esforços de P&D para encontrar um substituto de baixo custo. Entre esses esforços, merece destaque a transformação exitosa de filmes finos de polietileno (PE) em TCF, por meio de oxidação térmica, o que abre caminho para o uso de resíduos de PE para produzir materiais para dispositivos eletroeletrônicos de alto valor.[29]

A reciclagem pode contribuir efetivamente para melhorar a sustentabilidade ambiental ao reduzir a necessidade de extração recursos naturais, principalmente os não renováveis, e a taxa de enchimento dos aterros. É um tema central do desenvolvimento sustentável e está contemplada em uma das metas do Objetivo de Desenvolvimento Sustentável (ODS), voltado para a promoção de padrões de produção e consumo sustentável, a saber: "até 2030, reduzir substancialmente a geração de resíduos por meio da prevenção, redução, reciclagem e reúso".[30]

A energia usada nos processos de produção, distribuição e consumo, bem como nas atividades de gestão de resíduos e reciclagem, não são recuperadas após sua utilização. No entanto, a reciclagem economiza energia em comparação com a produção de materiais virgens a partir de recursos naturais. Por exemplo, a produção de aço reciclado economiza entre 60 e 75%; a do alumínio, mais de 90%, percentuais ainda mais expressivos por referirem-se a materiais cuja produção é intensiva em energia. Embora nem todos os materiais recicláveis tenham desempenho semelhante nesse quesito, qualquer percentual de economia de energia importa por requerer elevados investimentos para aumentar a sua oferta.

A reciclagem é um processo industrial de transformação de materiais e, como tal, um potencial gerador de problemas ambientais. Como qualquer processo produtivo, gera poluentes gasosos, líquidos e sólidos, de modo que os estabelecimentos recicladores estão sujeitos à observância do controle de poluição, como mostrado no Capítulo 4. A reciclagem consome água, energia e materiais auxiliares diversos, muitos deles virgens, o que a torna um alvo permanente de ecoinovações para aumentar a eficiência dos processos, a taxa de recuperação de resíduos recicláveis e economizar recursos adicionais. É uma atividade econômica que gera empregos e renda. O ambiente de trabalho de uma recicladora, como qualquer estabelecimento processador de material, é propício a situações de acidentes e insalubridade, o que requer medidas de segurança e saúde ocupacional adequadas. Sem as providências mencionadas, o estabelecimento reciclador será mais um processo a degradar o meio ambiente.

---

29 CHOI et al., 2018. Obs.: TCF, do inglês *Transparent Conducting Film*; ITO, *Indium Tin Oxide*.

30 Agenda 2020, ODS 12, meta-12.5. Disponível em: https://brasil.un.org/pt-br/search?key=transformando+nosso+mundo+.

6.3 RECUPERAÇÃO DE ENERGIA

A recuperação de energia dos resíduos ou valorização energética de resíduos (*waste-to-energy*) pode ser feita pela via direta ou indireta. A primeira se efetiva pela utilização da energia produzida pela combustão da massa de resíduos a altas temperaturas, entre 800 e 1.200 °C. Ou seja, o resíduo é o próprio combustível que produz calor, vapor ou energia elétrica. A incineração e o coprocessamento são métodos de produção de energia diretamente dos resíduos. A recuperação indireta transforma os resíduos em combustíveis, que são convertidos no tipo de energia desejada, como calor, eletricidade, iluminação, acionamento de veículos e outros. São exemplos a digestão anaeróbica e a pirólise.

A incineração, como comentado no Capítulo 5, é um método de tratamento de resíduos a alta temperatura para reduzir sua massa, seu volume e sua periculosidade pela destruição da fração orgânica contida na massa de resíduos. Em geral, obtém-se uma redução em torno de 70% da massa e 90% do volume, com eliminação completa dos contaminantes patogênicos A presença de substâncias tóxicas não combustíveis na massa de resíduos, algo quase impossível de ser eliminado, por melhor que seja a triagem, gera compostos gasosos poluentes, alguns de alta toxicidade, independentemente da melhor técnica de incineração. Por isso, os equipamentos de controle da poluição são componentes essenciais dos incineradores. Além desses gases, a incineração gera cinzas volantes e de fundo, e efluentes líquidos e semissólidos provenientes da lavagem de gases.[31]

Os incineradores convencionais foram concebidos e projetados prioritariamente para tratar resíduos. A produção de energia é um objetivo secundário decorrente do calor gerado pela combustão dos resíduos. Caldeiras, turbinas e outros equipamentos são adicionados ao sistema de tratamento de resíduos para captar o calor e transformá-lo em energia. As *usinas de recuperação de energia* (URE) são incineradores concebidos e projetados para prioritariamente recuperar a energia contida nos resíduos, enquanto reduz seu volume e periculosidade. Ou seja, são usinas termoelétricas que usam resíduos como combustíveis. Elas podem substituir as usinas termoelétricas movidas a combustíveis fósseis, ao mesmo tempo que tratam os resíduos do município.

A propósito, no âmbito da União Europeia, região que tem muito a ensinar sobre gestão integrada de resíduos, com mais de 50 décadas de experiências sem interrupções, a incineração de resíduos sólidos urbanos (RSU) cresceu 110% em toneladas incineradas de 1995 a 2018, ou 285% em kg/per capita, enquanto a disposição em aterros diminuiu 57% em toneladas aterradas e 59% em kg/per capita nesse mesmo período.[32] A política da União Europeia estabeleceu metas ambiciosas para aumentar a incineração de resíduos com valorização energética e diminuir a disposição final em aterros. A legislação europeia entende a recuperação de energia de resíduos como

---

[31] IPT, CEMPRE, 2000.

[32] EUROPEAN COMMISSION/EUROSTAT, 2021.

valorização de resíduos e coloca-a na hierarquia de prioridades aplicável à sua política e gestão de resíduos.[33]

O interesse crescente pelas URE deve-se: (1) à escassez de locais para aterros que preencham todos os requisitos normativos, bem como seu alto custo de operação e manutenção, inclusive após o encerramento; (2) aos avanços tecnológicos que aumentaram sobremaneira a eficiência dos incineradores, tanto na produção de energia quanto no controle da poluição, alcançando elevados índices de retenção de poluentes, tornando-os inofensivos à saúde humana e ao meio ambiente; (3) à necessidade crescente de substituir combustíveis fósseis na geração de energia elétrica a fim de reduzir a emissão de gases de efeito estufa (GEE), em atenção aos compromissos relativos à implementação da Convenção-Quadro das Nações Unidas sobre Mudanças do Clima; (4) à dificuldade de lidar com resíduos degradados pelos sucessivos *downcycling*, bem como os resíduos contaminados e degradados em geral; (5) à possibilidade de recuperar metais contido nas cinzas de fundo (*bottom ashes*), entre eles os metais críticos, como os indicados na Figura 6.6, originados pelo descarte irregular de REEE pequenos e miúdos junto aos resíduos domésticos.

Esse último fator favorável aos URE deve-se ao ambiente urbano atual contendo metais variados e em quantidade, o que o torna análogo às jazidas minerais existentes na natureza, daí a denominação *minas urbanas* (*urban mines*), usada pelos estudiosos do assunto. Parte desses metais são disseminados em pequenas frações descartadas como resíduos domésticos, principalmente os aplicados aos EEE, conforme mencionado. Não sendo incineráveis, esses metais vão compor as cinzas de fundo, que seriam como veios ou filões dessas minas a serem explotadas por meio da reciclagem. Caso as tecnologias de reciclagem não estejam suficientemente desenvolvidas ou economicamente viáveis, as cinzas depositadas em aterros industriais seriam como reservas minerais conhecidas à espera de ecoinovações que sanem esses problemas.

A URE pode estar mais próxima dos geradores de resíduos, o que reduz as distâncias percorridas pelos veículos coletores de resíduos e, consequentemente, o consumo de combustível e o custo da coleta. Essa possibilidade adveio dos avanços tecnológicos que tornaram suas operações limpas, incluindo o transporte dos resíduos e a retirada das cinzas. Um exemplo é a usina térmica Spittelau, localizada na região central de Viena, na Áustria, que processa cerca de 250 mil toneladas de RSU por ano, coletadas no seu entorno, e produz cerca de 60 gigawatt/hora (GWh) de energia elétrica, fornecendo-a para 50 mil residências, e 500 GWh de calor para 60 mil. Essa usina usa tecnologias de alto desempenho em combustão, geração de energia e controle da poluição, inclusive sonora e vibratória, tornando segura a sua presença nessa área densamente habitada e visitada por turistas de todo o mundo. O edifício da usina (Figura 6.7) foi projetado pelo famoso arquiteto austríaco Friedensreich Hundertwasser, cuja beleza e singularidade da construção atraem intensa visitação turística.[34] Esse exemplo mostra que é possível adicionar preocupações estéticas às URE, embelezando o local que os abriga.

---

[33] Parlamento Europeu e Conselho da União Europeia, Diretiva 2008/98/CE.

[34] *Wien energy*, disponível em: <https://positionen.wienenergie.at/en/projects/spittelau-waste--incineration-plant/> Acesso em 01/07/2023.

Figura 6.7 – Vistas parciais da usina térmica Spittelau, em Viena, Áustria.

Fonte: acervo do autor.

6.3.1 A RECUPERAÇÃO ENERGÉTICA NO BRASIL

A PNRS estabelece que "o gerenciamento de resíduos sólidos deve observar a seguinte ordem de prioridade: não geração, redução, reutilização, reciclagem, tratamento dos resíduos sólidos e disposição final ambientalmente adequada dos rejeitos".[35] A recuperação energética encontra-se inclusa como tratamento de resíduo sólido urbano (RSU), desde que comprovada a viabilidade técnica e ambiental da tecnologia utilizada.[36] Em 2019, a recuperação energética de RSU foi reconhecida como uma forma de destinação final ambientalmente adequada no âmbito da PNRS, desde que observada a ordem de prioridade citada e restrita a: (1) resíduos de limpeza urbana, originários da varrição, limpeza de logradouros e vias públicas e outros serviços de limpeza urbana; (2) resíduos domiciliares, originários de atividades domésticas em residências urbanas; e (3) resíduos de estabelecimentos comerciais e prestadores de serviços equiparados aos resíduos domiciliares pelo poder público municipal.[37]

A produção de energia por incineradores encontra adversários no mundo todo. Uma amostra pode ser vista no portal da Global Alliance for Incinerator Alternatives,[38] uma organização não governamental com membros presentes em mais de 90 países. Não faltam tentativas de demonização, como sugere o slogan frequente em manifestações públicas: *Deus recicla, o diabo queima* (*God recycles, devil burns*). Inclusive há o dia internacional de protestos contra os incineradores: 14 de julho. No Brasil, os incineradores são vistos com desconfiança porque: (1) os do passado eram muito mais fontes de problemas do que de soluções para os resíduos, pela deficiência do controle de poluentes gerados; (2) os resíduos recicláveis poderiam ser perdidos para sempre ao serem incinerados; (3) as URE foram desenvolvidas para as condições dos países desenvolvidos, cujos resíduos são mais homogêneos e mais secos por terem menor quantidade de material orgânico proveniente da preparação de alimentos *in natura*.

---

[35] BRASIL, Lei 12.305, art. 9º caput.

[36] Idem, art. 9º, §1º.

[37] BRASIL, Portaria interministerial 274 de 2019, art. 3º.

[38] Disponível em: <https://www.no-burn.org>.

O argumento (1) apoia-se no histórico dos incineradores de baixo desempenho do passado. Por exemplo, os incineradores instalados nas décadas de 1960 e 1970 na cidade de São Paulo, alguns dos quais funcionaram até o início do século XXI, possuíam apenas a chaminé como mecanismo de controle de poluição atmosférica e não recuperavam a energia da queima dos resíduos. Considerados feios, sujos, encardidos, barulhentos e malcheirosos pela população local, foram alvos de inúmeras manifestações para encerrar suas operações. Porém, as constantes inovações nos processos de combustão, recuperação de energia e controle da poluição tornaram os incineradores eficientes e seguros.

O argumento (2) tampouco se sustenta; o cumprimento da ordem de prioridade estabelecida pela PNRS evitaria a incineração de resíduos recicláveis, não faltando tecnologias para separá-los da massa de resíduos incineráveis. O argumento (3) se esvai, na medida em que os incineradores são produzidos pela indústria de bens de capital sob encomenda a partir de especificações próprias baseadas no levantamento das características dos resíduos (taxa de geração, teor de umidade, poder calorífico, composição gravimétrica), das condições físicas, biológicas e sociais do local de instalação (relevo, corpos de água, ventos, bioma, população, vias de transporte), das exigências legais e dos requisitos normativos. Além disso, os incineradores de RSU do passado foram instalados sem o licenciamento ambiental exigido hoje, um instrumento de política pública ambiental que visa antever os problemas ambientais antes que o empreendimento seja instalado.

6.3.2 USINA DE RECUPERAÇÃO ENERGÉTICA (URE)

A norma ABNT 16849 de 2020 estabelece os requisitos para recuperação energética a partir da combustão de resíduos sólidos urbanos (RSU) em uma URE, definida como "uma unidade dedicada à recuperação energética, com aproveitamento da energia térmica gerada pela combustão de resíduos".[39] A URE é um conjunto de construções, áreas para atividades ao ar livre e ativos para receber, selecionar, armazenar e processar resíduos, gerar energia e controlar a poluição resultante desses processos. Para sua instalação, é necessário comprovar sua viabilidade técnica, ambiental e econômico-financeira.

A URE somente pode processar resíduos sólidos urbanos para fins energéticos (RSUE), aqueles originados nas atividades domésticas urbanas e nos serviços de limpeza urbana, com ou sem incorporação de outros resíduos sólidos classe II, não perigosos.[40] Qualquer que seja a origem do RSUE, deve-se observar a ordem de prioridade estabelecida pela PNRS. Com isso, afasta-se o temor de muitos de que a URE processaria resíduos reusáveis e recicláveis. Além disso, e tão importante quanto, são os requisitos aplicáveis aos processos de preparação dos lotes de RSUE para levar à URE

[39] ABNT NBR 16849:2020.

[40] Ibidem.

apenas resíduos com origem determinada e características físico-químicas conhecidas a fim de obter elevada eficiência energética e mínima geração de poluentes.

A preparação do RSUE envolve operações unitárias, como trituração dos resíduos, para reduzir o tamanho das partículas, separação, secagem, homogeneização e outras necessárias à adequação dos resíduos aos requisitos normativos e às especificações dos equipamentos. A preparação é feita somente com resíduos elegíveis conforme o esquema da Figura 6.8. Os resíduos sólidos urbanos (RSU) são elegíveis natos, não precisam passar pela avalição, bem como os resíduos listados no Anexo A da norma citada, todos extraídos da Lista Brasileira de Resíduos Sólidos (LBRS), comentada no Capítulo 5.[41] Outros resíduos Classe II – não perigosos, segundo a norma ABNT 10004 – podem ser incorporados ao RSUE, desde que apresentem: (1) poder calorífico inferior, maior ou igual a 2.750 quilocalorias por quilo de resíduo (kcal/kg), em base seca, isto é: livre de umidade; (2) com concentração de cloro (Cl) igual ou menor que 3%; e (3) com concentração de mercúrio (Hg) igual ou menor a 1 ppm (1 parte de Hg por um milhão de partes de resíduo).[42]

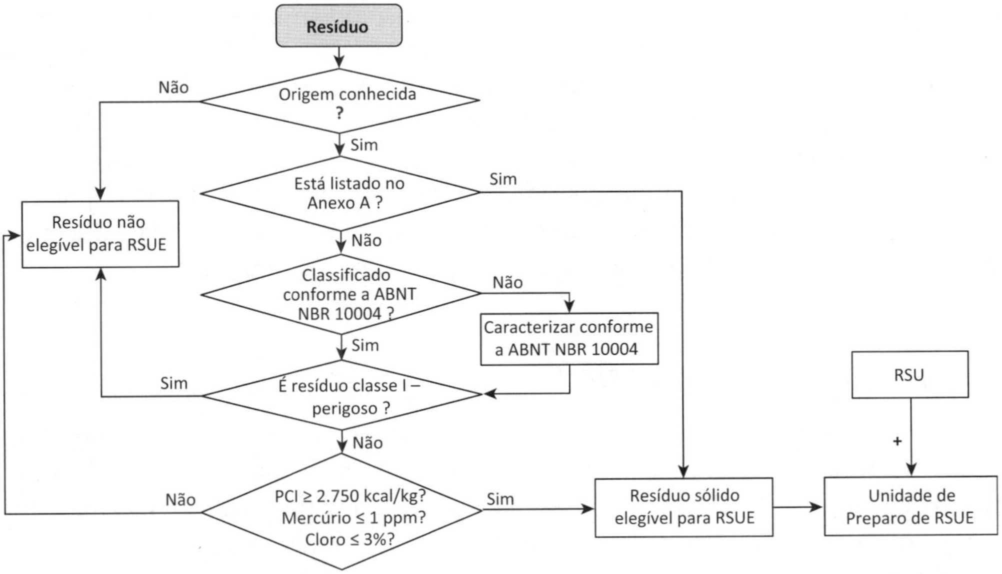

Figura 6.8 – Elegibilidade dos resíduos Classe II – não perigosos na preparação de RSUE.

Fonte: ABNT NBR 16849:2020, p. 11.

Os lotes de RSUE devem conter ao menos 50% de RSU, porém, admitem-se maiores quantidades de outros resíduos não perigosos quando justificados em termos técnicos,

41 IBAMA, Instrução Normativa 13 de 2012.

42 ABNT NBR 16849:2020.

econômicos e ambientais. O armazenamento de RSUE deve seguir os requisitos da norma ABNT 11174, comentada no Capítulo 5. A URE deve ser projetada, construída e operada em conformidade com a legislação ambiental, o que significa que deve possuir os equipamentos de controle da poluição capazes de atender os padrões de emissão de poluentes estabelecidos pela legislação.

Como qualquer sistema de tratamento térmico de resíduo, a URE está sujeita aos limites máximos de emissão de poluentes atmosféricos estabelecidos pelo CONAMA.[43] Deve contar com sistemas de intertravamento para interromper automaticamente a alimentação de RSUE, caso haja alguma alteração no processo que possa comprometer o cumprimento dos limites de emissão de poluentes atmosféricos. Deve, ainda, contar com programa de monitoramento dessas emissões aprovado pelo órgão ambiental competente.[44]

O processo de recuperação de energia dos resíduos por meio de combustão requer uma preparação criteriosa e detalhada dos resíduos, com vistas a eliminar resíduos perigosos e de origens desconhecidas, o que eleva o custo das operações. Um processo alternativo é a queima sem preparação, conhecida como *queima em massa* (*mass burning*), um dos mais usados no mundo afora, na qual o incinerador é alimentado pelos resíduos depositados em um fosso pelos veículos coletores com pouca ou nenhuma separação dos seus constituintes. Esse tipo de processo em sua forma original não poderia ser implantado no Brasil por não atender à ordem de prioridade prescrita na PNRS. A adição de sistemas de triagem para separar os resíduos reusáveis e recicláveis da massa a ser queimada, ao atender a essa ordem de prioridade, poderia ser uma solução para os grandes centros urbanos, que necessitam dar conta da enorme quantidade de resíduos gerados diariamente e da escassez de áreas apropriadas para aterro em seu entorno.

6.3.3 COPROCESSAMENTO

Coprocessamento é uma modalidade de recuperação da energia de resíduos em fornos de produção de clínquer, a matéria-prima básica do cimento, constituída basicamente por silicato tricálcico, silicato dicálcico, aluminato tricálcico e ferroaluminato tetracálcico. Essa modalidade envolve o processamento de resíduos sólidos como combustível e/ou a substituição parcial de matéria-prima no forno de produção de clínquer na fabricação de cimento. Para uso como combustível, o critério central de seleção é o seu poder calorífero inferior (PCI), valendo o mesmo limite de mínimo de 2.750 kcal/kg aplicado aos RSUE, como mostrado na seção anterior. Para substituição parcial de matéria-prima, os resíduos devem conter cálcio, silício, alumínio ou ferro, os elementos constitutivos do clínquer já mencionados.[45]

[43] CONAMA, Resolução 316 de 2002, art. 38.

[44] ABNT NBR 16849:2020.

[45] CONAMA, Resolução 499 de 2020.

Ao transformar resíduos em recursos energéticos e materiais, o coprocessamento contribui para reduzir o consumo de combustíveis fósseis, um dos itens do custo operacional mais elevado das cimenteiras. Contribui, ainda, para reduzir o consumo de matérias-primas de origem mineral, portanto, não renováveis, bem como a quantidade de resíduos destinados aos aterros industriais e sanitários. Diferentemente da incineração convencional ou de uma URE, o coprocessamento não gera cinzas, pois elas são incorporadas ao clínquer. Além disso, economiza espaços da planta produtiva ao usar os mesmos equipamentos e as mesmas áreas destinadas à produção de cimento.

Os resíduos coprocessados podem ser Classe I, perigosos, segundo a norma ABNT 10004, uma possibilidade decorrente da elevada temperatura no interior do forno de clínquer, cerca de 1.500 °C. Com isso, o poder de destruição dos constituintes perigosos é muito maior, o que permite o uso de resíduos contendo poluentes orgânicos persistentes (POP) na sua composição, porém, dentro de certos limites máximos; por exemplo, bifenilas e naftalenos policlorados são admitidos até o limite máximo de 50 mg/kg.[46] Ou seja, o coprocessamento requer controle de poluição do tipo fim de processo (*end-of-pipe*), comentado no Capítulo 4. O cimento resultante de coprocessamento não poderá conter substâncias ou elementos em quantidades que possam afetar a saúde humana e o meio ambiente.

6.3.4 DIGESTÃO ANAERÓBICA

Digestão anaeróbica é um processo de degradação de material orgânico pela ação de microrganismos anaeróbios, aqueles que não requerem ar ou oxigênio molecular (O_2) ou não toleram a sua presença.[47] É um processo complexo constituído por quatro fases ou subprocessos sobrepostos, nos quais ocorre a interveniência de quatro grupos diferentes de microrganismos, como mostra o Quadro 6.4. O desempenho de cada grupo depende de diversos condicionantes físico-químicos e biológicos, como composição do material orgânico digerível, umidade, temperatura, pressão, pH, interação entre os grupos de microrganismos.

A digestão anaeróbica gera biogás, um gás combustível constituído por uma mistura de gás metano (CH_4), dióxido de carbono (CO_2), vapor d'água e outros gases em menor quantidade, como hidrogênio (H_2), nitrogênio (N_2), sulfeto de hidrogênio (H_2S), o responsável pelo mal cheiro. O metano, o gás combustível, representa entre 40 e 75% do biogás em volume, dependendo das características do material orgânico digerível, o substrato. *Biogás* é a denominação genérica de qualquer gás produzido pela biodegradação de *biomassa*, uma quantidade de material orgânico constituído ou recentemente derivado de organismos vivos, o que exclui petróleo, carvão mineral, trufa e outros materiais orgânicos fossilizados.[48]

---

46 CONAMA, Resolução 499 de 2020, anexo I.

47 ABNT NBR 9896:1993, confirmada em 2017.

48 IPCC, 2014, *glossary*.

Quadro 6.4 – Processo de decomposição anaeróbica

Fase	Descrição	Fluxos e componentes
Hidrólise	Por meio de reações bioquímicas, as enzimas liberadas pelas bactérias hidrolíticas decompõem carboidratos, proteínas, lipídios, lignina, celulose e outros compostos orgânicos complexos em compostos orgânicos simples e solúveis, como aminoácidos e ácidos graxos.	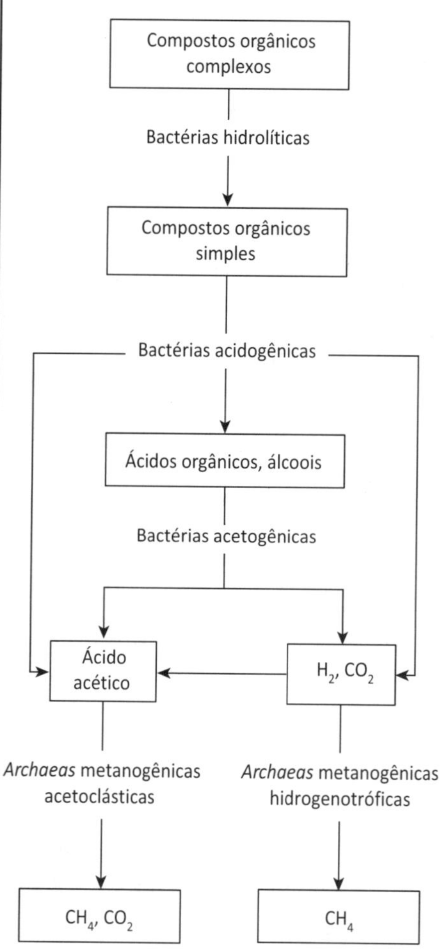
Acidogênese	As bactérias acidogênicas fermentativas decompõem os compostos simples em ácidos orgânicos, álcoois, ácido acético, CO_2, H_2, entre outros.	
Acetogênese	Bactérias acetogênicas transformam os compostos produzidos na fase anterior em ácido acético, ácido fórmico, hidrogênio molecular, CO_2.	
Metanogênse	As *archaeas* metanogênicas transformam o ácido acético e outros compostos gerados no processo em metano (CH_4), que, junto com CO_2, vapor d'água, H_2S, H_2 e outros gases traços, compõe o biogás. O CH_4 é gerado por duas rotas relacionadas a dois grupos diferentes de *archaeas* metanogênicas, como mostra a Figura ao lado.	

Fonte: DEUBLEIN e STEINHAUSER, 2008; CECCHI et al., 2005, p. 3 (resumido e adaptado).

O biogás na sua forma bruta tem poder calorífico baixo devido aos componentes não combustíveis presentes na mistura gasosa, produzidos pela digestão anaeróbica. *Biometano* é o gás gerado pela remoção desses componentes para se aumentar o seu *poder calorífico*: a quantidade de energia liberada na forma de calor por unidade massa ou pelo volume de combustível. O CO_2 e o hidrogênio são subprodutos do processo de purificação do biogás, com inúmeros usos e mercado consolidado. Além do seu uso como combustível, o metano é um insumo para produção de amônia, acetileno, hidrogênio, metanol e outros produtos com larga utilização na indústria química. É um gás perigoso, segundo os critérios da norma ABNT 10004, por ser altamente inflamável, explosivo sob ação do calor quando comprimido e asfixiante em alta concentração. Para efeito de transporte e armazenamento, o metano enquadra-se na subclasse de risco 2.1, número de risco 23, significando gás inflamável e número ONU 1971.[49]

O metano é produzido naturalmente pela decomposição de biomassa em banhados, pântanos, mares, oceanos e outros locais que apresentem condições anaeróbicas. O acúmulo de material depositado em lixões, ao impedir a passagem do ar para as suas camadas mais profundas, produz metano cujo destino é a atmosfera. A compactação dos resíduos depositados em aterros sanitários e a cobertura diária ou semanal com terra ou outro material inerte criam um ambiente anaeróbico no interior do aterro propicio à geração de biogás denominado *gás de aterro.*

A tendência desse gás é escapar do aterro por meio de emissões fugidias e alojar-se na atmosfera, a menos que seja captado por meio de drenos e destruído em queimadores (*flares*) ou, se houver viabilidade técnica e econômica, aproveitá-lo para gerar energia. A captura de biometano em aterros implantados nos quais não se havia previsto essa opção apresenta custos elevados relativamente aos benefícios obtidos. Por isso, na melhor das hipóteses capturam 50% do total de biogás gerado.[50] Os atuais aterros de médio e grande porte são projetados visando a incrementar as condições anaeróbicas e prevendo a instalação de dispositivos para captar, armazenar, purificar e transportar o gás de aterro para usá-lo como combustível ou insumo industrial. Um aterro assim concebido seria uma espécie de digestor anaeróbico. De fato, certos aterros capturam até 95% do metano gerado quando projetados para esse fim.[51]

O metano é um gás de efeito estufa (GEE) com alto potencial de aquecimento global. Uma tonelada de metano corresponde a 28 toneladas de CO_2, segundo a métrica adotada pelo Painel Intergovernamental sobre Mudanças Climáticas (IPCC).[52] Assim, o biometano produzido de resíduos é um combustível limpo ou ambientalmente saudável por ser oriundo de recurso renovável e pela destruição do metano ao ser convertido em energia mecânica, calor, eletricidade, iluminação, o que evita a sua dispersão na atmosfera. A sua produção e uso contribuem para cumprirem-se as metas de redução de GEE estabelecidas inicialmente pelo Protocolo de Quioto para os países industrializados e, depois, para todos os países pelo Acordo de Paris na forma de Contribuição Nacionalmente Determinada.[53] Ou seja, é um combustível alinhado ao desenvolvimento sustentável.

---

49 Veja “Resíduos perigosos” e o Quadro 5.2 no Capítulo 5.

50 IPCC, AR5, p. 788.

51 IPCC, AR5, p. 789.

52 IPCC, AR5, Capítulo 8º, p. 731.

53 INDC, do inglês: *intended nationally determined contributions.*

6.3.5 DIGESTORES ANAERÓBICOS

O *digestor anaeróbico* é um conjunto de equipamentos que degrada a biomassa em condições anaeróbicas controladas produzindo biogás e digestato (Quadro 6.5). É constituído por uma ou mais câmaras ou reatores fechados à entrada de ar a fim de criar as condições para a ação dos microrganismos anaeróbicos. Resíduos contaminados por detergentes, desinfetantes, solventes, agrotóxicos, medicamentos, hormônios, aditivos de alimentos processados (conservantes, corantes, saborizantes etc.), entre outros componentes, inibem a ação microbiana e retardam a digestão, quando não a prejudicam completamente. A presença de resíduos orgânicos de digestão difícil também reduz a velocidade do processo: alguns degradam em horas, enquanto outros levam dias, o que torna longo seu tempo de permanência no interior do digestor. A título de comparação, na incineração, esse tempo equivale a alguns segundos.

Quadro 6.5 – O digestato: efluente ou subproduto da digestão anaeróbica?

O *digestato* e uma massa formada por: (1) partículas sólidas orgânicas não digeridas devido ao seu tamanho ou por serem de difícil digestão, como lignina e celulose; (2) restos de bactérias mortas; (3) eventuais impurezas (pedra, areia, argila, caco de vidro, semente de ervas daninhas, pedaços de metais, plásticos etc.); (4) contaminantes e patógenos, como nitrato, metais pesados, POPs, salmonela, *Eschirichia coli* etc. Essa massa se acumula no fundo do digestor, misturada com a água gerada na decomposição do material orgânico, de modo que o digestato bruto, aquele extraído do biodigestor, apresenta-se como uma lama contendo 15 a 20 % de material seco. Assim, o digestato pode ser visto como (1) um subproduto do processo de digestão anaeróbica pelas propriedades aplicáveis à fertilização de solos agrícolas, ou (2) um efluente perigoso pelos poluentes que carrega.

O digestato pode retornar ao digestor após secagem, limpeza e redução do tamanho das partículas para produzir biogás, o produto de maior valor econômico, ou ser usado com matéria-prima para produzir fertilizantes orgânicos e organominerais. O uso agrícola direto não é recomendado pela possibilidade de poluir o solo e água. A qualidade do digestato depende de fatores biológicos, físicos e químicos do substrato (o material orgânico digerível), como sua composição química, incluindo os contaminantes impregnados. Depende das características do processo de digestão, como limpeza e higienização do substrato, espécies de microrganismo intervenientes, tamanho das partículas, temperatura, pH, tempo de residência no biodigestor. E depende do tratamento dado ao digestato, como eliminar sementes, bactérias vivas e componentes não orgânicos; desidratar, adicionar agentes inibidores ou estimuladores; acrescentar nutrientes; e formatar para aplicações agronômicas específicas como fertilizante sólido ou líquido.

O digestato esteve no centro de um debate internacional que serviu para derrubar o mito popular entre agricultores de que todo material orgânico usado como fertilizante é sempre bom e faz bem à saúde e ao meio ambiente. Na Comunidade Europeia, esse debate durou mais de uma década, culminando na aprovação de uma diretiva, em 1991, pelo Conselho da Comunidade Europeia (CCE), conhecida como "Diretiva do Nitrato", com o objetivo de combater a poluição das águas por nitratos (NO_3), que aumentara vigorosamente com o uso excessivo de dejetos de animais *in natura* e de digestatos como fertilizantes, duas importantes fontes agrícolas de poluição difusa por nitratos.[53] O nitrato contido nesses fertilizantes, por ser facilmente lixiviado, atinge os corpos de água, provocando eutrofização (veja Quadro 3.2).

Junto ao nitrato, outros poluentes acabaram na mira das legislações europeias e de outros países. Diante disso, o uso direto de dejetos e do digestato foi intensamente regulamentado em muitos países que estabeleceram padrões de qualidade para sua produção, comercialização e uso. Em alguns países, a utilização foi proibida, incorrendo o seu uso em infração às leis ambientais, pois sua aplicação direta ao solo fora equiparada à ação de poluir. Na Itália, essa questão chegou até o Conselho de Ministros do Estado, o órgão colegiado consultivo e deliberativo que determina as questões mais importantes da política do Estado Italiano. Somente em 2016, o digestato foi declarado um subproduto, desde que produzido conforme exigências legais.[54] As legislações, por meio da imposição de restrições ao uso do digestato e dos resíduos para fins agrícolas, estimularam o surgimento de métodos de gestão da qualidade e de programas de certificação de terceira parte, como os da *European Compost Network*[55] e do BSI.[56] Muitos países estabeleceram dispositivos legais específicos para o digestato, no Brasil ele está contemplado no regime geral dos fertilizantes orgânicos, assunto que voltará no final deste capítulo.

Há vários modelos de digestores anaeróbicos que se diferenciam pela estrutura construtiva e por seus processos internos. O indiano e o chinês são os modelos clássicos concebidos para processar resíduos rurais produzidos em pequena escala, que continuam sendo usados e aperfeiçoados com aporte de novas tecnologias e servindo de base para o desenvolvimento de novos modelos de digestores para múltiplas utilidades. Estima-se que mais de um milhão deles estão em operação na Índia, China e outros países da região. Esses digestores são pequenas construções com apenas uma câmara de digestão de formato cilíndrico feita de alvenaria abaixo do nível do solo a fim de dificultar a entrada de ar e proteger contra incêndios e explosões. Recebem os resíduos diariamente misturados com água, por meio de caixas externas ligadas por tubos que os depositam na seção inferior do digestor, e possuem uma caixa de saída para retirar o digestato.

O digestor indiano possui um gasômetro de metal para armazenar o biogás que se movimenta para cima do cilindro quando sua quantidade aumenta, e para baixo

54 CCE, 1991.

55 REPUBBLICA ITALIANA, Decreto 25 febbraio 2016.

56 Veja em: <https://www.compostnetwork.info/ecn-qas>.

57 BSI, PAS 110:2014. Obs.: PAS = *Publicly Available Specification*.

quando diminui (Figura 6.9a). Uma parede no seu interior faz a biomassa se movimentar, acelerando a sua biodegradação. No modelo chinês, não há um gasômetro separado da câmara, o gás se acumula na seção superior do digestor, construída em forma de abóboda (Figura 6.9b). Sob todos os aspectos, é o mais simples e de menor custo. Sua desvantagem em relação ao indiano é a falta de um mecanismo para movimentar a biomassa, uma deficiência sanada nas versões modernas.

Atualmente, há uma enorme variedade de digestores anaeróbicos, desde pequenos equipamentos de plástico para serem usados como fossas asssépticas em residências rurais, acampamentos e eventos públicos, até grandes plantas industriais para processar centenas de milhares de toneladas de esgoto urbano, RSU, resíduo agroindustriais, silvindustriais, entre outros, ocupando dezenas de hectares. O aumento da capacidade dos digestores para processar RSU de cidades de médio e de grande portes deveu-se às inúmeras inovações tecnológicas de processo centradas na redução do tempo de residência dos resíduos orgânicos (substratos) nos reatores. Com isso, surgiram diversas tecnologias alternativas, por exemplo: tecnologias de digestão pela via úmida, seca ou semisseca; alimentação contínua do digestor, por batelada ou mesclada; reatores verticais ou horizontais; fixos ou rotatórios; reatores para substratos específicos como RSU, dejetos de animais, resíduos agrícolas, industriais, lodo de esgotos.

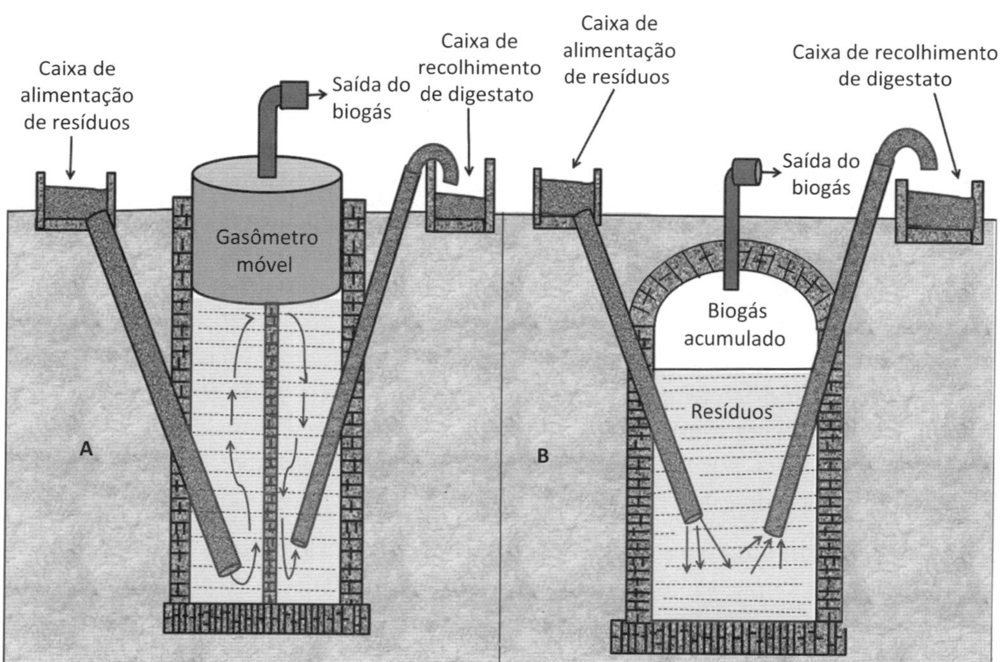

Figura 6.9 – Digestores anaeróbicos indiano e chinês – modelos esquemáticos.

Fonte: CETESB, 2006, p. 153-154 (adaptado).

Os grandes digestores, genericamente denominados de *plantas de biogás*, processam mais de 100 mil toneladas de RSU e outros resíduos orgânicos por ano (Figura 6.10). Em geral, são produzidos por empresas de bens de capital com base em tecnologias proprietárias. São exemplos o sistema DRANCO (*DRy ANaerobic COmposting*), uma tecnologia de digestão a seco em reator vertical desenvolvido pela empresa belga Organic Waste System (OWS); o sistema Kompogas, da empresa japonesa Hitachi Zosen Inova, com reator horizontal e o da empresa francesa Valorga Internacional, com reator vertical.

Figura 6.10 – Digestores anaeróbicos de grande porte.

As plantas de biogás são alternativas à incineração da fração orgânica do RSU de medias e grandes cidades, bem como para processar grandes volumes de resíduos da produção agroindustrial intensiva, como a palha e o bagaço da cana-de-açúcar das usinas de açúcar e álcool, restos de frutas e legumes da indústria de alimentos, restos de árvores da silvicultura associada à indústria de produtos de madeira; dejetos da produção intensiva e confinada de animais e aves. Como elas processam materiais orgânicos mais homogêneos por terem origens comuns, são mais eficientes na conversão dos resíduos em biogás. No entanto, a periculosidade do biometano, como mencionado, exige dispositivos robustos de segurança, além de requisitos locacionais rigorosos, tão ou mais exigentes do que os aplicáveis aos aterros e incineradores, o que os leva para longe das cidades.[58]

6.4 COMPOSTAGEM

Compostagem é um processo de biodegradação de biomassa por meio de bactérias, fungos e outros microrganismos aeróbios, aqueles que necessitam de oxigênio molecular ou ar disponível no meio, ou que são prejudicados pela sua ausência.[59] O resultado desse processo é um composto orgânico estabilizado, CO_2 e água. Se na biodegradação

[58] Veja a descrição sumária desse resíduo na seção "Classificação pela origem" no Capítulo 4.

[59] ABNT NBR 9896:1993, confirmada em 2017.

anaeróbica o foco é o biogás, na aeróbica, o que interessa é o *composto orgânico*, uma mistura contendo nutrientes vegetais mineralizados, como nitrogênio (N), fósforo (P), potássio (K), magnésio (Mg), boro (B), materiais orgânicos e inorgânicos inertes com ação benéfica sobre as propriedades físico-químicas e biológicas do solo, entre elas: aumento da porosidade, da capacidade de retenção de água e da fauna subterrânea.

O oxigênio necessário aos microrganismos é fornecido por aeração natural ou forçada. A primeira ocorre pela movimentação de ar sem ações externas, ou pelo revolvimento do resíduo em compostagem; a segunda, pela introdução de ar por meio de equipamento de insuflação ou aspiração. Desses dois modos de aeração, têm-se os dois métodos básicos de compostagem: o natural e o acelerado. Pelo método natural, o resíduo orgânico é empilhado em solo compactado ao ar livre, ou em pátios cobertos, em montes ou leiras, que é o modo mais usado por facilitar as operações de aeração. As leiras têm comprimento variável, dependendo do tamanho da área ou do pátio de compostagem, largura de 2 a 4 metros, dependendo dos equipamentos de aeração e altura de até 1,5 metro com seção transversal triangular, trapezoidal ou arredondada. As leiras são regularmente revolvidas para efeito de aeração e regadas para manter o teor de umidade, usando implementos semelhantes aos agrícolas, como revolvedores de restos de safras e pulverizadores (Figura 6.11a e b). O processo termina quando o composto orgânico estiver maturado ou curado na própria leira.

A introdução de ar soprado por bombas e distribuído por tubos perfurados introduzidos ao longo das leiras para apressar o processo de compostagem é um método intermediário entre o natural e o acelerado. Pelo método acelerado, a degradação da massa orgânica ocorre por meio de biorreatores, reatores orgânicos, bioestabilizadores ou digestores aeróbicos (Figura 6.11c), equipamentos que propiciam em seu interior condições controladas de temperatura, umidade, homogeneização e aeração durante o processo de compostagem.[60] Os biorreatores transformam o resíduo orgânico em um composto cru, que deve passar por um processo bioquímico de maturação ou cura para efeitos de humificação.

Figura 6.11 – (a) composteira, (b) máquina revolvedora de leira e (c) reator.

[60] ABNT NBR 13591:1996, confirmada em 2017.

O tempo total para a conclusão da compostagem varia de 4 a 2 meses pelo método natural, e de 2 a menos de 1 mês pelo acelerado, sendo que a maior parte desse tempo é usada para maturar o composto cru. Por isso, o método natural requer mais espaço do que o acelerado para uma mesma quantidade de resíduos em compostagem, e há ainda a desvantagem do mal cheiro e da atração de insetos e roedores. O tempo de compostagem depende do método, dos processos preliminares de triagem, trituração e homogeneização, da quantidade de resíduo na leira ou no reator, da composição dos resíduos e das suas características físico-químicas e biológicas, como tamanho das partículas, pH, temperatura, teor de umidade e relação carbono/nitrogênio.[61]

A temperatura da massa compostada varia conforme a fase do processo de compostagem (Figura 6.12), cada uma com grupos diferentes de microrganismos devido à temperatura adequada ao seu desenvolvimento. O processo se inicia à temperatura ambiente (fase mesófila) e alcança 60 °C ou mais na fase termófila devido à liberação de calor provocada pela degradação da matéria orgânica. Essa temperatura destrói agentes patogênicos intolerantes à alta temperatura, bem como sementes, esporos, ovos de insetos e outros constituintes biologicamente ativos. Nessa fase, o resíduo é estabilizado e transformado em composto cru. Segue-se, então, uma nova fase mesófila, na qual o composto retorna à temperatura ambiente, à medida que ocorre a maturação ou cura do composto, conferindo-lhe a característica de humus.

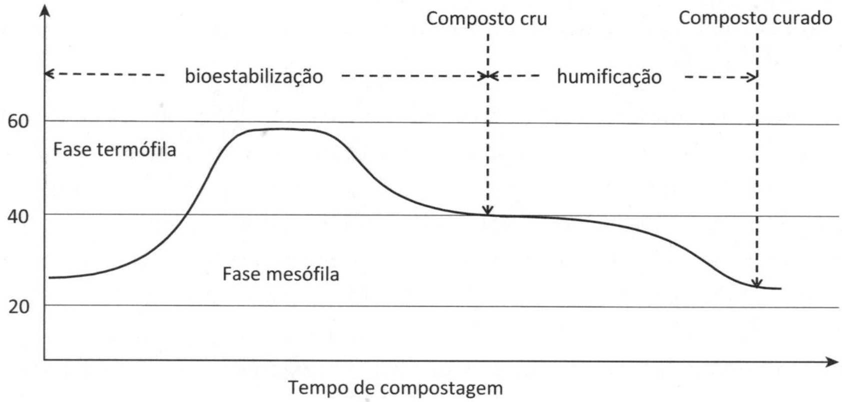

Figura 6.12 – Compostagem – temperatura e fases do processo.

Fonte: IPT; CEMPRE, 2000, p. 94.

A umidade é uma condição essencial à biodegradação da massa em compostagem, cujo teor adequado situa-se entre 40 e 60% em relação à massa seca. Teores abaixo desse intervalo reduzem a ação microbiana, retardando o processo de compostagem; teores acima dele dificultam a distribuição do ar no interior da massa, gerando um

[61] IPT; CEMPRE, 2000, p. 94 e seguintes.

ambiente anaeróbico nocivo aos microrganismos aeróbios. Além disso, aumenta a produção de líquidos percolados e chorume. Na compostagem pelo método natural a céu aberto, as leiras devem ser cobertas com mantas em períodos de chuva intensa para evitar excesso de umidade, desabamento das leiras e aglomeração das partículas, formando torrões endurecidos que dificultam a ação microbiana.

A relação carbono/nitrogênio (C/N ou C:N) é a proporção desses elementos na massa em compostagem que influencia a taxa de crescimento da população de microrganismos e sua capacidade de biodegradação. A relação adequada é uma proporção de 30 partes de carbono por 1 de nitrogênio (C/N = 30/1) na fase inicial da compostagem, depois caindo para 10/1 na fase final. Com uma relação C/N muito baixa no início, por exemplo 15/1, o carbono é consumido completamente, o que acelera o processo de biodegradação, mas sobra nitrogênio na forma de gás de amônia (NH_3), conferindo ao composto um cheiro desagradável.

A insuficiência de carbono relativamente ao nitrogênio pode ser corrigida acrescentando-se mais resíduos ricos em carbono, como vegetais recentemente colhidos. Quando a relação é muito alta, por exemplo 50/1, ocorre insuficiência de nitrogênio para a formação celular dos microrganismos, aumentando o tempo de compostagem e comprometendo a qualidade do composto. Inclusive invertendo suas funções, em vez de doar nitrogênio ao solo, os microrganismos presentes no composto o retiram, deixando pouco ou nada para as plantas, o que prejudica o desenvolvimento delas. Essa insuficiência pode ser corrigida adicionando-se materiais orgânicos ricos em nitrogênio, como dejetos de animais.

A compostagem em escala comercial é realizada em unidades ou *usinas de compostagem*, um conjunto de instalações, equipamentos e áreas livres dedicado a receber, armazenar e compostar a fração orgânica de resíduos não perigosos de origens diversas (doméstico, limpeza pública, industrial, comercial). Os resíduos encaminhados a elas passam por uma triagem para retirar metais, vidro, plástico, isopor e outros constituintes não compostáveis; depois, são triturados e homogeneizados antes de ir às leiras ou aos reatores. Essas operações são semelhantes às utilizadas em incineradores, grandes digestores anaeróbicos e outras plantas industriais para gaseificação de resíduos.

O uso do composto maturado é uma prática comum entre os agricultores que possuem suas próprias composteiras e processam seus próprios resíduos. Para efeito de comercialização, ele deve passar por um processo de beneficiamento para melhorar sua qualidade, como retirar cacos de vidro, areia, pedriscos, pregos e outros materiais inorgânicos inertes não retidos na triagem. Na fase de beneficiamento, é dada a forma apropriada aos diversos modos de uso, como composto farelado, granulado, sólido prensado (*pellet*), líquido. A forma final do composto pode incluir reforços nutricionais e/ou aditivos, microrganismos e outros componentes, a fim de melhorar suas condições de uso para diferentes tipos de solo ou espécies de plantas.

6.4.1 QUALIDADE DO COMPOSTO ORGÂNICO

A compostagem surgiu com a revolução agrícola, no período Neolítico, e continua sendo praticada no ambiente rural até hoje, onde desfruta de grande prestígio, além de ter aumentado com a valorização dos sistemas de agricultura e pecuária orgânicas, uma proposta alternativa contrária aos sistemas intensivos em mecanização, fertilizantes sintéticos, defensivos agrícolas, espécies geneticamente modificadas e outros insumos industrializados. Também ganhou adeptos no mundo urbano, desencadeando incontáveis inovações para compostagem doméstica de pequeno porte. Um resultado não intencional desse prestígio é a ideia de que os compostos orgânicos são isentos de problemas ambientais e de qualidade. Ao contrário, os problemas são muitos – alguns graves –, o que não invalida o merecido prestígio.

Um dos problemas mais graves é a presença, no composto, de contaminantes tóxicos, como metais pesados e compostos poluentes persistentes. O processo de compostagem não os elimina completamente, e, ao serem assimilados pelas plantas, propagam-se pela cadeia alimentar e colocam em risco o meio ambiente e a saúde humana. Esse problema decorre da quantidade e variedade dos resíduos de produtos orgânicos in natura e industrializados produzidos com uso intenso de inseticidas, herbicidas, estimuladores de crescimento de plantas e animais, hormônios sintéticos, conservantes pós-colheita e outros insumos industriais. Além disso, os compostos podem conter agentes biológicos ativos, como sementes de ervas daninhas, larvas de insetos e vermes prejudiciais às lavouras, aos animais de criações e à saúde dos humanos. A Tabela 6.2 apresenta os limites máximos admitidos para contaminantes em fertilizantes orgânicos, inclusive para o digestato, quando usado como tal.

Tabela 6.2 – Fertilizantes orgânicos e condicionadores de solo, limites máximos de contaminantes

Contaminante	Fertilizante orgânico e condicionante de solo
Arsênio (mg/kg)	20,00
Cádmio (mg/kg)	3,00
Chumbo (mg/kg)	150,00
Cromo hexavalente (mg/kg)	2,00
Mercúrio (mg/kg)	1,00
Níquel (mg/kg)	70,00
Selênio (mg/kg)	80,00
Coliformes termotolerantes (NMP/g de MS)*	1.000,00

(*continua*)

Tabela 6.2 – Fertilizantes orgânicos e condicionadores de solo, limites máximos de contaminantes (*continuação*)

Contaminante	Fertilizante orgânico e condicionante de solo
Ovos de helmintos (número em 4g ST)**	1,00
Salmonella sp	Ausência em 10 g de matéria seca
Materiais inertes: - vidros, plásticos e metais maiores de 2 mm - pedras maiores de 5 mm	 0,5% na massa seca 5,0% na massa seca

Obs.: * NMP/g de MS = número mais provável por grama de matéria seca. ** Número em 4g ST = número por quatro gramas de sólidos totais.

Fonte: MAPA/DAS, Instrução Normativa 27 de 2006.

Outro tipo de problema decorre da variabilidade dos constituintes do composto. O composto orgânico adquirido por um agricultor pode não ter as qualidades nutricionais esperadas e prejudicar o seu plantio por não lhe dar o rendimento desejado. O teor de nutrientes do composto depende das características dos resíduos compostados. Como os lotes de resíduos diferem uns dos outros, os compostos resultantes acabam se diferenciando entre si. Além disso, as condições ambientais mutáveis, como temperatura, vento, chuva e microrganismos preexistentes, afetam a compostagem ao longo do tempo. Daí a necessidade de homogeneizarem-se os compostos e identificarem-se as suas propriedades para anunciá-las em suas embalagens para efeito de comercializá-los.

O composto orgânico é objeto de regulamentação pública por ser um produto que pode gerar impactos ambientais negativos que extrapolam o local da sua aplicação. Começando pela usina de compostagem, por ser um empreendimento potencialmente gerador de degradação ambiental. Assim como os aterros sanitários e industriais, as URE e as plantas geradoras de biogás, as usinas de compostagem também estão sujeitas ao licenciamento ambiental.[62] Essas usinas devem atender aos seguintes requisitos mínimos de prevenção e controle ambiental:

1) adoção das medidas de controle ambiental necessárias para minimizar lixiviados e emissão de odores e evitar a geração de chorume;

2) proteção do solo por meio da impermeabilização de base e instalação de sistemas de coleta, manejo e tratamento dos líquidos lixiviados gerados, bem como o manejo das águas pluviais;

3) implantação de sistema de recepção e armazenamento de resíduos orgânicos in natura, garantindo o controle de odores, de geração de líquidos, de vetores e de incômodos à comunidade;

[62] CONAMA, Resolução 237/1997.

4) adoção de medidas de isolamento e sinalização da área, sendo proibido o acesso de pessoas não autorizadas e animais;
5) controle dos tipos e das características dos resíduos a serem tratados;
6) controle da destinação final ambientalmente adequada dos resíduos sólidos e líquidos gerados pela unidade de compostagem.[63]

O processo de compostagem pode utilizar resíduos orgânicos *in natura* ou após passarem por algum tratamento, e lodos de estações de tratamento de esgoto sanitário (ETES), se autorizado pelo órgão ambiental competente. Depende desse órgão a autorização do uso de resíduos orgânicos, do processamento industrial de matéria-prima orgânica e do preparo de alimentos para consumo dos empregados. Desse modo, não pode utilizar: (1) resíduos contaminados com resíduos perigosos classificados de acordo com a norma ABNT 10004; (2) lodos de ETE de serviços de saúde, de portos e aeroportos; e (3) lodos de ETES classificado como resíduos perigosos.[64]

A fase termófila em sistema de compostagem aberto deverá garantir um tempo mínimo necessário para redução de agentes patogênicos de 14 dias, com temperatura superior a 55 °C, ou de 3 dias, a 65 °C. Em sistemas fechados, deverá garantir um mínimo de 3 dias com temperatura superior a 60 °C. A temperatura deve ser medida e registrada ao menos uma vez por dia e o relatório de controle deve ser disponibilizado ao órgão ambiental competente. O processo de compostagem deve garantir que a relação carbono/nitrogênio do composto final seja menor ou igual a 20/1, quando destinado a fertilizante. Os lotes fora do padrão podem ser reprocessados, mas, caso não seja possível, deverão ser encaminhados para destinação final ambientalmente adequada, ou seja, aterro sanitário ou alguma modalidade de tratamento térmico.[65]

A inspeção e a fiscalização da produção e comercialização de fertilizantes, corretivos, inoculantes, biofertilizantes, remineralizadores e substratos para plantas é regida pela Lei 6.894 de 1980 e seu regulamento,[66] cabendo a execução ao Ministério da Agricultura, Pecuária e Abastecimento (MAPA). Todos os estabelecimentos que os produzem, comercializam, exportam ou importam são obrigados a manter os registros no MAPA. Entre as informações para efeito de registro, está a descrição dos métodos ou processos de controle de qualidade que assegurem a oferta de produtos conformes e seguros para a finalidade de uso proposto e a prova da existência de laboratório habilitado, próprio ou de terceiros, cadastrados no MAPA, para efetuar as análises químicas, físicas ou biológicas de controle de qualidade.[67]

---

63 CONAMA. Resolução 481/2017, art. 10º.

64 Ibidem, art. 3º e 4º.

65 Ibidem, art. 5º a 9º

66 BRASIL, Decreto 4.954 de 2004.

67 Ibidem.

Há duas classes de fertilizantes ou adubos orgânicos, conforme o substrato usado em sua produção:

- *Classe A*: produzidos com matérias-primas de atividades extrativas, agropecuárias, industriais, agroindustriais e comerciais, resíduos de frutas, legumes, verduras e restos de alimentos pré e pós-consumo, bem como serviços públicos de limpeza urbana e de manejo de resíduos sólidos, todos segregados na fonte e recolhidos por coleta diferenciada, isentos de despejos ou contaminantes sanitários; e
- *Classe B*: aqueles que usam matérias-primas orgânicas geradas nas atividades urbanas, industriais e agroindustriais, incluindo a fração orgânica dos RSU de coleta convencional, lodos gerados em ETE, lodos industriais e agroindustriais gerados em sistemas de tratamento de águas residuárias contendo qualquer quantidade de despejos ou contaminantes sanitários, todos com uso autorizado pelo órgão ambiental competente.[68]

Para fins de comercialização, o rótulo e a embalagem devem conter informações sobre: matérias-primas usadas, teores dos nutrientes, aditivos, teor umidade em porcentagem, densidade, data de fabricação, prazo de validade, restrições e recomendações sobre uso, armazenamento e transporte. Incorre em falta gravíssima quem produzir e comercializar produtos com componentes não autorizados pelo MAPA/SDA; contaminados por agentes fitotóxicos e patogênicos, metais pesados tóxicos, pragas, ervas daninhas; ou por outros agentes e microrganismos não declarados no registro o produto, além dos limites e tolerâncias estabelecidos em normas legais.[69]

6.5 FECHANDO O CICLO

A recuperação de resíduos é um componente central da economia circular (EC), cujo objetivo é transformar os sistemas produtivos, produtores e consumidores em fontes significativas de recursos materiais e energéticos, aliviando a pressão sobre o meio ambiente, a fonte original. Esse ideal está representado pela Figura 6.13. O reaproveitamento repetido e eficiente de materiais reduz significativamente a necessidade de extração de novos recursos virgens (a seta estreita representando a entrada de matérias-primas virgens), a geração de rejeitos (a seta estreita representado o descarte), e aumenta a participação dos materiais recuperados (a seta larga da reciclagem) como fonte de recursos produtivos.[70] Note a similaridade dessa Figura com a da 3.1b, o que permite dizer que a EC é a efetivação do conceito de ciclo de vida do produto ao nível da sociedade. Espera-se, portanto, que o ciclo produtivo humano se aproxime o tanto quanto for possível dos ciclos naturais onde não há perdas.

---

68 MAPA/SDA, Instrução normativa 61/2020.

69 MAPA/SDA, Instrução normativa 27/2006.

70 EUROPEAN COMMISSION, 2014, p. 5.

Nos ciclos produtivos humanos, sempre haverá necessidade de materiais virgens, por razões técnicas, econômicas e gerenciais diversas, entre elas, perdas nos processos de produção (nenhum é 100% eficiente), desgastes devido ao uso e às intempéries (como atrito, contaminação, corrosão), deficiências da gestão de resíduos (vide os lixões), falta de tecnologias ou de viabilidade econômica para recuperar certos resíduos (vide os REEE), falta de mercados estruturados para materiais reciclados, introdução de novos produtos e processos, inclusive os ambientalmente preferíveis. As ecoinovações também consomem materiais e energia, o que desencadeia novas explorações de recursos naturais. Quanto de cobalto, lítio, níquel e outros metais virgens serão extraídos para atender à demanda de carros elétricos? Além disso, as populações crescem, o status socioeconômico muda, e novas necessidades surgem. Aliás, a prosperidade é uma das dimensões do desenvolvimento sustentável, como mostrado no Capítulo 2. Não vale apostar em recessão, carestia ou pandemia como modos de proteger o meio ambiente. Por isso, a circularidade representada na Figura 6.13 funciona como uma meta ambiciosa, a exemplo da meta *defeito zero* do movimento da qualidade, que, mesmo sabendo ser fisicamente impossível, orientou e continua orientando as ações para dela se aproximar até o limite possível, bem como para ampliar esse limite por meio de inovações.

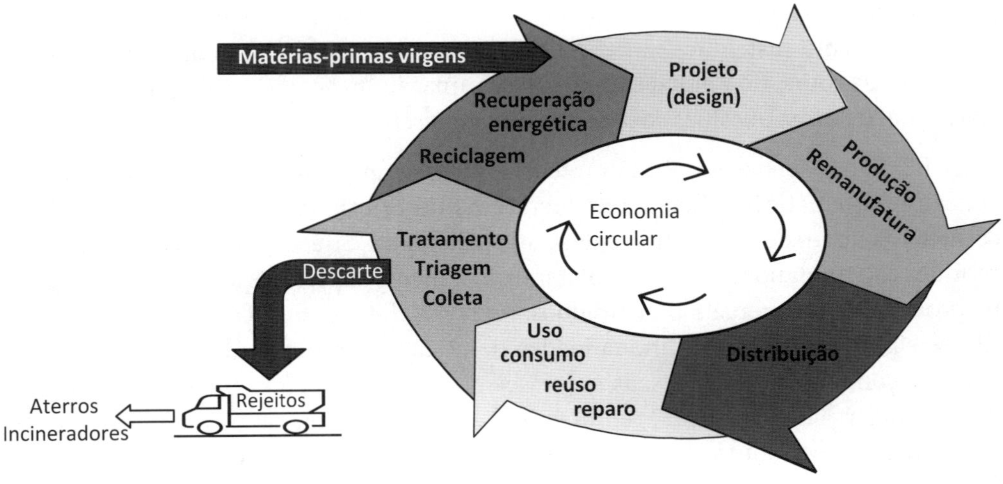

Figura 6.13 – Economia circular – uma representação.

Fonte: baseado em EUROPEAN COMMISSION, 2014, p. 5.

Abundam definições de EC na literatura acadêmica e empresarial, todas de algum modo contrapondo-se à economia linear, a convencional, caracterizada pela sequência *extrair recursos → produzir → consumir → descartar*. A definição da Ellen MacArthur Foundation (EMF), organização patrocinada por grandes empresas que se tornou uma referência nesse tema, é a seguinte:

> *EC é um sistema industrial restaurador ou regenerativo por intenção e projeto, que substitui o conceito de fim de vida por regeneração, transita para o uso de energia renovável, elimina substâncias tóxicas que prejudicam a reutilização de resíduos, e busca eliminar os desperdícios por meio de projetos de alto desempenho de materiais, produtos, sistemas e modelos de negócios.*[71]

O prestígio da economia circular (EC) cresceu tanto nesse início de século a ponto de ser confundido com desenvolvimento sustentável. O correto é considerá-la como um meio apropriado aos sistemas produtivos para alcançar os objetivos de desenvolvimento sustentável no que lhes dizem respeito.

Esse prestígio também se observa no âmbito governamental, principalmente após a República Popular da China entrar nessa seara por meio de políticas públicas de amplo alcance na primeira década deste século. A União Europeia (EU) aprovou em 2018 um pacote de mudanças na legislação sobre resíduos visando a melhorar a sua gestão, a fim de transformá-la em gestão sustentável de materiais para proteger, preservar e melhorar o meio ambiente e a saúde humana, assegurar o uso prudente, eficiente e racional dos recursos naturais. Para economias altamente dependentes da importação de recursos produtivos, como China e União Europeia, o reaproveitamento intenso de recursos impacta positivamente a balança comercial ao reduzir as importações sem prejudicar o suprimento de insumos produtivos. Para os governos locais, a redução de rejeitos diminui o custo da gestão pública dos resíduos sólidos urbanos e a ocupação de áreas para sua disposição final. Enfim, não há contraindicações, mas não se confunde com desenvolvimento sustentável; a EC deve ser vista como um dos seus instrumentos. Erradicação da fome, do analfabetismo, discriminação de gênero, etnia, idade, orientação sexual e outras questões sociais não estão em seu radar.

A EC não é apenas ampliação intencional do reaproveitamento de resíduos, mas aplicação sistemática e eficiente da hierarquia de prioridades da gestão de resíduos, comentada no início do capítulo e ilustrada pela Figura 5.1a. Não geração e redução de resíduos são modalidades de gestão hierarquicamente superiores a reúso, reciclagem e reaproveitamento energético de resíduos. As possibilidades de alcançar resultados positivos significativos nessas modalidades de gestão de resíduos depende em grande parte de como os produtos e seus processos produtivos são concebidos e implementados (a seta larga da Figura 6.13 representando projeto); em outras palavras, depende de ecoinovações de produto e processo, assunto que será explorado no Capítulo 7.

REFERÊNCIAS

Agência Nacional de Vigilância Sanitária (Anvisa). *RDC 20 de 26/03/2008.* Dispõe sobre o Regulamento Técnico sobre embalagens de polietileno tereftalato (PET) pós-consumo reciclado grau alimentício (PET-PCR grau alimentício) destinados a entrar em contato com alimentos. Brasília: Anvisa, 2008. DOU de 27/03/2008.

[71] EMF, 2013, p. 7. Tradução nossa.

Associação Brasileira de Normas Técnicas (ABNT). *NBR 9896:1993 – Glossário de poluição das águas*. Rio de Janeiro: ABNT, 1993. Confirmada em 2017.

Associação Brasileira de Normas Técnicas (ABNT). *NBR 13591:1996 – Compostagem*: terminologia. Rio de Janeiro: ABNT, 1996. Confirmada em 2017.

Associação Brasileira de Normas Técnicas (ABNT). *NBR 11174 – Armazenamento de resíduos classes II – não inertes e III – inertes*. Rio de Janeiro: ABNT, 1999.

Associação Brasileira de Normas Técnicas (ABNT). *NBR 15114:2004 – Resíduos sólidos da Construção civil* – Áreas de reciclagem – Diretrizes para projeto, implantação e operação. Rio de Janeiro: ABNT, 2004. Confirmada em 2017.

Associação Brasileira de Normas Técnicas (ABNT). *NBR 15115:2004 – Agregados reciclados de resíduos sólidos da construção civil* – Execução de camadas de pavimentação – Procedimentos. Rio de Janeiro: ABNT, 2004. Confirmada em 2019.

Associação Brasileira de Normas Técnicas (ABNT). *NBR 15116:2004 – Agregados reciclados de resíduos sólidos da construção civil* – Utilização em pavimentação e preparo de concreto sem função estrutural – Requisitos. Rio de Janeiro: ABNT, 2004. Confirmada em 2018.

Associação Brasileira de Normas Técnicas (ABNT). *NBR 9198:2010 – Embalagens e acondicionamentos* – terminologia. Rio de Janeiro: ABNT, 2010. Confirmada em 2018.

Associação Brasileira de Normas Técnicas (ABNT). *NBR 16156:2013 – Resíduos de equipamentos eletroeletrônicos* – requisitos para atividades de manufatura reversa. Rio de Janeiro: ABNT, 2013.

Associação Brasileira de Normas Técnicas (ABNT). *NBR 16849:2020 – Resíduos sólidos urbanos para fins energéticos* – requisitos. Rio de Janeiro: ABNT, 2020.

Brasil. *Lei 6.894, de 16/12/1980.* Dispõe sobre a inspeção e a fiscalização da produção e do comércio de fertilizantes, corretivos, inoculantes, estimulantes ou biofertilizantes, remineralizadores e substratos para plantas, destinados à agricultura, e dá outras providências. (Redação dada pela Lei nº 12890, de 2013). DOU de 11/12/2013.

Brasil. *Decreto 4.954, de 14/01/2004.* Aprova o Regulamento da Lei nº 6.894, de 16 de dezembro de 1980, que dispõe sobre a inspeção e fiscalização da produção e do comércio de fertilizantes, corretivos, inoculantes, ou biofertilizantes, remineralizadores e substratos para plantas destinados à agricultura. (Redação dada pelo Decreto nº 8.384, de 2014). DOU de 30/12/2014.

Brasil. *Lei 12.305 de 02 de agosto de 2010.* Institui a Política Nacional de Resíduos Sólidos: altera a Lei 9.605/1998; e dá outras providências. Brasília: DOU de 03/10/2010.

British Standards Institution (BSI). *PAS 110:2014.* Specification for whole digestate, separated liquor and separated fibre derived from the anaerobic digestion of source-segregated biodegradable materials. London: BSI, 2014.

Carvalho, A.; Barbieri, J. C. Sustentabilidade e gestão da cadeia de suprimento: conceitos e exemplos. In: Vilela Junior, A.; Demajorovic, J. *Modelos e ferramentas de gestão ambiental*: desafios e perspectivas para as organizações. São Paulo: Editora SENAC, 2019.

Companhia de Tecnologia De Saneamento Ambiental (CETESB). *Biogás*: projetos e pesquisas no Brasil. São Paulo: CETESB, 2006.

Conselho das Comunidades Europeias (CCE). *Directiva do Conselho, de 12/12/1991*. Relativa à proteção das águas contra a poluição causada por nitratos de origem agrícola. Bruxelas: CCE, Jornal Oficial das Comunidades Europeias, N° L 375/2, de 31/12/1991, 1991.

Conselho Nacional do Meio Ambiente (CONAMA). *Resolução 237 de 19 dezembro de 1997*. Regulamenta os procedimentos e critérios de licenciamento ambiental como instrumento de gestão ambiental instituído pela Política Nacional do Meio Ambiente. Brasília: CONAMA, DOU de 22/12/1997.

Conselho Nacional do Meio Ambiente (CONAMA). *Resolução nº 316, de 29 de outubro de 2002*. Dispõe sobre procedimentos e critérios para o funcionamento de sistemas de tratamento térmico de resíduos. Diário Oficial da União: Seção 1, Brasília, DF, n. 224, p. 92-95, 20 nov. 2002.

Conselho Nacional do Meio Ambiente (CONAMA). *Resolução 481, de 03/10/2017*. Estabelece critérios e procedimentos para garantir o controle e a qualidade ambiental do processo de compostagem de resíduos orgânicos, e dá outras providências. Brasília: CONAMA, DOU de 04/10/2017.

Conselho Nacional do Meio Ambiente (CONAMA). *Resolução nº 499, de 6 de outubro de 2020*. Dispõe sobre o licenciamento da atividade de coprocessamento de resíduos em fornos rotativos de produção de clínquer. Diário Oficial da União, Brasília, DF, 8 de outubro de 2020. Edição 194, Seção 1, Página 50.

Cecchi, F; et al. *Digestione anaerobica della frazione organica dei rifiuti solidi*: aspetti fondamentali, progettuali, gestionali, di impatto ambientale ed integrazione con la depurazione delle acque reflue. Roma: Agenzia per la Protezione dell'Ambiente e per i Servizi Tecnici (APAT), 2005.

Choi, D; et al. Carbon nanosheet from polyethylene thin film as a transparent conducting film: upcycling of waste to organic photovoltaics applications. *ACS Sustainable Chemistry & Engineering*, v. 6, p. 12463-12470, 2018.

Deublein, D.; Steinhauser, A. (Eds.). *Biogas from waste and renewable resources*. Wiley-VCH Verlag GmbH & Co., KGaA, 2008.

Ellen MacArthur Foundation (EMF). *Towards the circular economy*: economic and business rationale for an accelerated transition, volume 1. EMF, 2013.

European Commission. *Communication from the Commission to the European Parliament, the Council, the European Economic and Social Committee and the Committee of the Regions Towards a circular economy*: A zero waste programme for Europe. COM/2014/0398 final. 2014.

European Commission/Eurostat. *Municipal waste statistics.* Disponível em: <https://ec.europa.eu/eurostat/statistics-explained/index.php/Municipal_waste_statistics>, julho de 2021. Acesso em 17/06/2023.

Forti V; et al. *The Global E-waste monitor 2020*: Quantities, eflows and the circular economy potential. United Nations University (UNU)/United Nations Institute for Training and Research (UNITAR). Disponível em: <https://ewastemonitor.info/wp-content/uploads/2020/11/GEM_2020_def_july1_low.pdf>. Acesso em: 17/06/2023.

Graedel, T. E.; Allenby, B. R. Industrial Ecology. USA: Prentice-Hall, AT&T, Pearson Education, 2003.

Hill, C. *An introduction to sustainable resource use.* London & N. York: Earthscan, 2011.

Instituto de Pesquisas Tecnológicas do Estado de São Paulo (IPT); Compromisso Empresarial para Reciclagem (CEMPRE). *Lixo municipal*: manual de gerenciamento integrado, 2ª edição. IPT e CEMPRE, 2000.

Instituto Brasileiro do Meio Ambiente e dos Recursos Naturais Renováveis – IBAMA. *Instrução Normativa nº 13, de 18 de dezembro de 2012.* Brasília, DF, 18 de dezembro de 2012.

International Organization for Standardization (ISO). *ISO 18604:2013 – Packaging and the environment* – Material recycling. ISO. Confirmada em 2008.

International Organization for Standardization (ISO). *ISO 15270:2008 – Plastics* – Guidelines for the recovery and recycling of plastics waste. ISO. Confirmada em 2018.

International Panel on Climate Change (IPCC) (2014). *AR 5 Climate Change 2014*: Mitigation of Climate Change. Contribution of Working Group III to the Fifth Assessment Report of the Intergovernmental Panel on Climate Change. Cambridge University Press. Disponível em: <https://www.ipcc.ch/report/ar5/wg3/>. Acesso em 17/06/2023.

McDonough, W.; Braungart, M. *Cradle to cradle*: remaking the way we make things. New York, North Point Press, 2002.

Ministério da Agricultura, Pecuária e Abastecimento (Mapa)/Secretária de Defesa Agropecuária (SDA). *Instrução Normativa 27, de 05/06/2006* (alterada pela Instrução Normativa 07 de 12/04/2016). Estabelece os limites de concentrações máximas admitidas para agentes fitotóxicos, patogênicos ao homem, animais e plantas, metais pesados tóxicos, pragas e ervas daninhas para produzir, importar ou comercializar fertilizantes, corretivos, inoculantes e biofertilizantes. Brasília: MAPA/SDA, 2016.

Ministério da Agricultura, Pecuária e Abastecimento. Secretaria de Defesa Agropecuária. *Instrução Normativa nº 61, de 08 de julho de 2020*. Estabelece as regras sobre definições, exigências, especificações, garantias, tolerâncias, registro, embalagem e rotulagem dos fertilizantes orgânicos e dos biofertilizantes destinados à agricultura. Brasília: MAPA/SDA, 2020.

Ministério de Estado de Meio Ambiente, de Minas e Energia e do Desenvolvimento Regional. Portaria interministerial 274, DE 30/04/2019. Disciplina a recuperação energética dos resíduos sólidos urbanos referida no § 1º do art. 9º da Lei nº 12.305, de 2010 e no art. 37 do Decreto nº 7.404, de 2010. Brasília: DOU de 02 de maio de 2019.

Ministério do Desenvolvimento, Indústria e Comércio Exterior/Secretaria de Comércio Exterior (SECEX). Portaria SECEX nº 23, de 14/07/2011. Dispõe sobre operações de comércio exterior. Brasília, 2011.

Parlamento Europeu e o Conselho da União Europeia. Directiva 2008/98/CE de 19/11/2008 relativa aos resíduos. *Jornal Oficial da União Europeia*, L 312/3. Publicado em 22/11/2008.

Platform for Accelerating the Circular Economy (PACE); World Economic Forum (WEF). *A New Circular Vision for Electronics Time for a Global Reboot*, 2019. Disponível em: <http://www3.weforum.org/docs/WEF_A_New_Circular_Vision_for_Electronics.pdf>. Acesso em 17/06/2023.

Repubblica Italiana/Ministero delle Politiche Agricole Alimentari e Forestali. *Decreto 25 febbraio 2016*. Criteri e norme tecniche generali per la disciplina regionale dell'utilizzazione agronômica degli effuenti di allevamento de dele acque reflue, nonchè per la produzione e l'utilizzazione agronômica del digestato. Roma: Gazzeta Ufficiale dela Repubblica Italiana del 18/04/2016.

United Nations Environment Programme/International Resource Panel (UNEP/IRP). *Metal recycling*: Opportunities, Limits, Infrastructure. A Report of the Working Group on the Global Metal Flows to the International Resource Panel. UNEP, 2013.

Vigon, B. W; Tolle, D. A.;. Cornaby. B. W; Latham, H. C.; Harrison, C. L.; Boguski, T. L.; Hunt, R. G.; Sellers, J. D. *Life-cycle assessment- inventory guidelines and principles*. USA, Ohio, Cincinnati: US Environmental Protection Agency (USEPA), EPA/600/R-92/245, February 1993.

CAPÍTULO 7

Ecoinovação de produto e processo

A ecoinovação de produto ou de processo é a inovação que traz resultados ambientais benéficos comparados às alternativas pertinentes, inclusive às praticadas pela organização inovadora. A de produto (bem ou serviço) é destinada aos consumidores ou usuários; a de processo, à própria organização inovadora. Em outras palavras, a de produto é voltada para fora, para um certo mercado ou segmento social; a de processo, para a própria organização melhorar o que faz ou fazer de modo diferente.[1]

O que caracteriza a ecoinovação é o resultado ambiental obtido; a intenção do inovador não importa. Benefícios ambientais podem resultar de inovações, visando prioritariamente a outros objetivos, como reduzir custos de produção, aumentar a presença da empresa no mercado, entrar em um novo mercado. Sem negar a importância da ecoinovação passiva, este capítulo trata da ecoinovação motivada para alcançar objetivos ambientais, aquela na qual a intenção de melhorar o desempenho ambiental de produtos e processos é intencional e explícita. Embora produto e processo não existam um sem o outro, aqui, eles serão considerados incialmente separados, a fim de se ressaltarem as contribuições ambientais de cada um; depois, estarão "juntos e misturados".

---

1 Veja o Capítulo 1, Quadro 1.4.

7.1 ECOINOVAÇÃO DE PROCESSO

Processo é um conjunto de atividades inter-relacionadas ou interativas que transforma entradas em saídas.[2] Refere-se a *como* fazer qualquer coisa por meio de atividades orientadas por métodos, técnicas e rotinas específicas, tácitas ou explícitas. Processo de produção é um conjunto de atividades inter-relacionadas que utiliza recursos de uma organização (entradas) para obter saídas desejadas (bens e serviços). Os recursos são pessoas, informações, especificações técnicas, edificações, equipamentos, instalações, ferramentas, instrumentos de medição, materiais, energia, softwares e outros componentes reunidos e dispostos em locais apropriados e geridos por uma organização ou parte dela. Os resultados desejados (saídas) são bens e serviços; os indesejáveis, poluentes, desperdícios de recursos e outros danos ambientais.[3] Fundição, usinagem, soldagem, polimento, montagem, decantação, destilação, fermentação, armazenagem, expedição e transporte são exemplos de processos de produção, que, por sua vez, podem ser divididos em subprocessos, cada qual com suas entradas e saídas. A totalidade dos processos denomina-se processo de fabricação ou de manufatura de bens ou de prestação de serviços.

A ecoinovação de processo de produção, também denominada *in plant technologies*, realiza-se em um ou mais componentes individualizados do processo, inclusive em sua totalidade, quando todos são afetados pela mudança. O resultado esperado é outro modo *como* os bens e serviços são produzidos e distribuídos, ou melhorias no modo atual, que trazem economia de recursos produtivos e redução ou eliminação da geração de resíduos e poluentes em quantidade e periculosidade (saídas desejadas ou intencionais). Portanto, é uma abordagem de gestão ambiental preventiva que contribui para reduzir a necessidade de remediação e controle da poluição, assunto do Capítulo 4.

Frequentemente, ouve-se dizer que as ecoinovações tecnológicas de produto e processo representam uma evolução em relação às de controle da poluição, e que estas serão substituídas por aquelas por serem mais eficientes no combate à poluição, pois atacam as suas causas, e não os seus efeitos. Esse pensamento embute uma expectativa pouco provável: a meta de *poluição zero*, de modo análogo a de *defeito zero* do movimento da qualidade, expressa o propósito de melhorar continuamente os produtos e seus processos de produção para alcançar padrões de desempenho cada vez mais elevados. Mesmo assim, o controle da poluição continuará sendo necessário, pois não há produto, processo produtivo ou atividade que não gerem algum tipo de poluente, assim como o controle da qualidade continuará necessário mesmo com padrão de qualidade da ordem de uma peça defeituosa por milhão.

As opções ou oportunidades de ecoinovações de processos se distribuem sobre as entradas, as atividades e os ativos usados na produção de bens e serviços, para tornar o processo mais econômico tanto em relação aos recursos e mais limpo quanto no que diz respeito à geração de poluição e resíduos (Figura 7.1). Como as características das

[2] ABNT NBR ISO 51001:2018, definição 3.3.6.

[3] Veja o Capítulo 1.

entradas condicionam as atividades e as saídas, as ações prioritárias dessas ecoinovações são os recursos materiais e energéticos. O desempenho das atividades depende em grande parte do tipo de material e da energia usados no processo; por exemplo, o aumento da eficiência energética é muito mais benéfico ao meio ambiente se a sua fonte for renovável.

Ecoinovações de processo produtivo

Opções	Entradas	Atividades	Ativos
Exemplos	• Selecionar materiais de baixo impacto ambiental; • Substituir materiais virgens por reciclados; • Substituir materiais perigosos e tóxicos; • Substituir energia de fontes não renováveis por energia de fontes renováveis.	• Aumentar a eficiência energética e material; • Aumentar os controles automatizados de processos; • Redução de etapas do processo; • Implantar sistemas de gestão (ambiental, qualidade, energia etc.).	• Realizar manutenção corretiva, preventiva e preditiva; • *Retrofitting* de prédios, máquinas e equipamentos; • Adquirir e desenvolver internamente novas tecnologias de produção mais limpas.
Objetivos específicos	Substituir energia e materiais de fontes não renováveis por renováveis; Reduzir o uso de materiais e energia por unidade produzida; Reduzir resíduos e poluentes na fonte; Descarbonizar.		

Figura 7.1 – Ecoinovação de processo – opções e exemplos.

7.1.1 RECURSOS MATERIAIS

Material é qualquer coisa constituída de matéria, isto é, possui massa e volume, ocupa um lugar no espaço e pode se apresentar como substância ou mistura. A primeira pode ser um elemento ou composto. O *elemento* é constituído por único tipo de átomo; os conhecidos estão nomeados na Tabela Periódica; o *composto*, por dois ou mais elementos em proporções fixas ligados por reações químicas, formando materiais distintos dos seus constituintes, e que só podem ser separados por reações químicas. A mistura é constituída de elementos ou compostos em proporções variáveis e separáveis por operações físicas, como gradeação, filtragem, destilação, decantação, evaporação, liquefação, precipitação eletrostática. Os elementos cloro (Cl) e sódio (Na) reagem quimicamente formando o cloreto de sódio (NaCl), composto conhecido como sal de cozinha, que, adicionado à água, outro composto (H_2O), forma uma mistura, água salgada, que pode ter diferentes quantidades de sal.

O uso de materiais é um problema ambiental tanto por ser obtido de recursos naturais, muitos dos quais são não renováveis, quanto pelas atividades de extração, beneficiamento, transporte, produção de matérias-primas e outras operações potencialmente impactantes ao meio ambiente. Enquanto a população mundial passou de 3,7 bilhões de pessoas em 1970 para 7,5 bilhões em 2017, um crescimento de 1,6% ao ano, a extração global anual de materiais passou, nesse período, de 27,1 bilhões de toneladas para 92,1 bilhões, um crescimento anual médio de 2,4%, subindo o padrão de vida e de bem-estar de muita gente, mas deixando muita desigualdade na distribuição desses benefícios (Figura 7.2). O crescimento da extração acompanhou o aumento da demanda global por materiais, que passou de 7,4 toneladas per capita em 1970 para 12,2 toneladas em 2017, um crescimento de 64%, enquanto o PIB global per capita cresceu 104%, passando de US$ 5,2 mil em 1970 para 10,6 mil em 2017.[4] Como se vê, ocorreu um desacoplamento relativo, pois a variável ambiental, extração de recursos, cresceu menos do que a econômica, PIB per capita, no período considerado. Como mostrado no Capítulo 3, esse tipo de desacoplamento é insuficiente para alcançar a sustentabilidade ambiental do desenvolvimento.

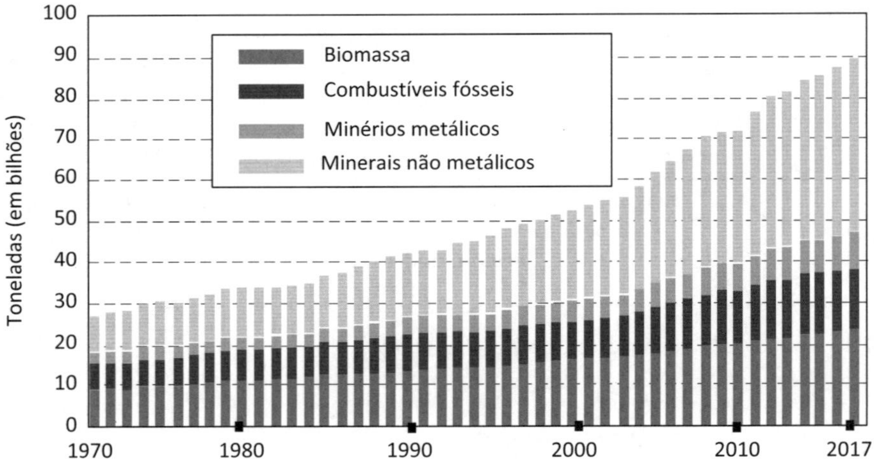

Figura 7.2 – Recursos naturais por grandes grupos: extração doméstica.

Fonte: IRP; UNEP, 2019, p. 43.

A extração de minérios metálicos passou de 2,7 bilhões de toneladas em 1970 para 9,1 bilhões em 2017. A sua extração certamente seria muito maior sem as ecoinovações, que reduzem o seu uso por unidade produzida, e a reciclagem, que os recoloca no circuito produtivo. Calcário, caulim, enxofre, fosfatos, areia, argila, cascalho, brita, sal marinho, sal-gema, amianto, gesso, mármore, rochas fosfáticas e outros minerais não metálicos foram os recursos mais extraídos: de 9,2 bilhões de toneladas em 1970 para 43,8 em 2017, um crescimento de 376 % no período. Uma parcela importante dos materiais metálicos e não metálicos fica imobilizada por décadas e até séculos em

4 IRP; UNEP, 2019, p. 42-43.

construções, equipamentos, instalações, objetos e aparelhos de uso durável, o que requer novas extrações para atender a demanda crescente por elas mundo afora.[5]

A extração mundial de biomassas cresceu de 9,1 para 24,1 bilhões de toneladas naquele mesmo período, uma taxa de crescimento anual média de 2,1%, significativamente maior do que a da população. Apesar disso, sua participação na extração global reduziu de 1/3 para cerca de 1/4, o que significa baixa taxa de substituição de materiais não renováveis por renováveis. As biomassas que mais cresceram foram as colheitas agrícolas, alcançando 40% da extração global em 2017, o que reflete, além do crescimento populacional, as políticas de segurança alimentar, o aumento da qualidade de vida devido ao crescimento da atividade econômica e das políticas de erradicação da pobreza. As extrações com menor crescimento foram as mais facilmente substituíveis por outros materiais, como madeira na construção civil e indústria moveleira por metais, cerâmicas e plásticos; fibras vegetais e animais por fibras sintéticas na indústria têxtil.[6]

Os materiais usados em processos de produção de produtos (bens e serviços) se apresentam de diversos modos quanto às funções que desempenham nesse processo, sendo que os principais são:

- *matéria-prima*: qualquer material que integra o produto acabado transformado pelo processo produtivo;
- *peça ou componente*: qualquer material que integra o produto acabado sem modificação em sua forma por meio de processos de união, como soldagem, colagem, cravação, aparafusamento;
- *material auxiliar*: um coadjuvante do processo, participa dele sem se integrar ao produto acabado, como lubrificantes, solventes, catalizadores, fluídos de usinagem, água para resfriamento;
- *material em processo ou em elaboração*: material ou conjunto de materiais que já passou por um ou mais processo ou subprocesso de produção, mas não todos;
- *produto acabado ou final*: aquele que passou por todos os processos e está completo para uso ou consumo, segundo as especificações do seu projeto;
- *embalagem primária*: o material ou conjunto de material que envolve o produto acabado (por exemplo, a lata de óleo de soja de 1 litro);
- *embalagem secundária*: a que envolve embalagens primárias (caixa com uma dúzia de latas óleo de soja de 1 litro);
- *embalagem de transporte*: a que envolve embalagens primarias e secundárias como *pallets* e contêineres;
- *materiais explicativos*: manuais, certificados, formulários, etiquetas, bulas.

---

5 IRP; UNEP, 2019, p. 43-45.

6 IRP; UNEP, 2019, p. 45.

Processo produtivo, produto acabado, matérias-primas e peças formam um grupo coeso; a alteração de um acaba por alterar os demais. A substituição de materiais incorporados ao produto acabado é uma opção limitada, devido às interações entre os componentes desse grupo. Por exemplo, substituir uma peça fabricada com liga metálica por plástico requer outros processos ou subprocessos de produção, outros fornecedores, outras habilidades e conhecimentos. Os processos apropriados às ligas (corte, solda, estampagem etc.) e, portanto, aos ativos produtivos que os executam não servem para processar plásticos. Por isso, raro é o processo produtivo que permite ampla substituição de matérias-primas e peças. É mais fácil substituir materiais auxiliares, porque não se incorporam ao produto acabado, como trocar um solvente à base de hidrocarbonetos por outro, à base de água, mais amigável ao meio ambiente. Além disso, as substituições devem estar em harmonia com outros objetivos da empresa, por exemplo, substituir materiais virgens por reciclados, um objetivo ambiental, pode dificultar o alcance de objetivos de qualidade, como reduzir os defeitos por tipo e quantidade ou aumentar a confiabilidade do produto.

A seleção dos materiais na fase de projeto do produto determina os processos produtivos e limita a possibilidade de substituí-los no futuro. Uma vez especificado o produto e o processo de produção, as mudanças posteriores, quando viáveis, recaem sobre os materiais com características próximas entre si, como rigidez, densidade, condutividade térmica ou elétrica e outras que possam ser operadas pelos ativos existentes. Essa limitação ocorre inclusive em sistemas produtivos que utilizam equipamentos de amplo espectro, como máquinas universais dispostas em layouts funcionais. Certos sistemas produtivos são projetados para matérias-primas específicas, como as fábricas de cimento, celulose, painéis de madeira, produtos químicos de base, de modo que essa opção é praticamente restrita à melhoria da qualidade dos insumos, como aperfeiçoar os processos de purificação para retirar as impurezas das matérias-primas ou torná-las mais homogêneas.

7.1.2 RECURSOS ENERGÉTICOS

Energia, a capacidade de realizar trabalho e produzir calor, apresenta-se de diversas formas. Em relação ao uso ou à aplicação, ela pode ser primária ou secundária. A energia primária é constituída pelos recursos energéticos obtidos diretamente do meio ambiente, de: (1) fontes renováveis, como energia hidráulica, solar, eólica, biomassa; e (2) não renováveis, como carvão mineral, petróleo, gás natural, xisto betuminoso, urânio. A secundária é aquela obtida pela transformação da energia primária e destina-se aos sistemas produtivos e ao consumo final da sociedade, como: eletricidade, etanol, gasolina, óleo diesel, gás liquefeito de petróleo (GLP), coque de carvão, carvão vegetal obtido de lenha. São as formas de energia secundárias as demandadas pelos indivíduos, famílias, empresas, agentes públicos e outros membros da sociedade. Nem todo suprimento de energias primárias é convertido em secundárias, pois uma parte sempre se perde no processo de conversão que nunca é 100%, enquanto outra é aplicada em usos não energéticos, como produção de lubrificantes, asfalto, parafina e nafta, a partir do petróleo; e de alcatrão, do carvão ou da lenha.

A oferta mundial de energia primária (Tabela 7.1 – coluna A) aumentou constantemente ao longo dos anos, acompanhando o crescimento da atividade econômica e da melhoria da qualidade de vida em diversas partes do mundo. O problema mais grave desse aumento é a grande parcela de energia de fontes primária não renováveis (86%), as quatro primeiras da tabela citada. Nesse período, a participação relativa do petróleo diminuiu, e a do gás natural, aumentou, sendo este menos poluente, mas também um recurso não renovável. O carvão mineral continua com participação expressiva, mais de 1/4 da oferta global, sendo um dos grandes responsáveis pela emissão de gases de efeito estufa e oxidantes fotoquímicos. As fontes de energia renováveis (hidráulica, eólica, solar, biocombustíveis, energia recuperada de resíduos participam muito pouco da oferta mundial de energia primária, apenas 13%.[7]

Tabela 7.1 – Mundo – oferta total de energia por fonte primária

Fonte \ Local (anos)	A – Mundo (2018)		B – Brasil (2021)	
	Mtep[1]	%	Mtep[5]	%
Petróleo	4.513	31,6	104	34,8
Carvão[2]	3.842	26,9	17	5,7
Gás natural	3.256	22,8	40	13,4
Nuclear	700	4,9	4	1,3
Hidráulica	357	2,5	33	11.0
Biomassa[3]	1.328	9,3	75	25,1
Outras renováveis[4]	286	2,0	26	8,7
Total	14.282	100	299	100

Obs.: (1) Mtep = Megatep = 1 milhão de tep; tep = tonelada equivalente de petróleo: 1 tep = 11,63 x 10^3 kWh = 11.630 kWh; (2) inclui turfa e óleo de xisto; (3) inclui resíduos orgânicos; (4) eólica, solar, marés, geotérmica etc.; (5) dados originais em quilotonelada equivalente de petróleo = ktep = 1.000 tep.

Fonte: Mundo = elaborada com dados da IEA, 2020, p. 46-7; Brasil, com dados da EPE, 2022.

No Brasil, as fontes primárias não renováveis participaram com 55% da oferta total de energia primária (Tabela 7.1 – coluna B), embora a energia elétrica (energia secundária) provenha, em sua maior parte, de fontes renováveis, cerca de 78%, principalmente hidráulica, eólica e biomassa na forma de bagaço de cana-de-açúcar.[8] Aqui,

7 IRP; UNEP, 2019, p. 43.

8 EPE, 2020, p. 12.

pouco se usam resíduos como fonte primária de energia. O Brasil é fortemente dependente de transporte rodoviário de carga e passageiros movido em grande medida a derivados de petróleo, a maior fonte de energia primária. Visto do lado dessas fontes, a matriz energética brasileira é intensiva em carbono e, portanto, um grande gerador de gases de efeito estufa.

A indústria é o principal setor consumidor de energia no mundo, seguido pelos setores de transporte, comércio e serviços públicos. Em geral as empresas industriais usam mais de um tipo de energia secundária, como energia elétrica, para acionar máquinas, iluminar, ventilar, refrigerar; combustíveis para fornalhas, caldeiras, veículos; ar comprimido para mover e fixar peças, soprar, pintar, pulverizar, acionar equipamentos pneumáticos. Aumentar a eficiência energética e/ou substituir a energia de fontes não renováveis por renováveis são objetivos típicos das ecoinovações de processo produtivo. As formas de energia e os equipamentos que as utilizam se condicionam reciprocamente, o que restringe as substituições em unidades produtivas existentes às situações pontuais, como substituir óleo combustível ou diesel por biodiesel ou biometano em equipamentos específicos, mesmo assim após ajustes para suportar as mudanças sem perder eficiência.

Minimizar o consumo de energia sem reduzir as atividades ou os níveis de produção significa aumentar a eficiência energética, o quociente entre a quantidade de energia útil e a energia consumida pelo equipamento ou unidade produtiva, cujo resultado é sempre menor que 1,0 ou 100%, pois parte da energia fornecida se perde ao ser aplicada. Por exemplo, o calor produzido pelo motor elétrico em funcionamento é energia perdida devido à resistência imposta pelos materiais à passagem da corrente elétrica; quanto maior o calor, maior a perda. A substituição por materiais menos resistentes às correntes elétricas, caso cabíveis, seria uma ecoinovação de processo, da mesma forma que a captação do calor para usá-lo em processos produtivos, como secagem e aquecimento de matérias-primas. As ecoinovações que minimizam o consumo de energia e as que substituem suas fontes primárias por outras limpas e renováveis são mecanismos de descarbonização que contribuem para o enfrentamento da mudança climática, assunto que voltará mais à frente.

As atividades de racionalização do uso de energia reduzem o consumo de energia com resultados benéficos em custo de produção. Como a energia perpassa a organização como um todo, há muitas oportunidades de melhorias dispersas com diferentes potenciais de economia, porém, sujeitas às limitações técnicas, orçamentárias e contratuais, um típico problema de gestão. A implementação de um sistema de gestão da energia (SGE) baseado nos requisitos da norma ABNT NBR ISO 50001 é uma ecoinovação organizacional cujo resultado esperado é a melhoria do desempenho energético da organização com amplos reflexos sobre todos os seus processos (Quadro 7.1).

Quadro 7.1 – Sistema de gestão da energia: resumo e definições selecionadas

Um sistema de gestão (SG) é um conjunto de elementos inter-relacionado ou interativo de uma organização para estabelecer políticas, objetivos e processos para alcançar esses objetivos. Os elementos de um SG incluem a estrutura organizacional, papéis e responsabilidades, planejamento e operação. O SG pode abranger a organização como um todo, um ou mais estabelecimentos identificados, uma ou mais funções específicas identificadas.

A norma de gestão NBR ISO 50001 especifica requisitos para uma organização implementar, manter e melhorar um SGE e o seu desempenho energético, entendido como os resultados mensuráveis relacionados: (1) à eficiência energética; (2) ao uso de energia; e (3) ao consumo de energia. *Consumo de energia* é a quantidade de eletricidade, combustíveis, vapor, calor, ar comprimido ou outras formas de energia aplicada pela organização. *Uso de energia* é a aplicação da energia em aquecimento, refrigeração, iluminação, força motriz, ar-condicionado, transporte, comunicação, armazenamento de dados etc. *Eficiência energética* é a razão, ou outra relação quantitativa, entre uma saída de desempenho (um resultado mensurável) e uma entrada de energia mensurável. Exemplos: razão entre quantidade de peças produzidas (resultado) e energia elétrica consumida na sua fabricação em kWh (entrada); razão entre quilômetros rodados pelo caminhão de entregas e litros de óleo diesel; entre toneladas de vapor e m^3 de gás natural usado para produzi-lo.

O SGE estabelece uma política energética, objetivos, metas energéticas, planos de ação e processos para alcançar objetivos e metas energéticas. A política energética, uma atribuição da alta direção, deve:

(1) ser apropriada aos propósitos da organização;

(2) fornecer uma estrutura para análise crítica dos objetivos e metas energéticas;

(3) incluir o compromisso com disponibilização das informações e recursos necessários ao alcance desses objetivos e metas;

(4) incluir o compromisso em atender aos requisitos legais e outros requisitos relacionados a eficiência energética, uso e consumo;

(5) incluir o compromisso com a melhoria contínua do desempenho energético e do SGE;

(6) apoiar a aquisição de produtos e serviços que impactem positivamente o desempenho energético; e

(7) apoiar as atividades de projeto que considerem a melhoria contínua do desempenho energético.

A inovação é um item obrigatório da política energética que se efetiva por: (1) compromisso da alta direção da organização com a melhoria contínua do desempenho energético e do SGE; (2) apoio à aquisição de produtos e serviços que impactem positivamente o desempenho energético; e (3) apoio aos projetos que considerem a melhoria contínua do desempenho energético.

Todas as normas de SG da ISO visam à melhoria contínua do desempenho da organização no âmbito da sua especialidade. O ciclo PDCA, de Planejar → Fazer → Checar → Agir (em inglês, *Plan-Do-Check-Act*), é o método padrão dessas normas para melhorar continuamente o desempenho de um SG e do seu objeto. A Figura a seguir reproduz o PDCA da norma NBR ISO 50001, na qual as setas indicam que o ciclo gira continuamente de modo que os objetivo e metas alcançados em um ciclo de melhorias tornam-se pontos de partidas para novas melhorias.

P – Planejar (Plan)
Compreender o contexto da organização, estabelecer uma política energética e uma equipe de energia, considerar ações para enfrentar riscos e oportunidades, identificar usos significativos de energia, os indicadores de desempenho energético etc.

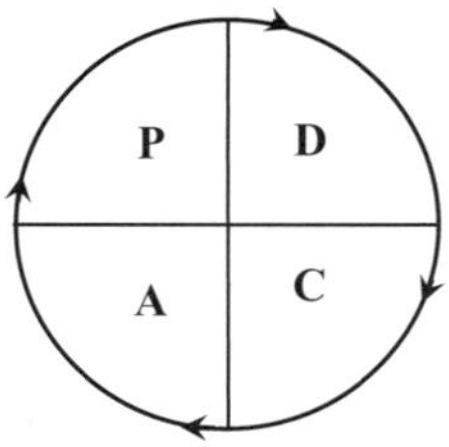

D – Fazer (Do)
Implementar os planos de ação, controles de operação manutenção e comunicação, assegurar a competência e considerar o desempenho energético no projeto e aquisição.

C – Checar (Check)
Monitorar, medir, analisar, avaliar, auditar e realizar análises críticas pela direção do desempenho energético e do SGE.

A – Agir (Act)
Adotar ações para tratar as não conformidades (não atendimento de um requisito normativo) e melhorar continuamente o desempenho energético e do SGE.

Outros SG criados segundo as normas da ISO contribuem para a melhoria ambiental de processos e produtos. Por exemplo, o Sistema de Gestão da qualidade (SGQ) conforme os requisitos da norma NBR ISO 9001:2015 baseia-se na abordagem de processo para habilitar a organização a controlar as inter-relações e interdependências entre os processos do sistema, a fim de elevar o desempenho global da organização. A norma NBR ISO 14001:2015, sobre Sistema de Gestão Ambiental, provê à organização uma estrutura para a proteção do meio ambiente e possibilita responder às condições ambientais em equilíbrio com as necessidades socioeconômicas. Todos os SG criados e mantidos pelas normas ISO podem conviver harmoniosamente entre si, pois apresentam a mesma estrutura de requisitos, os mesmos textos, os mesmos termos e definições, o que facilita a integração entre eles.

Fonte: ABNT NBR ISO 51001:2018; NBR ISO 9001:2015 e NBR ISO 14001:2015.

7.1.3 MELHORIAS CONTÍNUAS

A melhoria contínua pode ser entendida como atividade recorrente para aumentar o desempenho de produtos, processo, atividades, sistemas e organizações;[9] e como capacidade de uma organização de realizar melhorias de qualquer tipo e área do seu interesse de modo sistemático. É uma das colunas de sustentação do movimento da qualidade, cuja popularidade foi alavancada pelo sucesso das empresas japonesas nos anos 1970 e 1980, particularmente com o Sistema Toyota de Produção (TPS, do inglês). A difusão do modo de gestão e das práticas do movimento da qualidade no Ocidente desaguaria na produção enxuta (*lean production*), denominação atribuída a Womack, Jones e Roos, autores do livro *A máquina que mudou o mundo*,[10] publicado em 1992. Dessas práticas operacionais e de gestão, surgiu o pensamento enxuto (*lean thinking*), promovido por Womack e Jones, num livro de 1996, cuja mensagem básica vinha resumida em seu subtítulo: *elimine os desperdícios e crie riqueza em sua empresa*. O pensamento enxuto, para ser efetivo, deve envolver o fluxo completo da criação

9 ABNT NBR ISO 50001:2018, definição 3.4.16.

10 WOMACK, JONES e ROOS, 1992.

de valor, desde o projeto do produto até a entrega ao cliente, sem desperdícios, interrupções e retornos evitáveis.[11]

Embora não fosse seu propósito primeiro, o movimento da qualidade e da produção enxuta trouxeram inúmeras contribuições para melhorar o desempenho ambiental de produtos e processos, atuando em todas as instâncias da organização. *Fazer certo a coisa certa da primeira vez*, uma de suas regras básicas, traz inúmeros benefícios ao meio ambiente. A redução ou eliminação de produtos encalhados, descartados ou retrabalhados evita o consumo adicional de energia e materiais. A eliminação de todo tipo de desperdício, outra regra básica, leva à busca permanente do uso eficiente de materiais e energia, o que significa produzir mais consumindo menos insumos. Nessa perspectiva, o consumo evitável de material e energia é visto como um custo de produção que jamais será recuperado integralmente, de modo que a coisa certa a fazer é reduzi-lo ao máximo, como sugere a meta *desperdício zero* (*zero waste*).

A melhoria contínua tem sido associada exclusivamente às inovações incrementais, portanto, apenas ao desempenho operacional da organização, a fim de fazer melhor o que já fazem. Essa associação baseia-se na interpretação errônea de fatos corretos, como: (1) sempre há mais inovações incrementais do que radicais, que são eventos marcantes e episódicos nas organizações, inclusive nas reconhecidamente inovadoras; (2) a maioria das inovações incrementais é de processo; e (3) muitas delas são realizadas pelo pessoal operacional do chão da fábrica como resultado do seu aprendizado em lidar com os materiais, equipamento e outros componentes dos processos produtivos, o que sugere inovações menores do tipo aperta e ajusta. Entretanto, a experiência mostra que inovações radicais ou ideias sobre elas podem surgir no conjunto de ideias sobre melhorias, pois elas predispõem a organização a envolver-se com inovações de qualquer tipo.[12]

O incessante processo de renovar as metas de desempenho de atividades, produtos, processos ou subprocessos leva o objeto da melhoria a uma situação-limite, cuja ultrapassagem torna-se técnica e/ou economicamente inviável, ensejando mudanças radicais. A instalação de uma nova unidade produtiva, a ampliação de uma unidade em operação e a substituição de ativos produtivos que chegou ao limite das possibilidades de melhorias são oportunidades para implementar ecoinovações radicais de processo. Quanto mais melhorias, mais cedo chega-se aos limites e, portanto, à necessidade de superá-los por meio de novidades radicais.

7.1.4 *RETROFITTING*

Os ativos produtivos e seus componentes se desgastam com o uso, perdem eficiência e passam a poluir mais e a consumir mais recursos do que quando eram novos. A manutenção corretiva recupera a eficiência perdida resolvendo problemas caso a caso.

---

11 WOMACK e JONES, 1998.

12 ÁLVARES e BARBIERI, 2021, p. 75-76.

A manutenção preventiva busca antecipar-se ao surgimento de problemas por meio ações programadas com periodicidade estabelecida em função da natureza dos equipamentos e das suas condições de operações. A preditiva baseia-se no monitoramento constante, quando não contínuo, de equipamentos-chave ou de componentes críticos do processo, a fim de antecipar sua manutenção ou sua substituição, independentemente da manutenção programada. É reservada a equipamentos, instalações e instrumentos de controle que causam perdas econômicas e ambientais significativas caso operem com desgastes ou desajustes. A manutenção de máquinas, equipamentos e outros ativos reduz vazamentos, emissões fugidias de poluentes e o consumo de recursos adicionais devidos aos desgastes das peças, juntas, gaxetas. Não é pouca coisa, mas não é inovação propriamente dita.

O *retrofitting* vai além da manutenção e do reparo. A palavra *retrofitting* combina o termo latino *retro* ("atrás", "para trás") com o inglês *fitting* (adequação, ajustamento, conveniente), dando a ideia de algo que retorna readaptado ou reajustado ao momento. O *retrofitting* é um modo de modernizar ativos produtivos, e não apenas de reformá-los para recuperar os seus parâmetros operacionais originais. Portanto, é um tipo de inovações de processo que se efetiva pela implementação de novidades técnicas em bens de capital que não existiam originariamente.

Como os ativos produtivos são projetados para durar décadas, eles ficam defasados em relação aos novos em velocidade das operações, flexibilidade, precisão, custo e outros critérios de desempenho operacional. Ao prolongar a vida desses ativos com atualização tecnológica, o *retrofitting* é uma alternativa à compra de novos, enquanto os existentes ainda não estejam totalmente depreciados. O *retrofitting* ocorre por meio de dois processos básicos: remanufatura e recondicionamento, que resultam em bens remanufaturados e bens recondicionados, respectivamente.

A *remanufatura* é um processo industrial realizado pelo fabricante original do produto novo ou por empresa pertencente ao mesmo grupo societário, ou por empresa autorizada pelo fabricante original especialmente para esse processo, que envolve:

1) desmontagem do produto usado na extensão necessária às ações que permitam determinar o seu estado de conservação e assegurar o desempenho de seus componentes, partes e peças;

2) substituição de componentes críticos e/ou desgastados por novos ou remanufaturados, de modo que o produto resultante apresente condições de operação, funcionamento e desempenho de acordo com as especificações do bem novo original ou superiores a estas, inclusive em termos de garantias;

3) atendimento a todos os regulamentos e normas técnicas aplicáveis a bens novos destinados ao mesmo fim.[13]

---

[13] ABNT NBR 16290:2014.

Como os bens novos são tecnologicamente superiores aos antigos, a remanufatura requer atualização tecnológica do bem remanufaturado, segundo o item (3) mencionado. O bem remanufaturado deve ser identificado como tal. Conforme a Association for Sustainable Manufacturing, uma divisão da Motor & Equipment Manufacturers Association, a remanufatura é um modo de manufatura sustentável definido como *fabricação com reutilização.* A remanufatura padronizada produz bens de alta qualidade pela segunda vez e de modo sustentável, pois reutiliza materiais e conserva a energia incorporada nos produtos existentes.[14] A remanufatura é tanto um processo industrial quanto um segmento da indústria de bens duráveis e de capital que serve a outros setores econômicos, especialmente os que utilizam grandes equipamentos industriais, como rodoviários, ferroviários, portuários, aeroviários, hospitalares, de tratamento de água e esgoto, de construção, produção e transmissão de energia, mineração. É comum que empresas produtoras desses equipamentos tenham divisões especializadas em remanufatura, como ABB, Bosch, Caterpillar, GE, GM, Komatsu, Scania, WEG, Xerox.

A remanufatura se realiza por meio dos subprocessos indicados na Figura 7.3. A ideia é reprocessar todas as peças usadas; porém, quando o estado do desgaste ou do defeito não permite sua recuperação, as peças devem ser substituídas por novas e originais. Os testes devem assegurar que o produto funcione como se fosse novo.[15] O bem remanufaturado deve apresentar condições de rastreabilidade, receber identificação indelével que deixe clara a condição de bem remanufaturado.[16] Essas exigências procuram evitar confusão com os bens novos, recondicionados e reparados, bem como coibir a propaganda enganosa.

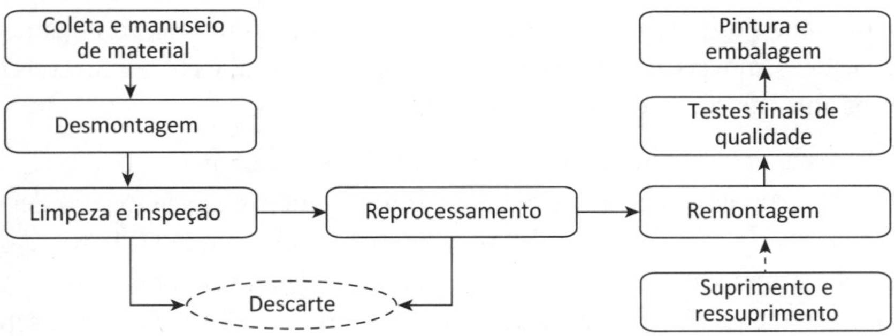

Figura 7.3 – Subprocessos do processo industrial de remanufatura.

Fonte: ZHANG et al., 2020, p. 3.

O *recondicionamento* é um processo industrial realizado por qualquer empresa envolvendo os mesmos procedimentos da remanufatura. A marca do fabricante original

---

14 Veja mais em: https://www.mera.org.

15 ZHANG et al., 2020, p. 3.

16 ABNT NBR 16290:2014.

deve ser substituída pelo do recondicionador, caso esse não seja o fabricante original ou do mesmo grupo societário, ou a empresa autorizada pelo fabricante original. O processo e os resultados são semelhantes ao da remanufatura, mas difere pelo fato de que esta somente pode ser feita pela empresa original ou do seu grupo econômico. Esses dois processos não necessitam esperar pelo fim de vida dos equipamentos para ter início; a atualização tecnológica antecipada permite competir com os novos modelos lançados pela indústria de bens de capital que incorporam novidades resultantes do avanço do conhecimento em sua área tecnológica. Ou seja, ambos oferecem uma segunda oportunidade de uso em melhores condições tecnológicas do que a inicial, o que os diferencia do reparo.[17] Portanto, é uma alternativa à aquisição de novos equipamentos enquanto os existentes ainda têm vida útil pela frente.

O *reparo* é um processo técnico que restabelece a funcionalidade de bens usados por meio de consertos ou substituições dos componentes defeituosos ou desgastados a fim de restabelecer as condições de operação, funcionamento e desempenho equivalentes às do bem original quando novo. O reparo de ativos produtivos não atualiza a tecnologia, funciona como uma manutenção corretiva especial ou pós-fim de uso; assim, não é uma prática de *retrofitting* propriamente dita. Para efeito de comercialização, o bem reparado deve atender a todos os regulamentos e normas técnicas aplicáveis aos bens novos destinados ao mesmo fim, inclusive em termos de prazos de garantia.[18] O reparo pode ser feito por qualquer empresa, inclusive pela equipe de manutenção da empresa proprietária do ativo, não sendo necessária qualquer autorização do fabricante original. Pode ser realizado sem ser desmontado completamente, atendo-se apenas aos componentes defeituosos ou desgastados. O reparo é amplamente usado para manter o funcionamento de bens de consumo duráveis, como automóveis, eletrodomésticos, móveis. Como mostrado no Capítulo 6, muitos bens reusáveis passam por reparos antes de chegarem aos usuários de segunda mão.

As práticas de *retrofitting* comentadas tornam-se mais efetivas quando os produtos são projetados para esse fim, o que pode ser feito por meio de projeto para desmontagem (DFD, de *design for disassembly*), projeto para modularidade (DFMo, *design for modularity*) e projeto para remanufatura (DFRm, *design for remanutacture*). O DFD busca otimizar a sequência de atividades de desmonte do produto e facilitar a separação de peças e materiais com vistas ao seu reaproveitamento máximo com custo mínimo. Uma de suas preocupações centrais é a simplificação da geometria das peças e dos processos de união, por exemplo, evitando peças incrustadas, coladas e soldadas que dificultem a separação e podem inclusive danificar os materiais e peças durante a separação. Note que a desmontagem é uma das etapas do processo de remanufatura, conforme mostra a Figura 7.3. O DFMo busca otimizar a disposição tridimensional de blocos de peças e subconjuntos de um produto complexo para prover ao equipamento

[17] ABNT NBR 16290:2014.

[18] Ibidem.

uma arquitetura que facilite a atualização tecnológica de cada bloco sem a necessidade de atualizar ou modificar os demais.[19]

O *retrofitting* também se aplica a qualquer tipo de edifício e suas instalações (elétrica, hidráulica, acústica, iluminação, ar-condicionado, combate à incêndios etc.). Nesse sentido, significa remodelar ou atualizar edifícios ou sistemas incorporando novas tecnologias e conceitos, normalmente visando a sua valorização, mudança de uso, aumento da vida útil e eficiência operacional e energética.[20] Os edifícios que abrigam atividades produtivas (fábricas, laboratórios, lojas, depósitos, garagens etc.) são parte do processo produtivo e influenciam o seu desempenho econômico, ambiental e social. A atualização tecnológica desses espaços construídos proporciona benefícios variados, como economia de energia e água pela renovação das instalações elétricas e hidráulicas; aumento da produtividade do trabalho pela reforma nos sistemas de iluminação, ventilação e conforto térmico; eliminação de situações causadoras de acidentes, vazamentos, incêndios, explosões; melhor disposição de espaços para transporte, manuseio e armazenagem de matérias-primas, peças, embalagens, produtos em processo, entre outros.

7.2 ECOINOVAÇÃO DE PRODUTO

Produtos são bens e serviços. Os bens são objetos físicos, tangíveis, isto é, tocáveis, palpáveis, portáveis, corpóreos; possuem massa e volume. Os serviços são intangíveis, incorpóreos, imateriais. Bens podem ser estocados, são facilmente padronizáveis, e os consumidores não participam do seu processo de produção. Os serviços são atividades e, portanto, não são estocáveis; são mais difíceis de serem padronizados, e o usuário participa em alguma fase do processo de produção. Apesar dessas diferenças, um não existe sem o outro, mas, sim, uma combinação de bens e serviços em diferentes proporções, denominado *pacote produto-serviço* na literatura de gestão da produção.[21] Exemplos: um fabricante de eletrodomésticos (um bem) presta serviços de relacionamento com os fornecedores, distribuidores e clientes, de financiamento aos clientes, de assistência técnica e substituição de peças, de retirada pós-uso; um serviço saúde (atividade) requer consultórios, ambulatórios, equipamentos e instrumentos médicos, medicamentos, seringas, fios cirúrgicos, alimentos, materiais de limpeza, vestuários e outros bens de apoio às atividades dos médicos, enfermeiros, auxiliares e outros profissionais.

Inovação de produto são bens e serviços novos ou significativamente melhorados destinados aos consumidores ou usuários finais. Recordando o Capítulo 1, as inovações em máquinas, equipamentos e insumos produtivos são inovações de processo para as organizações que os adotam, bem como as inovações em serviços técnicos de apoio às organizações, como montagem industrial, informática, manutenção, alimentação

---

19 FIKSEL, 2009, p. 142.

20 ABNT NBR 15575:2013.

21 JACOBS e CHASE, 2012, p. 7.

dos empregados, segurança patrimonial, contabilidade, gestão da qualidade, gestão ambiental, auditoria, certificação. As inovações em remediação, controle da poluição e gestão de resíduos, apresentados nos Capítulos precedentes, são ecoinovações de bens e serviços para as empresas da indústria ambiental e inovações de processo para as empresas que as implementaram.

Ecoinovações de bens ou serviços de consumo final são os ambientalmente melhores em suas categorias, o que contribui para reduzir ou eliminar impactos ambientais negativos sem que seja esta a sua função precípua. Xampus servem para lavar cabelos, e serviços de transporte, para movimentar pessoas e objetos, aqueles que contabilizem menores impactos ambientais adversos ao longo dos seus ciclos de vida, comparados aos similares ou próximos substitutos, são bens e serviços ambientais, respectivamente. Por isso, são bens e serviços ambientalmente preferíveis, pois realizam as mesmas funções, ou funções semelhantes, com melhor desempenho ambiental ao longo dos seus ciclos de vida.[22]

As novidades ou melhorias ambientais em um ou mais componentes do pacote produto-serviço em seu ciclo de vida se efetivam por meio dos seguintes métodos ou mecanismos de ecoinovação: desmaterialização, desenergização, descarbonização e desintoxicação, os 4Ds, considerando que digitalização é um modo de desmaterialização. Ao considerar-se o ciclo de vida, esses quatro mecanismos aplicam-se tanto aos produtos (bens e serviços) quanto aos seus processos de produção, distribuição, marketing, entre outros. Embora cada mecanismo possa ser tratado individualmente, com o será feito a seguir, eles se interagem de muitos modos, algumas vezes em sintonia; outras, em contradição, um fato que leva à necessidade de se realizarem escolhas entre alternativas conflitantes nos projetos específicos de ecoinovação.

7.2.1 DESMATERIALIZAÇÃO

Desmaterialização é o contrário da intensificação do uso de materiais. Na perspectiva de um bem ou serviço individualmente considerado, significa reduzir a quantidade de materiais sem diminuir as suas funções. Na de uma empresa, reduzir a quantidade total de materiais usados em todas as suas atividades sem diminuir a produção total. Na global, reduzir a quantidade total de recursos materiais extraídos do meio ambiente sem diminuir o nível geral de atividades econômicas necessárias ao bem-estar da população. As ecoinovações para desmaterializar produtos visam a alcançar os seguintes objetivos específicos:

1) reduzir a quantidade de material por unidade de produto;
2) aumentar o número de funções do produto;
3) aumentar durabilidade, confiabilidade e mantenabilidade;
4) facilitar a recuperação de materiais pós-uso;

[22] Veja Capítulo 3.

5) especificar materiais reciclados em novos produtos;

6) aumentar os serviços associados aos bens materiais;

7) aumentar a digitalização de componentes do pacote produto-serviço.

A redução da massa e do volume dos produtos sem prejudicar suas funções vai ao encontro da necessidade permanente das empresas de tornarem seus produtos mais competitivos. Esse talvez seja o modo de desmaterialização que mais estimula ecoinovações imotivadas, aquelas cujo objetivo primeiro não era beneficiar o meio ambiente, mas, sim, reduzir custo para aumentar a sua contribuição no alcance de resultados econômicos. Essa redução diminui os custos de produção, manuseio, transporte e armazenagem para a empresa, o que permite baratear os produtos, tornando-os mais competitivos, além de facilitar a vida dos consumidores e usuários. Pensem nas TVs de tubos de raios catódicos, com mais de 30 kg; nos primeiros notebooks, com mais de 10 kg, como o Osborne, lançado em 1981; no DynaTAC 8000x, o primeiro celular comercial, com cerca de 700 gramas, e que só fazia uma única coisa: transmitir vozes em um perímetro limitado (Figura 7.4).

Figura 7.4 – (a) TV a raio catódico, (b) notebook Osborne e (c) DynaTAC 8000.

A quantidade de materiais de um bem pode ser reduzida trocando-os por outros (1) dentro da mesma classe, como diminuir a gramatura das garrafas PET para a mesma quantidade de líquido ou a espessura das chapas de metal em bens duráveis; e (2) entre classes diferentes, por exemplo, substituir madeiras, cerâmicas e vidros por plásticos e ligas leves de metais. No entanto, não é uma troca inútil do tipo seis por meia dúzia, pois sendo mais leves reduzem o consumo de energia e dos poluentes associados à sua produção, movimentação e transporte, bem como a geração de resíduos pós-uso e a necessidade de espaços para armazená-los e acomodá-los nas residências.

A troca de um material por outro será sempre vantajosa se os impactos ambientais negativos do material substituto forem menores do que os do substituído, considerando o ciclo de vida de ambos. Há quem não considere essa troca uma desmaterialização, mas, sim, uma *transmaterialização*, o processo pelo qual as indústrias, acompanhando as mudanças da sociedade, substituem os materiais antigos por outros mais novos e tecnologicamente mais avançados. Desse modo, não ocorreria uma redução definitiva na intensidade de materiais, mas uma sucessão de ciclos de substituições.[23] Esse seria um dos motivos do desalinhamento entre as perspectivas de desmaterialização global e a empresarial ou do produto citadas, causadores de desacoplamentos relativos, assunto tratado no Capítulo 3.

Aumentar o número de funções de um bem reduz a quantidade de materiais ao juntarem-se em um único produto as funções desempenhadas isoladamente por vários. São bens do tipo dois em um, três em um, muitos em um, como geladeira e freezer, lavadora e secadora de roupas, cama e guarda-roupa, furadeira-lixadeira-plaina-serra circular. Os benefícios ambientais são menores quantidades de materiais do que a do conjunto dos bens unifuncionais substituídos. O canivete suíço foi por muito tempo o exemplo marcante de produto multifuncional, assim como a escova de lã aço da marca Bombril. Na atual era digital, é o smartphone; a cada novo modelo, agregam-lhe mais funções, de modo que mais produtos unifuncionais podem ser dispensados, como relógio, calculadora, GPS, altímetro, bússola, máquina fotográfica, filmadora, lanterna, rádio, contador de passos, de batimento cardíaco, de raios UV, cartão de crédito.

A *durabilidade* é um atributo da qualidade de bens de consumo durável, como eletrodomésticos, veículos, lâmpadas, móveis e utensílios. É a capacidade do produto de realizar suas funções em certas condições de uso e manutenção até um limite determinado pelo fim da sua *vida útil*, o tempo em que o produto funciona adequadamente, considerando-se as manutenções e os reparos, quando possíveis e viáveis. O fim da vida útil ocorre quando consertos são impossíveis, como em lâmpadas, ou quando inviável por razões econômicas, técnicas ou outras restrições,[24] como incompatibilidade com normas legais.

Aumentar a durabilidade de um bem significa prolongar a sua vida útil, o que se obtém usando-se materiais mais resistentes, dispondo as peças para facilitar a troca quando gastas, realizando-se regulagens e manutenções periódicas, entre outras características previstas no projeto do bem de consumo durável, considerando seu ciclo de vida. O benefício ambiental é o melhor uso dos recursos naturais incorporados aos bens devido às substituições evitadas ou postergadas. No entanto, produtos de longa duração, em algum momento, ficam tecnologicamente defasados, obsoletos ou ultrapassados em relação aos novos modelos: a máquina de lavar consome mais água, sabão em pó e energia elétrica do que os novos modelos; o automóvel, mais combustível e óleos lubrificantes; o aparelho de ar-condicionado, mais energia elétrica. A manutenção não resolve esses problemas, pois apenas restitui os parâmetros originais e que são inferiores aos dos novos modelos. Assim, embora continuem funcionando, esses bens deixam de ser ambientalmente preferíveis, pois há opções melhores.

A *confiabilidade* é a capacidade de um produto ou de seus componentes de funcionar adequadamente sem falhas, de acordo com condições especificadas, durante certo

[23] LABYS, 2004, p. 5-6.

[24] NBR 5462 de 1994.

intervalo de tempo.[25] É medida como probabilidade de falha durante um tempo determinado, ou tempo médio para a ocorrência da primeira falha, ou tempo médio entre falhas. Essas medidas são referências para estabelecer os prazos de garantia e funcionam como atrativos mercadológicos destacados nas publicidades dos produtos. A confiabilidade pode ser aumentada reduzindo-se o número de peças, reforçando-se suas ligações, introduzindo-se dispositivos para evitar desgastes na superfície de contato entre elas, protegendo-se as peças de fatores ambientais adversos, como calor, humidade, trepidação, dispondo-se as peças no layout do produto para facilitar reparos e trocas. A confiabilidade reflete sobre a durabilidade, de modo que os benefícios ambientais também se situem na esfera da redução do uso de recursos.

O aumento da confiabilidade e durabilidade de um bem caminha em sentido contrário à redução da sua massa ao requerer materiais mais robustos e materiais ou sistemas redundantes aqueles com mais de um meio para desempenhar uma função requerida,[26] a fim de resistir melhor ao desgaste devido ao uso e reduzir a probabilidade de falhas. Esses efeitos contraditórios podem ser neutralizados aumentando-se a *mantenabilidade* do bem e de seus componentes, isto é, a capacidade de serem mantidos ou recolocados em condições de executar suas funções requeridas, sob condições de uso especificadas.[27]

A durabilidade de bens de consumo imediato ou progressivo, como alimentos processados, bebidas, produtos de limpeza e higiene e outros cuja vida útil se conta em dias ou meses, é o período no qual eles podem ser consumidos com segurança, o que depende das características físico-químicas dos seus componentes, de como eles se interagem, das suas embalagens e dos processos de manuseio, transporte e armazenagem. A vida útil desses bens é o prazo de validade mencionado nas suas embalagens, também conhecido como prazo de prateleira (*shelf life*). Depois desse prazo, devem ser recolhidos para não serem adquiridos por clientes incautos, pois são impróprios ao uso e consumo por disposição legal, embora possam estar em perfeitas condições de uso.[28] A vida útil desse tipo de bens pode ser aumentada por inovações em suas formulações, como nova combinação de matérias-primas, novos reagentes químicos e aditivos conservantes, bem como embalagens novas ou melhoradas que aumentem a proteção contra contaminação microbiana, humidade, oxigênio, luz solar, vibração, manuseio, empilhamento e outros fatores de *perecibilidade*, a qualidade daquilo que é perecível, isto é, sujeito a perecer, deteriorar, estragar, apodrecer, decompor.[29] Uma nova embalagem que aumente significativamente a duração do conteúdo embalado em comparação com as existentes é uma ecoinovação de produto, pois a embalagem é um componente do produto.

25 Idem.

26 NBR 5462:1994.

27 Ibidem.

28 BRASIL, Lei 8.078 de 1990.

29 *Dicionário Houaiss*, verbete.

Facilitar a recuperação de materiais pós-uso e aumentar a porcentagem de materiais recuperados são modos de desmaterialização com o propósito de fechar ao máximo o ciclo de materiais dentro da lógica do *berço ao berço*. Eles atendem à PNRS quanto ao objetivo de incentivar a indústria da reciclagem e fomentar o uso de matérias-primas e insumos derivados de materiais reciclados.[30] Para isso, os bens duráveis devem ser projetados para serem desmanchados com facilidade, baixo custo e perda mínima dos materiais que os compõem, com vistas a serem reutilizados em outros produtos, como peças ou componentes remanufaturados ou como matérias-primas recicladas. Esse é o objetivo do projeto para desmontagem (DFD), mencionado anteriormente, que tem por base diretrizes como as seguintes: adotar estrutura modular; subdividir o produto em subconjuntos para separar e manuseá-los como peças individuais, minimizar as dimensões do produto e das peças, minimizar as conexões entre peças com dependências hierárquicas, evitar peças difíceis de manusear, minimizar o número de fixadores, buscar a máxima linearidade na sequência de desmontagem.[31]

Na literatura de gestão, a palavra *servicilização* significa mais do que a complementaridade entre bens e serviços, o que é próprio do conceito de pacote produto-serviço, já comentado. Significa um processo de ampliação crescente dos serviços no pacote, tornando-o o seu componente de maior valor para os consumidores ou usuários. Diversos graus de desmaterialização podem ser obtidos como o aumento dos serviços substituindo bens físicos do pacote e, portanto, os materiais com que são feitos. A servicilização baseia-se na ideia de que as pessoas necessitam de soluções para seus problemas e demandas, e não dos bens que os proporcionam. As pessoas necessitam de roupas limpas, e não lavadeiras elétricas; locomoção, e não de carros; realizar consertos em suas casas, e não de ferramentas; fazer furos, e não de possuir uma furadeira. A oferta de soluções e não de bens implica inovações de gestão e no modelo de negócio, no modo como a empresa captura e entrega valor aos clientes. Instalações, equipamentos e materiais de apoio continuam necessários e sujeitos às inovações tecnológicas para melhorar seu desempenho. Com foco no uso do bem e não na sua propriedade, esse modo de desmaterialização ganhou um status especial com a difusão das tecnologias digitais.

7.2.2 DIGITALIZAÇÃO

O *Manual de Oslo* distingue digitalização (*digitalisation*) de digitização (*digitisation*): esta é a conversão de sinais analógicos em digitais (bits binários); aquela é a aplicação ou o aumento do uso de tecnologias digitais por uma organização, indústria, segmento da sociedade, país.[32] Em português, a palavra *digitalização* dá conta desses dois significados. Ela ocorreu primeiro com componentes constituídos basicamente

---

30 BRASIL, Lei 12.305 de 2010, art. 7º, VI e XI e Brasil, Lei 14.133 de 2021, art. 23, II.

31 VEZZOLI e MANZINI, 2007, p. 261.

32 OECD/EUROSTAT, 2018, p. 121-122.

de palavras, vozes, sons e imagens contidos em meios físicos, como livros, registros contábeis, discos, filmes, jornais, revistas. Do mesmo modo, os serviços baseados em processamento de informações foram os primeiros a serem digitalizados, criando-se uma especialidade em sua categoria, identificados pela letra *e*, de eletrônico, como *e-commerce, e-media, e-banking, e-learning, e-govern, e-health.*

O passo seguinte foi a conversão de objetos físicos tridimensionais em imagens digitais que podem ser transmitidas, armazenadas eletronicamente e reproduzidas na forma original por processos industriais localizados em qualquer lugar. E assim, paulatinamente, os mais diversos setores econômicos foram adotando as tecnologias digitais, cujas origens encontram-se na Terceira Revolução Industrial (veja o Capítulo 1), com o desenvolvimento da microeletrônica e de suas aplicações em tecnologias de computação, automação industrial e comercial, informação e comunicação (TIC), e que passaram a ser o padrão dominante da Quarta Revolução, na qual a maioria das tecnologias que a define são essencialmente digitais (veja Quadro 1.7). Acopladas aos bens de consumo duráveis, essas tecnologias os transformam em bens inteligentes que se autorregulam e autocontrolam o consumo de energia e materiais ao desempenharem suas funções.

A ampla difusão das tecnologias digitais por agentes econômicos tem início em meados dos anos 1990, com o uso generalizado da internet, antes restrito a pesquisadores de certas instituições de ensino e pesquisa. Desde então, surgiram muitas definições de economia digital. Uma delas a define como aquela parte da economia baseada única ou principalmente nas tecnologias digitais.[33] É uma definição restrita que pressupõe uma economia digital e outra não digital, a primeira enquistada na segunda. Entretanto, praticamente nenhuma parte da economia ficou alheia à vigorosa difusão das novas tecnologias digitais. Em um sentido amplo, a economia digital pode ser entendida como a economia transformada pelas tecnologias digitais. Conforme um relatório da UNCTAD, a economia digital está cada vez mais inseparável da economia como um todo. Segundo esse relatório, as diversas tecnologias digitais e os aspectos econômicos da economia digital podem ser desmembrados em três grandes componentes:

1) aspectos centrais ou fundamentais constituídos pelas tecnologias básicas (semicondutores, processadores etc.), tecnologias essenciais (computadores, equipamentos de telecomunicação etc.) e as infraestruturas habilitadoras, como internet e as redes de telecomunicação;

2) tecnologias digitais e de informação que produzem bens e serviços-chave com base em tecnologias digitais centrais e essências, incluindo plataformas, aplicativos móveis e serviços de pagamento; e

3) um conjunto mais amplo de setores econômicos digitalizados cujas novas atividades e novos modelos de negócios surgiram ou se transformaram como resultados das tecnologias digitais.[34]

---

[33] BUKHT e HEEK, 2017, p. 13.

[34] UNCTAD, 2020, p. 4.

O item 3 inclui setores que já nascem digitais como desdobramento de inovações radicais, enquanto outros se digitalizam por meio de inovações incrementais. Inclui também os trabalhadores, consumidores e usuários de bens e serviços digitais,[35] indivíduos que se contam aos bilhões espalhados pelo mundo que usam as tecnologias digitais em seus diversos níveis de complexidade. A digitalização tanto se refere à aplicação de tecnologias digitais aos produtos, serviços e negócios existentes quanto à criação de novos. A transformação digital da economia resulta de incontáveis inovações de todo tipo e magnitude, desde as incrementais aplicadas pontualmente em bens, serviços e processos existentes até as que levam à criação de empresas ou novos setores econômicos, como os de *streamings, crowdfundings, fintechs,* criptomoedas e aplicativos.

As ecoinovações digitais devem trazer resultados econômicos e ambientais positivos à organização inovadora, por definição. Os resultados ambientais estão associados à diminuição da intensidade do uso de materiais nas perspectivas da organização inovadora, do setor econômico e da economia como um todo, com reflexos positivos sobre a redução de energia, tanto pela redução da produção dos bens materiais substituídos pelos digitais quanto pela desmobilização devida à redução da necessidade de locomoção de pessoas e transporte de objetos.

No entanto, as tecnologias digitais não estão isentas de problemas ambientais. A produção de materiais semicondutores, microchips, circuitos impressos, sensores, displays e milhares de outros componentes eletroeletrônicos é intensiva em energia e potencialmente geradora de poluentes, boa parte deles tóxicos. Muitos desses materiais utilizam gálio (GA), germânio (Ge), índio (In), selênio (Se) tântalo (Ta), telúrio (Te) e outros metais que não se encontram em alta concentração na natureza, mas distribuídos em pequenas quantidades como contaminantes ou agregados de outros metais quimicamente semelhantes. Exemplos: Ga, Ge e In são subprodutos da produção de zinco; Se, de cobre; Ta e Te, de estanho.[36] Além disso, por serem usados em quantidades diminutas, são mais difíceis de serem coletados e reciclados (veja Quadro 6.3). Um relatório das UNIDESA mostra que, em 2019, foram geradas 53,6 milhões de toneladas de resíduos eletrônicos, uma média 7,3 kg por pessoa, dos quais somente 1,7 kg foi reciclado.[37] Assim, o aumento da demanda desses metais raros devido à crescente difusão das tecnologias digitais teria de ser atendido com o aumento da extração de minerais metálicos, inclusive daqueles que lhes dão carona, como zinco, cobre, estanho, mesmo se a demanda desses metais diminuir drasticamente devido aos avanços na desmaterialização de bens e produtos.

---

35 UNCTAD, 2020, p. 4.

36 AYRES et al., 2014, p. 27-30.

37 UNDESA, 2021, p. 50.

7.2.3 DESENERGIZAÇÃO

Desenergização é para a energia o que a *desmaterialização* é para os materiais. Em sentido lato são as ações contrárias à intensificação do uso de energia pela sociedade. Esses dois mecanismos se influenciam mutuamente, pois a extração, o beneficiamento e a produção de materiais a partir de recursos naturais são atividades intensivas em energia. Para bens e serviços de uso final, *desenergizar* significa reduzir a quantidade de energia necessária para fazê-los funcionar; para a empresa, reduzir o consumo total de energia sem diminuir as suas atividades, o que envolve aumentar a eficiências dos seus processos de produção; para o planeta, significa reduzir o consumo total de energia secundaria de modo a reduzir a extração total das energias primárias, principalmente de fontes não renováveis, e os impactos ambientais associados, enquanto aumenta o bem-estar e a qualidade de vida das populações, um dos objetivos do desenvolvimento sustentável.

A universalização do acesso a energia confiável, sustentável, moderna e a preços acessíveis é um dos Objetivos de Desenvolvimento Sustentável (ODS 7). O progresso no cumprimento desse objetivo aumenta a porcentagem da população com acesso à energia elétrica, a energia secundária que mais gera conforto e bem-estar comparativamente ao uso de lenha, carvão vegetal e combustíveis. A desenergização de bens e serviços finais favorece o alcance do ODS 7, na medida em que o aumento da demanda de energia pelas famílias possa ser atendido sem aumento correspondente da oferta. Eletrodomésticos, aparelhos de ar-condicionado, aquecedores, bens de informática e telecomunicações, celulares, lâmpadas e chuveiros são exemplos de bens que consomem energia durante o uso, alguns até mesmo quando estão inativos em modo de espera (*stand-by*). A redução do consumo pelo aumento da eficiência energética dos aparelhos elétricos permite que mais famílias possam ter acesso à energia com a mesma oferta de antes. Essa é aposta.

A redução acumulada do consumo proporcionado pelo aumento sistemático da eficiência energética diminui a necessidade de novas unidades geradoras de energia, evitando o surgimento de problemas ambientais complexos e de grande magnitude, como ocorre em termoelétricas e hidrelétricas, inclusive as de médio e de pequeno porte. As termoelétricas geram SO_2, NO, NO_2, COVs, materiais particulados e outros poluentes que terão de ser captados e tratados por tecnologias de controle da poluição, como as comentadas no Capítulo 4. A geração de eletricidade por fontes renováveis (solar, eólica, das marés etc.) também gera impactos ambientais, embora sejam muito menores do que as anteriores. Aerogeradores matam pássaros ou expulsam-nos para outros locais, e a extração e purificação do silício, etapas do processo de produção de placas fotovoltaicas, são potencialmente poluidoras.

A geração de energia requer investimentos elevados e leva tempo para apresentar resultados econômicos e sociais, o que torna ainda mais importantes as políticas públicas de conservação e eficiência energética. Todos os países industrializados criaram políticas públicas que estabelecem níveis mínimos de eficiência energética ou níveis máximos de consumo de energia de máquinas e aparelhos consumidores de energia fabricados ou comercializados. No Brasil, em 1985, foi criado o Programa

Nacional de Conservação de Energia Elétrica (PROCEL) a fim de racionalizar o uso de energia elétrica, eliminar desperdícios e reduzir a necessidade de investimentos em novas instalações no sistema elétrico.[38] Em 1991, foi criado o Programa Nacional da Racionalização do Uso dos Derivados de Petróleo e do Gás Natural (CONPET), com os objetivos de racionalizar o consumo de gás natural e derivados de petróleo e reduzir a poluição associada a esses energéticos.[39] Ambos conferem selos e etiquetas que informam aos consumidores ou usuários de bens de consumo durável os produtos com os melhores níveis de eficiência energética em suas categorias (Figura 7.5). Em 2001, foi criada a Política Nacional de Conservação e Uso Racional de Energia, integrando as inciativas mencionadas e ampliando o escopo da ação pública nesse campo.

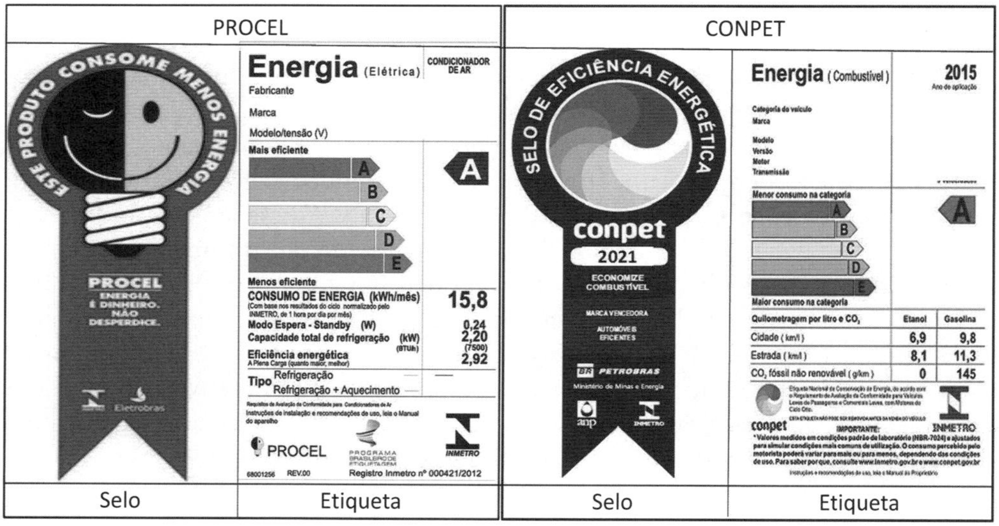

Figura 7.5 – Selos PROCEL e CONPET – exemplos.

Fonte: Programa brasileiro de etiquetagem: disponível em: https://www.gov.br/inmetro.

As tecnologias digitais contribuem para a desenergização de todos os tipos de atividades consumidoras de energia. Conforme a Agência Internacional de Energia (IEA), o seu maior potencial de transformação está na capacidade de quebrar as fronteiras entre os setores de energia, aumentando a flexibilidade e permitindo a integração entre sistemas inteiros. Por exemplo, no setor elétrico a digitalização, ao eliminar a distinção rígida entre oferta e demanda, cria oportunidades para os consumidores e

[38] BRASIL, Portaria Interministerial nº 1.877 de 30/12/1985. Veja mais em: <http://www.procelinfo.com.br/main.asp>.

[39] BRASIL, Decreto de 18/07/1991. Veja mais em <.inmetro.gov.br> e <https://petrobras.com.br/pt/>. Acesso em 01/07/2023.

produtores de energia, incluindo-se os micro e minigeradores distribuídos, interagirem em tempo real, permitindo-lhes realizar uma gestão da energia mais eficiente.

No entanto, as tecnologias digitais são consumidoras vorazes de energia. Os bilhões de dispositivos eletrônicos conectados puxam a energia elétrica das tomadas e impulsionam a demanda por energia dos *datacenters* e das redes de serviços digitais.[40] Esse fato, somado à sua vigorosa difusão, colocam-nas entre os principais consumidores de energia, principalmente de energia elétrica, o que as tornaria também geradoras expressivas de gases de efeito estufa, pelo fato de serem os combustíveis fósseis suas principais fontes primárias de onde derivam as energias de consumo final como a eletricidade.

7.2.4 DESCARBONIZAÇÃO

A *descarbonização* constitui um amplo conjunto de medidas para controlar e evitar as emissões antrópicas de CO_2 e outros gases de efeito estufa (GEE), aqueles que absorvem e reemitem radiação infravermelha. O aumento da concentração desses gases na atmosfera eleva a temperatura média da superfície da crosta terrestre e dos oceanos, produzindo o aquecimento global, a causa da mudança do clima que ora se observa e que leva ao aumento da frequência e intensidade das secas, inundações, tornados, derretimento de geleiras, aumento do nível do mar, perda de biodiversidade e outros eventos devastadores de vidas e de recursos. A mudança do clima é identificada por mudanças no valor médio e/ou na variabilidade de suas propriedades (temperatura, pressão, ventos, precipitação etc.) e que persiste durante um período prolongado, como décadas ou períodos ainda maiores.[41]

A mudança do clima é uma fonte de riscos ao desenvolvimento sustentável, entendidos como efeitos adversos potenciais ao meio ambiente, à vida, à saúde, aos bens econômicos e meios de subsistências humanos, incluindo suas organizações e instituições e aos bens culturais, como:

- risco à segurança alimentar, pela deterioração dos meios de subsistências devido aos eventos climáticos extremos, como inundações torrenciais, secas prolongadas, aumento do nível do mar, infestação de pragas invasoras;
- risco de conflitos, pela intensificação da migração forçada de desabrigados ambientais expulsos de suas terras devido aos eventos mencionados extremos supracitados;
- risco de colapso da infraestrutura de serviços de água, esgoto, energia e outros serviços de utilidade pública, pelos mesmos eventos;

---

40 IEA, 2017, p. 88.

41 IPCC, AR5, ver em: <https://www.ipcc.ch/site/assets/uploads/2018/02/AR5_SYR_FINAL_Annexes.pdf>.

- risco à saúde humana, pelo aumento de enfermidades e mortalidade por calor ou frio excessivos, conforme a região e época do ano, expondo ao colapso os serviços públicos de saúde;
- risco da perda de biodiversidade e de serviços ecossistêmicos, comprometendo as funções do capital natural, inclusive o capital crítico.[42]

A mudança do clima decorre de processos naturais ou antrópicos. A Convenção-Quadro das Nações Unidas sobre Mudanças do Clima considera apenas a mudança que possa ser atribuída direta ou indiretamente à atividade humana que altere a composição da atmosfera global, à qual se acrescentem as mudanças naturais observadas ao longo de períodos comparáveis[43] – em geral, 30 anos, como recomenda a Organização Internacional de Meteorologia. Segundo o IPCC, cada uma das quatro últimas décadas são sucessivamente mais quentes do que qualquer década anterior desde 1850. O objetivo da Convenção do Clima é estabilizar a concentração de GEE na atmosfera em um nível que impeça uma interferência antrópica perigosa no sistema climático, a totalidade da atmosfera, hidrosfera, biosfera e geosfera.[44] Para alcançar esse objetivo geral, o Acordo de Paris, realizado no âmbito dessa Convenção, propõe os seguintes objetivos específicos:

1) manter o aumento da temperatura média mundial bem abaixo de 2 °C em relação aos níveis pré-industriais;
2) empreender esforços para limitar esse aumento a 1,5 °C, reconhecendo que isso reduziria consideravelmente os riscos e os impactos climáticos; e
3) aumentar a capacidade de adaptação aos impactos da mudança climática; e
4) aumentar os fluxos financeiros compatíveis com o desenvolvimento resiliente ao clima e às baixas emissões de GEE.[45]

Há dezenas de GEE, e os mais importantes estão mencionados no Quadro 7.2. Os seis primeiros foram considerados prioritários para redução de emissão no âmbito da Convenção-Quadro das Nações Unidas sobre Mudanças do Clima. Os setores e atividades emissoras de GEE citados nesse Quadro são os mais visíveis pela quantidade que emitem de forma concentrada, por isso merecem mais atenção dos gestores e formuladores de políticas públicas. Os três primeiros grupos de setores estão na origem de todas as cadeias de suprimento de bens e serviços de consumo e uso final, pincipalmente a geração de energia, altamente dependente de recursos fósseis, como

---

42 IPCC, AR5, WG III, p. 155.

43 UNFCCC, 2015, art. 1º.

44 Ibidem, art. 2º.

45 Ibidem, art. 2º.

mostra a Tabela 7.1. Assim, considerando-se o conceito de ciclo de vida, todas as cadeias de suprimento acabam de algum modo contribuindo para o aquecimento global.

Quadro 7.2 – Principais GEE e principais setores e atividades emissoras

<table>
<tr><th>Principais gases de efeito estufa</th><th colspan="2">Principais grupos de setores ou atividades emissoras</th></tr>
<tr><td rowspan="4">• Dióxido de carbono (CO_2)
• Metano (CH_4)
• Óxido nitroso (N_2O)
• Hidrofluorcarbonos (HFCs)
• Perfluorcarbonos (PFCs)
• Hexafluoreto de enxofre (SF_6)
• Trifluoreto de nitrogênio (NF_3)
• Vapor de água
• Ozônio (O_3)
• Tetrafluormetano (CF_4)
• Clorofuorcarbonetos (CFCs)</td><td>Energia</td><td>• Queima de combustível: setor energético, indústria de construção e de transformação, transportes, outros setores.
• Emissões fugitivas de combustíveis (petróleo, gás natural etc.).</td></tr>
<tr><td>Processos industriais</td><td>• Produtos minerais, indústria química, produção de metais, outras produções, produção e consumo de halocarbonos e SF_6, outros.
• Uso de solventes e outros produtos.</td></tr>
<tr><td>Agricultura e pecuária</td><td>• Fermentação entérica de bovinos, caprinos etc., tratamento de dejetos, cultivo de arroz, solos agrícolas, queimadas, queima de resíduos agrícolas.</td></tr>
<tr><td>Resíduos</td><td>• Disposição de resíduos sólidos no solo, tratamento de esgoto, incineração, outros.</td></tr>
</table>

Fonte: Anexo A do Protocolo de Quioto de 1997 (<https://unfccc.int/resource/docs/convkp/kpeng.pdf>) e Emenda de Doha de 2012 (<https://unfccc.int/process/the-kyoto-protocol/the-doha-amendment>).

Adaptação e mitigação são as duas estratégias básicas para se enfrentar a mudança climática. A *adaptação à mudança* consiste em ações para ajustar os sistemas humanos e naturais às mudanças, reais ou previstas. São ações para enfrentar as consequências danosas da mudança do clima sobre esses sistemas, a fim de reduzir ou evitar riscos e diminuir a vulnerabilidade desses sistemas, isto é, a propensão ou predisposição desses sistemas de serem afetados adversamente pela mudança. Referem-se ao objetivo específico 3 do Acordo de Paris. O Quadro 7.3 apresenta exemplos de medidas de adaptação distribuídas em três categorias, muitas passíveis de serem implementadas por meio das ecoinovações tecnológicas de processo e produto, principalmente as ações estruturais e físicas.

Quadro 7.3 – Ações de adaptação à mudança do clima – categorias e exemplos

Categoria	Subcategoria	Exemplos
Estrutural/ física	Meio ambiente construído e projetado	Quebra-mares e outras estruturas de proteção costeira, diques contra inundações, armazenamento de água, drenagem, abrigos contra inundações e ciclones, gestão de águas pluviais e residuais, adaptação da infraestrutura de transporte e de geração e distribuição de energia.
	Tecnológico	Novas variedades de vegetais e animais, métodos de irrigação eficiente, tecnologias de economia de água, incluindo coleta de água da chuva, armazenamento e preservação de alimentos, mapeamento de perigos e de tecnologia de monitoramento, sistemas de alerta precoce.
	Baseado em ecossistema	Restauração de ecossistemas, proteção da biodiversidade, florestamento e reflorestamento, conservação e replantio de manguezais; controle de incêndios florestais, controle da sobrepesca e cogestão pesqueira, corredores ecológicos, conservação *ex situ* e bancos de sementes, gestão de recursos naturais com base na comunidade.
	Serviços	Redes de segurança social e proteção social, bancos de alimentos e distribuição de excedentes de alimentos, programas de vacinação, serviços essenciais de saúde pública, serviços de saúde reprodutiva, melhorias dos serviços médicos de emergência, serviços educacionais.
Social	Educacional	Sensibilização e integração na educação, equidade de gênero na educação, serviços de extensão, compartilhamento do conhecimento local e tradicional, plataformas de compartilhamento de conhecimento e aprendizagem, comunicação pela mídia.
	Informacional	Mapeamento de perigos e vulnerabilidades, sistemas de alerta e resposta precoces, monitoramento sistemático e sensoriamento remoto, serviços climáticos, incluindo previsões aprimoradas, planos de adaptação baseados na comunidade, desenvolvimento de cenários participativos.
	Comportamental	Preparação e planejamento para evacuação, retirada e migração, conservação do solo e da água, diversificação de meios de subsistência, mudança nas práticas de cultivo, pecuária e aquicultura, padrões e datas de plantio, opções silviculturais, dependência de redes sociais.

(*continua*)

Quadro 7.3 – Ações de adaptação à mudança do clima – categorias e exemplos (*continuação*)

Categoria	Subcategoria	Exemplos
Institucional	Econômica	Incentivos financeiros, seguros, seguro meteorológico, títulos para compensar catástrofes, fundos rotativos, pagamentos por serviços ecossistêmicos, tarifas de água; grupos de poupadores, microfinanças, fundos de contingência para desastres, transferências financeiras.
	Legislação e regulamentos	Lei de zoneamento de terras, padrões de construção, servidão ambiental, regulamentos e acordos sobre água; definição dos direitos de propriedade e garantia da posse da terra, proteção de áreas terrestres e marinhas, cotas de pesca, consórcios de patentes e transferência de tecnologia.
	Políticas e programas governamentais	Planos de adaptação nacionais, subnacionais e locais, programas de melhoria urbana, planejamento e preparação para desastres, gestão integrada de recursos hídricos, gestão de paisagem, gestão integrada de zona costeira, gestão baseada em ecossistemas, gestão florestal sustentável, gestão pesqueira, adaptação baseada na comunidade.

Fonte: IPCC, WG II, 2014, p. 845.

Em geral, a possibilidade de implementar medidas de adaptação depende de medidas regulatórias, pois quase sempre envolvem diversos entes governamentais, quando não diversos países, devido à amplitude dos impactos e suas consequências. Tome por exemplo a adaptação em áreas costeiras devido ao aumento do nível dos oceanos, da velocidade dos eventos, da frequência de ciclones e tornados, entre outros fatores de risco à vida das pessoas e à integridade da infraestrutura econômica e social, como portos, armazéns, estradas, estabelecimentos produtivos, moradias, benfeitorias urbanas, sítios históricos. Além disso, essas ações requerem recursos vultosos a serem compartilhados pelas administrações envolvidas, o que leva à necessidade de acordos e cooperação entre elas.

As ações de *mitigação* visam a desacelerar a mudança climática, seja reduzindo as emissões de GEE, seja removendo-os da atmosfera. São ações que promovem a descarbonização da vida de um modo geral e da economia em particular e em diferentes níveis de abrangência, umas visando a reduzir a emissão de carbono dos produtos, processos e atividades humanas; outras, retirando o que já foi emitido e acumulado. Referem-se aos objetivos específicos 1 e 2 do Acordo de Paris. O Quadro 7.4 mostra exemplos de medidas de mitigação por meio da redução de emissão de setores-chave da economia, aqueles que mais contribuem para aumentar a concentração de GEE, como os citados no Quadro 7.2.

Quadro 7.4 – Ações de mitigação por redução de emissões de GEE – setores e exemplos

Setor	Exemplos
Geração de energia	• Substituição de combustíveis fósseis (petróleo, carvão mineral, xisto etc.) como fonte primária de energia por renováveis de energia (eólica, fotovoltaica, hídrica, biomassa etc.). • Adoção de medidas de eficiência na geração transmissão e distribuição de energia. • Captação e uso de metano em aterros, minas de carvão mineral e poços de gás natural.
Transporte	• Uso de veículos movidos a biocombustíveis e eletricidade de fontes limpas e renováveis em vez de veículos movidos a combustíveis de origem fóssil (gasolina, diesel, gás natural, querosene etc.). • Redução do número de viagens, melhorando o planejamento e o controle da produção e expedição de mercadorias, incluindo medidas para melhorar a comunicação. • Melhoramento dos transportes públicos, incluindo das vias públicas, para torná-los mais atrativos do que o transporte por veículo motorizado particular.
Indústria de transformação	• Aumento da eficiência energética dos ativos produtivos, incluindo *retrofitting* e cogeração. • Aumento da eficiência dos materiais, incluindo medidas de gestão de resíduos. • Redução do transporte de materiais e produtos pela melhoria dos processos de programação e controle da produção, expedição e entrega.
Construção	• Construções baseadas no conceito de emissão de energia líquida zero. • *Retrofiting* de construções existentes focada em eficiência elétrica e conforto térmico. • Uso de RCC reciclados onde possível, como agregados mistos e de concreto em funções não estruturais.
Agricultura, pecuária, florestas e outros usos do solo	• Processos de cultivo que reduzem a perda de carbono do solo, como plantio direto, eliminação de queimadas para limpeza de áreas, rotação de cultivo. • Desenvolvimento e uso de rações e de aditivos dietéticos para reduzir as emissões entéricas de CH_4 de ruminantes. • Aumento do sequestro de carbono por meio de florestamento, reflorestamento e recuperação de matas degradadas, arborização urbana, unidades de conservação.

Fonte: IPCC, WG III, 2014, páginas diversas.

A desmaterialização de produtos pelos submecanismos comentados anteriormente é uma medida de mitigação indireta. As emissões da produção de materiais, incluindo-se as atividades de mineração, beneficiamento, transporte e uso de energia em processos industriais, responde por 23% da emissão total de GEE, um percentual tão grande quanto as emissões da agricultura e da mudança do uso do solo combinadas.[46] A redução da demanda global de materiais em larga escala contribui indiretamente para reduzir a emissão global de GEE ao diminuir a produção primária de materiais. Ações de desenergização são ações de mitigação direta quando a energia utilizada for obtida de fontes fósseis, como as melhorias tecnológicas em aquecedores de água para consumir menos gás, o aumento da eficiência dos motores a diesel, a substituição de gasolina por álcool em veículos automotores.

Uma medida de mitigação é a remoção de carbono da atmosfera para reduzir a concentração de carbono na atmosfera, a fim de facilitar a liberação da radiação infravermelha para o espaço, o que diminui o efeito estufa. Segundo o IPCC, observa-se com elevado grau de confiança uma relação quase linear entre emissões acumuladas de CO_2 e aquecimento global, cada 1.000 Giga toneladas de CO_2 acumulados é a causa provável de um aumento entre 0,27 e 0,63 °C, sendo 0,45 °C a melhor estimativa. Mesmo que a somatória das reduções de emissão em termos mundiais alcance nível elevado, algo próximo da tão almejada emissão zero, ainda assim a concentração de carbono continuará alta, pois os GEE emitidos anteriormente permanecem na atmosfera por muito tempo, alguns por décadas ou séculos. Por isso, para alcançar a meta de 1,5 °C estabelecida pelo Acordo de Paris, são necessárias medidas de remoção de carbono, incluindo aumento de sumidouros de carbono, isso é, reservatórios, naturais ou criados pelos humanos, que estocam GEE.[47]

Há dois tipos básicos de mecanismos de remoção de carbono: remoção de CO_2 gerado em processos produtivos e a remoção direta da atmosfera. O primeiro funciona como as tecnologias de controle da poluição, comentadas no Capítulo 4, ou seja, captam o gás numa fase do processo antes de ser liberado à atmosfera e enviam-no a um reservatório, onde fica estocado por longo prazo – permanentemente, se possível. É o caso do mecanismo denominado *captura e armazenagem de carbono* (CCS, de *carbon dioxide capture and storage*), também conhecido por captura e sequestro de carbono. Por meio de tecnologias de controle da poluição, o fluxo de CO_2 gerado por um processo de produção é separado, comprimido, transportado e armazenado em local isolado da atmosfera, por exemplo, no oceano ou em poços exauridos de petróleo e gás, como ilustra a Figura 7.6a. As medidas de CCS são aplicadas em processos fabris, extração de gás e petróleo, refino de petróleo, siderúrgicas, termoelétricas, incineradores, entre outras atividades geradoras de CO_2 em grande escala.

Uma variante da CCS é a *captura e utilização de carbono* (CCU), na qual o CO_2 capturado é transformado em um produto com duração relevante para o clima.[48] A utilização do CO_2 capturado pode ser direta ou indireta. O uso indireto implica transformar, por meio de processos industriais, o CO_2 capturado em outros compostos, como polímeros, fibras de carbono, cimento, substâncias químicas inorgânicas, fertilizantes, biocombustíveis, combustíveis sintéticos. O CO_2 capturado pode ser usado

46 IRP/UNEP, 2020, p. 12.

47 Idem, p. 36.

48 IPCC, 2014, *glossary*.

diretamente, depois de purificado, em bebidas carbonatadas, refrigeração, extintor de fogo, estufas agrícolas, entre outros, embora esses usos não sejam relevantes para o clima, pois o CO_2 logo volta à atmosfera. Outra variante da CCS é a *captura, utilização e armazenagem de carbono* (CCUS). O gás capturado e usado em alguma atividade, é armazenando de modo permanente em reservatórios geológicos. Um tipo de CCUS é a extração melhorada de petróleo pela injeção do gás capturado, conhecido pela sigla CO_2-EOR,[49] em poços de petróleo ativos, para aumentar a pressão interna e facilitar a saída do petróleo, ficando o gás aprisionado permanentemente (Figura 7.6b).

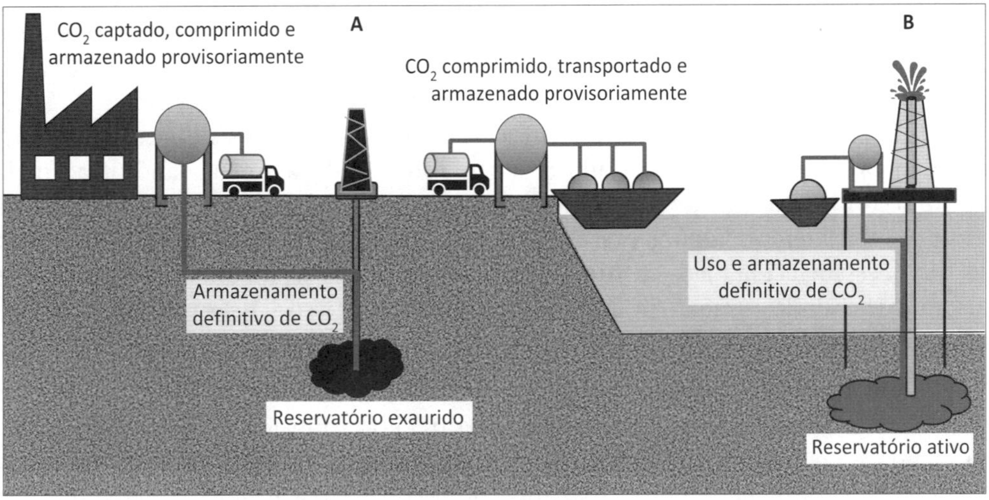

Figura 7.6 – Exemplos estilizados de captura, armazenagem e uso de CO_2.

Pelo mecanismo de *remoção direta de CO_2* (CDR, de *carbon dioxide removal*),[50] o gás é removido diretamente da atmosfera sem nenhuma vinculação com fonte emissora específica e armazenado no oceano ou na crosta terrestre em reservatórios geológicos, como cavernas e minas subterrâneas exauridas. O CDR é uma das modalidade de *geoengenharia*, entendida como manipulação em larga escala de contituintes do ambiente planetário para se contrapor à mudança do clima por causas humanas. São exemplos de CDR a fertilização de oceanos para aumentar a taxa de transferência de CO_2 da atmosfera para os oceanos que possuem grande capacidade de armazenamento duradouro, preservação de vegetação nativa, plantio de árvores em larga escala.[51]

A outra modalidade de geoengenharia aplicada à remoção de carbono é a manipulação da radição solar para reduzir sua incidência, conhecida como *gestão da radiação*

---

49 *Carbon dioxide enhanced oil recovery* (CO_2-EOR).

50 Também conhecido por captura direta do ar e armazenagem (DACCS, de *direct air capture with carbon storage*).

51 IPCC, 2014, p. 483-485.

solar (SRM). O seu objetivo geral é diminuir a absorção da radiação solar que incide sobre a Terra. Exemplos: aspergir aerossol na estratofera para reduzir a passagem dos raios solares; aumentar o tempo de permanência das nuvens para que reflitam por mais tempo a radiação solar; pintar de branco brilhante casas, edifícios, telhados, pavimentos e outras superfícies para que reflitam melhor os raios solares.[52] As modalidades de decarbonização SRM por ora são projetos de desenvolvimentos experimentais sujeitos a intensa polêmica devido à magnitude dos empreendimeentos, aos elevados custos e às incertezas quanto aos impactos adversos, uma vez que manipulam componentes complexos do sistema climático com suas incontáveis interações, ainda pouco conhecidas. Além disso, elas dependem de acordos multilaterais ambientais, pois interferem em grandes compartimentos do meio ambiente, como mares, oceanos e atmosfera, sob a jurisdição de vários um países.

7.2.5 DESINTOXICAÇÃO

A palavra *desintoxicação* aplica-se a qualquer medida de combate à poluição, como descontaminação de sítios e corpos de água por meio de tecnologias de limpeza ou de remediação, controle da poluição para impedir o lançamento de poluentes ao meio ambiente, gestão de resíduos sólidos e mecanismos de recuperação para reinseri-los no sistema produtivo, prevenção da poluição em processos produtivos. *Desintoxicação de produto* significa eliminação de agentes tóxicos em bens produzidos, ou redução da sua concentração a um nível que não cause danos à saúde e ao meio ambiente, caso não seja possível eliminá-los completamente.

Um *agente tóxico* é uma substância (elemento ou composto), mistura ou agente físico ou biológico cuja inalação, ingestão ou absorção cutânea produz efeitos adversos cientificamente comprovados. *Toxicidade* é a propriedade potencial do agente tóxico de provocar, em maior ou menor grau, um efeito adverso em consequência de sua interação com o organismo.[53] Note a expressão *cientificamente comprovados* na definição dada. A avaliação do potencial tóxico de uma substância ou mistura é feita por meio de estudos científicos realizados por organizações especializadas em toxicologia, um ramo da ciência de caráter multidisciplinar que envolve diversas áreas, como biologia, química, medicina, veterinária, epidemiologia, farmácia, engenharia, ecologia. Os precursores dos estudos sobre toxinas foram alquimistas, herboristas e botânicos, como Paracelso[54] (1493-1541), para quem tudo era venenoso dependendo da dose aplicada.[55] A palavra *tóxico* deriva de *veneno* em grego clássico (*toxikón*).[56]

---

52 IPCC, 2014, p. 485-489.

53 ABNT NBR 10004.

54 Nome adotado pelo alquimista suíço Philippus Aureolus Theophrastus Bombastus von Hohenheim (*Wordsworth Reference*, 1994).

55 BAIRD e CANN, 2011, p. 5591.

56 SOARES, 1993, verbete.

Os agentes tóxicos podem ser naturais ou artificiais. As toxinas são substâncias produzidas por plantas, animais, insetos, fungos e microrganismos, como venenos de cobras, aranhas, escorpiões, vespas. Uma lista de animais e plantas venenosos pode ser vista no site do Sistema Nacional de Informações Tóxico-Farmacológicas,[57] sendo que algumas plantas são de uso frequente em jardins e vasos. Os agentes tóxicos artificiais mais conhecidos são compostos contendo metais pesados (arsênio, cádmio, chumbo, cromo, manganês, mercúrio etc.), inseticidas, fungicidas, compostos orgânicos voláteis, como benzeno, tolueno, etilbenzeno.

A toxicidade do agente pode ser aguda ou crônica. A aguda é o potencial tóxico do agente de provocar efeito adverso grave, podendo até causar a morte após a exposição a uma única dose elevada do agente, ou a doses repetidas em curto espaço de tempo,[58] em geral não mais que 24 horas. A toxicidade crônica é o potencial do agente de provocar efeitos adversos de médio e longo prazo (meses, anos, décadas), decorrentes da acumulação do agente no organismo pela exposição continuada de pequenas doses. Um mesmo agente tóxico pode produzir efeitos agudos ou crônicos, conforme a quantidade, o modo e a duração da exposição e a suscetibilidade dos seres afetados.

Efeitos agudos como morte e danos graves irreversíveis produzidos por bens de uso ou consumo final são raros e, quando ocorrem, estão relacionados a erros e falhas graves decorrentes de gestão negligente e de sabotagens cometidos durante o seu processo de produção. Os efeitos crônicos são os que mais ocorrem devido à presença de agentes tóxicos em pequena quantidade na composição de diversos tipos de bens de uso, consumo ou contato continuado, como, alimentos naturais e processados, produtos de higiene e limpeza, tintas e vernizes, utensílios domésticos, aparelhos eletrônicos, materiais escolares, brinquedos, produtos para recém-nascidos e crianças, embalagens. Os efeitos crônicos mais graves em humanos resultam da inalação, ingestão ou absorção cutânea de doses continuadas de:

1) *agente carcinogênico*: qualquer substância, mistura ou agente físico ou biológico que possa desenvolver câncer ou aumentar a sua frequência;

2) *agente mutagênico*: qualquer substância, mistura ou agente físico ou biológico que possa aumentar a taxa espontânea de danos do material genético ou a frequência de defeitos genéticos; ou

3) *agente teratogênico*: qualquer substância, mistura ou agente físico ou biológico que possa produzir alterações na estrutura ou função de um indivíduo durante sua fase de formação embrionária ou fetal.[59]

Os estudos ou ensaios toxicológicos avaliam os efeitos da aplicação de doses ou concentrações de um agente tóxico em insetos, bactérias e animais, principalmente

57 Ver em: <https://sinitox.icict.fiocruz.br>.

58 ABNT NBR 10004.

59 Ibidem.

ratos e coelhos. A dose é medida em miligramas do agente por quilograma do animal (mg/kg), e a concentração, em miligramas por litro de água (mg/L) ou por metro cúbico de ar (mg/m³). Esses estudos procuram encontrar a *dose letal* para 50% da população de animais testados administrados por via oral ou cutânea (DL_{50}), ou a *concentração letal* no caso de gases, por via respiratória (CL_{50}). Quanto menor a dose ou a concentração letal, maior o potencial tóxico do agente.[60] Isso pode ser visto na Tabela 7.2 sobre a classificação da toxicidade de pesticidas da Organização Mundial da Saúde (WHO).

Tabela 7.2 – Toxicidade de pesticidas – categorias e exemplos

Classe	Interpretação	DL_{50} para ratos (mg/kg massa corporal)		Exemplo	
		Oral	Dérmica	Produto	DL_{50} oral
Ia	Extremamente perigoso	< 5	< 50	Fluoracetato de sódio	0,2
Ib	Altamente perigoso	5 - 50	50 - 200	Carbofurano	8
II	Moderadamente perigoso	50 – 2.000	200 – 2.000	DDT*	113
III	Pouco perigoso	Acima de 2000		Dicloran	4.000
U	Efeito perigoso pouco provável	5.000 ou mais		Ftalato de dimetil	8.200

Obs.: * DDT = diclorodifeniltricloroetano.

Fonte: WHO, 2019.

A dose e a concentração letais relacionam-se à toxicidade aguda, porém, para chegar até elas são administradas quantidades crescentes do agente tóxico em animais para encontrar o Nível Sem Efeitos Adversos Observados (NOAEL)[61] ou a Concentração de Efeito Adverso Não Observado (NOAEC),[62] respectivamente, a dose ou a concentração abaixo da qual nenhum animal é afetado. Aplicando-se a esses indicadores de toxicidade um fator de segurança, em geral uma potência de 10, obtém-se um valor de referência, a dose ou concentração segura que considera as dificuldades intrínsecas aos métodos de avaliação e à variabilidade das respostas às doses e concentrações devido às diferenças de suscetibilidades da população ao agente tóxico. Esse valor é usado para estabelecer limites máximos admitidos em normas legais sobre controle

60 BAIRD e CANN, 2011, p. 458-510. Idem parágrafo seguinte.

61 Do inglês: *Non-Observed Adverse Effect Level.*

62 Do inglês: *Non-Observed Adverse Effect Concentration.*

de agentes tóxicos.[63] No exemplo da Figura 7.7, a dose letal do agente tóxico para 50% dos animais testados é de 70 mg/kg; o NOAEL, 20 mg/kg, ou seja, até esse nível, não se observa efeito adverso; e a dose de referência, 0,2 mg/kg, calculada com base em um fator de segurança igual a 100 ou 10^2. Porém, esses níveis não se aplicam aos agentes carcinogênicos, pois entende-se que, para estes, não há dose ou concentração segura.

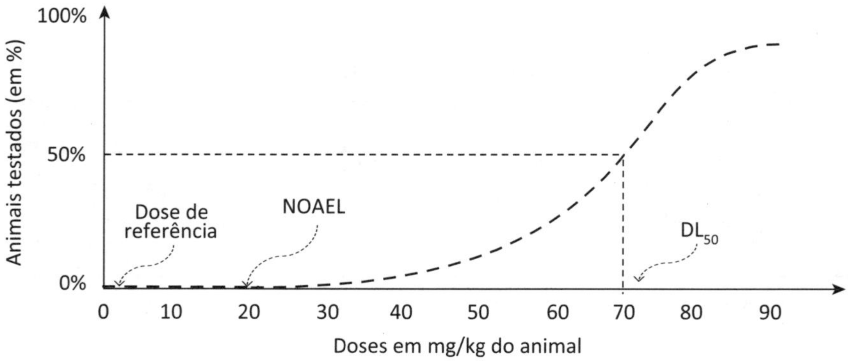

Figura 7.7 – Curva dose-resposta e indicadores de toxicidade – exemplos.

Fonte: adaptado de BAIRD e CANN, 2002, p. 459.

Avaliação do risco toxicológico para os humanos e o meio ambiente é uma atividade que cresce continuamente, acompanhando a necessidade de prover segurança para a população em geral e particularmente para os trabalhadores que manipulam produtos químicos. Não por outra razão, esse é objeto da Convenção 170 da Organização Internacional do Trabalho (OIT) sobre segurança na utilização de produtos químicos no trabalho, adotada pelo Brasil desde 1997.[64] Esse também é o objeto de normas regulamentadoras (NR) do Ministério do Trabalho relativas à segurança e saúde no trabalho.[65] Muito do que se sabe sobre a toxicidade de produtos e seus resíduos deve-se aos órgãos governamentais de defesa do trabalho e, em especial, aos dedicados à segurança e saúde ocupacional.

Ecotoxicidade é o estudo da toxicidade ambiental. Um agente ecotóxico é uma substância ou mistura que apresente ou possa apresentar riscos para um ou vários compartimentos ambientais, como atmosfera, oceanos, lagos, rios, aquíferos, solos.[66]

63 BAIRD e CANN, 2002, p. 458-511.

64 BRASIL, Decreto 10.088, de 05/11/2019, Anexo XL.

65 NR 1 – Disposições gerais e gerenciamento de riscos ocupacionais, e NR 9 – Avaliação e controle das exposições ocupacionais a agentes físicos, químicos e biológicos. Veja em: <https://www.gov.br/trabalho-e-previdencia>.

66 ABNT NBR 10004.

Também podem apresentar toxicidade aguda ou crônica. A avaliação dos agentes ecotóxicos aquáticos é feita por meio de ensaios laboratoriais com peixes, crustáceos, moluscos, algas e outros seres aquáticos; a dos agentes terrestres, com minhocas e bactérias. As substâncias e misturas ecotóxicas são inclusas no Grupo 9 da classificação de produtos perigosos para efeito de embalagem, transporte, manuseio e armazenagem,[67] como mostra o Quadro 5.3.

Os agentes ecotóxicos afetam a saúde dos seres vivos, inclusive dos humanos por meio: (1) da bioacumulação, a capacidade de um organismo de absorver substância e misturas tóxicas, como metais pesados e compostos orgânicos persistentes; (2) da bioconcentração, a acumulação do agente no organismo aumentando sua concentração; e (3) da biomagnificação ou bioampliação, a transferência do agente acumulado em um organismo para outro por meio da cadeia alimentar, passando de um nível trófico inferior para um superior.[68] Por exemplo, uma fábrica em Minamata, no Japão, durante anos despejou ao mar um composto de mercúrio usado para fabricar PVC, contaminando a cadeia alimentar de peixes e frutos do mar consumidos pelos moradores dessa cidade. A bioacumulação lenta e persistente desse composto nos organismos desses moradores causou uma intoxicação coletiva, implicando perdas de visão e audição, dores generalizadas e outros distúrbios neurológicos e, em casos mais graves, a morte, inclusive de bebês de mães contaminadas.[69]

As ecoinovações para desintoxicar produtos podem se valer das listas de materiais tóxicos elaboradas por organizações nacionais e internacionais dedicadas ao tema. São exemplos (1) os anexos da norma ABNT 10004; (2) a lista da Agência para Substâncias Tóxicas e Doenças (ATSDR), órgão do governo dos Estados Unidos, contendo 275 substâncias cuja substituição é considerada prioritária por representar ameaça potencial muito significativa à saúde humana, com arsênico, chumbo, mercúrio, cloreto de vinil e bifenilos policlorados encabeçando a lista;[70] (3) as listas de produtos tóxicos da CETESB;[71] (4) a longa lista de agentes carcinogênicos, mutagênicos e teratogênicos anexa ao Regulamento que criou a Agência Europeia de Produtos Químicos.[72] As fichas de informação sobre produtos químicos (FISPQ) devem necessariamente apresentar dados sobre a toxicidade do produto em humanos (aguda, crônica, principais sintomas etc.) e no meio ambiente, inclusive sua persistência e potencial bioacumulativo.

As diretrizes do *Codex Alimentarius*, programa criado pela FAU em parceria com a OMS, são importantes fontes de informação sobre aditivos e contaminantes em alimentos processados e semiprocessados, uma área do setor produtivo intensivo em

67 ANTT, Resolução 5232/2016.

68 ABNT NBR 9896.

69 MOKHIBER, 1995, p. 275-280.

70 ATSDR, *Agency for Toxic Substances and Disease Registry.* Ver em: <https://www.atsdr.cdc.gov/SPL/#2019spl>.

71 Veja em: <https://cetesb.sp.gov.br/laboratorios/servicos/informacoes-toxicologicas/>.

72 Regulamento CE 1907 de 18/12/2006.

inovações de todo tipo. *Aditivo alimentar* é qualquer substância não consumida normalmente como alimento ou utilizada como ingrediente básico em alimentos, que, adicionada intencionalmente ao alimento em qualquer fase do processo produtivo (preparação da matéria-prima, processamento, acondicionamento, armazenamento, transporte etc.), modifica suas características químicas, físicas e sensoriais tornando-se um de seus componentes. Conservantes, espessantes, edulcorantes, aromatizantes, corantes, acidulantes, antioxidantes, umectantes são tipos de aditivos entre muitos outros, cada qual com uma grande variedade de alternativas. Por exemplo, o *Codex* relaciona mais de 2.000 substâncias e misturas aromatizantes.[73] As diretrizes do *Codex* estabelecem, para cada aditivo específico, o nível máximo de ingestão diária admissível, a quantidade que não causa danos à saúde, considerando uma margem de segurança a exemplo da dose de referência mencionada.

Os contaminantes mais frequentes em alimentos são microrganismos, toxinas microbianas e resíduos de praguicidas, de medicamentos veterinários e de substâncias ou misturas coadjuvantes tecnológicas. Os *coadjuvantes* são materiais auxiliares, aqueles usados nos processos de produção sem se integrar ao produto acabado, como solventes de extração de óleos e gorduras, higienizantes, lubrificantes de equipamentos, agentes filtrantes. Porém, se eles entram em contato com a matéria-prima alimentar, ainda que de forma residual durante o processo de produção, podem contaminar o alimento. As diretrizes para contaminantes estabelecem níveis máximos de concentração conforme seu potencial toxicológico, quando não seu completo banimento.[74] As diretrizes do *Codex Alimentarius* fornecem as bases para os regulamentos técnicos estabelecidos pela ANVISA e pelo INMETRO, obrigatórios para os fabricantes e de alimentos.[75]

Muitos materiais suscitam dúvidas quanto ao seu potencial toxicológico quando pesquisas conduzidas por diferentes instituições geram resultados diferentes, inclusive contraditórios, o que desencadeia uma guerra de informação que confunde até especialistas no assunto. O que fazer então? O princípio da precaução é um bom conselheiro para sair desse impasse: se houver indícios plausíveis amparados por pesquisas científicas de instituições idôneas de que certa substância em certa quantidade pode causar problemas à saúde e ao meio ambiente, a melhor atitude é deixar de usá-la enquanto se aguarda por mais estudos.

7.3 MODOS DE IMPLEMENTAÇÃO

As ecoinovações de produto, incluindo seus processos de produção e distribuição, são implementadas por meio de:

---

73 Veja CAX 6-2019 em <http://www.fao.org/fao-who-codexalimentarius/codex-texts/miscellaneous/it/>.

74 FAO, *Codex Alimentarius*. Ver mais em: <http://www.fao.org/fao-who-codexalimentarius/about-codex/en/>.

75 Veja, por exemplo, ANVISA, RDC 466 de 2021.

1) *melhoria*: mudança de pequena monta em produtos existentes, bem como em seus processos de produção, distribuição, marketing etc.;
2) *reprojeto*: mudanças significativas em produtos existentes e seus processos de produção, distribuição, marketing etc.;
3) *alternativa*: introdução de produtos que substituem os existentes, atendendo às mesmas necessidades funcionais destes;
4) *criação*: introdução de produtos, processos e arranjos organizacionais e institucionais inteiramente novos.[76]

Cada meio de implementação envolve certo grau de novidade associado aos benefícios ambientais esperados, como mostra a Figura 7.8. A melhoria é uma ecoinovação incremental que requer poucos recursos e envolve riscos pequenos ou nulos. Os benefícios ambientais também são menores e limitados. Embora a implementação de uma melhoria implique rever o projeto, trata-se de uma revisão parcial que não altera a sua concepção original. A realização de melhorias cessa quando os benefícios que trazem não compensam os esforços despendidos.

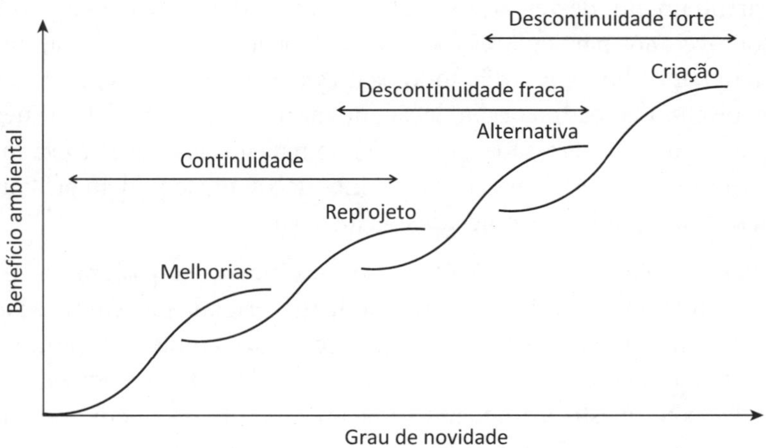

Figura 7.8 – Mecanismos de ecoinovação.

Fonte: adaptado de BREZET et al., 2001, p. 11.

O reprojeto introduz novidades maiores em produtos existentes e em seus processos produtivos, o que requer alterações significativas no projeto original sem, no entanto, modificar a natureza das funções que executa. Um modelo de automóvel cujo motor a combustão interna foi reprojetado para reduzir o consumo de combustível por quilômetro rodado, cumpre as mesmas funções que antes, transportar pessoas, porém, com

76 OECD, 2009, p. 41.

melhor desempenho ambiental. Há uma continuidade entre melhoria e reprojeto, pois ambos atendem às mesmas necessidades dos consumidores ou usuário existentes com base nas mesmas tecnologias. As melhorias introduzidas anteriormente são aproveitadas no reprojeto do produto, que implementado, será objeto de novas melhorias.

A ecoinovação pela introdução de alternativa atende de modo diferente às mesmas demandas ou necessidades e apresenta-se como produtos substitutos aos existentes com melhor desempenho ambiental. O automóvel elétrico continua atendendo às mesmas necessidades de deslocamento individualizado de pessoas, mas o faz com novas tecnologias e novos modos de uso, abastecimento e manutenção, gerando benefícios ambientais notórios, desde que a eletricidade não seja produzida com combustíveis fósseis. O produto alternativo representa uma descontinuidade tecnológica e mercadológica em relação à melhoria e ao reprojeto. Uma vez implementado, passa por melhorias e reprojetos.

As ecoinovações por criação vão além do oferecimento de alternativas para os produtos e processos existentes. São estratégias de negócio baseadas na oferta conjunta de bens e serviços que atendem às necessidades e demandas das pessoas, oferecendo-lhes diretamente, e *apenas*, os resultados, e não os bens que produzem tais resultados.[77] Exemplos: serviço de lavanderia, em vez de vender lavadeiras elétricas de uso doméstico; compartilhamento de veículos para transporte urbano de passageiro em vez de vender automóveis aos particulares (*car sharing*); bicicletas, motos e patinetes disponíveis por aluguel 24 horas por dia, todo os dias em lugares convenientes. Essa ecoinovação envolve mudanças na organização, no marketing, no modelo de negócio, nas relações com as partes interessadas, quando não na legislação que rege a matéria. Os produtos e seus componentes materiais que lhes dão suporte podem até continuar os mesmos ou ser melhorados, reprojetados ou alternativos.

Esses quatro meios de implementação de ecoinovações podem ser entendidos como um esquema de evolução temporal ou de maturidade da ecoinovação, que começa com pequenas melhorias para resolver problemas ambientais pontuais e segue adiante ampliando o escopo e a natureza das novidades à medida que a organização aprende a lidar com questões ambientais mais complexas. Também podem ser interpretados como uma evolução rumo à inovação sustentável. Os dois primeiros mecanismos visam basicamente a resultados ambientais por meio de mudanças tecnológicas dentro do mesmo paradigma tecnológico. As ecoinovações por alternativa operam com novos paradigmas tecnológicos que permitem alcançar melhores resultados ambientais comparados aos das modalidades anteriores. Nas ecoinovações por criação, as mudanças tecnológicas de produto e de processo de produção são relativamente menos importantes do que as organizacionais, de marketing e de negócio, embora possam ser – e geralmente são – intensivas em novas tecnologias, principalmente de informação e comunicação.

---

77 BREZET et al., 2001, p. 11.

REFERÊNCIAS

Agência Nacional de Vigilância Sanitária (Anvisa). *Resolução da Diretoria Colegiada – RDC 466, de 10/02/2021.* Aprova o Regulamento Técnico: Aditivos Alimentares – definições, classificação e emprego. Brasília: DOU de 17/02/2021.

Álvares, A. C. T.; Barbieri, J. C. *Inovação horizontal*: inovação a partir de todas os empregados. São Paulo: SENAI SP Editora, 2021.

Associação Brasileira de Normas Técnicas (ABNT). *NBR 9896:1993*: Glossário de poluição das águas. Rio de Janeiro: ABNT, 1993. Confirmada em 2021.

Associação Brasileira de Normas Técnicas. (ABNT). *NBR 5462: 1994.* Confiabilidade e mantenabilidade. Rio de Janeiro: ABNT, 1994.

Associação Brasileira de Normas Técnicas (ABNT). *NBR 10004 – Resíduos sólidos –* classificação. Rio de Janeiro: ABNT, 2004. Confirmada em 27/11/2018.

Associação Brasileira de Normas Técnicas. *NBR 15575:2013: Edificações habitacionais – Desempenho.* Rio de Janeiro: ABNT, 2013.

Associação Brasileira de Normas Técnicas (ABNT). *NBR 16290:2014. Bens reprocessados* – requisitos gerais. Rio de Janeiro: ABNT, 2014.

Associação Brasileira de Normas Técnicas (ABNT). *NBR ISO 9001:2015.* Sistemas de gestão da qualidade: requisitos. Rio de Janeiro: ABNT, 2015.

Associação Brasileira de Normas Técnicas (ABNT). *NBR ISO 14001:2015.* Sistemas de gestão ambiental – requisitos com orientações para uso. Rio de Janeiro: ABNT, 2015.

Associação Brasileira de Normas Técnicas (ABNT). *NBR ISO 51001:2018.* Sistema de gestão de energia – requisitos com orientação paras uso. Rio de Janeiro: ABNT, 2018.

Ayres, R. U.; Méndez G. V.; Peiró, L. T. Recycling rare metals. In: Worrell, E.; Reuter, M. A. *Handbook of recycling*: estate-of-art for practitioners, analysts, and scientists. USA, MA, Elsevier, 2014.

Baird, C.; Cann, M. *Química ambiental* (4ª. Ed.). Porto Alegre: Bookman, 2011.

Brasil. Portaria interministerial 1.877 de 30/12/1985. Disponível em: <http://www.procelinfo.com.br/main.asp>.

Brasil. *Lei nº 8.078, de 11 de setembro de 1990.* Dispõe sobre a proteção do consumidor e dá outras providências. Diário Oficial da República Federativa do Brasil, Brasília, DF, 12 set. 1990.

Brasil. *Decreto de 18/07/1991.* Institui o Programa Nacional da Racionalização do Uso dos Derivados do Petróleo e do Gás Natural – CONPET e dá outras providências. DOU de 19/07/1991.

Brasil. *Lei 10.295, de 17/10/2001.* Dispõe sobre a Política Nacional de Conservação e Uso Racional de Energia e dá outras providências. Brasília: DOU de 18/10/2001.

Brasil. *Lei nº 12.305, de 2 de agosto de 2010*. Institui a Política Nacional de Resíduos Sólidos; altera a Lei no 9.605, de 12 de fevereiro de 1998; e dá outras providências. Diário Oficial da República Federativa do Brasil, Brasília, DF, 3 ago.

Brasil. *Decreto 9.864, de 27/07/2019*. Regulamenta a Lei nº 10.295, de 17/10/2001, que dispõe sobre a Política Nacional de Conservação e Uso Racional de Energia, e dispõe sobre o Comitê Gestor de Indicadores e Níveis de Eficiência Energética. Brasília: DOU de 01/07/2019.

Brasil. *Decreto 10.088*, de 05/11/2019. Consolida atos normativos editados pelo Poder Executivo Federal que dispõem sobre a promulgação de convenções e recomendações da Organização Internacional do Trabalho – OIT ratificadas pela República Federativa do Brasil.

Brasil. *Lei nº 14.133, de 1 de abril de 2021*. Estabelece normas para licitações e contratos administrativos e dá outras providências. Diário Oficial da República Federativa do Brasil, Brasília, DF, 2 abr.

Brezet, J. C.; Bijma, A. S.; Ehrenfeld, J.; Silvester, S. *The design of eco-efficient services*. Delft (Holanda): Delft University of Technology, 2001.

Bukht, R.; Heeks, R. *Defining, conceptualising and measuring the digital economy*. University of Manchester/Global Development Institute, Working Paper 68, 2017. Disponível em: <https://ssrn.com/abstract=3431732>;<http://dx.doi.org/10.2139/ssrn.3431732>.

Comunidade Europeia/Parlamento Europeu e do Conselho. Regulamento (CE) 1907 de 18/12 2006; relativo ao registro, avaliação, autorização e restrição dos produtos químicos (REACH), que cria a Agência Europeia dos Produtos Químicos. Disponível em: <https://eur-lex.europa.eu/legal-content/PT/TXT/PDF/?uri=CELEX:32006R1907>.

Empresa de Pesquisa Energética (EPE). *Balanço energético nacional 2022* – ano base 2021. Rio de Janeiro, 2020.

Fiksel, J. *Design for environment*: a guide to sustainable product development. 2. ed. New York: McGraw-Hill, 2009.

Houaiss, A. *Dicionário Houaiss da língua portuguesa*. Rio de Janeiro: Editora Objetiva, 2009.

Intergovernmental Panel on Climate Change (IPCC). *Climate change 2014*: mitigation of climate change. Cambridge University Press, 2014.

Intergovernmental Panel on Climate Change (IPCC). *Climate Change 2021*: The Physical Science Basis. Contribution of Working Group I to the Sixth Assessment Report of the IPCC. Cambridge University Press, 2021.

International Energy Agency (IEA). *Digitalization & Energy*. IEA, 2017. Disponível em: <https://www.iea.org/reports/digitalisation-and-energy>. Acesso em 17/06/2023.

International Energy Agency (IEA). *World energy balance – statistics 2020*. Paris: IEA, 2020. Disponível em: <https://www.iea.org/reports/key-world-energy-statistics-2020>.

International Resource Panel (IRP)/United Nations Environment Programme (UNEP) (2019). *Global Resources Outlook 2019*: Natural Resources for the Future We Want. UNEP/IRP, 2019.

International Resource Panel (IRP)/United Nations Environment Programme (UNEP). *Resource efficiency and climate change: material efficiency strategies for a Low-Carbon Future*. Nairobi: IRP/UNEP, 2020.

Jacobs, F. R.; Chase, R. B. *Administração de operações e da cadeia de suprimentos*. 13ª ed. Tradução: Mônica R. Rosemberg e Joyce I. Prado. Revisão técnica: Orlando Cattini Jr. Porto Alegre: AMGH Editorial, 2012.

Labys, W. C. *Dematerialization and transmaterialization*: what have we learned? Morgantown, West Virginia: West Virginia University/Regional Research Institute Publications, 2004. Disponível em: <https://researchrepository.wvu.edu/rri_pubs/132>. Acesso em 17/06/2023.

Mokhiber, R. *Crimes corporativos*: o poder das grandes empresas e o abuso da confiança pública. Editora Página Aberta, 1995.

Organization for Economic Co-operation and Development (OECD). *Eco-innovation in industry*: enabling green growth. OCDE Innovation Strategy, 2009.

Organization for Economic Co-operation and Development (OECD); Statistical Office of the European Communities (EUROSTAT). *Oslo Manual 2018*. Guidelines for collecting, reporting and using data on innovation. Paris: OECD, EUROSTAT, 2018.

Soares, J. L. *Dicionário etimológico e circunstanciado de biologia*. São Paulo: *Editora Scipione*, 1993.

United Nations Conference on Trade And Development (UNCTAD). Trade and Development Report 2020: From Global Pandemic to Prosperity for All: Avoiding Another Lost Decade. New York: United Nations Publications, 2020. p. 4.

United Nations Department of Economic and Social Affair (UNDESA). *The Sustainable Development Goals Report 2019*. UNDESA, 2021.

United Nations Framework Convention on Climate Change (UNFCCC). *Adoption of the Paris Agreement*. Paris: UNFCC/Conference of the Parties, December 2015. Disponível em: <https://unfccc.int/resource/docs/2015/cop21/eng/l09r01.pdf>. Acesso em 17/06/2023.

Vezzoli, C.; Manzini, E. *Design per la sostenibilità ambientale*. Bologna, Zanichelli Ediore, 2007.

Womack, J. P.; Jones, D. T. *Mentalidade enxuta*: elimine o desperdício e crie riqueza. Rio de Janeiro: Campus, 1998. (1ª edição em inglês: 1996 – Lean Thinking: *Banish Waste and Create Wealth in Your Corporation*).

Womack, J. P., Jones, D. T.; Roos, D. *A máquina que mudou o mundo*. Rio de Janeiro: Ed. Campus, 1992. (1ª edição em inglês: 1990 – The machine that changed the world: *the story of lean production – Toyota's secret weapon in the global car wars that is now*).

Wordsworth Reference. *Dictionary of biography*. Helicon Publishing, 1994.

World Health Organization (WHO). *The WHO Recommended Classification of Pesticides by Hazard and Guidelines to Classification 2019*. Geneva: 2020.

Zhang, X.; et al. A review on energy, environment and economic assessment in remanufacturing based on life cycle assessment method. *Journal of Cleaner Production*, volume 255, May of 2020. <https://doi.org/10.1016/j.jclepro.2020.120160>. Acesso em 17/06/2023.

CAPÍTULO 8
Implementando a inovação

Atividades inovadoras são as etapas científicas, tecnológicas, organizacionais, financeiras e comerciais que conduzem, ou visam a conduzir, os processos de inovações, como P&D, engenharia, desenho industrial, pesquisa de mercado, estudos de viabilidade, geração de ideias, previsão tecnológica, aquisição de equipamentos produtivos, desenvolvimento de software, contratação de serviços técnicos especializados, patenteamento, licenciamento de patentes.[1] Também são atividades inovadoras as de gestão da inovação, o conjunto de atividades administrativas que apoiam a realização de inovações de modo integrado à gestão geral da organização inovadora, como planejamento, alocação de recursos, formação de equipes, acordos e relacionamentos com parceiros, controle físico-orçamentário.

Processo de inovação é um conjunto de atividades inovadoras inter-relacionadas e interativas que transformam entradas (ideias e recursos) em saídas (produtos, processos, métodos e negócios novos ou melhorados) para atender aos objetivos da organização inovadora, como entrar em um novo de mercado, aumentar a lucratividade, acompanhar a evolução tecnológica do setor, melhorar a eficiência da sua cadeia de suprimento, fidelizar clientes e outros resultados desejados a exemplo dos listados no Quadro 1.6. Essas atividades variam conforme o tipo de inovação (de produto, de processo, de gestão etc.), o grau de novidade para a organização que a implementa

---

1 OECD, 1998; EUROSTAT/*Oslo Manual*, 1997, p. 25.

(radical, incremental etc.) e os resultados desejados, que, no caso das ecoinovações são, por definição, benefícios para a economia, o meio ambiente e a sociedade.

Algumas empresas geradoras de inovações são pioneiras, enquanto outras são adotantes dessas inovações dentro de um processo de difusão. Embora todas gerem conhecimentos durante o processo de inovação, os das pioneiras são novidades absolutas, o que vale dizer para o mundo, enquanto os dos adotantes são relativos ao mercado, ao setor ou às próprias empresas. Quanto maior a novidade para a empresa, mais diversificadas são as atividades inovadoras, o que torna necessário abordá-las por meio de projetos.

8.1 PROJETO DE INOVAÇÃO

Projeto pode ser genericamente entendido como um conjunto de atividades inter-relacionadas com duração e recursos determinados, a fim de alcançar resultados especificados. Um projeto de inovação é um conjunto de atividades inovadoras e de gestão da inovação inter-relacionadas com o objetivo de introduzir algo novo ou significativamente melhorado no sistema produtivo ou social. A literatura sobre projeto de inovação é vasta e não para de crescer, devido à importância desse tema para a economia, principalmente na fase de transição para a Quarta Revolução Industrial, vivenciada atualmente. Há uma grande variedade de modelos genéricos de projetos de inovação, todos constituídos de etapas ou fases que refletem a divisão do trabalho entre os membros da organização inovadora e seus parceiros, como P&D, produção, suprimentos, marketing, recursos humanos, finanças, jurídico. O Quadro 8.1 apresenta uma pequena lista de modelos de inovação com as denominamações das suas grandes etapas e a sequencia entre elas.

Quadro 8.1 – Modelos genéricos de projetos de inovação – exemplos selecionados

Autor(res) (ano, página)	Etapas/Fases
Booz, Allen e Hamilton (1982, p. 13)	Estratégia de novos produtos ⇒ geração de ideias ⇒ avaliação e seleção ⇒ análise de negócio ⇒ desenvolvimento ⇒ teste ⇒ comercialização
Clark e Wheelwright (1983, p. 294-295).	Geração de ideias ⇒ seleção de ideias ⇒ desenvolvimento ⇒ lançamento
Rothwel (1994, p. 10)	Geração de ideias ⇒ P&D e design ⇒ protótipo ⇒ manufatura ⇒ marketing e vendas
Roozenburg e Eekels (1995, p. 12)	Formulação objetivos e estratégias ⇒ geração e seleção de ideias ⇒ desenvolvimento do produto, da produção e planejamento de marketing ⇒ produção ⇒ distribuição e vendas ⇒ uso

(*continua*)

Quadro 8.1 – Modelos genéricos de projetos de inovação – exemplos selecionados (*continuação*)

Autor(res) (ano, página)	Etapas/Fases
Rozenfeld et al. (2006, p. 44-46)	Pré-desenvolvimento [planejamento estratégico do produto e do projeto] ⇒ Desenvolvimento [projeto informacional → projeto conceitual → projeto detalhado → preparação da produção → lançamento] ⇒ Pós-desenvolvimento [acompanhamento → descontinuação]
Tidd, Bessan e Pavitt (2008, p. 88)	Buscar ⇒ selecionar ⇒ implementar [adquirir → executar → lançar → sustentar]
Slack, Chamber e Johnston (2009, p. 122)	Ideias e geração do conceito ⇒ triagem do conceito ⇒ projeto preliminar ⇒ avaliação e monitoramento ⇒ projeto final ⇒ prototipagem
Ulrich e Eppinger (2012, p. 14)	Planejamento ⇒ desenvolvimento do conceito ⇒ projeto sistêmico ⇒ projeto detalhado ⇒ testes e refinamento ⇒ produção inicial e produção planejada
Cooper (2014, p. 21)	Geração de ideias ⇒ definição de escopo ⇒ criação do plano de negócio ⇒ desenvolvimento ⇒ teste e validação ⇒ lançamento
Crawford e Benedetto (2016, p. 17)	Identificação e seleção de oportunidades ⇒ geração de conceitos ⇒ avaliação de conceitos/projetos ⇒ desenvolvimento ⇒ lançamento

Fonte: referências completas ao fim do Capítulo.

Durante muito tempo, prevaleceram os modelos baseados em sequências lineares de etapas que se sucedem uma após o final da outra, podendo ser interrompidas dependendo dos resultados obtidos. Porém, na prática, sempre se observou a ocorrência de interação entre etapas, quaisquer delas, não somente entre as adjacentes, com retornos, revisões e reforços às etapas finalizadas a fim de incluirem-se novas considerações. Mais do que isso, as etapas podem se sobrepor para reduzir o tempo total do projeto, uma preocupação cada vez mais atual diante da intensa competição baseada em inovações que reduz a vida útil das novidades e, portanto, das vantagens competitivas que elas proporcionam às organizações.

O ritmo acelerado das inovações intensivas em novos conhecimentos advindo da P&D faz com que produtos recém-lançados no mercado fiquem rapidamente obsoletos. A corrida para introduzir novidades tornou desnecessário planejar a obsolêscencia funcional de produtos, aquela na qual um produto, ainda que funcione conforme suas especificações, deixa de ser atrativo porque surgiu um substituto melhor. Esse tem sido um dos motivos que impulsionam os modelos de engenharia simultânea (*concurrent engineering*), nos quais as etapas do projeto de inovação são executadas em paralelo por equipes descentralizadas e por meio de uma abordagem multifuncional auxiliada por software de gestão de projeto, que acompanha a vida do produto, o que facilita as inovações incrementais posteriores ao lançamento e sua descontinuidade quando oportuna.

Conforme comentado no Capítulo anterior, o produto não existe sem o processo de produção. A relação entre ambos pode requerer desde pequenos ajustes no processo produtivo, no caso de melhorias no produto, ou ajustes maiores, no caso do reprojeto, até concepções inteiramente novas em inovações por alternativa ou criação.[2] A relação entre produto e processo durante o projeto de inovação de produto pode ser vista no Quadro 8.2, que resume um dos modelos genéricos listados no Quadro 8.1, muito conhecido e que fez escola nessa área. Note a contribuição das diversas funções da organização em diferentes etapas do projeto: marketing (M), desenvolvimento do produto (D), produção (P), finanças (F), administração geral (A), jurídico (J), serviços (S). Um projeto de inovação que envolva novidades importantes, ainda que somente para a empresa, mobiliza praticamente todos os seus setores, pois trata-se da execução de um objetivo estratégico vinculado ao seu posicionamento competitivo.

A passagem de uma etapa à outra depende de decisões, representadas pelo losango (◊) na figura do Quadro 8.2, baseadas em avaliação dos resultados obtidos até então, segundo critérios previamente estabelecidos no planejamento do projeto, como custo, qualidade, segurança, funcionalidade, estética, disponibilidade, manufaturabilidade, atendimento às exigências dos consumidores, adequação legal, compromisso com pautas de pesquisa e inovação responsáveis.[3] São decisões do tipo *passa/não passa* para a outra etapa. A decisão *não passa* pode significar: (1) revisão imediata da etapa a fim de sanar os critérios não atendidos; (2) paralisação temporária à espera de uma nova oportunidade; ou (3) encerramento do projeto deixando-o inconcluso. Essa última é uma opção extrema, principalmente no caso de etapas mais avançadas, quando grande parte dos custos orçados já foi realizada. A interação entre as etapas comentadas tende a evitar resultados desastrosos.

---

2 Veja Capítulo 7, Seção "Modos de implementação".

3 Veja Capítulo 3, Seção "Pesquisa e inovação responsáveis".

Quadro 8.2 – Descrição das etapas de um modelo genérico de desenvolvimento de produtos

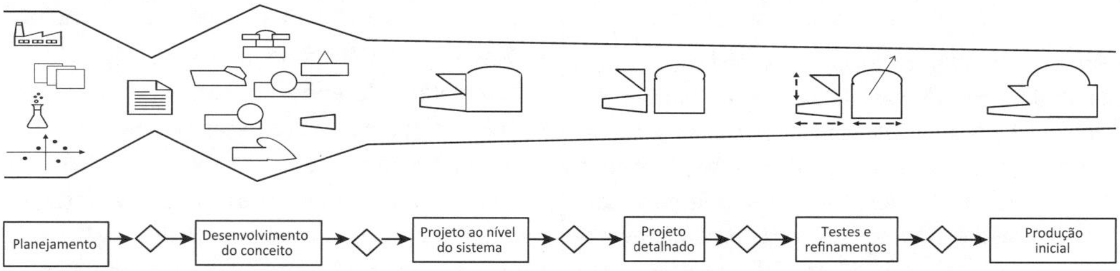

Etapas (descrição)	Exemplos de atividades
Planejamento: é a etapa zero por anteceder a aprovação do projeto. Envolve a identificação de oportunidades guiada pela estratégia empresarial, a avaliação de tecnologias e os objetivos de marketing. Resulta na declaração da missão do projeto, especificando o mercado alvo para o novo produto, as metas para a empresa, as principais premissas e restrições.	• Identificar oportunidades de mercado (M) • Definir segmento de mercado (M) • Identificar e avaliar tecnologias (D) • Identificar restrições à produção (P) • Definir estratégias de suprimento (P) • Prover metas de planejamento (F) • Identificar recursos a serem alocados (A)
Desenvolvimento do conceito: conceito é uma descrição da forma, função e características de um produto, usualmente acompanhada por um conjunto de especificações, uma análise da sua competitividade e uma justificativa econômica do projeto. Nessa etapa, as necessidades de mercado são identificadas, os conceitos alternativos de produtos são gerados e avaliados. Um ou mais desses conceitos são selecionados para desenvolvimento e teste.	• Identificar necessidades dos clientes (M) • Identificar produtos concorrentes (M) • Avaliar os conceitos gerados (D) • Desenvolver o conceito de desenho industrial (D) • Construir e testar protótipos (D) • Estimar o custo de produção (P) • Analisar questões legais (patentes, marcas etc.) (J)
Projeto ao nível de sistema: inclui definição da arquitetura do produto, decomposição do produto em subsistemas, desenho preliminar das peças-chave e atribuição da responsabilidade pelo projeto detalhado. O plano inicial para o sistema de produção e montagem final é usualmente definido nessa etapa. Os resultados da etapa incluem o layout do produto, as especificações funcionais de cada subsistema e o fluxograma preliminar do processo de montagem.	• Desenvolver planos para opções de produtos e famílias de produtos (M) • Desenvolvera a arquitetura do produto (D) • Definir principais subsistemas e suas interfaces (D) • Identificar fornecedores de peças-chave (P) • Analisar opções de comprar ou fabricar as peças internamente (P) • Identificar serviços associados ao produto (S)

(*continua*)

Quadro 8.2 – Descrição das etapas de um modelo genérico de desenvolvimento de produtos (*continuação*)

Etapas (descrição)	Exemplos de atividades
Projeto detalhado: inclui a especificação completa do produto, das peças, dos materiais e das peças a ser adquiridas de fornecedores; um plano de produção para cada peça a ser fabricada internamente e a definição do seu ferramental. Essas questões são consolidadas na documentação de controle do produto. Três questões críticas consideradas ao projeto são concluídas nesta etapa: seleção de materiais, custo de produção e desempenho do produto e do processo.	• Desenvolver o plano de marketing (M) • Completar o desenho industrial (D) • Definir a geometria das peças e do produto (D) • Escolher materiais e definir tolerâncias (D) • Definir os processos de produção de peças a serem fabricadas internamente (P) • Projetar o ferramental para a produção de peças (P) • Definir os processos de garantia da qualidade (P)
Testes e refinamentos: envolve a construção e avaliação de protótipos de diferentes versões do produto. Os protótipos iniciais são testados para determinar se o produto funciona como esperado e satisfaz as necessidades-chave dos clientes; os posteriores são avaliados internamente e testados pelos clientes em seu próprio local de uso, para identificar se há ou não necessidades de mudanças de engenharia.	• Desenvolver o plano de venda (M) • Desenvolver materiais de divulgação e lançamento do produto (M) • Testar protótipos para avaliar o desempenho, a confiabilidade e durabilidade do produto (D) • Avaliar os impactos ambientais (D) • Refinar o processo de produção de peças e da montagem (P)
Produção inicial: inicialmente, o sistema de produção é usado para treinar a força de trabalho e eliminar problema ou falha do produto e do processo de produção. Depois de corrigidas as falhas, o produto é lançado, a produção entra em ritmo normal como planejado e o produto é disponibilizado ao público-alvo.	• Dispor a produção inicial aos clientes chave (M) • Avaliar a produção inicial para identificar falhas do produto (D) • Iniciar as operações normais de produção (P) • Analisar a condução do projeto após o lançamento para melhorar os projetos futuros (A)

Fonte: Ulrich e Eppinger, 2012, p. 14-16.

8.2 INCLUINDO ASPECTOS AMBIENTAIS

Um projeto de inovação pode não ter incluído qualquer objetivo ambiental explícito e, mesmo assim, produzir resultado ambiental benéfico, como é o caso da redução de massa de um produto visando a reduzir o custo de produção. É a ecoinovação motivada comentada no Capítulo 3. Um projeto de inovação que trata de questões ambientais desde o início como assuntos principais ou centrais, e não como coadjuvantes ou laterais, é o que a literatura especializada denomina inovação ambiental, ecoinovação, *ecodesign*, projeto ambientalmente sustentável, projeto ambientalmente consciente, projeto para o meio ambiente. Por ser o meio ambiente uma dimensão do desenvolvimento sustentável, também tem sido denominada inovação ambiental sustentável (*sustainable environmental innovation*), inovação ambientalmente sustentável (*environmentally sustainable innovation*), projeto para a sustentabilidade (*design for sustainability*).

Qualquer modelo genérico de projetos de inovação permite incluir questões ambientais desde o início do processo. Por exemlo, o modelo criado por Clark e Wheelwright, citado no Quadro 8.1, conhecido por modelo do funil e um dos mais populares no ambiente empresarial, envolve três tarefas ou desafios diferentes que correspondem às três grandes fases do projeto, como mostra a Figura 8.1. O primeiro desafio é alargar a boca do funil, pois, para ser eficiente em inovação, a organização deve expandir sua base de conhecimento, e o acesso às informações para poder aumentar o número de ideias para o projeto. O segundo é estreitar o pescoço do funil selecionado às ideias geradas, levando em conta os recursos e as oportunidades mais atraentes. O terceiro, é garantir que o projeto aprovado atenda aos objetivos previstos na sua aprovação.[4]

No caso da ecoinovação, a boca do funil representa as diversas ideias orientadas por questões ambientais, das quais as mais promissoras serão selecionadas e desenvolvidas para se transformarem em produtos, processos, métodos ou modelos de negócio, novos ou significativamente melhorados em termos ambientais. Por exemplo, diante de uma crise na geração de energia elétrica, um *apagão* prolongado seguido de racionamento e alta da tarifa, uma empresa do setor metalurgico, que adota uma versão do modelo de funil, propôs aos seus empregados que dessem ideias para reduzir o consumo de energia elétrica, recebeu centenas delas, selecionou e implementou as melhores e obteve uma redução de 35% do consumo de energia de modo permanente, possibiliando à empresa vender as sobras da sua cota de energia elétrica.[5]

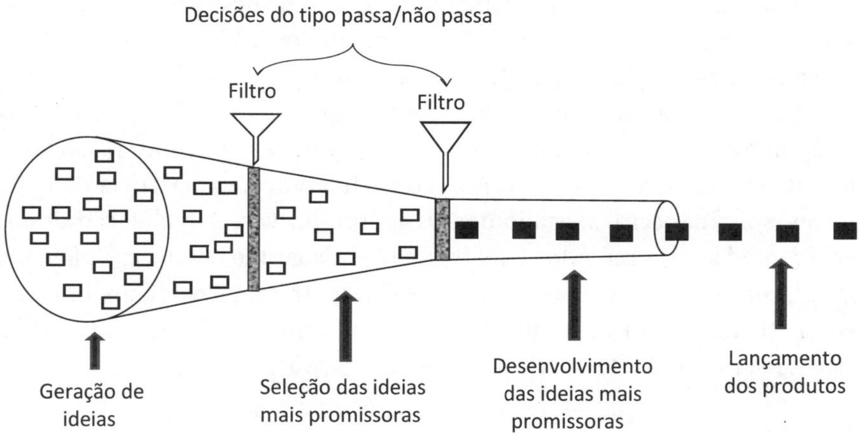

Figura 8.1 – Exemplo de modelo genérico de inovação. Funil da inovação.

Fonte: CLARK e WHEELWRIGHT, 1983, p. 294. Obs.: os pequenos quadrados brancos (□) indicam as muitas ideias geradas e os pretos (■), as ideias selecionadas, desenvolvidas e aplicadas.

4 CLARK e WHEELWRIGHT, 1983, p. 294-295.

5 BARBIERI, TEIXEIRA e CAJAZEIRA, 2009, p. 60.

Como esperado, surgiram diversos modelos específicos de projetos de ecoinovação.[6] As sequências de etapas e suas denominações são semelhantes às do Quadro 8.1, também um fato esperado, pois a ecoinovação é um tipo de inovação, e, como tais, partilham ambas de um núcleo comum de questões, como identificação de problemas ou oportunidades, geração e seleção de ideias, desenvolvimento conceitual, alinhamento à estratégia da empresa, avaliações, testes, lançamento comercial. O que faz a diferença são as questões ambientais como componentes do projeto desde o seu início.

Um modelo específico consta do relatório técnico ABNT ISO/TR 14062, que trata da integração dos aspectos ambientais no projeto e desenvolvimento do produto (Quadro 8.3). *Aspecto ambiental* é qualquer elemento das atividades, bens ou serviços de uma organização que pode interagir com o meio ambiente. Um aspecto ambiental interage com o meio ambiente de diferentes modos, podendo ou não ser a causa de um ou mais impactos ambientais, isto é, de modificações no meio ambiente, adversas ou benéficas, resultantes total ou parcialmente do aspecto ambiental.[7] Exemplos: a atividade de armazenar gás combustível tem como aspecto ambiental a possibilidade de vazamentos, cujos impactos ambientais podem ser intoxicação, incêndio, explosão e desperdício de recursos naturais; o uso de chapas de metais é um aspecto ambiental de uma geladeira, cujo impacto ambiental é a depleção de recursos naturais.

O objetivo da integração mencionada é reduzir os impactos ambientais adversos do produto, ao mesmo tempo que mantém ou melhora sua funcionalidade e outros atributos do produto,[8] o que significa incluir objetivos de desmaterialização, desenergização, descarbonização e desintoxicação, comentados no Capítulo 7, junto com os convencionais, como qualidade, custo, estética. Os aspectos ambientais são introduzidos no projeto desde a etapa de planejamento, na qual são analisados tanto os fatores externos à empresa que condicionam o sucesso da inovação, como os citados na 1ª linha do Quadro 8.3, quanto os internos, como liderança, experiência da equipe do projeto, recursos financeiros, estado dos ativos produtivos. A realização dessa etapa pode ser orientada pelos métodos e instrumentos de gestão usuais em planejamento empresarial, como *benchmarking*, análise SWOT, matriz de Ansoff, análise das cinco forças competitivas de Porter, análise da cadeia de valor, análise de cenários, análise de *stakeholders*, matriz BGC, modelo de negócio canvas.

---

6 Veja exemplos em: NIELSEN e WENZEL, 2002; WAAGE, 2007; UNEP; DUT, 2006 e O'HARE et al., 2014.

7 ABNT NBR ISO 14006:2014.

8 ABNT ISO/TR 14062, seções 4 e 7.4.

Quadro 8.3 – Modelo genérico de ecoinovação de produto – exemplo

Esquema	Descrição
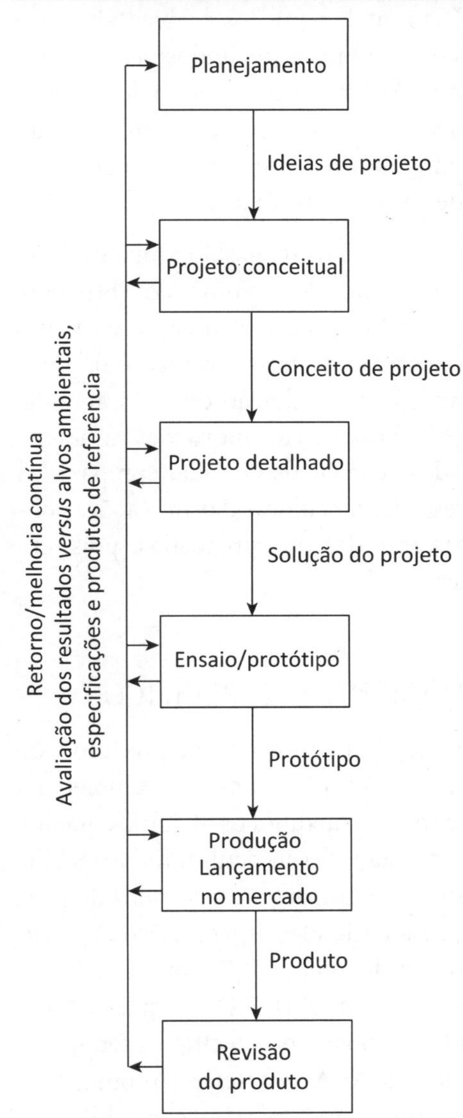	**Planejamento**: planeja e estabelece os requisitos do produto, considerando o tempo e o orçamento disponível. Envolve análise dos fatores externos que influenciarão o produto planejado, como necessidades e expectativas dos clientes, situação do mercado, empresas e produtos concorrentes, incluindo critérios e requisitos ambientais, exigências legais, sistema de produto na qual o produto planejado desempenhará sua função etc.
	Projeto conceitual: identifica os requisitos do produto a partir dos resultados do planejamento. Envolve confronto de ideias, análises do ciclo de vida, formulação de alvos mensuráveis, desenvolvimento de conceitos de projeto, estabelecimento de requisitos ambientais, consolidando-os como especificações e aplicando os resultados da análise em um produto de referência.
	Projeto detalhado: desenvolve o(s) conceito(s) aplicando a abordagens do projeto e finalizando as especificações de produto, incluindo considerações de ciclo de vida.
	Ensaio/Protótipo: verifica as especificações por meio de ensaios dos protótipos e revê considerações de ciclo de vida do protótipo.
	Produção/Lançamento no mercado: é a entrega do produto ao seu mercado. Envolve publicação de materiais de comunicação sobre os aspectos ambientais, a melhor forma de uso e disposição final do produto. Considera possíveis declarações ambientais e seus requisitos.
	Revisão do produto: verifica se as expectativas da organização, dos clientes etc. foram atendidas. Considera e avalia experiências, aspectos ambientais e impactos.

Fonte: ABNT ISO/TR 14062:2004, p. 17.

A identificação de requisitos do produto e do seu processo de produção pode valer-se dos instrumentos de gestão das áreas de gestão da qualidade, de risco, de energia, de segurança e saúde ocupacional, entre outras. Alguns exemplos: PDCA, mapeamento de processo, análise do valor, estudo de perigo e operabilidade (HAZOP),[9]

[9] HAZOP = *Hazard and Operability Study.*

diagrama de causa e efeito de Ishikawa, diagrama de Kano, análise do modo e efeito de falhas (FMEA),[10] 6W2H,[11] desdobramento da função da qualidade (QFD).[12] Alguns deles foram adaptados para incluir aspectos ambientais, como é o caso do dobramento da função da qualidade ambiental (EQFD),[13] no qual requisitos ambientais compartilham em pé de igualdade com os atributos do produto explicitados pela voz dos consumidores sobre o que desejam ou necessitam. Assim, barato, bonito, leve, resistente a quedas, fácil de usar e outros atributos vocalizados pelos consumidores ou usuários somam-se aos objetivos ambientais, como redução de massa, eficiência energética, uso de materiais reciclados, eliminação de substâncias tóxica.

Como não poderia ser diferente, os instrumentos usuais de gestão ambiental são importantes fontes de informação para instruir os projetos de ecoinovação, entre eles, a avaliação de desempenho ambiental, auditorias ambientais, identificação e cálculo da pegada hídrica, inventário de carbono, análise do fluxo de massa, avaliação do risco ambiental, avaliação ambiental de locais e organizações, avaliação do ciclo de vida. Este último desempenha um papel importante pelo fato de as ecoinovações caracterizarem-se pelos benefícios ambientais ao longo dos seus ciclos de vida, comparadas com alternativas pertinentes. Essas características diferenciadoras das inovações convencionais devem ser comprovadas, não apenas intuídas ou apregoadas, pois, em questões ambientais, nem tudo é o que parece ser.

8.2.1 PROJETOS PARA ASPECTOS AMBIENTAIS ESPECÍFICOS

O modelo supracitado é aplicável a qualquer projeto de inovação de produto e de seu processo de produção com a intenção de reduzir ou eliminar impactos ambientais adversos ao longo do ciclo de vida, enquanto mantém ou melhora os atributos que lhe conferem competitividade, como custo, funcionalidade, desempenho, manuseabilidade, confiabilidade, estética. A variedade de aspectos e impactos ambientais do produto, cada qual com questões próprias, fez surgir modalidades específicas de projeto de inovação, a exemplo do que vinha acontecendo desde os anos 1970 com os projetos de desenvolvimento de produtos, denominados *design for X* (DFX), na qual o X é a letra inicial de uma palavra inglesa que represente um objetivo específico a ser alcançado. Exemplos: projeto para montagem (DFA, na qual X=A de *assembly*/montagem), projeto para manufatura (DFM, M de *manufacture*), projeto para confiabilidade (DFR, X = R de *reliability*/confiabilidade), para qualidade (DFQ), simplificação (DFS),

---

10 FMEA = *Failure Mode Effect Analysis*.

11 *What* (o que), *when* (quando), *where* (onde), *who* (quem), *with what* (com que), *why* (por que), *how* (como) e *how much* (quanto).

12 QFD = *Quality Function Deployment*.

13 EQFD = *Environmental Quality Function Deployment* ou *QFD for Environment*.

portabilidade (DFP), testagem (DFT). E, entre esses projetos com objetivos específicos, estão os *projetos para o meio ambiente* (DFE, E de *environment*).[14]

O DFE surge no início da década de 1990 com o esforço de algumas empresas industriais norte-americanas de incluir aspectos ambientais nos seus projetos desenvolvimento de produtos. Em uma das primeiras obras sobre esse assunto, o DFE foi entendido como um módulo do DFX e definido como "um método pelo qual as considerações e restrições ambientais podem ser integradas aos processos existentes e às práticas de projeto do produto".[15] Outras definições vieram depois; um dos mais importantes sistematizadores do DFE o define como "consideração sistemática do desempenho do projeto concernentes aos objetivos ambientais, de saúde, segurança e sustentabilidade ao longo de todo ciclo de vida do produto e processo". Essa definição indica que o escopo típico do DEF inclui os seguintes objetivos:

1) proteção ambiental – assegurar que o ar, a água, o solo e os sistemas ecológicos não sejam impactados negativamente devido ao lançamento de poluentes ou substâncias tóxicas;
2) saúde e segurança – assegurar que as pessoas não sejam expostas a riscos de segurança ou agentes de doenças crônicas em seus locais de trabalho e moradia;
3) sustentabilidade dos recursos naturais – assegurar que o uso ou o consumo de recursos naturais não ameace a disponibilidade desses recursos às gerações futuras.[16]

Esses três objetivos se desdobram em diferentes subobjetivos, como os exemplos da Figura 8.2, podendo incluir qualquer aspecto ambiental representado por um X. O catálogo de modalidades de DFE é um campo aberto; qualquer aspecto relacionado aos três objetivos mencionados pode ensejar mais uma modalidade. Centrar a atenção em um aspecto ambiental facilita a busca de soluções com rapidez e compatíveis com os objetivos mercadológicos, financeiros, operacionais, legais e outros comuns aos projetos de inovação. Cada modalidade é implementada por meio de uma lista de orientações ou diretrizes, com os exemplos da Figura 8.2.

As modalidades DFE apresentam diversas sobreposições, o que neutraliza o reducionismo que possa ocorrer ao focar os projetos em questões muito específicas. Por exemplo, as diretrizes do projeto para a conservação de materiais também contribuem para a redução de emissões na fonte, que, por sua vez, contribuem para a proteção do capital natural. A redução ou eliminação de substâncias tóxicas contribui para tornar o ambiente de trabalho mais saudável e seguro. Mas também há contradições: projeto para aumentar a durabilidade do produto não combina com redução da massa dos seus componentes por torná-los menos robustos.

---

14 KUO, HUANG e ZHANG, 2001. Obs.: também são usadas as siglas: DfE e D4E.

15 AEA, 1992, p. 3 (tradução nossa).

16 FIKSEL, 2009, p. 6 (tradução nossa).

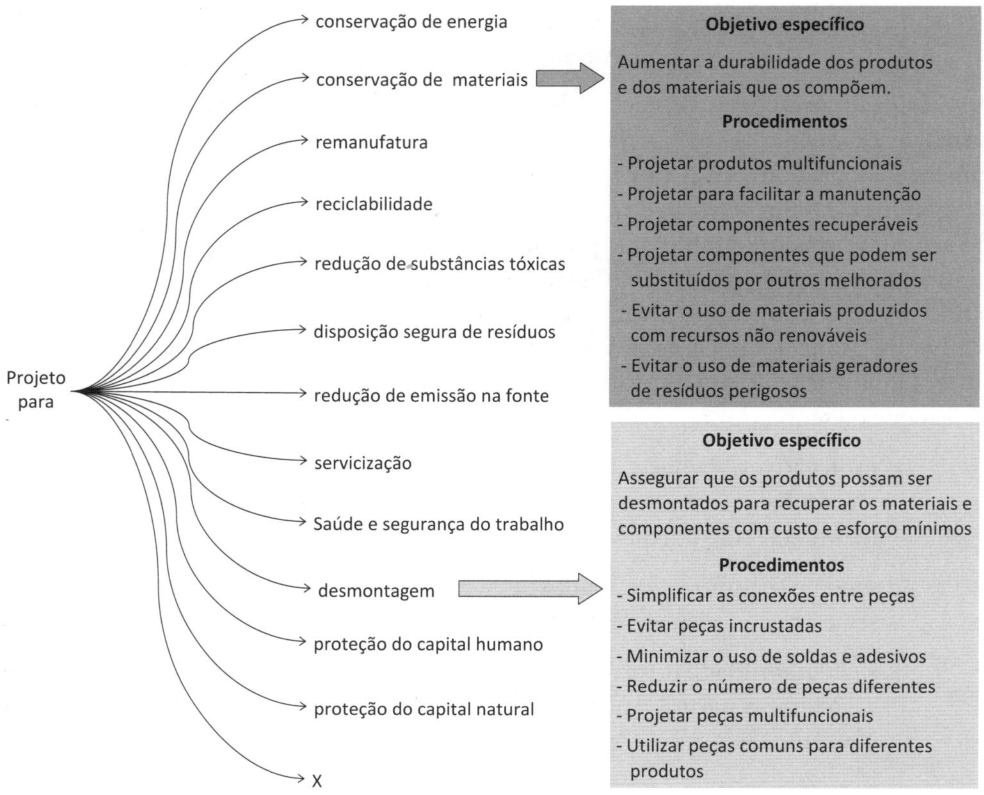

Figura 8.2 – Modalidades de projetos para o meio ambientas (DFE).

Fonte: baseado em FIKSEL, 2009, p. 124-157.

Diante de contradições, a norma NBR ISO/TR 14062 recomenda realizar trocas compensatórias (*trade-off*), que podem ser: (1) trocas entre aspectos ou subobjetivos ambientais, por exemplo, entre reduzir a massa e aumentar a reciclabilidade do produto; (2) entre subobjetivos ambientais e econômicos e sociais, como entre aumentar a durabilidade e reduzir o preço do produto; e (3) entre subobjetivos ambientais, técnicos e/ou de qualidade, como entre usar matérias-primas recicladas e aumentar a confiabilidade do produto.[17]

A implementação de qualquer das modalidades de DFE pode valer-se dos instrumentos usuais em projetos de inovação, alguns já citados anteriormente. Como qualquer instrumento de gestão, os apropriados aos DFE devem: (1) ser fáceis de adotar e implementar; (2) facilitar o cumprimento dos requisitos do produto pela equipe de projeto; (3) reduzir o risco de que elementos importantes sejam ignorados ou esquecidos durante o desenvolvimento do produto; e (4) reduzir o tempo e o custo total do projeto.[18]

---

[17] ABNT, 2004, seção 7.3.6.

[18] LINDAHL, 2005, p. 7.

8.3 AVALIANDO ALTERNATIVAS

As ecoinovações caracterizam-se pelos benefícios ambientais ao longo dos seus ciclos de vida, comparadas com alternativas pertinentes. Esses benefícios devem ser comprovados ou estimados de modo objetivo para demostrar a sua veracidade e a credibilidade da comunicação aos públicos-alvo. Dois instrumentos de gestão ambiental são particularmente apropriados para comparar benefícios diante de alternativas pertinentes, inclusive a versão anterior do produto: os métodos de avaliação do ciclo de vida e as medidas de ecoeficiência. Os primeiros identificam os aspectos e impactos ambientais em cada fase do ciclo vida, e os segundos medem os benefícios ambientais e econômicos combinados. Esses dois instrumentos também servem para instruir a comunicação ao público-alvo sobre os benefícios ambientais do produto novo ou modificado, contribuindo, dessa forma, para estimular o consumo afinado com os objetivos do desenvolvimento sustentável.

Ciclo de vida é o conjunto de fases ou estágios consecutivos e interligados de um processo de produção, distribuição, uso e descarte do produto. Para avaliar o ciclo de vida, é importante determinar onde ele começa e onde ele termina.[19] A Figura 8.3 mostra um ciclo de vida constituído de quatro grandes estágios: produção de materiais, fabricação, uso e manutenção do produto, e disposição final. Numa avaliação que contemple apenas a fase de fabricação do produto (sistema A), o ciclo começaria no portão da fábrica por onde entram os insumos produtivos e terminaria no portão de saída dos produtos acabados. A abordagem do portão ao portão (*gate-to-gate*), ao restringir o escopo de avaliação a uma etapa do processo produtivo, não capta os reflexos das mudanças introduzidas nesse estágio sobre os demais. Assim, uma mudança que transfira impactos adversos para outros estágios aparecerá como um benefício ambiental, o que contraria a própria definição de ecoinovação.

No outro extremo, o sistema C inclui os aspectos e impactos gerados pelos produtores e transportadores dos insumos para construir as obras e fabricar os equipamentos usados na exploração de recursos naturais; os fabricantes dos bens de capital usados pelos fabricantes de matérias-primas; a infraestrutura para usar, reciclar, incinerar e descartar o produto pós-uso, entre outras atividades da cadeia de suprimento do fabricante do produto.[20] Esse escopo amplo reflete a abordagem do berço ao berço (*cradle-to-cradle*), comentada no Capítulo 6, porém, aumenta a complexidade do ciclo de vida sem a concomitante melhora dos resultados da avaliação. Como os estágios mais recuados do ciclo também fornecem para outros sistemas de produtos, os seus impactos ambientais se diluem entre eles, restando apenas uma fração diminuta associada ao sistema em avaliação.

---

19 ASHBY, 2009, p. 54.

20 Ibidem, p. 54-55.

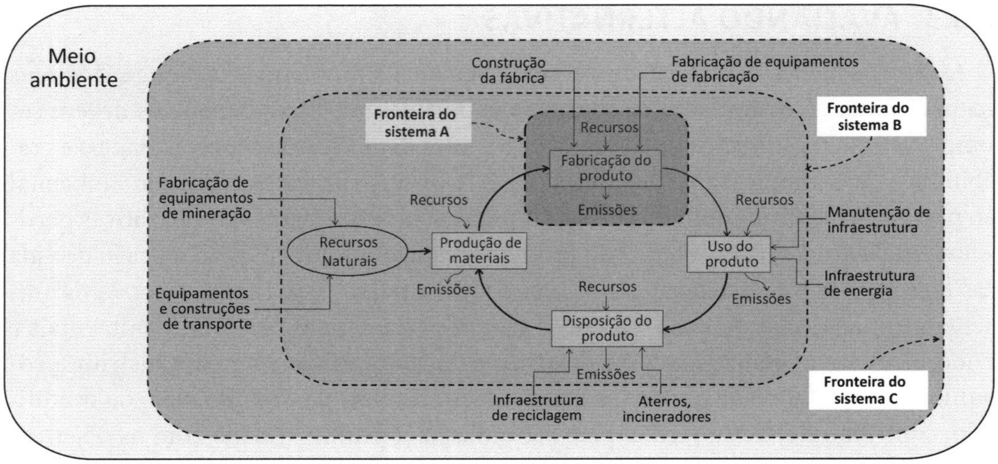

Figura 8.3 – Ciclo de vida – limites de sistemas de produtos – exemplos.

Fonte: ASHBY, 2009, p. 55.

A determinação dos limites de um sistema de produto pode ser resolvida de modo prático e dentro da abordagem do berço ao berço, considerando-se apenas o fluxo primário diretamente relacionado com o produto, aquelas quatro grandes fases mencionadas, isto é, o sistema B na Figura 8.3.[21] Essa extensão é suficiente para verificar se a ecoinovação proposta ou implantada produz resultados ambientais benéficos ao longo do ciclo de vida. No mínimo, permite saber se as melhorias ambientais introduzidas num estágio transferem impactos ambientais aos outros.

8.3.1 AVALIAÇÃO DO CICLO DE VIDA

A Organização Internacional para Normalização (ISO) publicou diversas normas de gestão ambiental sobre Avaliação do Ciclo de Vida (ACV), entendida como "a compilação e avaliação das entradas, saídas e dos impactos ambientais potenciais do produto ao longo do seu ciclo de vida".[22] A atenção aos requisitos e recomendações dessas normas permite determinar a carga ambiental de produtos, linhas de produtos, componentes e outros insumos produtivos com alto grau de segurança e de acordo com a abordagem do berço ao berço. A realização dessa ACV requer a obtenção de dados sobre os diversos processos elementares do produto e seu processo produtivo em estudo, cada qual com suas entradas e saídas de energia e materiais (matérias-primas, materiais auxiliares, coprodutos, resíduos sólidos, emissões) devidamente identificadas e quantificadas. Para isso, são necessárias equipes de especialistas nas diferentes

21 ASHBY, 2009, p. 42-44.

22 ABNT NBR ISO 14040:2009.

fases do processo produtivo, inclusive nas normas ISO suas metodologias. Assim, a realização de uma ACV torna-se uma atividade demorada e dispendiosa.

Apesar dessas dificuldades, essa é a ACV apropriada para produtos, linhas de produtos, insumos ou componentes, como produtos químicos de base, celulose, cimento, produtos siderúrgicos e outros materiais e componentes industriais estáveis em sua composição, mas com diferentes rotas tecnológicas em seus processos produtivos, conferindo-lhes impactos ambientais diferenciados; para comparar o desempenho ambiental dos produtos da empresa com os dos concorrentes da mesma categoria em peças publicitárias; e para fazer Declaração Ambiental de Produtos do tipo III, a que fornece dados ambientais quantificados sobre o ciclo de vida de um produto, conforme parâmetros ambientais predeterminados, a fim de permitir a comparação com os que atendem à mesma função, realizados por programas voluntários de terceira parte.[23] Porém, não é apropriada às organizações envolvidas constantemente com projetos de ecoinovação de produto e de processo.

Como custo, tempo e *timing* são recursos preciosos desses projetos, uma alternativa é simplificar a ACV sem perder o seu objetivo, qual seja permitir avaliar a carga ambiental real ou potencial de alternativas de ecoinovações. A Avalição do Ciclo de Vida Simplificada (ACVS) é um instrumento de gestão ambiental para identificar e, eventualmente, quantificar os aspectos e impactos ambientais adversos mais significativos de cada etapa do ciclo de vida diretamente relacionado com o produto e seu processo de produção, bem como oportunidades de melhorias, tanto dos produtos existentes e seus processos de produção, quanto dos novos produtos propostos. Com isso, a avaliação leva menos tempo, custa menos e pode ser feita pela própria equipe do projeto, contando eventualmente com a assessoria especializada interna e externa, como profissionais das áreas de produção, manutenção, suprimentos, marketing, controle da poluição, gestão de resíduos. Melhor ainda, pode se tornar uma etapa inicial dos projetos de ecoinovação da empresa.

Há vários métodos para se realizar uma ACVS. Os mais comuns são baseados em matrizes constituídas: (1) pelos estágios do ciclo de vida diretamente relacionado ao produto ou à proposta de produto em avaliação; e (2) pelos aspectos ou impactos considerados importantes e afinados à política ambiental da empresa. Cada célula da matriz representa uma questão ambiental associada a uma etapa do ciclo de vida. Desse modo, a matriz representa a carga ambiental simplificada do produto ou proposta ao longo do seu ciclo de vida em termos quantitativos ou qualitativos. O Quadro 8.4 mostra um exemplo de matriz, conhecida por matriz MET, na qual as linhas representam estágios do ciclo de vida, e as colunas, as questões ambientais decorrentes do uso de materiais (M) e energia (E) e das emissões de substâncias tóxicas (T). O preenchimento da matriz fornece o inventario dos impactos que serão avaliados em termos de gravidade alta, média e baixa, evidenciando as células matriciais que merecem mais atenção dos projetistas.

[23] ABNT NBR ISO 14025:2015.

Quadro 8.4 – Matriz ACVS – um exemplo

Estágio do ciclo de vida \ Dimensões ambientais		Consumo de materiais (M)	Consumo de energia (E)	Emissões tóxicas (T)
Aquisição de matérias-primas		Todas as matérias-primas para fabricação do produto, quantificadas por fontes renováveis e não renováveis.	Energia para transportar as matérias-primas do fornecedor, quantificada por tipo e fonte primária.	Substâncias tóxicas geradas no transporte e manuseio da matéria-prima, por tipo (por ex.: materiais particulados).
Produção		Os principais materiais auxiliares, por fontes não renováveis e renováveis.	Energia consumida no processo de produção, quantificada por tipo e fonte.	Resíduos tóxicos gerados nesse estágio, quantificados por tipo e grau de periculosidade.
Distribuição		Materiais de embalagem, quantificados por tipo e fonte não renováveis e renováveis.	Energia usada para embalar e transportar os produtos, quantificadas por tipo e fonte.	Resíduos de embalagem e emissões durante o transporte, quantificada por tipo e fonte.
Uso	Pelo usuário ou consumidor	Materiais necessários para consumir ou usar o produto, quantificados por tipo e fonte.	Energia necessária para consumir ou usar o produto, quantificadas por tipo e fonte.	Resíduos gerados durante o uso ou consumo, quantificada por tipo e fonte.
	Manutenção do produto	Materiais de manutenção e reparo, quantificados por tipo e fonte.	Energia para manutenção e reparo, quantificadas por tipo e fonte.	Resíduos da manutenção e reparo, quantificada por tipo e fonte.
Fim de vida		Materiais para coletar e selecionar resíduos pós uso ou consumo para fins de reciclagem e/ou disposição final, por tipo e fonte.	Energia para coletar e selecionar resíduos pós uso ou consumo para fins de reciclagem e disposição final, por tipo e fonte.	Resíduos gerados pelas atividades de coleta, seleção e transporte de resíduos e rejeitos associados ao produto.

Fonte: BREZET et al., 2001; ZBICIŃSKI et al., 2006; STEFANOV, 2017.

Há muitas outras matrizes como base para realizar a ACVS disponíveis na literatura técnica e certamente haverá mais com o passar dos anos. Uma característica importante do uso de matrizes é a flexibilidade para se adequar aos objetivos das organizações inovadoras. Por exemplo, uma empresa que se compromete com uma política de descarbonização, o que significa reduzir as emissões de GEE, pode abrir uma nova coluna ou linha, conforme o tipo de matriz, para examinar detalhadamente esse aspecto ambiental em seus bens, serviços e atividades. Essa flexibilidade permite adaptar a ACVS aos perfis do sistema de produto, pois diferentes sistemas impactam diferentemente o meio ambiente. Como exemplifica a Figura 8.4, a avaliação do Produto 1 pode desconsiderar o estágio de fim de vida (coleta, reciclagem etc.) pelo seu impacto insignificante, enquanto centra atenção sobre os materiais, processo produtivo e uso do produto; já o Produto 2 tem no uso do produto sua maior fonte de impacto, o qual deve receber a maior atenção sem desconsiderar nenhum estágio do ciclo, pois todos geram impactos consideráveis.

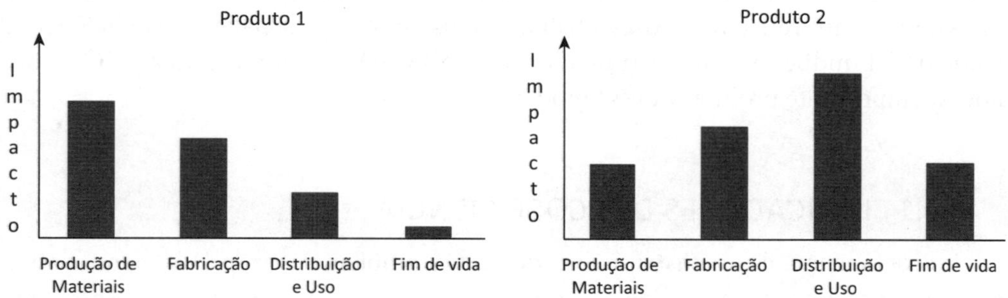

Figura 8.4 – Perfis de sistemas de produtos e gráfico radar da matriz.

Fonte: ASHBY, 2009, p. 67 (adaptado).

8.4 ECOEFICIÊNCIA

Ecoeficiência foi definida pela OECD como "a eficiência com que os recursos ecológicos são usados para atender as necessidades humanas".[24] Eficiência é a capacidade de um ente de produzir efeito, bem como a medida do efeito obtido em relação ao esforço despendido. Por exemplo, a eficiência de um equipamento de controle da poluição, como ilustrado na Figura 4.9, é a sua capacidade de capturar o poluente antes que seja lançado ao meio ambiente, e a medida dessa capacidade é a razão ou o quociente entre a quantidade de poluente capturada e a quantidade que adentrou ao equipamento. Essa é a eficiência técnica, a conversão de entradas em saídas úteis ou desejadas em unidades físicas, por exemplo, quilo de material particulado por m^3 de fluxo gasoso (kg/m^3). A eficiência econômica expressa relações entre valores monetários, como entre a receita de venda mensal e o custo dos materiais usados na produção mensal ($R\$_{vendas}/R\$_{custo}$). Enquanto a eficiência técnica é sempre menor que 1 ou 100% pelos motivos já comentados anteriormente, a econômica pode ser maior e sempre será se a empresa adicionar valor que torna o dividendo maior que o divisor.

---

24 OCDE, 1998.

A palavra *ecoeficiência* (*eco* de ecologia + *eficiência)* indica uma relação cooperativa entre as dimensões ambiental e econômica do desenvolvimento sustentável que se manifesta como políticas, programas e atividades para se alcançarem resultados combinados nessas dimensões, bem como suas medidas de desempenho. A redução de custo do produto devido à diminuição da quantidade de materiais do produto é um exemplo de ecoeficiência enquanto atividade, pois aquelas duas dimensões estão contempladas: a econômica (redução de custo) e a ambiental (redução de materiais). Os programas PROCEL e COMPET, comentados no Capítulo 7, são exemplos de políticas públicas de ecoeficiência energética. Ecoeficiência também é o nome de um modelo de gestão ambiental empresarial concebido pela *World Business Council for Sustainable Development* (WBCSD) no início dos anos 1990 com o objetivo geral de criar mais valor econômico com menos impactos ambientais, o que significa produzir mais com menos recursos.[25] Aliás, atribui-se o uso pioneiro da palavra ecoeficiência a Stephan Schmidheiny, um dos fundadores do WBCSD, que, junto com a OECD, tornou-se importante promotor desse modelo.

8.4.1 INDICADORES DE ECOEFICIÊNCIA

A ecoeficiência é um instrumento de gestão ambiental apropriado para avaliar ecoinovações. Enquanto medida ou indicador de desempenhos econômico e ambiental combinados, a ecoeficiência é o quociente, isto é, o resultado de uma divisão aritmética entre variáveis econômicas, que representam valores, e variáveis ambientais, que representam impactos ambientais ou influências ambientais. Considerando-se que essas variáveis podem comparecer como dividendo ou divisor na operação de divisão, têm-se as duas formas básicas de ecoeficiência apresentadas no Quadro 8.5. As variáveis econômicas listadas referem-se às empresas, para países ou regiões usam-se PIB e PIB per capita, ou outra medida de desempenho econômico agregado. Todas as variáveis econômicas mencionadas neste Quadro comparecem como valores monetários, exceto quantidades produzidas, que também podem ser medidas por unidade física (unidades produzidas, tonelada, litros, m^2).

[25] WBCSD, 2000, p. 5.

Quadro 8.5 – Cálculo da ecoeficiência e exemplos de variáveis

	Produtividade ambiental (PA)	Intensidade ambiental (IA)
Fórmulas	$PA = \frac{\text{Variável econômica}}{\text{Variável ambiental}}$ **(8.1)**	$IA = \frac{\text{Variável ambiental}}{\text{Variável econômica}}$ **(8.2)**
Variáveis	Econômicas (em valores monetários - $)	Ambientais (em unidades físicas)
	Receita de vendas Lucro bruto ou líquido Valor adicionado Margem líquida LAJIDA/EBITDA Preço unitário de venda Disposição a pagar Quantidades produzidas	Consumo de recursos Emissões atmosféricas totais Emissões de gases de efeito estufa Efluentes líquidos Resíduos sólidos Áreas contaminadas Pessoas contaminadas Áreas desmatadas

Obs.: * Lucro antes de juros, impostos, depreciação e amortização.

Fonte: baseado em WBCSD, 2000, p. 8; UNCTAD, 2004 e HUPPES e ISHIKAWA, 2006, p. 45.

A ecoeficiência pela Fórmula 8.1 foi popularizada pela WBCSD como meio de avaliar a organização e suas unidades.[26] Também denominada *produtividade ambiental* (PA),[27] ela evidencia os benefícios econômicos obtidos ou esperados em relação aos impactos ambientais, como energia e materiais utilizados, poluentes e resíduos gerados. Exemplo: para uma receita de venda de R$ 1 milhão cuja produção consumiu 50 toneladas matérias-primas, a PA = R$ 1,00 milhão/50 t = R$ 20,00 mil por tonelada de matéria-prima. A regra geral de interpretação é a seguinte: quanto maior o quociente, melhor o desempenho conjunto das variáveis envolvidas; mas, como toda regra tem exceção, é preciso verificar os termos da divisão. Por exemplo, se, em duas medidas sucessivas no tempo sobre as mesmas variáveis, a econômica aumentou, e a ambiental, não, ou até piorou, o indicador poderá mostrar que ocorreu melhoria em ambas as dimensões quando apenas uma melhorou. Essa medida é adequada para estabelecer metas de desempenho econômico da organização e de suas divisões relacionadas às variáveis ambientais; por exemplo: aumentar em 10% o valor da produção anual por m^3 de água consumida no ano em curso.

A Fórmula 8.2, conhecida como indicador de *intensidade ambiental* (IA),[28] pode se referir a aspectos ambientais específicos, como intensidade de materiais (IA_M), intensidade de energia (IA_E), intensidade de um certo poluente, como dióxido de carbono (IA_{CO2}), dióxido de enxofre (IA_{SO2}), mercúrio (IA_{Hg}); de material particulado 2,5 ($IA_{MP2,5}$). Usando-se os dados do exemplo anterior, a IA_M = 50 t de matéria-prima/R$

26 WBCSD, 2000, p. 19.

27 HUPPES e ISHIKAWA, 2005, p. 45.

28 UNCTAD, 2004, p. 26.

1,00 milhão = 0,00005 t por R$ 1,00 de receita (0,05 kg ou 50 g de matéria-prima por R$ 1,00 de receita). É uma medida inversa à anterior, que evidencia a variável ambiental, no exemplo, o uso de matérias-primas, portanto, quanto menor, melhor, com as ressalvas comentadas sobre os termos da divisão. Essa medida é apropriada para avaliar os projetos de ecoinovação em relação aos compromissos da organização com os objetivos e metas ambientais, por exemplo: reduzir em 20% o consumo de energia elétrica da unidade fabril em um ano.

Para comparar propostas alternativas de ecoinovação, estimam-se para cada uma as variáveis econômicas e ambientais de interesse e calculam-se seus indicadores de ecoeficiência. A Figura 8.5 mostra cinco alternativas ao produto atual ou de referência com seus indicadores de ecoeficiências segundo a Fórmula 8.1. As quatro primeiras apresentam indicadores maiores do que o do produto de referência ($E_R = 0,5$); aquelas com indicadores menores que 0,5 são preliminarmente descartadas, como é o caso da alternativa E. As alternativas A e B apresentam indicadores iguais a 3,0 e 2,0, respectivamente, sendo que B promete benefícios econômicos maiores do que A, que promete impacto ambiental menor entre as duas. Porém, ambas atendem integralmente ao lema da ecoeficiência, *produzir mais com menos*. Ambas serão avaliadas sob critérios financeiros e orçamentários. Como as alternativas C e D apresentam indicadores de ecoeficiência menores do que as anteriores, mas maiores do que o do produto de referência, ficam de reserva para avaliações posteriores caso A e B se mostrem inviáveis.

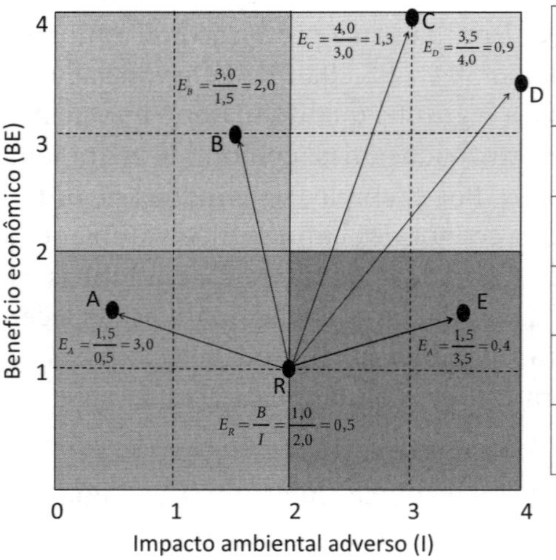

Alternativa	Ecoeficiência (E)	Benefício econômico (BE)	Redução de impacto (RI)
	$E = \frac{B}{I}$	$BE = BE_{alt} - BE_R$	$RI_{alt} = I_{alt} - I_R$
A	$E_A = \frac{1,5}{0,5} = 3,0$	$BE_A = 1,5 - 1,0 = 0,5$	$RI_A = 0,5 - 2,0 = -1,5$
B	$E_B = \frac{3,0}{1,5} = 2,0$	$BE_B = 3,0 - 1,0 = 2,0$	$RI_B = 1,5 - 2,0 = -0,5$
C	$E_C = \frac{4}{3} = 1,3$	$BE_C = 4,0 - 1,0 = 3,0$	$RI_C = 3,0 - 2,0 = -1,0$
D	$E_D = \frac{3,5}{4} = 0,9$	$BE_D = 3,5 - 1,0 = 2,5$	$RI_D = 4,0 - 2,0 = 2,0$
E	$E_E = \frac{1,5}{3,5} = 0,4$	$BE_E = 1,5 - 1,0 = 0,5$	$RI_E = 3,5 - 2,0 = 1,5$

Figura 8.5 – Comparando alternativas com indicadores de ecoeficiência.

A ecoeficiência também pode ser calculada com variáveis econômicas que representem os custos, ou seja, os valores monetários orçados, previstos ou investidos no processo de ecoinovação, como remuneração dos profissionais alocados ao projeto, uso de equipamentos e materiais laboratoriais, realização de testes e ensaios, aquisição de ativos produtivos, treinamento do pessoal, publicidade associada ao lançamento do produto. As melhorias ambientais são os resultados da ecoinovação expressos em unidades físicas, como toneladas, m^3, litros, hectares, lúmens, velocidade, tempo, bites, kW. Essas variáveis podem comparecer na operação de divisão como dividendo ou divisor, o que fornece as seguintes fórmulas:[29]

$$\text{Custo da melhoria ambiental} = \frac{\text{Custo da melhoria ambiental}}{\text{melhoria ambiental}} \tag{8.3}$$

$$\text{Melhoria ambiental por unidade de custo} = \frac{\text{Melhoria ambiental}}{\text{Custo da melhoria ambiental}} \tag{8.4}$$

A Fórmula 8.3 evidencia o custo por unidade de melhoria alcançada ou prevista. Exemplo: uma ecoinovação com um custo total orçado em R$ 200 mil para reduzir o consumo de 50 mil m^3 de água por ano, significa que uma unidade de melhoria ambiental custará R$ 4,00 por m^3 de água poupada por ano. A Fórmula 8.4 evidencia a melhoria ambiental por unidade de custo, no caso, 50 mil m^3/R$ 200 mil = 0,25 m^3 ou 250 litros poupados ao ano por R$ 1,00 despendido no processo de ecoinovação.

Convertendo em valores monetários as melhorias ambientais, os benefícios proporcionados ou previstos da ecoinovação, a fórmulas 8.3 transforma-se na relação custo/benefício (C/B); e a Fórmula 8.4, na relação benefício/custo (B/C). Do exemplo anterior, supondo que a redução anual de 50 mil m^3 de água proporcione em média uma economia de R$ 1.000.000,00 ao longo do tempo em tarifas, bombeamento, filtragens, aditivos e outros custos operacionais, tem-se uma relação B/C = R$ 5,00 reais de benefícios para cada R$ 1,00 aplicado na ecoinovação. O retorno sobre o investimento (ROI) na ecoinovação é dado pela relação percentual entre os benefícios líquidos totais sobre o montante envolvido. Do exemplo anterior, tem-se:

$$\text{ROI}_{\%} = \left(\frac{\text{Benefícios} - \text{Custos}}{\text{Custos}}\right)100\% = \left(\frac{1.000.000,00 - 200.000,00}{200.000,00}\right)100\% = 400\%,$$

ou seja, a ecoinovação proporciona um retorno sobre o investimento estimado de 400% em relação ao custo da sua implementação.

As medidas de ecoeficiência calculadas pelas fórmulas apresentadas avaliam um par de questões econômica e ambiental relacionadas. Isso pode ser suficiente para escolher propostas de ecoinovação direcionadas a um único aspecto ambiental, por exemplo, reduzir o consumo de energia durante o uso do produto. Para projetos com múltiplos aspectos ambientais considerados, a inclusão de todos ao mesmo tempo requer algum estratagema para combiná-los num único indicador, como o exemplo do Quadro 8.6.

---

[29] HUPPES e ISHIKAWA, 2006, p. 45.

Quadro 8.6 – Fator de ecoeficiência – exemplo de cálculo

Para medir a melhoria de um novo produto em relação ao anterior ou substituto, uma empresa japonesa do setor eletroeletrônico calcula um Fator de Ecoeficiência (FE) conforme a fórmula a seguir:

$$FE = \frac{\text{valor do serviço do novo produto/valor do serviço do produto anterior}}{\text{carga ambienal do novo produto/carga ambiental do produto anterior}} \quad (8.5)$$

O exemplo a seguir refere-se a dois notebooks lançados para a mesma faixa de usuário, com oito anos de diferença entre seus lançamentos. Sendo o valor do serviço em termos monetários, como preço ao consumidor, difícil de precisar para produtos vendidos em mercados globais, ele foi quantificado pelas características que definem o produto: velocidade de processamento, tamanho da memória pré-instalada e o do HD (Tabela A).

	Serviço	Unidade	Modelo antigo (a)	Modelo atual (b)	VSS = Valor do serviço = b/a
Tabela A	1. Velocidade	GHz	0,12	1,6	1,6⁄0,12 = 13,3.
	2. Memória	MB	8	256	256/8 = 32,0
	3. HDD	GB	0,81	20	20/0,81 = 24,7

O próximo passo é calcular a raiz quadrada da média dos valores dos serviços (VS) para obter o valor total dos serviços (VTS) dado pela fórmula: $VTS = \sqrt{\frac{1}{n}\sum_{i=1}^{n}(VS_i)^2} = \sqrt{\frac{1}{3}(13,3^2 + 30,0^2 + 24,7^2)} = 24,6.$ Esse resultado mostra que o valor total dos serviços aumentou 24, 6 vezes em oito anos.

A quantificação da carga ambiental de cada modelo de notebooks integra suas cargas ambientais individualizadas por impactos específicos (consumo de ferro, cobre, alumínio, água, combustíveis, emissões de CO_2, NO_x, resíduos sólidos etc.), atribuídas aos estágios do ciclo do produto em que elas ocorrem (Tabela B).

	Produto Estágio	PC antigo (em points/kg)* (a)	PC atual (em points/kg) (b)	Redução (em %) [(a – b)/a)]100%
Tabela B	- Produção	246,0	217,0	11,8
	- Distribuição	7,0	3,0	57,1
	- Uso	122,0	76,0	37,3
	- Fim de vida	5,0	4,0	20,0
	Total	380,0	300,0	21,0
A soma dos impactos ambientais ao longo do ciclo de vida diminuiu 21% em oito anos, portanto, restou uma carga ambiental de 100% – 21% = 79%, ou 0,79 em notação unitária. Aplicando ambos os resultados na Fórmula 8.5, tem-se o Fator de Ecoeficiência = 24,6/0,79 = 31,1. Ou seja, o modelo mais recente melhorou 31 vezes em relação ao anterior em serviços proporcionados aos usuários e impactos ambientais ao longo dos seus ciclos de vida.				

Fonte: OIKAWA, EBISU e FUSE, 2005. Obs.: 1 kg = 500.000 points; logo, 1 point = 0,000.002 kg, ou 2,0 x 10^{-6} kg.

8.4.2 ANÁLISE ECONÔMICO-FINANCEIRA

As alternativas ecoeficientes pré-selecionadas devem ser confrontadas com as questões orçamentárias e financeiras que impõem restrições às suas implantações, como tetos de gastos limitando os desembolsos estimados, taxas mínimas de retorno para as aplicações de capital, prazos para começar a auferir benefícios positivos líquidos. Assim, a melhor alternativa para a empresa pode não ser a mais ecoeficiente, mas a que combina ganhos em ecoeficiência e adequação às condições financeiras da empresa. Com os custos e encargos previstos e as receitas previstas (ou custos evitados) constrói-se o fluxo de caixa do projeto a fim de submetê-lo à avaliação financeira baseada na equivalência do valor do dinheiro no tempo, como *payback* simples, *payback* ajustado a uma taxa de desconto, valor presente líquido (VPL), taxa interna de retorno (TIR).

O Quadro 8.7 mostra um exemplo de fluxo de caixa e o seu diagrama, conforme o modelo padrão: setas para baixo indicam saídas de valores (custo ou investimento), como pagamentos, encargos, custos operacionais, portanto são valores com sinais negativo (–); setas para cima indicam entradas de valores (benefícios), como receita de venda do novo produto, ampliação das vendas do produto melhorado, custos de produção evitados devidos às melhorias, redução de encargos e taxas, ou seja, apresentam valores com sinais positivos (+). E mostra também os resultados da aplicação de algumas técnicas de análise financeira, usando uma taxa mínima de atratividade ou de retorno do capital investido (TMA) de 10% ao ano, ou 0,1 em notação unitária. Com essa taxa, calcula-se o Fator de Desconto (FD) para cada período t dos n períodos do fluxo de caixa (FD), dado pela fórmula FD = $(1 - \text{TMA})^{-t}$. No caso da TMA = 0,1, tem-se um FD = $(1 + 0{,}1)^{-t} = 1{,}1^{-t} = 1/1{,}1^{t}$.

Quadro 8.7 – Métodos de análise financeira para selecionar projetos – exemplos

Diagrama do fluxo de caixa

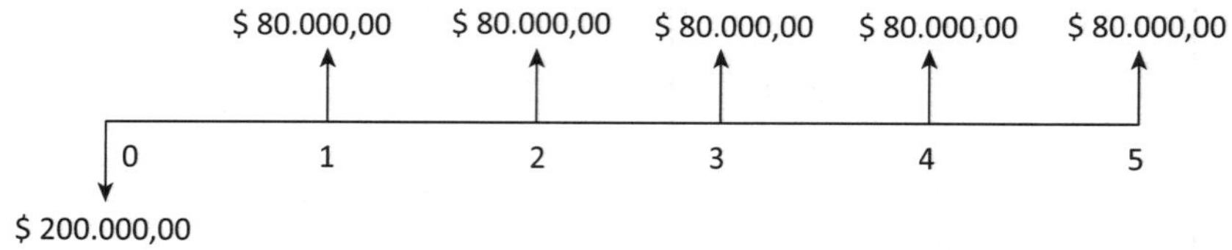

Ano (t)	Investimento/ custo (C) (a)	Benefício nominal (B) (b)	FC nominal acumulado (c)	FD = $1{,}1^{-t}$ = $1/1{,}1^{t}$ (d)	Benefício descontado (b) x (d)	FC descontado acumulado
0	200.000,00		-200.000,00	$1/1{,}1^{0}$ = 1,00		-200.000,00
1		80.000,00	-120.000,00	$1/1{,}1^{1}$ = 0,91	72.800,00	-127.200,00
2		80.000,00	-40.000,00	$1/1{,}1^{2}$ =0,83	66.400,00	-60.800,00
3		80.000,00	40.000,00	$1/1{,}1^{3}$ = 0,75	60.000,00	-800,00
4		80.000,00	120.000,00	$1/1{,}1^{4}$ = 0,68	54.400,00	53.600,00
5		80.000,00	200.000,00	$1/1{,}1^{5}$ = 0,62	49.600,00	103.200,00
Total	200.000,00	400.000.00	200.000,00		303.200,00	103.200,00

Técnicas de análise financeira:

1. *Payback* simples = $\dfrac{\text{C}}{\text{B anual}} = 200.000{,}00/80.000{,}00 = 2{,}5 \text{ anos}$

2. *Payback* descontado = $\dfrac{\text{C}}{\text{B anual descontado médio}} = \dfrac{200.000{,}00}{303.200{,}00/5\,\textit{anos}} = \dfrac{200.000{,}00}{60.640{,}00\,\textit{por ano}} = $
$= 3 \text{ anos e } 4 \text{ meses}$

3. Valor presente líquido = $\text{VPL} = -\text{C} + \sum_j^n \text{B}_\text{i} \left(\dfrac{1}{(1+i)^n} \right) = -\text{C} + \sum_j^n \text{B}_\text{i} \left(\dfrac{1}{(1{,}i)^n} \right) - 200.000{,}00 +$
$+303.200{,}00 = 103.200{,}00$

4. Taxa Interna de Retorno $= \text{TIR} = \text{VPL} = 0 = \text{C} - \sum_j^n \text{B}_\text{i} \left(\dfrac{1}{(1+i)^n} \right) = 0{,}2865 \approx 0{,}29 \text{ ou } 29\%\,a.a^{*}$

* Obs.: obtido via planilha Microsoft Excel → *fx* =TIR(B1:B6)

Note no Quadro 8.7 que o *payback* descontado é maior que o simples, pois os valores presentes dos recebimentos futuros são menores que seus valores nominais por terem sido descontados pelo FD. Esses indicadores podem ser usados como nota de corte para seleção prévia das alternativas ecoeficientes, por exemplo, descartar projetos com tempo de recuperação do investimento igual ou superior a 3 anos. O Valor Presente Líquido (VPL) é o valor acumulado do fluxo de caixa descontado que, sendo positivo (VPL ≥ 0), como é caso, indica que a alternativa pode ser aceita, e entre as aceitas, escolhe-se a que tiver maior VPL, ressalvando outras considerações financeiras e orçamentárias, como as mencionadas.

A taxa interna de retorno (TIR) é a taxa de juro (i) que torna o VPL= 0. A regra de decisão é a seguinte: aceita-se a alternativa que apresente uma TIR ≥ TMA, e, entre as aceitas, escolhe-se aquela com maior TIR. A TIR pode ser útil para avaliar projeto com FC convencional, aquele com saídas apenas no início e entradas posteriores e com soma total maior do que a das saídas, como é caso do FC do Quadro 8.5. Em FC convencional, só há uma TIR; e mais de uma em FC não convencional, aquele com saídas intercaladas com entradas, de modo que ocorre mais de uma inversão de sinal. Em geral, os projetos de inovação implementados com sucesso apresentam FC convencional, isto é, os custos para implementá-los antecedem as receitas cujo montante em algum momento supera os custos, uma condição *sine qua non* para que o projeto seja aceito pela direção da empresa.[30]

8.4.3 FATOR DE ECOEFICIÊNCIA

A ecoeficiência é um conceito amplo que abre caminho para inúmeras abordagens de cálculos, análises e usos. Muitas empresas usam-na como instrumento de avaliação do desempenho ambiental e econômico para propor projetos de melhorias. Uma medida de ecoeficiência indica a situação do produto e seu processo em dado momento, de modo que medidas sucessivas do mesmo produto ao longo do tempo traçam a trajetória do produto quanto às melhorias realizadas, sendo também uma medida do esforço da organização para atender simultaneamente aspectos das dimensões econômicas e ambientais.

Para projetar a trajetória futura do produto, aplica-se à medida atual de ecoeficiência um *fator*, isto é, um multiplicador que reflita os objetivos e metas da empresa. Exemplo: aplicando-se um fator 2 à ecoeficiência enquanto produtividade ambiental (PA) do 1º exemplo, obtém-se um novo indicador de ecoeficiência, PA' = 2(R$1,00 milhão/50 t de mp) = R$ 40.000,00 por tonelada de matéria-prima, uma meta a ser alcançada num certo horizonte de planejamento. Isso significa dobrar a receita de vendas sem aumentar o consumo de materiais, ou manter a mesma receita reduzindo o consumo de matérias-primas pela metade, ou qualquer outra situação intermediária.

---

30 ÁLVARES, MACHLINE e BARBIERI, 2007.

A ideia de um fator de ecoeficiência como meta de melhoria nas dimensões econômicas e ambientais foi popularizado pelo livro *Factor four* (Fator quatro), no qual os seus autores mostram ser possível *duplicar a riqueza reduzindo à metade o uso dos recursos*, aliás o subtítulo do livro.[31] Para os autores, produzir mais com menos, isto é, aumentar a eficiência, é a cura para a doença do desperdício não é produzir menos nem pior, ou não produzir. Hoje, isso soa obvio, mas, à época da sua publicação, meados dos anos 1990, no mundo empresarial o dilema *economia ou meio ambiente* era sempre resolvido a favor do primeiro. O livro procurou mostrar que ficar com ambos é o melhor negócio. Sua abordagem é micro-orientada, porém, considera que a adoção dessa prática pelas empresas traria benefícios sociais amplos, como vida melhor, com menos poluição e mais justa, com mais empregos, pois, diante de ganhos significativos, os empresários priorizariam o corte de kW, toneladas e litros improdutivos, em vez de postos de trabalho.[32]

Uma proposta de *Fator 10* foi apresentada em 1992 por Friedrich Schmidt-Bleek, professor da Universidade de Wuppertal, na Alemanha. Essa proposta foi dirigida aos governos e empresários dos países industrializados para que aumentassem a produtividade ambiental (PA) em um fator de 10 nos próximos 30 a 50 anos a partir daquela data, para assegurar a sustentabilidade do planeta.[33] Considerar-se a PA do ano 0 = 1,0 e aplicar-se um fator 10 à ecoeficiência do ano 50, significa aumentar 10 vezes o valor econômico, mantendo o nível de consumo de recursos do ano 0, ou aumentar aquele em 5 vezes e reduzir este à metade. Ou seja, uma redução no consumo dos recursos de 90%, menos de 3% por ano. O fator 10 nunca foi abraçado pelos países ricos, apesar de algumas tentativas para divulgarem-se as propostas no âmbito da OECD e do Conselho Econômico Europeu.

Atualmente, fala-se em *Fator X*, no qual X não é o número 10 romano, mas um número que pode ser um quociente entre ecoeficiências ou um parâmetro de planejamento determinado pela empresa. No primeiro caso, é uma medida empírica de desempenho nas dimensões ambiental e econômica; no segundo, um valor normativo proposto ao nível da alta direção para estabelecer metas e orientar os processos de ecoinovação da empresa. Qualquer que seja o *Fator*, ele não pode ser modesto diante da urgência imposta pelos graves problemas ambientais, econômicos e sociais que abundam por todos os cantos do planeta.

A ecoeficiência aqui apresentada aplica-se ao nível das empresas de onde sai a maioria das inovações de bens e serviços. Como mostrado no Capítulo 3, aumentos da eficiência técnica nesse nível põem em marcha o efeito rebote, que toma de volta parcialmente os recursos poupados e as emissões evitadas pelas melhorias tecnológicas. A própria empresa costuma usar esses recursos para aumentar suas vendas impulsionadas pela redução dos custos de produção pela menor intensidade de materiais

---

31 WEIZSÄCKER, LOVINS e LOVINS, 1998. No original: *Doubling wealth, halving resources.*

32 Ibidem, p. 36.

33 SCHMIDT-BLEEK, 1999, p. 4.

e energia por unidade produzida. Esse efeito é ainda maior quando essas melhorias ocorrem com os produtores de insumos ao favorecer a expansão das empresas clientes produtoras de bens e serviços finais. Aumentar a produção à custa do consumo de recurso poupado pela maior eficiência técnica não beneficia o meio ambiente, mas pode ser socialmente benéfico se esse aumento contribuir para reduzir a pobreza; afinal, pobreza é subconsumo forçado. Aliás, esse é o primeiro objetivo da Agenda 2030: "erradicar a pobreza em todas as suas formas e lugares, buscando atender primeiro os que ficaram mais para trás".[34] O esforço para se alcançar esse objetivo não justifica preterir o meio ambiente diante do dilema *social ou ambiental.*

A ecoeficiência tem recebido críticas – algumas benevolentes; outras, severas, inclusive demolidoras, como as dos teóricos do decrescimento.[35] Um deles afirmou que "ao meio ambiente não interessa a lógica da eficiência humana ou a desmaterialização da economia, o que importa é a quantidade real de consumo, *independentemente* de quanta utilidade possa ser extraída da quantidade limitada de recursos disponíveis".[36] Errou duplamente. O meio ambiente ainda não colapsou graças aos aumentos constantes da ecoeficiência, ao contribuírem para reduzir a quantidade de recursos naturais extraídos e processados e de poluentes gerados comparativamente ao aumento da produção para atender a uma população crescente. O consumo real, ao contrário da afirmação dada, *depende* da eficiência com que os recursos são extraídos, manufaturados, usados e recuperados, pois é o aumento da eficiência que reduz a intensidade de recursos por unidade produzida, ou seja, por unidade consumida.

Faz parte da natureza humana descobrir, inventar, inovar, e, sendo assim, é desejável que as inovações sejam ecoeficientes e sustentáveis, ou seja, que alcancem resultados ambientais, econômicos e sociais positivos, cuidando para combater os efeitos indesejáveis, entre eles, aquele que retoma parte desses resultados. As ecoinovações de todo tipo devem ser amplamente praticadas e incentivadas, inclusive por políticas públicas apropriadas. Para tornar o mundo mais sustentável, as ecoinovações devem ser a regra e não a exceção.

REFERÊNCIAS

Alcott, B. Paradosso di Jevons. In: D'Alisa, Damaria, G.; Kallis, G. (Orgs.). *Decrescita*: vocabolaro per uma nuova era. Editoriale Jaca Book, 2015.

Álvares, A. C. T., Barbieri, J. C.; Machline, C. Taxa Interna de Retorno: controvérsias e interpretações. In XIV SIMPEP – Simpósio de Engenharia de Produção – *Anais.* Universidade Estadual Paulista, 2007.

[34] Transformando Nosso Mundo: a Agenda 2030 para o Desenvolvimento Sustentável, parágrafo 4º. Disponível em: <agenda2030-pt-br.pdf> (un.org). Veja mais sobre a Agenda 2030 no Capítulo 2.

[35] Veja Capítulo 2, Seção "Desenvolvimento e crescimento".

[36] ALCOTT, 2015, p. 159. Obs.: tradução e grifo nossos.

American Electronics Association (AEA). *The hows and whays of design for environment*. AEA, 1992.

Ashby, M. F. *Materials and environment*: eco-informed material choice. Elsevier, 2009.

Associação Brasileira de Normas Técnicas (ABNT). *NBR ISO/TR 14062:2004 – Gestão ambiental* – integração de aspectos ambientais no projeto do produto e desenvolvimento do produto. Rio de Janeiro: ABNT, 2004. Confirmada em 2010.

Associação Brasileira de Normas Técnicas (ABNT). *NBR ISO 14040:2009 – Gestão ambiental* – Avaliação do ciclo de vida – princípios e estruturas. Rio de Janeiro: ABNT, 2009.

Associação Brasileira de Normas Técnicas (ABNT). *NBR ISO 14006:2014*. Sistema de gestão ambiental – diretrizes para incorporar o ecodesign. Rio de Janeiro: ABNT, 2014.

Associação Brasileira de Normas Técnicas (ABNT). *ABNT NBR ISO 14025:2015*. Rótulos e declarações ambientais – Declarações ambientais de Tipo III – Princípios e procedimentos. Rio de Janeiro: ABNT, 2015. Confirmada em 2022.

Barbieri, J. C.; Teixeira, A. C.; Cajazeira, J. E. R. *Gestão de ideias para inovação contínua*. Porto Alegre: Bookman, 2009.

Booz; Allen; Hamilton. *New product management for the 1980's*. New York: Booz, Allen & Hamilton, Inc, 1982.

Brezet, J. C.; Bijma, A. S.; Ehrenfeld, J.; Silvester, S. The design of eco-efficient services. Delft (Holanda): Delft University of Technology, 2001.

Clark, K. B.; Wheelwright, S. C. *Managing new product and process development: text and cases*. New York: The Free Press, 1993.

Cooper, R. G. *What's next?*: after Stage-Gate. Research-Technology Management. pages 20-31, Jan. 2014.

Crawford, M.; Di Benedetto, A. *Gestão de novos produtos* (11ª edição). Porto Alegre: AMGH Editora, 2016.

Fiksel, J. *Design for environment*: a guide to sustainable product development. 2. ed. New York: McGraw-Hill, 2009.

Huppes, G.; Ishikawa, M. Eco-efficiency and its terminology. *Journal of industrial Ecology*, p. 43-46, v. 9, n. 4.

Kuo, T-C.; Huang, S.H.; Zhang, H. C. Design for manufacture and design for X: concepts, applications, and perspectives. *Computers & industrial engineering*, vol. 41, p. 241-260, 2001.

Lindahl, M. *Designers' utilization of and requirements on Design for Environment (DfE)*: methods and tools. Fourth International Symposium on Environmentally Conscious Design and Inverse Manufacturing, 2005 and Eco Design 2005. Japan, Tokyo: Proceedings, December, 2005.

Nielsen, P. H.; Wenzel, H. Integration of environmental aspects in product development: a stepwise procedure based on quantitative life cycle assessment. *Journal of Cleaner Production*, v. 10, n. 3, p. 247-257, 2002.

O'hare, J. A.; Mcaloone, T. C.; Pigosso, D. C. A.; Howard, T. J. *Eco-Innovation Manual: Tools instructions*. Nairobi: UNEP - United Nations Environment Programme, 2014.

Oikawa, S.; Ebisu, K.; Fuse, K. Fujitsu's approach for eco-efficiency factor. *Fujitsu Science & Technology Journal*, v. 41, n. 2, p. 236-241, 2005.

Organization for Economic Co-operation and Development (OECD). *Eco-efficiency*. Paris, OECD, 1998.

Roozenburg, N. F. M.; Eekel, J. *Product design*: fundamentals and methods. John Wiley & Sons, 1995.

Rothwell, R. *Towards the fifth-generation innovation process*. International Marketing Review, v. 11, n. 1, p. 7-31, 1994.

Rozenfeld, H.; et al. *Gestão de Desenvolvimento de Produtos*: uma referência para a melhoria de processo, São Paulo: Ed. Saraiva, 2006.

Schmidt-Bleek, F. *The Factor 10/MIPS-Concept*: Bridging Ecological, Economic, and Social Dimensions with Sustainability Indicators. *Japan: The United Nations University and Zero Emissions Forum*, 1999. Disponível em: <https://archive.unu.edu/zef/publications_e/ZEF_EN_1999_03_D.pdf>.

Slack, N.; Chamber, S.; Johnston, R. *Administração da produção* (3ª edição). São Paulo: Editora Atlas, 2009.

Stefanov, S. Application of "Met Matrix" method in ourlining the environmental aspects of a new insulation composite material. *Journal of Chemical Technology and Metallurgy*, v. 52, n. 5, p. 969-974, 2017. Disponível em: <https://journal.uctm.edu/node/j2017-5/22_16-136_Stefanov_p_969-974.pdf>.

Tidd, J.; Bessant, J.; Pavitt, K. *Gestão da inovação* (3ª edição). Porto Alegre: Bookman, 2008.

Ulrich, K.; Eppinger, S. D. *Product design and development* (6th edition). New York: McGraw-Hill Education, 2012.

United Nations Conference on Trade and Development (UNCTAD). *A Manual for the Preparers and Users of Eco-efficiency Indicators*. Geneve (CH): United Nations/UNCTAD, 2004.

United Nations Environment Programme (UNEP), Dutch Delft University of Technology (DUT). *Design for Sustainability:* A Practical Approach for Developing Economies. 2006. Disponível em: <https://wedocs.unep.org/20.500.11822/8720>. Acesso em 17/06/2023.

Waage, S. A. Re-considering product design: a practical "road-map" for integration of sustainability issues. *Journal of Cleaner Production*, v. 7, n. 15, p. 638-649, 2007.

Weizsäcker, E.; Lovins, A. B.; Lovins, L. H. *Factor four*: doubling wealth, halving resource use. Londres: Earthscan, 1998.

World Business Council for Sustainable Development (WBCSD*Eco-efficiency*: creating more value with less impact. Geneve (CH), WBCSD, 2000.

Zbiciñski, I.; et al. *Product Design and Life Cycle Assessment.* The Baltic University Press, 2006. Disponível em: <https://uu.diva-portal.org/smash/record.jsf?pid=diva2%3A604277&dswid=4164>. Acesso em 17/06/2023.

ÍNDICE REMISSIVO

POSFÁCIO

O livro *Inovação e desenvolvimento sustentável – da inovação convencional à ecoinovacão sustentável* é mais uma obra do prof. Barbieri que se tornará leitura obrigatória para acadêmicos e interessados em sustentabilidade. Depois de escrever vários livros que abordam diferentes temáticas relacionadas a desenvolvimento sustentável, gestão ambiental e gestão da inovação, este livro é o resultado de uma profunda reflexão sobre esses temas, no qual o autor atualiza e expande os conceitos e mostra as tendências.

Este livro está organizado em oito capítulos, sendo que os dois primeiros tratam da inovação e do desenvolvimento sustentável e o terceiro, das ecoinovações, fazendo a conexão dos dois temas anteriores. No Capítulo 4, temos acesso às tecnologias de remediação e controle da poluição, com a demonstração dos objetivos e processos básicos de cada uma delas. Os Capítulos 5 e 6 são dedicados ao tema dos resíduos e sua gestão. No Capítulo 5, são apresentadas a classificação e a caracterização dos resíduos, bem como seu tratamento e sua disposição final. Já o Capítulo 6 trata da "Recuperação de resíduos" a partir da utilização dos 3Rs: reúso, reciclagem e recuperação energética, visando a aumentar a circularidade dos materiais, um componente essencial da economia circular. Nos Capítulos 7 e 8, Barbieri retoma, no primeiro, o tema da ecoinovação, agora centrada em produtos e processos com base na abordagem 4D: desmaterialização, desenergização, descarbonização e desintoxicação. E no Capítulo 8, mostra como considerar o ciclo de vida do produto como parte integrante da definição de ecoinovação e como calcular a ecoeficiência dos projetos de ecoinovações. Embora os capítulos estejam muito bem amarrados, a forma como foi construído o livro permite que o leitor acesse o capítulo que mais lhe interessar, encontrando início, meio e fim sobre aquele tema, assim como todas as referências utilizadas no respectivo capítulo.

Uma peculiaridade deste livro é a capacidade do autor em abordar temas técnicos numa linguagem simples e acessível para leigos. Os inúmeros quadros, tabelas, figuras e fotos sintetizam os conteúdos dos capítulos ou trazem informações adicionais de forma muito clara. Exemplos disso são o Quadro 2.1 sobre os objetivos do desenvolvimento sustentável (ODSs) e a Figura 2.2, que mostra a relação dos ODS com as cinco dimensões dominantes: pessoas, planeta, prosperidade, paz e parcerias. Ou ainda o Quadro 1.1: Schumpeter em dois momentos, no qual o autor faz uma síntese das ideias de Joseph A. Schumpeter, responsável por colocar a inovação no centro do debate sobre crescimento e desenvolvimento.

Se você é um pesquisador acadêmico, talvez esteja se perguntando: O que há de novo neste livro? Muitos temas abordados são conhecidos, outros nem tanto, mas a novidade está nas análises e críticas feitas pelo autor, bem como em sua sistematização, na qual integra de modo único os temas "inovação" e "sustentabilidade". A sua longa e exitosa vida acadêmica numa das mais conceituadas instituições de ensino e pesquisa do Brasil e o seu amplo conhecimento do mundo empresarial permitem que ele questione o "conhecimento *mainstream*" e chame a atenção para alguns usos indevidos de conceitos, como é o caso da inovação disruptiva, usada erroneamente como sinônimo de inovação tecnológica radical. Ele também faz críticas ao dizer que "nem tudo são flores" no mundo das inovações, e inclusive no das ecoinovações, pois elas podem trazer resultados indesejados e causar degradação do meio ambiente físico, biológico e social.

Outro tema que muitas vezes é apresentado como se fosse um consenso é a relação entre desenvolvimento e crescimento econômico. Barbieri traz as visões de autores sobre esse assunto que entendem ser o desenvolvimento sustentável um desenvolvimento sem crescimento, e que deve se pautar nas melhorias qualitativas e não no aumento quantitativo da produção. Chama também para esse debate autores que defendem a ideia do decrescimento e detonam as ideias do desenvolvimento sustentável. Dessa discussão, o autor extrai uma abordagem equidistante desses extremos, na qual a noção de ecoinovação desempenha uma importante função nos processos de desenvolvimento sustentável.

Agora, se você é empreendedor, inovador ou gestor de uma organização, vai perceber como os anos de experiência do consultor de grandes empresas, membro do comitê da International Organization for Standardization (ISO) – que elabora normas sobre gestão da inovação –, fundador e coordenador do Centro de Estudos de Gestão Empresarial e Meio Ambiente da EAESP, entre outras tantas atividades que o prof. Barbieri exerceu, se refletem no texto. Sua experiência prática permite que ele apresente os problemas e as propostas de soluções amplamente consideradas. Cabe destacar as contribuições do Capítulo 8, que discute os métodos de avaliação do ciclo de vida e as medidas de ecoeficiência, passando por indicadores de ecoeficiência, análise econômico-financeira e fator de ecoeficiência.

Os políticos e gestores públicos encontrarão neste livro muitos subsídios para as suas tomadas de decisão e poderão utilizar o princípio da precaução para contornar as incertezas quanto aos impactos das ações humanas. Para que o desenvolvimento sustentável ocorra, é importante analisar se a sustentabilidade de uma iniciativa é forte ou fraca, pois isso poderá diminuir o bem-estar ao longo do tempo. Interessante observar a linha do tempo percorrida na descrição e nas análises feitas, que vai do início da revolução industrial, busca os fundamentos da inovação em Schumpeter, passa por vários autores e momentos históricos da evolução do debate sobre desenvolvimento sustentável, lista as revoluções industriais até chegar à indústria 4.0, conhecida também como a 4ª revolução industrial.

Por fim, recomendo a leitura deste livro, pois terá então uma visão muito clara do que aconteceu em termos de gestão e inovação ambiental nas últimas décadas e o melhor caminho que temos a trilhar. O livro *Inovação e desenvolvimento sustentável – da inovação convencional à ecoinovacão sustentável* é uma obra para ser lida e ter sua leitura recomendada, pois certamente será muito consultada nas próximas décadas.

Luis Felipe Machado do Nascimento

Professor titular da UFRGS

Endereço para acessar o currículo lattes:

http://lattes.cnpq.br/5801501389356871